普通高等教育“十三五”规划教材

国家自然科学基金项目<br>江西省研究生优质课程建设项目 资助

# 空间数据库理论及应用

兰小机　刘德儿　编著

北　京
冶金工业出版社
2024

## 内 容 提 要

本书从空间数据库应用需求出发，系统阐述了空间数据库的基本概念、空间数据模型基本理论、面向对象的空间数据模型 Geodatabase 及其主要数据集、空间数据库设计、空间数据版本化编辑、空间数据复制/同步、空间数据存储与空间索引、空间查询及优化、空间数据库配置与管理、空间数据库发展趋势。在介绍空间数据库基本概念、基本理论的同时，特别强调空间数据库设计、空间数据版本化编辑、空间数据复制/同步、空间数据库运行维护管理等实践能力的培养。

本书为高等院校地理信息科学、测绘等专业本科生和研究生教材，也可供从事 GIS 工程项目人员阅读参考。

**图书在版编目(CIP)数据**

空间数据库理论及应用/兰小机，刘德儿编著. —北京：冶金工业出版社，2020.1（2024.2 重印）
普通高等教育“十三五”规划教材
ISBN 978-7-5024-8347-0

Ⅰ.①空…　Ⅱ.①兰…　②刘…　Ⅲ.①空间信息系统—高等学校—教材　Ⅳ.①P208

中国版本图书馆 CIP 数据核字(2019)第 283448 号

**空间数据库理论及应用**

**出版发行** 冶金工业出版社　**电　话** (010)64027926
**地　址** 北京市东城区嵩祝院北巷 39 号　**邮　编** 100009
**网　址** www.mip1953.com　**电子信箱** service@mip1953.com

责任编辑 郭冬艳　美术编辑 郑小利　版式设计 禹 蕊
责任校对 郑 娟　责任印制 窦 唯
三河市双峰印刷装订有限公司印刷
2020 年 1 月第 1 版，2024 年 2 月第 5 次印刷
787mm×1092mm　1/16；19.5 印张；469 千字；299 页
**定价 48.00 元**

**投稿电话 (010)64027932　投稿信箱 tougao@cnmip.com.cn**
**营销中心电话 (010)64044283**
**冶金工业出版社天猫旗舰店 yjgycbs.tmall.com**
（本书如有印装质量问题，本社营销中心负责退换）

# 前 言

数据库技术是计算机科学的重要分支，主要研究如何安全有效存储、管理和使用数据。数据库的研究始于20世纪60年代中期，经过半个世纪的发展，形成了坚实的理论基础、成熟的商业产品、开源产品和广泛的应用领域。数据库技术已成为现代计算机信息系统和应用系统开发的核心技术。数据库的建设规模、数据库信息量的大小和使用频度已成为衡量一个国家信息化程度的重要标志。空间数据处理、分析、应用越来越依赖于数据库系统，大中型GIS工程项目都离不开空间数据库。

空间数据存储管理随计算机技术的发展不断演变：在数据库技术出现之前，采用基于文件管理的方式；在数据库技术出现之后，有的采用文件与关系数据库混合管理模式，有的采用全关系型空间数据库管理模式；随着面向对象技术与数据库技术的结合，基于对象－关系的空间数据管理系统成为空间数据管理的主流；尽管面向对象空间数据模型及实现系统早已出现，但由于面向对象数据库管理系统价格昂贵且技术还不够成熟，在GIS领域不太通用，未能成为商业主流；随着云计算、物联网、大数据技术的出现，空间大数据的存储管理已经成为GIS领域研究的热点之一。

Geodatabase模型是ESRI公司在ArcGIS系列产品中推出的一种新型的面向对象的空间数据模型。它采用面向对象技术，将地理空间抽象为由若干对象类组成的数据模型，每个对象类有其属性、行为和规则，对象类间又有一定的联系；它在统一的模型框架下存储管理各种不同类型的空间数据。

本书在广泛的社会需求调查的基础上，以国际流行的、最具代表性的面向对象的空间数据模型Geodatabase、空间数据管理引擎ArcSDE及Oracle数据库管理系统为主线，结合GIS工程项目中空间数据库应用需要，全面系统地阐述了空间数据库基本理论、技术方法和应用实例。具体内容包括：第1章主要简述地理空间表达、DBMS、数据库系统及其体系结构、Oracle数据库系统结构、SDBMS及其实现方式、空间数据存储管理方式、空间数据库的主要研究内容。第2章主要介绍了空间数据模型的概念、常用的数据库数据模型，重点介绍空间数据类型及空间操作、空间数据完整性约束理论及技术。第 3 章主要介绍了 Geodatabase 数据模型的基本概念、Geodatabase 及 DBMS 中支持的数据类型、Geodatabase 中的各种数据集。第 4 章主要介绍了 Geodatabase 设计的主要内容、要素类建模、使用工具设计 Geodatabase 数据库、创建 Geodatabase 数据库的方法。第 5 章主要介绍了空间数据编辑与维护策略、非版本化数据编辑、版本化数据编辑、Geodatabase 复制/同步、Geodatabase 历史数据归档等相关内容。第 6 章主要阐述了 ArcSDE Geodatabase 存储的基本概念、要素几何图形及栅格存储、空间数据类型定义、空间数据物理存储及表结构、常用的空间索引方法等相关内容。第 7 章主要阐述了关系代数与标准查询语言 SQL、空间查询语言、空间查询处理与优化等相关内容。第 8 章主要介绍了安装软件和创建 Geodatabase、配置 DBMS 和 ArcSDE、用户及权限管理、连接到 Geodatabase、Geodatabase 维护以及 Geodatabase 调整优化等相关内容。

本书是作者在从事 GIS 工程项目的科学研究和教学实践的基础上撰写完成的。本书的讲义已在江西理工大学等高校的地理信息科学、测绘等本科专业和研究生教学中使用十多届，历经多次修改和完善。在本书正式出版之际首先要感谢南京师范大学的闾国年教授、汤国安教授、张书亮教授等对本书编写的悉心指导和大力帮助；感谢江西理工大学地理信息学科的同仁们为本书编写提出的许多宝贵意见！

本书内容所涉及的研究得到了国家自然科学基金项目及江西省研究生优质课程建设项目的资助。本书由江西理工大学资助出版，在此对江西理工大学在各方面提供的支持和帮助表示感谢。

由于作者水平所限，书中不足和疏漏之处在所难免，敬请广大读者批评指正。

编著者

2019 年 9 月

# 目　　录

# 1 绪　论

数据库研究始于20世纪60年代中期，是计算机科学的重要分支。数据库技术是信息系统的核心和基础，它的出现极大地促进了计算机应用向各行各业的渗透。数据库的建设规模、数据库信息量的大小和使用频度已成为衡量一个国家信息化程度的重要标志。空间数据处理、分析、应用越来越依赖于数据库系统，大中型GIS工程项目都离不开空间数据库。本章主要简述地理空间表达、DBMS、数据库系统及其体系结构、Oracle数据库系统结构、SDBMS及其实现方式、空间数据存储管理方式、空间数据库等内容。

## 1.1 地理空间表达概述

地理学是一门研究地球表层地理环境的结构、演化过程、区域分异及人类对地理环境的利用和适应的学科。地理信息科学是从信息流的角度研究地球表层人地系统的学科；其目的在于揭示地理信息发生、采集、存储、传输、表达和应用的机理，研制开发各种地理信息技术系统，为人地系统的认知、研究与调控提供科学依据和手段，促进人地系统的持续发展。

地理学研究的地球表层空间即地理空间，包括大气圈、水圈、生物圈、岩石圈和土壤圈。地理信息科学的研究对象为地理空间中的地理实体、地理现象。地理空间的表达是地理信息科学首先要解决的关键问题，地理空间的表达是空间数据组织、存储、运算、分析的基础。

地理空间的表达主要有基于对象（要素）的矢量表达和基于场的连续空间的铺盖表达。基于场的连续空间铺盖表达主要有规则格网即栅格表达、三角网表达、多边形连续铺盖表达（如Voronoi图表达）。

基于对象（要素）的矢量表达是用一系列有序的特征点的X、Y（、Z）坐标来精确表达点、线、面等地理实体和地理现象。地理空间中的点状要素（一般指那些占面积较小，不能按比例尺表示，又要定位的要素）用0维矢量来表达；0维矢量在欧氏空间中用（x，y）或（x，y，z）来表示；有时，面状要素和点状要素的界限并不严格，如居民点，在大、中比例尺地图上被表示为面状要素，在小比例尺地图上则被表示为点状要素。地理空间中的线状要素或者空间对象之间的边界用一维矢量表达，一维矢量用一系列有序特征点的（$x_1$，$y_1$（，$z_1$）），（$x_2$，$y_2$（，$z_2$）），…，（$x_n$，$y_n$（，$z_n$））坐标来精确表达；对于地理空间中呈线状或带状的要素，如交通线、河流、境界线、构造线等，均用一维矢量来表示其空间位置；对于线状和面状实体的区分，也和地图的比例尺有很大的关系，如河流，在小比例尺的地图上，被表示成线状要素，而在大比例尺的地图上，则被表示成面状要素。地理空间中的面状要素用二维矢量来表达，即用一系列有序特征点的（$x_1$，$y_1$（，$z_1$）），（$x_2$，$y_2$（，$z_2$）），…，（$x_n$，$y_n$（，$z_n$）），（$x_1$，$y_1$（，$z_1$））坐标来精确表达，要求首尾点一致；在三维欧氏空间中表达的二维矢量为空间曲面；面状分布的地理要素有连续分布的，如气温、土壤等，有不连续分布的，如森林、油田、农作物等。

栅格表达法是以规则的像元阵列来表示地理实体或现象的分布；它将研究区域按一定分辨率作行和列方向的规则划分，形成由网格单元组成的矩阵，每个网格单元称为像素或像元（Cell 或 Pixel）。栅格中的每个像元是栅格数据中最基本的信息存储单元，其坐标位置可以用行号和列号来确定，像元的值表示地理实体或现象的属性特征。地理空间中的点实体用它所在的像元来表示；地理空间中的线实体表示为在一定方向上连接成串的相邻像元的集合；地理空间中的面实体表示为聚集在一起的相邻像元的集合（见图 1-1）。

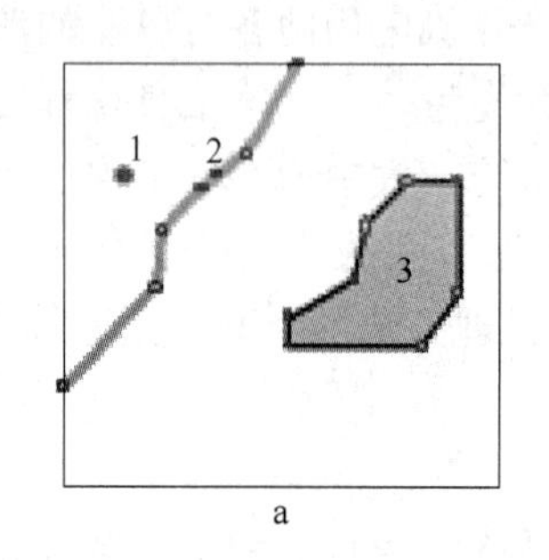


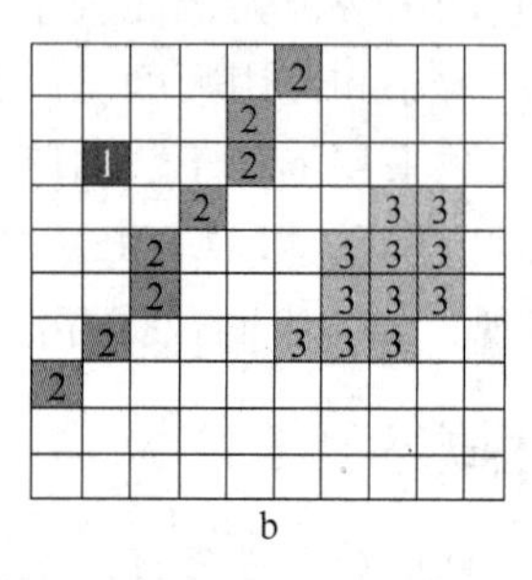


a　　b

图 1-1　矢量表达与栅格表达示意图

a—矢量表达；b—栅格表达

矢量表达是面向地理实体的，容易定义和操作单个地理实体；能完整地表达地理实体之间的拓扑关系；表达地理实体的精度较高；图形输出精确美观；具有严密的数据结构，数据量小；但矢量表达时，空间叠置分析（线与线、线与多边形、多边形与多边形）算法较为复杂。栅格表达直接记录每个栅格所代表的地理实体的属性，根据行列号可以计算栅格单元的空间坐标，即所谓的属性明显，定位隐含；栅格数据结构简单；栅格表达时，空间叠置分析简单（只需判断同一栅格位置不同数据层的属性即可）；栅格表达不是面向地理实体的，要找到属于同一地理实体的所有栅格，需要遍历整个栅格数据结构；栅格表达不能表达地理实体之间的拓扑关系；栅格表达时，当分辨率低时，表达的误差大，计算面积、距离等误差大，且地图输出不精美；当分辨率高时，数据量大，通常需要压缩编码，如四叉树数据结构、二维行程编码数据结构等。

三角网表达是将某一表面（如地面）一系列离散点，按照一定的规则和条件连接成互不交叉的三角网。最常用的三角网为 Delaunay 三角网，其构建条件为：确保没有任何一个顶点位于三角网中任意一个三角形的外接圆内。Delaunay 三角网中，三角形每条边的垂直平分线相交形成的多边形称为 Voronoi 多边形，所有 Voronoi 多边形组成的图形称为 Voronoi 图。Delaunay 三角网、Voronoi 图如图 1-2 所示。

地理空间表达中，面向特定应用专题，还有特定的表达方式，如对于地理网络，使用网络模型来表达，网络模型分为定向网络和非定向网络，城市供电、供气、供水网络是典型的定向网络，交通网络是典型的非定向网络；对于沿线要素定位的应用，可采用线性

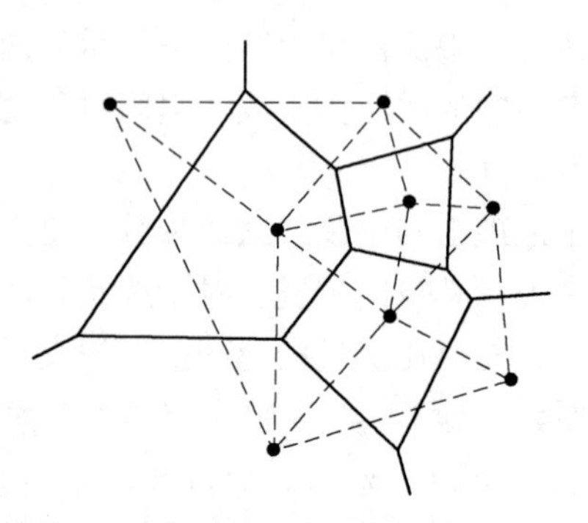

图 1-2　Delaunay 三角网和 Voronoi 图

参考及动态分段模型进行表达。对于根据地址（如门牌号）进行定位的应用中，可采用地理编码（Geocoding）模型进行表达。

## 1.2 空间数据库系统概述

### 1.2.1 数据库系统概述

#### 1.2.1.1 数据库管理系统

数据库管理系统（Database Management System，DBMS）是一种操纵和管理数据库的大型软件，用于建立、使用和维护数据库。它对数据库进行统一的管理和控制，以保证数据库的安全性和完整性。用户通过 DBMS 访问数据库中的数据，数据库管理员也通过 DBMS 进行数据库的维护工作。

数据库管理系统是数据库系统的核心，它对数据库系统的功能和性能有决定性影响。不管是 DBMS 的研制者，还是 DBMS 的使用者，都应该对 DBMS 的原理和实现技术有所了解。

DBMS 的主要功能如下：

（1）数据定义功能：提供数据定义语言（DDL：Data Definition Language），定义数据库中的数据对象。

（2）数据操纵功能：提供数据操纵语言（DML：Data Manipulation Language），实现对数据库的基本操作（查询、插入、删除和修改）。

（3）数据组织、存储和管理：分类组织、存储和管理各种数据；确定组织数据的文件结构和存取方式；实现数据之间的联系；提供多种存取方法提高存取效率。

（4）数据库的事务管理和运行管理：数据库在建立、运行和维护时由 DBMS 统一管理和控制；保证数据的安全性、完整性、多用户对数据的并发使用。

（5）数据库的建立和维护功能（实用程序）：数据库初始数据装载转换，数据库转储，故障恢复，数据库的重组织，性能监视分析等。

（6）其他功能：DBMS 与网络中其他软件系统的通信，两个 DBMS 系统的数据转换，异构数据库之间的互访和互操作等。

#### 1.2.1.2 数据库系统

数据库系统（Database System，DBS），在计算机系统中引入数据库后的系统。数据库系统的构成包括数据库、数据库管理系统（及其开发工具）、应用系统和数据库管理员四部分。

数据库管理员（DBA）职责如下：

（1）决定数据库中的信息内容和结构。

（2）决定数据库的存储结构和存取策略。

（3）定义数据的安全性要求和完整性约束条件。

（4）监控数据库的使用和运行。1）周期性转储数据库。2）数据文件、日志文件维护。3）故障恢复、监视审计文件。

（5）数据库的改进和重组。1）性能监控和调优。2）定期对数据库进行重组织，以

提高系统的性能。3）需求增加和改变时，数据库需要重构造

1.2.1.3　数据库系统结构

可以从多种不同的角度考察数据库系统的结构。从数据库管理系统的角度看，数据库系统通常采用三级模式结构，这是数据库系统内部的体系结构；从数据库最终用户的角度看，数据库系统的结构分为集中式结构、分布式结构和客户/服务器结构，这是数据库系统外部的体系结构。

A　数据库系统外部体系结构

a　单用户体系结构

整个数据库系统，包括应用程序、DBMS、数据，都装在一台计算机上，为一个用户独占，不同机器之间不能共享数据，如图 1-3 所示。

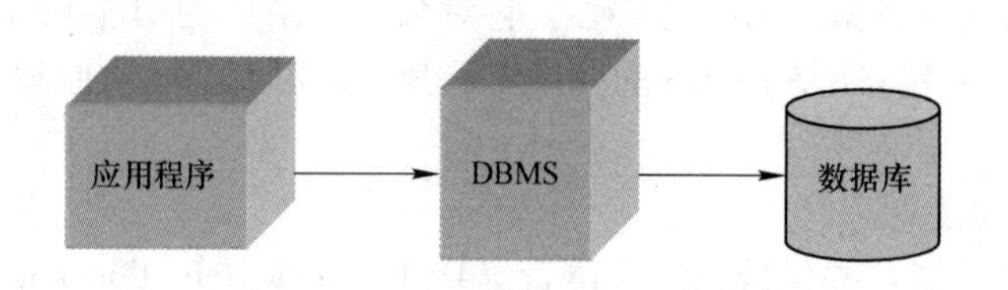


图 1-3 单用户的数据库系统

b　主从式体系结构

主从式体系结构指一个主机带多个终端的多用户结构。在这种结构中，数据库系统，包括应用程序、DBMS、数据，都集中存放在主机上，所有处理任务都由主机来完成，各个用户通过主机的终端并发地存取数据库，共享数据资源。如图 1-4 所示。这种结构优点是数据易于管理与维护；缺点是主机的任务会过分繁重，可能成为瓶颈，从而使系统性能大幅度下降；当主机出现故障时，整个系统都不能使用，因此系统的可靠性不高。

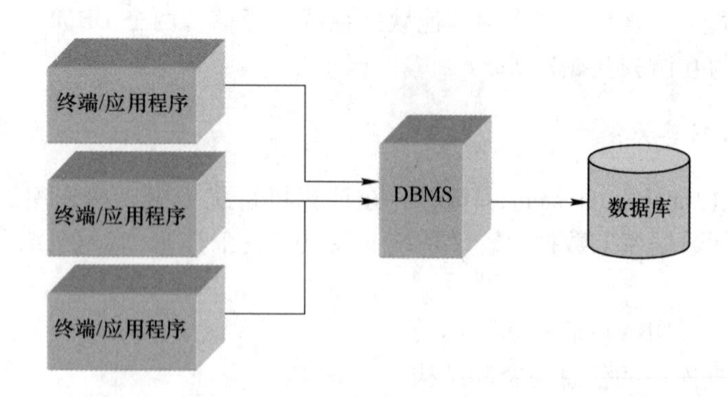


图 1-4　主从式结构的数据库系统

c　客户机/服务器（C/S）体系结构

在客户/服务器体系结构中，客户端的用户请求被传送到数据库服务器，数据库服务器进行处后，只将结果返回给用户（而不是整个数据）。如图 1-5 所示。

这种体系结构的优点是显著减少了网络上的数据传输量，提高了系统的性能、吞吐量和负载能力；客户/服务器体系结构的数据库往往更加开放（多种不同的硬件和软件平台、数据库应用开发工具），应用程序具有更强的可移植性，同时也可以减少软件维护开销。

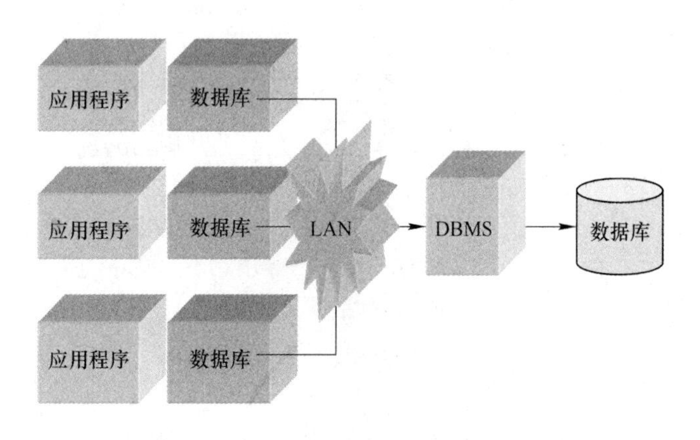


图 1-5　客户/服务器结构的数据库系统

d　分布式体系结构

分布式体系结构数据库系统是指数据库中的数据在逻辑上是一个整体，但物理的分布在计算机网络的不同结点上。网络中的每个结点都可以独立处理本地数据库中的数据，执行局部应用；同时也可以同时存取和处理多个异地数据库中的数据，执行全局应用。

优点：分布式结构的数据库系统是计算机网络发展的必然产物，它适应了地理上分散的公司、团体和组织对于数据库应用的需求。

缺点：数据的分布存放给数据的处理、管理与维护带来困难；当用户需要经常访问远程数据时，系统效率会明显地受到网络带宽的制约。

e　浏览器/服务器（B/S）体系结构

客户端为浏览器软件；浏览器的界面统一，广大用户容易掌握，大大减少了培训时间与费用。服务器端：Web 服务器、应用服务器、数据库服务器等；大大减少了系统开发和维护代价，使之支持数万甚至更多的用户。如图 1-6 所示。

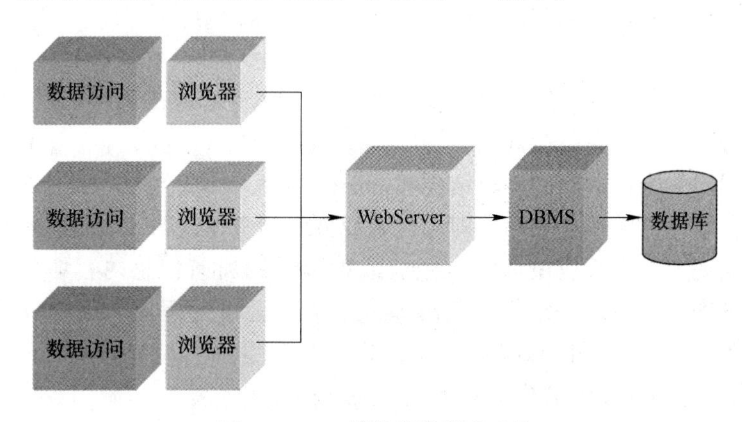


图 1-6　B/S 结构的数据库系统

B　数据库系统内部体系结构

数据库系统内部的体系结构分为三级：外模式、模式和内模式，如图 1-7 所示。

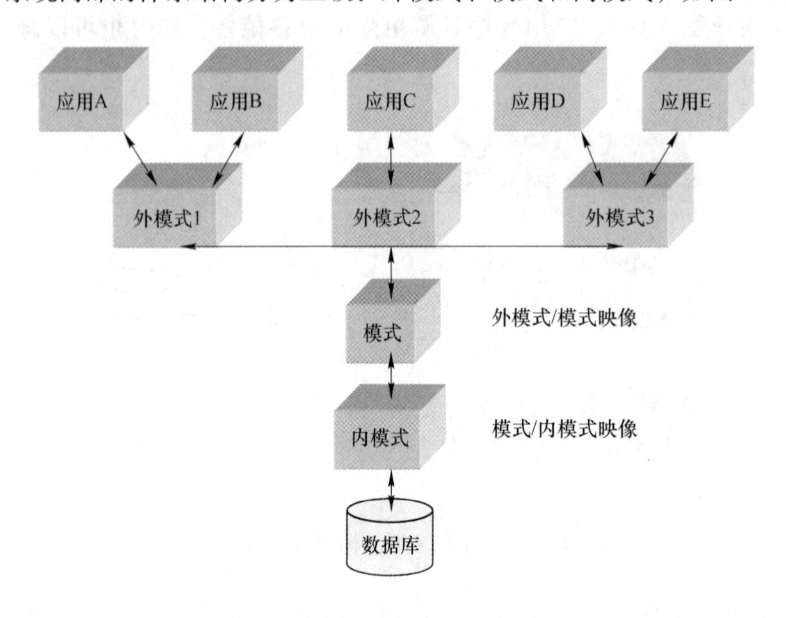


图 1-7　数据库系统的三级模式结构

a　外模式

外模式是三级结构的最外层，又称子模式或用户模式，它是用户看到并允许使用的那部分数据的逻辑结构。个别用户只对整个数据库的一部分感兴趣，可根据系统所给的子模式，用查询语言或应用程序去操作数据库中所需要的那部分数据。所以，可以把个别用户看到和使用的数据库内容称为外视图。外视图也称为用户级数据库，它对应于外模式。

DBMS 提供子模式描述语言（子模式 DDL）来定义子模式。

b　模式

模式（schema，也称逻辑模式），是数据库中全体数据的逻辑结构和特征的描述；是所有用户的公共数据视图，综合了所有用户的需求；一个数据库只有一个模式。

模式的地位：是数据库系统模式结构的中间层。

模式与数据的物理存储细节和硬件环境无关，与具体的应用程序、开发工具及高级程序设计语言无关。

模式的定义：数据的逻辑结构（数据项的名字、类型、取值范围等）；数据之间的联系；数据有关的安全性、完整性规则。

模式是数据库中全体数据的逻辑结构和特征的描述。模式处于三级结构的中间层，它是整个数据库实际存储的抽象表示，即包含了数据库的整体逻辑。同时它也是对现实世界的一个抽象，是现实世界某应用环境（企业或单位）的所有信息内容集合的表示，也是所有个别用户视图综合起来的结果。它由多个“概念记录”组成，包含数据库的所有信息，所以又称为用户共同视图或概念视图。概念视图也称“概念级数据库”、“DBA 视图”，概念级数据库对应于概念模式。

DBMS 提供模式描述语言（模式 DDL）来定义模式。

c 内模式

内模式又称存储模式，是三级结构中的最内层，是数据物理结构和存储方式的描述；是数据在数据库内部的表示方式，包括记录的存储方式（顺序存储，按照 B 树结构存储，按 hash 方法存储）、索引的组织方式、数据是否压缩存储、数据是否加密、数据存储记录结构的规定。

一个数据库只有一个内模式。DBMS 提供内模式描述语言（内模式 DDL）来定义内模式。

在数据库系统中，外模式可有多个，而概念模式、内模式只能各有一个。内模式是整个数据库文件实际存储的表示，而概念模式是整个数据库实际存储的抽象表示，外模式是概念模式的某一部分的抽象表示。

d 数据库的二级映像功能与数据独立性

数据库系统的三级模式是数据的三个抽象级别，它使用户能逻辑地处理数据，而不必关心数据在计算机内部的存储方式，把数据的具体组织交给 DBMS 管理。为了能够在内部实现这三个抽象层次的联系和转换，DBMS 在三级模式之间提供了二级映象功能。

（1）外模式/模式映象。模式描述的是数据的全局逻辑结构；外模式：描述的是数据的局部逻辑结构；同一个模式可以有任意多个外模式。

每一个外模式，数据库系统都有一个外模式/模式映象，定义外模式与模式之间的对应关系。映象定义通常包含在各自外模式的描述中。

这种映象保证数据的逻辑独立性。当模式改变时，数据库管理员修改有关的外模式/模式映象，使外模式保持不变；应用程序是依据数据的外模式编写的，从而应用程序不必修改，保证了数据与程序的逻辑独立性，简称数据的逻辑独立性。

（2）模式/内模式映象。模式/内模式映象定义了数据全局逻辑结构与存储结构之间的对应关系。数据库中模式/内模式映象是唯一的，该映象定义通常包含在模式描述中。

这种映象保证数据的物理独立性。当数据库的存储结构改变了，数据库管理员修改模式/内模式映象，使模式保持不变；应用程序不受影响：保证了数据与程序的物理独立性，简称数据的物理独立性。

#### 1.2.1.4 Oracle 数据库系统结构概述

一个 Oracle 数据库是数据的集合，其有一个物理结构和一个逻辑结构。

（1）物理结构是由构成数据库的操作系统文件所决定，Oracle 数据库文件包括：

1）数据文件（Data File）：用来存储数据库中的全部数据。

2）日志文件（Redo Log File）：用于记录数据库所做的全部变更（如增加、删除、修改）、以便在系统发生故障时，用它对数据库进行恢复。

3）控制文件（Control File）：每个 Oracle 数据库都有相应的控制文件，用于记录数据库的物理结构，如：数据库名、数据库的数据文件和日志文件的名字和位置等信息。用于打开、存取数据库。

4）配置文件：配置文件记录 Oracle 数据库运行时的一些重要参数，如：数据块的大小，内存结构的配置等。

（2）逻辑结构描述了数据库从逻辑上如何来存储数据库中的数据。Oracle 数据库的逻辑结构包括：

1）表空间（Tablespace）：一个数据库从逻辑上说是由一个或多个表空间所组成；一个表空间存放一个或多个数据文件．一个数据库中的数据被逻辑地存储在表空间上。每一个表空间是由段组成。

2）段（Segment）：一个段是由一组区所组成。

3）区（Extent）：一个区是由一组连续的数据库块组成。

4）数据块（Database block）：一个数据库块对应硬盘上的一个或多个物理块。

5）模式对象：表（Table）、视图（View）、序列（Sequence）、索引（Index）、触发器（Trigger）、存储过程（Stored procedure）。

系统进程与内存结构叙述如下：

系统监控进程（system monitor SMON）：负责自动完成实例恢复和回收分类（sort）表空间。

进程监控进程（process monitor PMON）：实现用户进程故障恢复、清理内存区和释放该进程所需资源等。

数据库写进程（DBWR）：数据库缓冲区的管理进程。在它的管理下，数据库缓冲区中总保持有一定数量的自由缓冲块，以确保用户进程总能找到供其使用的自由缓冲块。

日志文件写进程（LGWR）：是日志缓冲区的管理进程，负责把日志缓冲区中的日志项写入日志文件。每个实例只有一个 LGWR 进程。

归档进程（archiver process ARCH）：把已经填满的在线日志文件拷贝到一个指定的存储设备上。仅当日志文件组开关（switch）出现时，才进行 ARCH 操作。ARCH 不是必须的，而只有当自动归档可使用或者当手工归档请求时才发出。

恢复进程（RECO）：是在具有分布式选项时使用的一个进程，主要用于解决引用分布式事务时所出现的故障。它只能在允许分布式事务的系统中出现。

封锁进程（LCKn）：用于并行服务器系统，主要完成实例之间的封锁。

内存结构（SGA）：SGA 是 Oracle 为一个实例分配的一组共享内存缓冲区，它包含该实例的数据和控制信息。SGA 在实例启动时被自动分配，当实例关闭时被收回。数据库的所有数据操作都要通过 SGA 来进行。

### 1.2.2 空间数据库管理系统（SDBMS）概述

#### 1.2.2.1 空间数据库的概念

空间数据（Spatial Data）也称地理数据（Geographic Data）或地理空间数据（Geospatial Data）是地理空间表达的结果，其主要特征如下：

（1）空间特征：空间特征是指地理实体的空间位置及其空间关系。每个地理实体都有空间位置，具有空间坐标，即地理实体隐含了空间分布特征。这意味着在空间数据组织方面，要考虑它的空间分布特征。空间特征还包括地理实体的空间关系，如拓扑关系。拓扑数据结构一方面方便了空间查询和空间分析，另一方面也给空间数据的一致性和完整性维护增加了复杂性。传统数据库管理系统 B + 树索引对多维空间数据索引效率不高，需要专门的空间索引。空间特征是地理信息区别于其他类型信息的最显著标志。

（2）属性特征：属性特征表示地理实体的名称、类型和数量等特征。

（3）时间特征：时间特征指地理实体随时间而发生的相关变化的信息（属性数据或空间数据的变化）。

（4）非结构化特征：在通用的关系数据库管理系统（Relational Database Management System，RDBMS）中，数据记录一般是结构化的，即它满足关系数据模型的第一范式要求，每一条记录是定长的，数据项表达的只能是原子数据，不允许嵌套记录。而空间数据则不能满足这种结构化要求。若用一条记录表达一个地理实体，它的特征点坐标数据项一般是变长的，例如，不同道路的坐标，其长度是不可限定的，有的可能是几对坐标，有的可能是成千上万对坐标。这也就是为什么空间数据难以直接采用通用的关系数据管理系统的主要原因。

空间信息（Spatial Information）也称地理信息（Geographic Information）或地理空间信息（Geo-spatial Information）是有关地理实体的性质、特征和运动状态的表征及一切有用的知识，它是对地理空间数据的解释。从地理空间数据中可以提取地理信息，如根据原始的测量数据，通过计算可以得到各种类型的土地利用面积；从遥感影像中可以提取道路、河流、房屋等地理信息。

空间数据库（Spatial Database）是长期储存在计算机内、有组织的、可共享的大量空间数据的集合。空间数据库中可以存储各种类型的矢量数据、数字高程模型数据、影像数据、各种专题数据（土地利用数据、地籍数据、城市规划管理数据、道路数据等）。

与关系数据库相比，空间数据库具有以下的特殊性：

（1）空间数据相对于普通的属性数据，数据量要大得多，例如要描述一条河流可能要成千上万个特征点，假如一个二维空间的点坐标（X，Y）需要 16 个字节来表示，再加上空间对象数量巨大，所以我们通常说“海量空间数据”。

（2）空间对象通常具有不规则的几何形状，且对象之间的空间关系复杂。如线状要素往往是蜿蜒曲折，面状要素也通常是由多个环组成的，甚至是环内套环，空间对象之间的关系也不再是简单的大小关系，而具有复杂的空间拓扑关系，如相交、相离、包含、相接等。

（3）运算复杂，对空间对象的空间操作比传统的选择或连接操作复杂且运算量大得多。例如判断点是否在多边形内、两个多边形的求交运算等，都需要大量的计算时间，这是由空间对象的不规则性及较多的维数所决定的。

（4）空间顺序关系、方位关系比空间拓扑关系还复杂，难以定义。

#### 1.2.2.2 SDBMS 简介

由于空间数据存在的空间位置及空间关系等复杂特征，传统 DBMS 存储管理空间数据存在如下问题：

（1）空间数据记录是变长的，而传统的关系模型只存储定长记录；

（2）空间数据的表达需要相应的空间数据类型，传统的 DBMS 难以支持；

（3）对空间数据的关联、连通、包含、叠加等基本操作，关系模型一般都难以实现；

（4）传统 DBMS 的 B 或 B + 树索引，对空间数据索引效率低下；

（5）空间数据需要更复杂的安全维护、数据完整性（如几何完整性、空间关系完整性）维护，一般的 DBMS 难以保证；

（6）传统的封锁机制，不能满足空间数据的长事务处理。

由于传统 DBMS 存储管理空间数据存在以上问题，需要研发专门的空间数据库管理系统（Spatial Database Management System，SDBMS）。SDBMS 是一个提供空间数据类型定义和空间操作算子的 DBMS，它提供了空间索引和空间查询语言，并且支持几何及空间关系完整性约束、长事务管理。除了常规的 DBMS 的功能外，SDBMS 还提供了以下功能：

（1）空间数据类型和空间关系的定义与描述。

（2）空间操作算子。

（3）空间数据索引。

（4）空间数据查询语言。

（5）几何完整性及空间关系完整性约束。

（6）空间数据长事务管理。

（7）海量空间数据的存储和组织。

（8）空间数据的可视化。

有关空间数据类型的定义，OGC（Open Geospatial Consortium）简单要素访问规范（Simple Feature Access，SFA）定义的主要几何对象有：Point、MultiPoint、LineString、MultiLineString、Polygon、MultiPolygon 等。

有关空间关系的定义，OGC 简单要素访问规范中定义了 8 种拓扑关系：Equal（相等）、Disjoint（相离）、Intersect（相交）、Touch（相接）、Cross（穿越）、Within（在里面）、Contains（包含）和 Overlap（有重叠）。

有关空间操作算子的定义，OGC 简单要素访问规中定义的空间操作有基本操作、拓扑关系检测操作和空间分析操作三种类型。

空间索引方法主要有：格网索引、四叉树索引及 R 树系列索引等。

几何完整性约束主要包括线不能自相交、多边形不能自重叠等；空间关系完整性约束主要包括拓扑完整性约束（如相接、包含等）、语义完整性约束（如水域中不能存在陆地）和自定义完整性约束（如湖岸 500m 范围内的树木不能采伐）等。

空间数据长事务管理目前主要采用版本机制。

#### 1.2.2.3 SDBMS 实现方式

要实现 SDBMS，首先要设计好空间数据类型和空间操作算子；还需要支持基于空间条件的选择和连接操作。对于空间选择操作，需要设计空间索引；为了支持空间连接，可以使用一些特殊的算法。为了把这些组件嵌入到 DBMS 中，需要一种可扩展的 DBMS 体系结构。DBMS 应当提供相应的组件注册接口来注册空间数据管理所需的组件。

SDBMS 有以下两种实现方式：

（1）GIS 软件商在纯关系数据库管理系统基础上，开发一个空间数据管理引擎（Spatial Data Engine，简称 SDE），如 ERSI 公司的 ArcSDE，MapInfo 公司的 Spatial Ware 等。这种扩展方式利用关系数据库提供的 BLOB 类型或扩展的 WKB 类型或扩展的 Geometry 类型，存储坐标数据。一个地理实体存为一条记录，一部分是定长字段存储属性数据，一部分是变长字段 BLOB 或 WKB 或扩展的 Geometry 存储坐标数据。坐标数据存储的数据结构和解释由各 GIS 软件自己解决。这样不同的 GIS 软件虽然都采用同一个关系数据库管理系统管理空间数据，但是，不同软件之间的数据还是不能进行共享和互操作的。GIS 软件商开发空间数据管理引擎的另一个工作是建立空间数据索引。

这种扩展方式的优点是支持通用的 DBMS，可跨数据库平台，与特定 GIS 平台结合紧密；缺点是空间操作和处理无法在数据库内核中实现，数据模型较为复杂，不易实现数据共享与互操作。

（2）DBMS 软件商自己对 DBMS 进行扩展，使之能直接存储和管理空间数据，如 Oracle、DB2、Informix、SQL Server 2008 及更高版本、PostgreSQL（PostGIS）等都推出了空间数据管理的扩展模块。这种扩展方式是空间数据的管理与通用数据库系统融为一体，空间数据按二进制或对象存取，可在数据库内核中实现空间操作和处理。

GIS 软件可直接调用空间数据管理函数进行数据管理，这样一方面减少了开发的工作量，保证了系统的稳定性和空间数据的共享性，不同的 GIS 软件采用同一个空间数据库管理系统，原理上说可以进行实时共享和互操作。另一方面，数据库厂商技术实力雄厚，开发的空间数据管理模块效率高，而且能跟随数据库主流技术同步发展。

#### 1.2.2.4　SDBMS 与 GIS 的关系

从 GIS 的基本功能来看，其侧重点在于以下几个方面：

（1）空间数据的采集与编辑；

（2）空间数据处理与变换；

（3）空间查询：属性查询、空间位置空间关系查询等；

（4）空间分析：缓冲区分析、叠置分析、网络分析、数字地形分析、水文分析、空间统计分析等；

（5）空间数据的可视化及制图信息产品的生产。

空间数据库管理系统（SDBMS）的侧重点是空间数据的高效存储管理，具体包括以下几个方面：

（1）空间数据存储与管理；

（2）空间数据类型和空间关系的定义和描述；

（3）空间操作算子；

（4）空间索引；

（5）空间数据查询语言及空间查询优化；

（6）几何完整性及空间关系完整性约束；

（7）空间数据长事务管理。

GIS 使用 SDBMS 存储、查询、共享空间数据。GIS 功能的发挥依赖于存储在空间数据库或数据文件中的空间数据，GIS 作为 SDBMS 的前端，在 GIS 对空间数据进行分析之前，先通过 SDBMS 访问这些数据，一个好的 SDBMS 可以大大提高 GIS 的效率。任何一个大中型的 GIS 工程项目都是 SDBMS 与 GIS 的集成应用。从更广义角度讲，空间数据库是 GIS

的重要组成部分。

空间数据库不仅可以应用于 GIS 领域，同时还可以用于 CAD、超大规模集成电路（VLSI）、多媒体、人体三维模型、医学、生物学（如蛋白质结构）等诸多领域。

## 1.3　空间数据存储管理方式的演变

空间数据存储管理方式随计算机技术的发展不断演变，在数据库技术出现之前采用基于文件管理的方式；数据库技术出现之后，有的系统采用文件与关系数据库混合管理模式，有的采用全关系型空间数据库管理模式；随着面向对象技术与数据库技术的结合，基于对象－关系的空间数据管理系统成为空间数据管理的主流；尽管面向对象空间数据模型及实现系统提出早，但由于面向对象数据库管理系统价格昂贵且技术还不够成熟，在 GIS 领域不太通用，未能成为商业主流；随着云计算、物联网、大数据技术的出现，空间大数据的存储管理已经成为 GIS 领域研究的热点之一。

### 1.3.1　基于文件管理方式

20 世纪 60 年代中期，数据库技术还不是很成熟，GIS 应用采用文件系统存储空间数据，每个 GIS 应用都对应自己的空间和属性数据文件，当多个应用需要访问的数据有相同部分时，可以提出来作为公共数据文件（见图 1-8）。

这种管理空间数据方式的缺点是：

（1）程序依赖于数据文件的存储结构，数据文件结构修改时，应用程序也随之需要修改。

（2）以文件形式共享，当多个程序共享一数据文件时，文件的修改，需得到所有应用的许可。不能达到真正的共享，即数据项、记录项的共享。

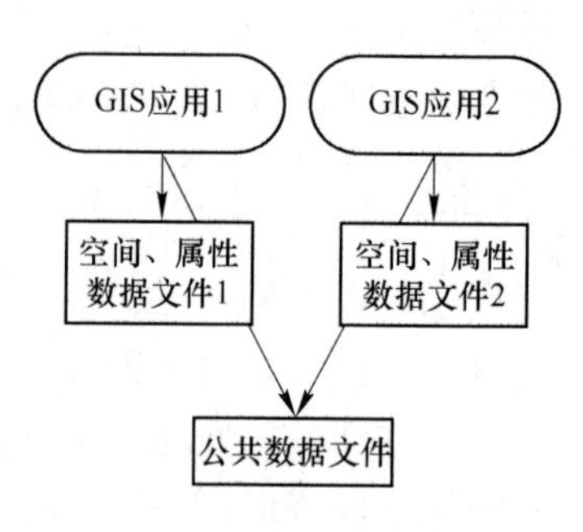


图 1-8　基于文件管理的方式

### 1.3.2　文件与关系数据库混合管理系统

20 世纪 70 年代初期，关系数据库技术不断成熟。但由于空间数据具有的特征，市场上通用的关系数据库管理系统难以满足要求。因而，早期大部分 GIS 软件采用混合管理的模式，即用文件系统管理几何图形数据，用商用关系数据库管理系统管理属性数据，它们之间的联系通过目标标识 OID 或者内部连接码进行连接，如图 1-9 所示。

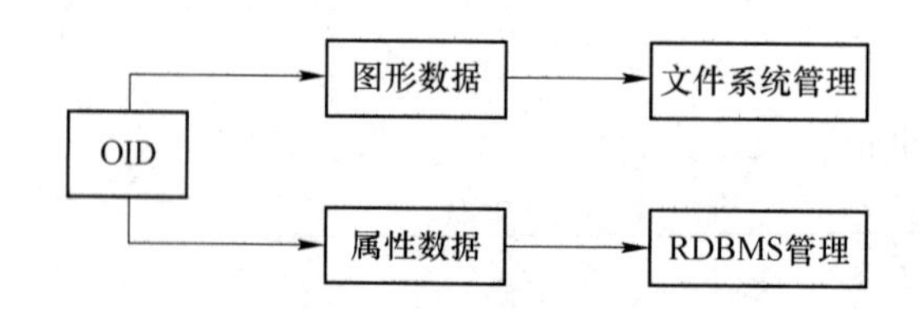


图 1-9　文件与关系数据库混合管理方式

在这种管理模式中，几何图形数据与属性数据除它们的 OID 作为连接关键字以外，几乎是两者独立地组织、管理和检索。

### 1.3.3　全关系型空间数据库管理系统

20 世纪 70 年代后期，关系数据库技术的进一步发展，使得几何图形和属性数据都用关系数据库管理系统管理成为可能。

使用 RDBMS 管理图形数据有两种模式：

（1）基于关系模型的方式：属性数据、坐标数据都按关系数据模型组织，两者通过公共的 OID 进行连接，如表 1-1 和表 1-2 所示。当要同时查询一个对象的坐标数据和属性数据，需要在两个表之间进行大量的关系连接运算，这些连接运算非常费时，效率低下。

**表 1-1　空间对象属性关系表**

| OID | 属性 1 | …… | 属性 $n$ |
|---|---|---|---|
|  |  |  |  |
|  |  |  |  |
|  |  |  |  |

**表 1-2　空间对象坐标关系表**

| OID | $x$ | $y$ |
|---|---|---|
|  |  |  |
|  |  |  |
|  |  |  |

（2）将图形数据处理成二进制字段（如 BLOB）的管理方式：目前大部分关系数据库管理系统都提供了二进制块的字段类型，以适应管理多媒体数据或可变长文本字符。GIS 利用这种功能，通常把图形的坐标数据，当作一个二进制块，交由关系数据库管理系统进行存储和管理。这种存储方式，虽然省去了前面所述的大量关系连接操作，但是二进制块的读写效率要比定长的属性字段慢得多。如图 1-10a 所示。

利用商用 RDBMS 管理空间数据存在两种模式：

（1）GIS 软件商在纯关系数据库管理系统基础上，开发一个空间数据管理的引擎（如 ArcSDE），利用关系数据库提供的 BLOB 字段，存储二进制的坐标数据。

一个空间对象存为一条记录，一部分是定长字段存储属性数据，一部分是变长字段 BLOB 存储矢量图形数据。存储 BLOB 字段的二进制坐标数据是一个黑箱，具体的数据结构和解释由各 GIS 软件解决。这样不同的 GIS 软件虽然都采用同一个关系数据库管理系统管理图形和属性数据，但是，不同软件之间的数据还是不能进行共享和互操作的。

GIS 软件商开发空间数据管理引擎的另一个工作是建立空间数据索引：如四叉树、R 树索引等。

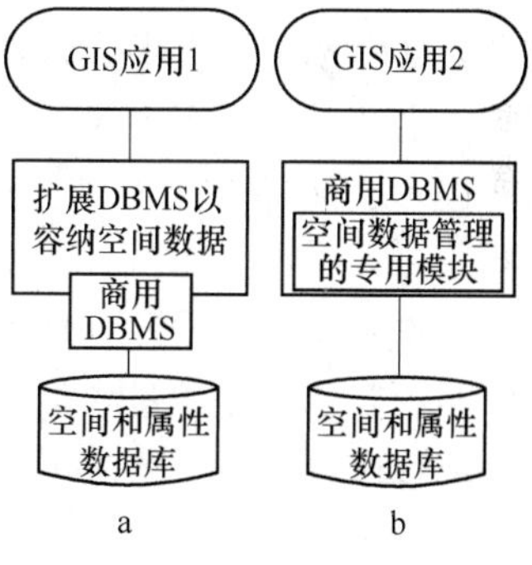

图 1-10　全关系型和对象－关系空间数据库管理系统
a—全关系型空间数据库管理系统；
b—对象－关系数据库管理系统

（2）直接采用关系数据库厂商提供的空间数据管理引擎，如 Oracle、DB2、Informix 等都有自己的空间数据管理模块，它的基本原理与前面类似。用 BLOB 字段存储空间目标的坐标，用四叉树或 R 树建立空间索引。

### 1.3.4　面向对象空间数据库管理系统

20 世纪 80 年代末，随着数据库应用领域的扩大，CAD、CAM、GIS、图形处理等应用领域提出了新的数据库管理需求，要求模拟复杂对象及其行为。关系数据库管理系统很难适应这些新的需求，从而推动了将面向对象技术和数据库技术相结合，产生了面向对象数据库系统。面向对象数据库系统的主要特点是具有面向对象技术的封装性和继承性，提高了软件的可重用性。

面向对象模型（Object-Oriented Model）的基本思想就是以接近人类思维的方式将客观世界的一切实体或现象模型化为一系列对象。每一种对象都有各自的内部状态和行为，不同对象之间的相互联系和相互作用就构成了各种不同的面向对象系统。

面向对象模型最适合于空间数据的表达和管理，它不仅支持变长记录，而且支持对象的嵌套、信息的继承与聚集。面向对象的空间数据库管理系统允许用户定义对象和对象的数据结构以及它的操作。这样，我们可以将空间对象根据 GIS 的需要，定义出合适的数据结构和一组操作。这种空间数据结构可以是不带拓扑关系的面条数据结构，也可以是拓扑数据结构；当采用拓扑数据结构时，往往涉及对象的嵌套、对象的连接和对象与信息聚集。

当前已经推出了若干个面向对象数据库管理系统，也出现一些基于面向对象数据库管理系统的地理信息系统，但由于面向对象数据库管理系统还不够成熟，价格昂贵，目前在 GIS 领域还不太通用。相反，基于对象－关系的空间数据库管理系统是 GIS 空间数据管理的主流。

### 1.3.5　对象－关系数据库管理系统

20 世纪 90 年代，由于直接采用通用的关系数据库管理系统的效率不高，而非结构化的空间数据又十分重要，使用二进制字段存储非结构化数据效率不高。所以，软件厂商对关系数据库系统又提供了另外一种扩展方式，即将复杂的数据类型作为对象嵌入关系数据库中，定义了操纵点、线、面等空间对象的 API 函数。这些函数，将各种空间对象的数据结构进行了预先的定义，用户使用时必须满足它的数据结构要求。这种扩展后的数据库称为对象－关系数据库。

对象－关系数据库管理系统使用用户定义数据类型（UDT）的空间对象对传统 RDBMS 进行扩展，使之能够同时管理空间数据和属性数据，如图 1-10b 所示。这种扩展的空间对象管理模块主要解决了空间数据的变长记录的管理，效率要比前面所述的二进制块的管理高得多。

用户定义数据类型（UDT）是程序员为满足应用程序的需要而定义的数据存储对象。由于这些数据类型是由程序员定义的，因此 UDT 由数据库管理系统（DBMS）读取，然后使用 DBMS 原有的数据类型存储在数据库中。

Geodatabase 使用的所有 UDT 都可存储空间数据（矢量数据或栅格数据）。支持的 UDT 为：ST_Geometry，ST_Raster，PostGIS Geometry，SDO_Geometry（Oracle）、SDO_GeoRaster（Oracle），Microsoft SQL Server Geometry、Microsoft SQL Server Geography。

Geometry 扩展类型的实现模式使用 UDT（User Defined Type）扩展 SQL 的类型系统。

对象－关系数据库管理系统实现的方式有两种：

（1）一种是 GIS 软件商在传统 RDBMS 之上进行扩展，外加一个空间数据管理引擎 SDE，如 ERSI 公司的 ArcSDE，MapInfo 公司的 Spatial ware 等。

（2）另一种是数据库管理系统的软件商对自己的 RDBMS 进行扩展，使之能直接存储和管理矢量空间数据，如 Oracle、SQL Server、Informix 等都推出了空间数据管理的扩展模块。

对象 - 关系数据模型已经取代传统关系模型，成为 GIS 应用中构建数据库系统的主流技术。

### 1.3.6 空间大数据存储管理方式

随着云计算、互联网、物联网、对地观测技术的发展，空间大数据呈爆发式增长，空间大数据的存储管理已经成为 GIS 领域研究的热点之一。目前，空间大数据的存储管理方式主要有分布式文件系统和 NoSQL 数据库系统。

#### 1.3.6.1 分布式文件系统

分布式文件系统（Distributed File System）是一种通过网络实现文件在多台主机上进行分布式存储的文件系统，一般采用 Client/Server（客户端/服务器）模式。

2003 年，Google 研发的文件系统 GFS（Google file system），专门针对 Google 的页面搜索数据优化存储而设计的可扩展的分布式文件系统，适用于大规模计算机集群存储。

HDFS（Hadoop Distributed File System）是 GFS 的开源实现，采用主/从（Mater/Slave）体系结构，HDFS 集群拥有一个 NameNode 和若干个 DataNode。NameNode 管理文件系统的元数据，DataNode 存储实际的数据。HDFS 将每一个文件的数据进行分块存储（数据块的大小可以是：64MB、128MB、256MB 等），同时每一个数据块又保存有多个副本。HDFS 的主/从（Mater/Slave）体系结构如图 1-11 所示。

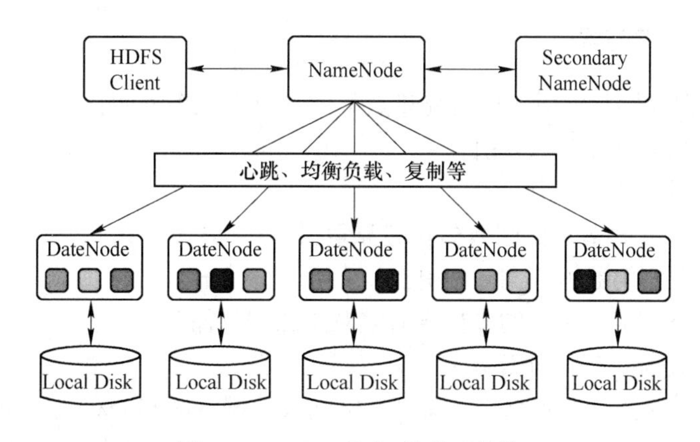


图 1-11 HDFS 的主/从体系结构

HDFS 的大数据文件分块是按照数据存储先后顺序进行的，并不适合空间大数据存储。空间大数据文件分块（分区，Partitioning）是按照地理要素的空间邻近来划分的，空间邻近的地理要素尽量划分到一个文件块或一个分区。空间数据分块或分区的主要方法有网格法、四叉树法、K - d 树法、R 树系列法、Z 曲线填充及 Hilbert 曲线填充法等。

#### 1.3.6.2 NoSQL 数据库

NoSQL 不仅仅是 No SQL，还是 Not only SQL，SQL 代表传统关系数据库。NoSQL 是指

非关系型、分布式、不保证遵循关系型数据库 ACID 原则的数据库的统称。NoSQL 特别适合半结构化、非结构化数据存储。

NoSQL 数据库数据存储类型多样，主要有四种：

（1）面向 Key-Value 存储，如 Redis、Berkeley DB、MemcacheDB 等；

（2）面向列存储，如 HBase、Cassandra 等；

（3）面向文档存储，如 MongoDB、CouchDB 等；

（4）面向图存储，如 Neo4J、FlockDB 等。

MongoDB 提供了基本的空间数据类型、空间数据操作和空间索引等功能，在空间大数据存储管理方面得到较广泛应用。

## 1.4　空间数据库主要研究内容

空间数据库的研究内容主要涉及：空间数据模型、空间数据存储与索引、空间查询语言及查询优化、空间数据库事务模型与分布式数据管理等方面。

### 1.4.1　空间数据模型

空间数据模型是关于地理空间中地理实体、地理现象及其相互间联系的组织形式，它为描述空间数据的组织和设计空间数据库模式提供基本方法。传统的关系模型不能够适应空间信息发展的需求，因此对于空间数据模型的研究一直是 GIS 领域的热点，先后出现过 CAD 数据模型、Coverage 模型、对象 - 关系模型、面向对象数据模型、NoSQL 数据模型、GML 数据模型、时空数据模型等。

### 1.4.2　空间数据存储与索引

目前空间数据存储与索引主要研究热点集中在以下几个方面：

（1）三维空间数据存储与索引。

（2）时空数据存储与索引。

（3）多尺度（分辨率）空间数据存储与索引。

（4）移动对象空间数据存储与索引。

（5）面向全空间信息系统的多粒度时空对象数据存储与索引。

（6）空间大数据的存储与索引。

空间大数据的存储管理研究热点集中在空间大数据分区和分布式空间索引。空间大数据分区与索引的主要方法有网格法、四叉树法、K - d 树法、R 树系列法、Z 曲线填充及 Hilbert 曲线填充法等。

### 1.4.3　空间查询语言及查询优化

空间查询是 GIS 常见的功能，通过界定条件，调用作用在数据库上的函数，返回满足条件的内容。目前 GIS 的空间查询主要有 4 种方式，分别是扩展关系数据库的查询语言（SQL）、可视化空间查询、超文本查询、自然语言查询。

目前主流的空间数据查询语言都是在 OGC SFA SQL 或 ISO SQL/MM Spatial 两大国际标准的基础上进行扩展的。

关系数据库系统的查询语言 SQL 是一种高级的非过程性语言，它减轻了用户选择存取路径的负担。用户只要提出“做什么（What）?”，不必指出“怎么做（How）”。用户不必关心查询的具体执行过程。由 DBMS 负责具体的查询处理和查询优化。

SQL 查询处理包括查询分析、查询检查、查询优化和查询执行四个步骤。对于一个给定的查询，通常会有许多种可能的执行策略，查询优化就是从众多策略中找出高效执行策略的处理过程。查询优化包括代数优化（关系代数表达式的优化）和物理优化（存取路径和底层操作算法的选择）。查询优化的依据有基于规则（Rule based）、基于代价（Cost based）和基于语义（Semantic based）。

SQL 查询优化度量很大程度上取决于 I/O 代价，可用的数据类型和对这些类型进行操作的函数相对来说都是易于计算的。SDBMS 中的空间查询既是 CPU 密集型又是 I/O 密集型的。空间查询处理通常采用过滤 - 精炼模式将 CPU 和 I/O 代价最小化。空间查询的构建包括：空间数据类型、空间操作算子和几何计算算法。

空间查询优化包括逻辑转换和基于代价的优化 2 个主要任务。逻辑转换的过程就是应用启发式规则，在可以生成的等价查询树中，过滤掉显然不是最终执行策略的查询树，尽量找到一个较优的执行策略。

空间数据库启发式规则：非空间选择和投影规则应朝着查询树叶节点的方向尽量逼近；非空间选择操作应该比空间选择操作更逼近叶节点；关系型有限原则，查询条件树中既有关系型谓词，也有空间型谓词，总是将关系型谓词放在空间型谓词的前面。

基于代价的优化，即动态规划，从一组执行计划中确定最优执行策略的技术。它的核心在于利用代价函数评估每个执行策略。一个较好的代价函数必须考虑以下因素：访问代价、存储代价、计算代价和通信代价。

### 1.4.4 空间数据库事务模型与分布式数据管理

事务（Transaction）是应用程序定义的对数据库执行操作的不可分割的工作单元。具体流程：启动事务，对数据库进行修改，事务被提交或回滚。一旦提交事务，则由该事务对数据库修改的变化将对其他用户和应用可见。事务中的操作要么全做，要么全不做；事务是数据库恢复和并发控制的基本单位。在关系数据库中，一个事务可以是一条或多条 SQL 语句，也可以包含一个或多个程序。

空间数据的编辑，有些可以在短时间内完成；但通常情况下，可能需要一两个小时移动、修改和添加数据来完成一个工作流。还有一些情况是一个事务需要几天甚至几个月来完成全部的编辑，如一个工程设计。尽管做了大量的修改，最后仍然需要作为一个单一的长事务提交。

传统 DBMS 的封锁机制不适合空间数据的长事务处理。ArcSDE Geodatabase 数据模型提供的版本机制允许多用户在长事务处理环境中同时编辑空间和属性数据，用户无须预先数据复制和锁定要素就可以直接编辑。这一数据模型提供了以下功能：创建和管理版本、注册和反注册要素类、检测各个版本之间的差异、协调及提交版本。ArcSDE Geodatabase 采用版本机制来管理空间数据的长事务处理。

# 2 空间数据模型

空间数据模型是GIS和空间数据库的理论基础，它一直是地理信息科学研究的基本问题。空间数据模型是人们对现实世界地理实体、现象以及它们之间相互关系的认识和理解，是现实世界在计算机中的抽象与表达，对海量空间数据的描述、组织、管理以及共享具有重要的作用。空间数据模型主要包括场（Field）模型和对象（Object）模型。场模型用于描述地理空间中连续分布的现象，如遥感影像、规则格网DEM、TIN、地形数据集等。对象模型用于描述地理空间中各种离散的地理实体。本章主要介绍空间数据模型的概念、常用的数据库数据模型，重点介绍空间数据类型及空间操作、空间数据完整性约束理论及技术。

## 2.1 空间数据模型概述

在数据库中用数据模型来抽象、表示和处理现实世界中的数据和信息。数据模型应满足三方面要求：(1) 能比较真实地模拟现实世界；(2) 容易为人所理解；(3) 便于在计算机上实现。

### 2.1.1 空间数据模型的三个层次

从数据库设计角度来看，数据模型分为三个层次：概念模型、逻辑模型和物理模型。

(1) 概念模型。概念模型（Conceptual Data Model）是关于实体及实体间联系的抽象概念集，是面向数据库用户的实现世界的模型，它按用户的观点对数据和信息建模，用于数据库概念设计。概念数据模型中不包括实体的属性，也不用定义实体的主键，与具体的DBMS无关，这是概念数据模型和逻辑数据模型的主要区别。

对于场模型、要素模型、网络模型等，它们的概念模型侧重点有所不同。

对于自然资源基础地理信息系统，其概念模型按《基础地理信息要素分类与代码GB 13923—2006》规定，要素类型按从属关系依次分为四级：大类（8大类）、中类（46个中类）、小类、子类。8个大类为：定位基础、水系、居民地及设施、交通、管线、境界与政区、地貌、植被与土质。如水系大类又分为：河流、沟渠、湖泊、水库、海洋要素、其他水系要素、水利及附属设施7个中类等等。

(2) 逻辑模型。逻辑模型（Logical Data Model）是根据概念数据模型确定的空间数据库信息内容（空间实体及相互关系），具体表达数据项、记录等之间的关系，是按计算机系统的观点对数据建模，是具体的DBMS所支持的数据模型。逻辑模型可以有若干不同的实现方法，如层次数据模型（Hierarchical Model）、网状数据模型（Network Model）、关系模型（Relational Model）、半结构化模型（Semi-Structured Model，如XML/GML模型）、面向对象数据模型（Object Oriented Model）、对象关系模型（Object Relational Model）等。

概念数据模型必须换成逻辑数据模型，才能在 DBMS 中实现。

（3）物理模型。逻辑数据模型并不涉及最底层的物理实现细节，但计算机处理的是二进制数据，必须将其转换为物理数据模型。

物理模型（Physical Data Model）描述数据在存储设备上的存储方式和存取方法，是面向计算机物理表示的模型。它不但与具体的 DBMS 有关，而且还与操作系统和硬件有关。每一种逻辑数据模型在实现时都有其对应的物理数据模型。

空间数据库的物理数据模型包括空间数据的物理组织、空间存取方法（空间索引）、数据库总体存储结构等。

空间数据库的物理存储，可以采用按行存储或按列存储。

行存储，将数据按行的顺序存储。优点是在处理相同对象的两列或多列查询时能够取得较快的速度，同时可提高更新、插入和删除速度。缺点是操作时必须每次处理一整行，而不是只处理需要的列。

列存储，将数据按列的顺序存储。优点是在查询对象少数列的时候可以显著提高查询速度，因为不需要一行行去读取对照从而找到需要的列。缺点是在对象需要频繁执行多列更新、插入和删除时速度不及行存储。

### 2.1.2 空间数据模型的组成要素

数据模型是关于现实世界中实体及其相互间联系的组织形式，其所描述的内容包括三个部分：数据结构、数据操作和数据完整性约束。

空间数据模型是关于现实世界中地理实体及其相互间联系的组织形式，它为描述空间数据的组织和设计空间数据库模式提供基本方法。空间数据模型所描述的内容也包括三个部分：空间数据结构、空间数据操作和空间完整性约束。有关空间数据模型典型实例的详细内容请参阅本书第 3 章的内容。

（1）空间数据结构：空间数据结构主要描述空间数据的类型、内容、性质以及数据间的联系等。空间数据结构是空间数据模型的基础，空间数据操作和约束都建立在空间数据结构之上。不同的空间数据结构具有不同的操作和约束。空间数据结构是对系统静态特性的描述。

OGC 简单要素访问规范 SFA 定义了常用的空间数据类型，即几何类型，如 Point、MultiPoint、LineString、MultiLineString、Polygon、MultiPolygon 等。

地理空间的表达主要有矢量和栅格两种主要表达方式。空间数据结构也主要有矢量数据结构和栅格数据结构两大类。矢量数据结构主要有实体式、索引式、双重独立式、链状双重独立式和面向对象的数据结构等；栅格数据结构主要有链式编码、游程长度编码、块状编码、四叉树编码和八叉树编码数据结构等。

空间数据之间的空间关系主要有拓扑关系，OGC 简单要素访问规范 SFA 中定义的 8 种拓扑关系：Equals、Disjoint、Intersects、Touches、Crosses、Within、Contains 和 Overlaps。

（2）空间数据操作：空间数据操作主要描述对空间数据库中各种空间对象允许执行的操作及有关的操作规则。常规的数据操作类型主要包括查询和更新（包括插入、删除、修改）。空间数据模型对操作的定义包括操作的确切含义、操作符号、操作规则（如优先级）和实现操作的语言。空间数据操作是对系统动态特性的描述。

在OGC简单要素访问规范中，所定义的空间操作可分成三类：1）用于所有几何类型的基本操作；2）用于空间对象间拓扑关系的测试操作；3）用于空间分析的一般操作。

（3）空间数据完整性约束：空间数据完整性约束主要描述空间数据间的语法、词义联系、它们之间的制约和依存关系，以及空间数据动态变化的规则，以保证空间数据的正确、有效和相容。数据的完整性约束条件是一组完整性规则的集合；数据模型对完整性约束条件的定义主要包括：1）反映和规定本数据模型必须遵守的基本的通用的完整性约束条件，如在关系模型中，任何关系必须满足实体完整性和参照完整性两个条件。2）提供定义完整性约束条件的机制，以反映具体应用所涉及的数据必须遵守的特定语义约束条件。

空间数据完整性约束除了常规的数据库完整性约束外，还应包括几何完整性约束和空间关系完整性约束等。几何完整性约束主要包括线不能自相交、多边形不能自重叠等；空间关系完整性约束主要包括拓扑完整性约束（如相接、包含等）、语义完整性约束（如水域中不能存在陆地）和自定义完整性约束（如湖岸500m范围内的树木不能采伐）等。

## 2.2　常用的数据模型

数据模型是描述数据内容和数据之间联系的工具，它是衡量数据库能力强弱的主要标志之一。数据库设计的核心问题之一就是设计一个好的数据模型。目前在数据库领域，常用的数据模型有：层次模型、网状模型、关系模型以及面向对象模型。下面以两个简单的空间实体为例（见图2-1），简述这几种模型中的数据组织形式及其特点。

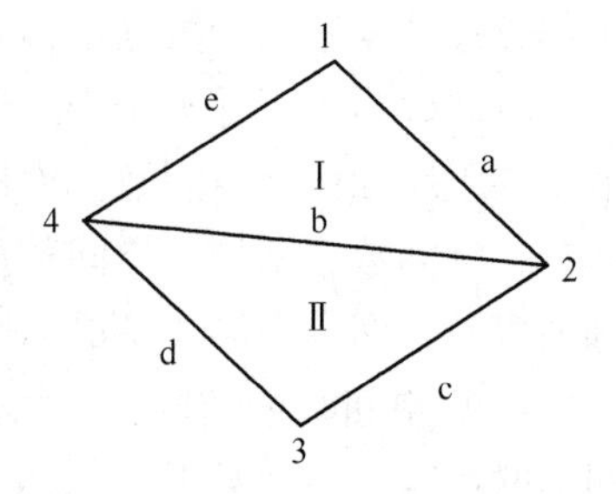

图2-1　数据模型描述例图

### 2.2.1　层次模型

层次模型是用树型结构来表达实体及实体间联系的模型。它将数据组织成一对多的关系，即一个父记录对应多个子记录，而一个子记录只对应一个父记录。其特点为：（1）有且仅有一个节点无双亲，这个节点即树的根；（2）其他节点有且仅有一个双亲。图2-1所示为多边形的图可以构造出如图2-2所示的层次模型。

层次数据模型特别适用于文献目录、土壤分类、部门机构等分级数据的组织。例如“国家→省（直辖市）→市→县→乡（镇）”分层区划图是一棵典型的有向树，其中“国家”是根节点，“省”及以下的行政区划单元都是子节点。这种数据模型的优点是层次关系清晰，检索路线明确。

层次模型反映了现实世界中实体间的层次关系，层次结构是众多空间对象的自然表达形式，并在一定程度上支持数据的重构。但层次模型存在的问题：（1）由于层次结构的

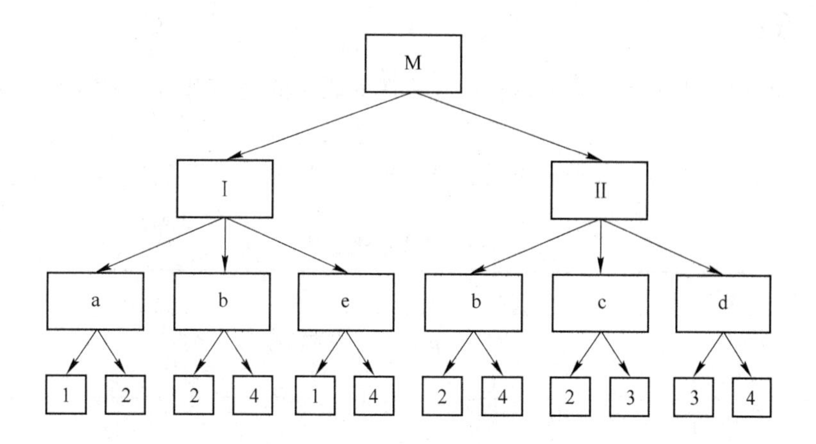


图 2-2 层次模型

严格限制，对任何对象的查询必须始于其所在层次结构的根，使得低层次对象的处理效率较低，并难以进行反向查询。数据的更新涉及许多指针，插入和删除操作也比较复杂。父结点的删除意味着其下属所有子结点均被删除，必须慎用删除操作。（2）层次模型不能表示多对多的联系。（3）在 GIS 中，若采用这种层次模型将难以顾及公共点、线数据共享和实体元素间的拓扑关系，导致数据冗余度增加，也给查询带来不便。

### 2.2.2 网状模型

网状模型是用网状结构来表达实体及实体间联系的模型，它将数据组织成多对多的联系。在此模型中，一个子记录可以有多个父记录。图 2-3 是图 2-1 的网状模型表达。网状模型在一定程度上支持数据的重构，具有一定的数据独立性和共享特性，并且运行效率较高。但网状结构的复杂，增加了用户查询和定位的困难，它要求用户熟悉数据的逻辑结构，知道自身所处的位置。

在基于矢量的 GIS 中，图形数据通常采用拓扑数据模型，这种模型非常类似于网络模型，但拓扑模型一般采用目标标识来代替网络连接的指针。

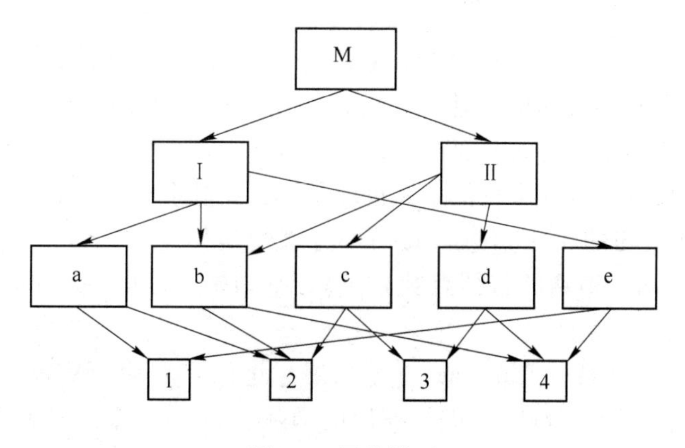


图 2-3 网状模型

### 2.2.3　关系模型

关系模型是用二维关系表来表达实体及实体间联系的模型，它将数据组织成规范化的关系表格。一个实体由一个或多个关系组成，关系表的集合就构成了关系模型。图 2-1 所示的多边形地图，可用表 2-1 所示的关系表示多边形与边界及节点之间的关系。

**表 2-1　关系模型表达**

| 关系表 1：边界关系 | | | 关系表 2：边界 - 节点关系 | | | 关系表 3：节点坐标关系 | | |
|---|---|---|---|---|---|---|---|---|
| 多边形边号（P） | 边号（E） | 边长（L） | 边号（E） | 起节点号（SN） | 终节点号（EN） | 节点号（N） | X | Y |
| Ⅰ | a | 30 | a | 1 | 2 | 1 | 19.8 | 34.2 |
| Ⅰ | b | 40 | b | 2 | 4 | 2 | 38.6 | 25.0 |
| Ⅰ | e | 30 | c | 2 | 3 | 3 | 26.7 | 8.2 |
| Ⅱ | b | 40 | d | 3 | 4 | 4 | 9.5 | 15.7 |
| Ⅱ | c | 25 | e | 4 | 1 | | | |
| Ⅱ | d | 28 | | | | | | |

关系模型中实体之间的联系不用指针表示，而是由数据本身通过公共值隐含地表达，并且用关系代数和关系运算来操作。关系模型具有结构简单灵活、数据修改和更新方便、容易维护和理解等优点，是当前数据库中最常用的数据模型。

关系数据模型的优点为：

（1）能够以简单、灵活的方式表达现实世界中各种实体及其相互间关系，使用与维护也很方便。（2）关系模型具有严密的数学基础和操作代数基础，如关系代数、关系演算等，可将关系分开，或将两个关系合并，使数据的操纵具有高度的灵活性。

关系模型的缺点有：（1）实现效率不够高；（2）描述对象语义的能力较弱；（3）不能直接支持层次结构；（4）模型的可扩充性较差；（5）模拟和操纵复杂对象的能力较弱。

### 2.2.4　半结构化模型（GML 数据模型）

关系模型属结构化模型，一旦表结构定义好了，所有记录的结构相同，即字段数相同、表结构固定。但有些实体的描述、表达使用结构化模型不一定恰当，如一本书的作者，有的只有一个或两个，有的有上十个；又如道路的矢量表达，有的可能需要几十个特征点，有的可能需要成千上万个特征点，也就是说，在关系数据库中，如果用一条记录来存储一本书或一条道路的相关信息，有一部分属性是固定的，有一部分属性是变长的（如这里的书的作者数、道路的特征点数），属于半结构化数据。对于这些半结构化数据更适合使用 XML 模型来表达。

XML（Extensible Markup Language，可扩展标记语言）由万维网联盟（World Wide Web）制定的用于对网络传输信息进行编码的国际标准，可以用来标记数据、定义数据类型，是一种允许用户对自己的标记语言进行定义的元语言。与二进制编码和文本编码方式相比，XML 具有更优的数据完整性保障机制和良好的可扩展性特征，并与 XML Schema、XPointer、Xlink、SVG、WSDL、SOAP 等技术完美融合，形成了完整的 XML 技术体系。

一般来说，XML 数据模型由 XML 数据文档（数据部分）和 XML 文档结构定义（XML 模式——XML Schema）两部分组成。XML 模式定义了 XML 文档的数据结构，并对 XML 文档的有效性进行了验证。

为了说明 XML 模式及其实例文档，例 2-1 和例 2-2 分别为描述书的基本信息的 XML 模式 BooksXMLSchema. xsd 及其对应的实例文档。

**【例 2-1】** 描述书的基本信息的 XML 模式（BooksXMLSchema. xsd）：

```
<? xml version ="1.0" encoding ="utf-8"? >
<xsd:schema id ="BooksXMLSchema"
  targetNamespace ="http://tempuri.org/BooksXMLSchema.xsd"
  elementFormDefault ="qualified"
  xmlns ="http://tempuri.org/BooksXMLSchema.xsd"
  xmlns:mstns ="http://tempuri.org/BooksXMLSchema.xsd"
  xmlns:xsd ="http://www.w3.org/2001/XMLSchema">
<xsd:element name ="BookStore">
<xsd:complexType>
<xsd:sequence>
<xsd:element ref ="Book" maxOccurs ="unbounded"/>
</xsd:sequence>
</xsd:complexType>
</xsd:element>
<xsd:element name ="Book">
<xsd:complexType>
<xsd:sequence>
<xsd:element ref ="Title"/>
<xsd:element ref ="Author" maxOccurs ="unbounded"/>
<xsd:element ref ="Date"/>
<xsd:element ref ="ISBN"/>
<xsd:element ref ="Publisher"/>
</xsd:sequence>
</xsd:complexType>
</xsd:element>
<xsd:element name ="Title" type ="xsd:string"/>
<xsd:element name ="Author" type ="xsd:string"/>
<xsd:element name ="Date" type ="xsd:date"/>
<xsd:element name ="ISBN" type ="xsd:string"/>
<xsd:element name ="Publisher" type ="xsd:string"/>
</xsd:schema>
```

**【例 2-2】**　描述书的基本信息的 XML 实例文档（BooksXML. xml）：

```
<?xml version="1.0" encoding="utf-8"?>
<BookStore xmlns="http://tempuri.org/BooksXMLSchema.xsd">
<Book>
<Title>GML空间数据库理论及GMLGIS</Title>
<Author>兰小机</Author>
<Date>2010-11-01</Date>
<ISBN>978-7-116-06940-4</ISBN>
<Publisher>地质出版社</Publisher>
</Book>
<Book>
<Title>基于ArcObjects与C#.NET的GIS应用开发</Title>
<Author>兰小机</Author>
<Author>刘德儿</Author>
<Author>魏瑞娟</Author>
<Date>2011-12-01</Date>
<ISBN>978-7-5024-5802-7</ISBN>
<Publisher>冶金工业出版社</Publisher>
</Book>
</BookStore>
```

GML 是 OGC 制定的基于 XML 技术的中立于任何厂商、任何平台的地理信息编码规范，用于地理信息的传输、存储和发布。它建立在 W3C 系列标准之上，以一种互联网上容易共享的方式来描述、表达地理对象的空间和非空间属性。GML 提供了各种不同类型的对象来描述现实世界中的地理现象，包括地理要素（Feature）、几何（Geometry）、拓扑（Topology）、时态（Time）及动态要素（Dynamic feature）、空间参考（Spatial reference）、测量单位（Units of measure）等。

GML 规范定义了 XML 模式（Shema）的语法、机理（mechanism）和惯例，提供了一种开放的、中立于任何厂商的框架用于定义地理空间应用模式和对象；允许配置（Profile）支持有 GML 框架描述能力的适当的子集；支持特定领域及信息团体的地理空间应用模式描述；支持相关地理应用模式和数据集的创建和维护；支持应用模式和数据集的存储和传输；增强了实现共享地理应用模式及其描述信息的能力。

GML 作为一个“开放的”标准，并没有强制用户使用固定的 XML 标签，而是提供了一套核心模式和公共的数据模型，以及用户创建应用模式的机制，使用 GML 模型及其模式组件，用户可以灵活定义自己的应用模式。

GML 是第一个被 GIS 界广泛接受的元标记语言，在这之前开发的各种用于存储和交换地理信息的文件格式或标准，由于缺少相应的支持工具，而没有被广泛接受。GML 一个重要优势就是它能够让开发者或用户非常灵活地使用已被广泛接受的 XML 技术，它是建立在 XML、XML Schema、XLink 和 XPointer 基础之上，GML 数据能够很容易地与非空间数据集成使用。GML 使用 XML 对空间数据进行编码，为开发商和用户提供了一种开放的、中立于任何厂商的空间数据建模框架，使地理信息能够在不同领域、不同部门进行语义共享。GML 数据模型较之于传统数据模型具有明显的优势。

GML 不是单一的，它由 GML 核心模式、GML 应用模式（GML Application Schema）和 GML 实例文档（GML 数据文件）三个部分组成，它们之间的关系如图 2-4 所示。GML 核心模式是由 OGC 定义的；GML 应用模式是用户根据 GML 核心模式定义的；GML 实例文档由数据生产者提供，其内容和结构必须符合 GML 应用模式。

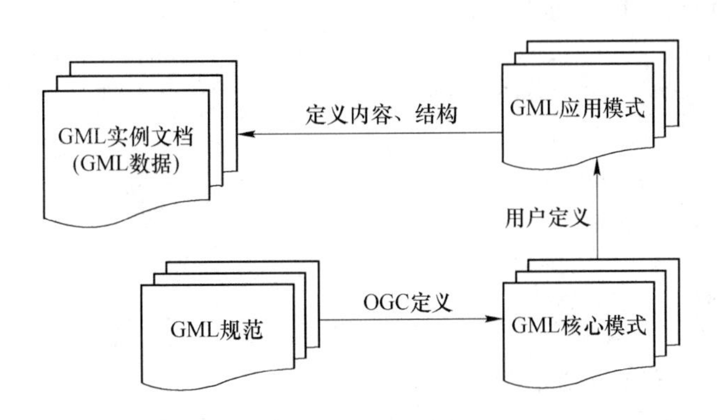


图 2-4 GML 的组成及其之间的关系

GML 规范通过层次结构的 GML 对象定义了不同类型的实体，如要素、几何、拓扑等。GML 规范提供了一系列的 XML 模式来描述空间数据，这些模式包括：要素模式、几何模式、拓扑模式、值（Value）模式、Coverage 模式、时态（Temporal）模式、坐标参考系（Coordinate Reference System）模式、样式描述（Style Descriptor）模式、观测（Observation）模式、定义（Definition）模式和 XLink 模式。这些模式定义了构建地理要素的基本组件，而没有也不可能提供具体要素如道路、河流、建筑物等的定义，GML 的作用是提供一种机制让用户来定义这些具体的地理要素。使用 GML 模型及其模式组件，用户可以在自己的应用模式（GML Application Schema）中定义其问题领域中的地理要素。

为了说明 GML 模式及其实例文档，例 2-3 和例 2-4 分别为道路描述模式 exampleRoad. xsd 及其对应的实例文档。

**【例 2-3】** 道路描述模式 exampleRoad. xsd：

```
<?xml version="1.0" encoding="UTF-8"?>
<schema targetNamespace="http://www.opengis.net/examples" xmlns:ex="http://www.opengis.net/examples" xmlns:xlink="http://www.w3.org/1999/xlink" xmlns:gml="http://www.opengis.net/gml" xmlns="http://www.w3.org/2001/XMLSchema" elementFormDefault="qualified" version="0.0">
<import namespace="http://www.opengis.net/gml" schemaLocation="../../base/feature.xsd"/>
<element name="RoadInfrastructure" type="ex:RoadInfrastructureType" substitutionGroup="gml:FeatureCollection"/>
<element name="Road" type="ex:RoadType" substitutionGroup="gml:_Feature"/>
```

```
< element name =" Bridge " type =" ex:BridgeType " substitutionGroup =" gml:_Feature "/ >
< complexType name =" RoadInfrastructureType " >
< complexContent >
< extension base =" gml:FeatureCollectionType "/ >
< /complexContent >
< /complexType >
< complexType name =" RoadType " >
< complexContent >
< extension base =" gml:AbstractFeatureType " >
< sequence >
< element ref =" gml:curveProperty "/ >
< /sequence >
< /extension >
< /complexContent >
< /complexType >
< complexType name =" BridgeType " >
< complexContent >
< extension base =" gml:AbstractFeatureType " >
< sequence >
< element ref =" gml:curveProperty "/ >
< /sequence >
< /extension >
< /complexContent >
< /complexType >
< /schema >
```

**【例 2-4】**　模式 exampleRoad. xsd 对应的实例文档 exampleRoad. xml:

```
< ? xml version =" 1. 0 " encoding =" UTF - 8 "? >
< ex: RoadInfrastructure xmlns: ex = " http://www. opengis. net/examples " xmlns = " http://
www. opengis. net/gml " xmlns: gml = " http://www. opengis. net/gml " xmlns: xlink = " http://
www. w3. org/1999/xlink " xmlns:xsi =" http://www. w3. org/2001/XMLSchema - instance " xsi:sche-
maLocation =" http://www. opengis. net/examples exampleRoad. xsd " >
< description > Example of a road and a bridge sharing geometry. The geometry of the road uses different
interpolations. < /description >
< boundedBy >
< Envelope srsName =" somelistofcrs. xml#1234 " >
< pos >0 0 < /pos >
< pos >50 50 < /pos >
< /Envelope >
< /boundedBy >
```

```
< featureMember >
< ex:Road gml:id =" r1 ">
< curveProperty >
< CompositeCurve srsName =" somelistofcrs. xml#1234 ">
< curveMember >
< Curve gml:id =" c101 ">
< segments >
< LineStringSegment >
< coordinates > ... </coordinates >
</LineStringSegment >
< CubicSpline >
< coordinates > ... </coordinates >
< vectorAtStart > 1 0 </vectorAtStart >
< vectorAtEnd > 1 0 </vectorAtEnd >
</CubicSpline >
</segments >
</Curve >
</curveMember >
< curveMember >
< LineString gml:id =" c102 ">
< coordinates > ... </coordinates >
</LineString >
</curveMember >
< curveMember >
< Curve gml:id =" c103 ">
< segments >
< CubicSpline >
< coordinates > ... </coordinates >
< vectorAtStart > 1 0 </vectorAtStart >
< vectorAtEnd > 1 0 </vectorAtEnd >
</CubicSpline >
< LineStringSegment >
< coordinates > ... </coordinates >
</LineStringSegment >
</segments >
</Curve >
</curveMember >
</CompositeCurve >
</curveProperty >
</ex:Road >
</featureMember >
```

```
<featureMember>
<ex:Bridge gml:id="br1">
<curveProperty xlink:href="#c102"/>
</ex:Bridge>
</featureMember>
</ex:RoadInfrastructure>
```

有关 GML 数据模型的详细内容请参阅文献《GML 空间数据库理论及 GMLGIS》。

### 2.2.5 面向对象数据模型

面向对象模型（Object-Oriented Model）的基本思想就是以接近人类思维的方式将客观世界的一切实体或现象模型化为一系列对象。每一种对象都有各自的内部状态和行为，不同对象之间的相互联系和相互作用就构成了各种不同的面向对象系统。由于空间数据的特殊性，传统的数据库模型和数据库管理系统并不是完全适合空间数据的存储管理。面向对象的数据模型比较适合空间数据的存储与管理。

#### 2.2.5.1 传统 DBMS 存储空间数据存在的问题

由于空间数据的特殊性，传统的数据库模型和数据库管理系统并不是完全适合空间数据的存储管理，主要存在以下问题：

（1）空间数据记录是变长的，而传统的关系模型只存储定长记录；

（2）空间数据的表达需要相应的空间数据类型，传统的 DBMS 难以支持；

（3）对空间数据的关联、连通、包含、叠加等基本操作，关系模型一般都难以实现；

（4）传统 DBMS 的 B 或 B + 树索引，对空间数据索引效率低下；

（5）GIS 数据需要更复杂的安全维护、数据完整性（如几何、空间关系完整性）维护，一般的 DBMS 难以保证；

（6）传统的封锁机制，不能满足空间数据的长事务处理。

#### 2.2.5.2 面向对象模型中的基本概念

（1）对象（Object）。含有数据和操作方法的独立模块，可以认为是数据和行为的统一体。如一个城市、一棵树均可作为地理对象。对于一个对象，应具有如下特征：

1）具有一个唯一的标识，以表明其存在的独立性；

2）具有一组描述特征的属性，以表明其在某一时刻的状态；

3）具有一组表示行为的操作方法，用以改变对象的状态。

（2）类（Class）。共享同一属性集和方法集的所有对象的集合构成类。从一组对象中抽象出公共的属性和方法，并将它们保存在一类中，是面向对象的核心内容。如河流均具有共性，如名称、长度、流域面积等，以及相同的操作方法，如查询、计算长度、求流域面积等，因而可抽象为河流类。被抽象的对象，称为实例，如长江、黄河等。

（3）封装（Encapsulation）。封装是指将方法与数据放于一对象中，以使对数据的操作只可通过该对象本身的方法来进行。对象是一个封装好的独立模块。封装是一种信息隐蔽技术，封装的目的在于将对象的使用者和对象的设计者分开，用户只能见到对象封装界面上的信息，对象内部对用户是隐蔽的。一个对象的内部状态不受外界的影响，其内部状态的改变也不影响其他对象的内部状态。封装本身即模块化，把定义模块和实现模块分开，就使得用面向对象技术开发或设计的软件的可维护性、可修改性大为改善。

（4）继承（Inheritance）。一类对象可继承另一类对象的特性和能力，子类继承父类的共性，继承不仅可以把父类的特征传给中间子类，还可以向下传给中间子类的子类。它服务于概括。继承机制减少代码冗余，减少相互间的接口和界面。

继承有单重继承和多重继承之分。单重继承是指某个子类仅继承一个直接的父类；多重继承允许子类从多个父类直接继承，多重继承允许几个父类的属性和操作传给一个子类。

（5）多态（Polymorphism）。多态是指同一消息被不同对象接收时，可解释为不同的含义。因此，可以发送更一般的消息，把实现的细节都留给接收消息的对象。即相同的操作可作用于多种类型的对象，并能获得不同的结果。

#### 2.2.5.3 面向对象的核心技术

（1）分类。类是具有相同属性结构和操作方法的对象的抽象。分类是把一组具有相同属性结构和操作方法的对象归纳或映射为一个公共类的过程。对象和类的关系是“实例”（instance-of）的关系。

城市基础地理信息要素分为八大类：1）定位基础；2）水系；3）居民地及设施；4）交通；5）管线；6）境界及政区；7）地貌；8）植被与土质。每一大类又分为若干个中类，如交通大类划分为九个中类：铁路、城际公路、城市道路、乡村道路、道路构造物及附属设施、水运设施、航道、空运设施和其他交通设施。

（2）概括。概括是将具有公共特征和操作的类再抽象为一个更高层次、更具一般性的超类的过程。一个类可能是超类的子类，也可是几个子类的超类，概括可能有任意多层次。子类与超类的关系是 is-a 的关系。

概括技术的采用避免了说明和存储上的大量冗余，因为住宅地址、门牌号、电话号码等是“住宅”类的实例（属性），同时也是它的超类“建筑物”的实例（属性）。

从超类的属性和操作中获取子类对象的属性和操作需要继承机制。

（3）聚集。聚集是将几个不同类的对象组合成一个更高级的复合对象的过程。“部分”或“成分”是复合对象的组成部分。例如房子从某种意义上说是一个复合对象，它是由墙、门、窗和房顶组成的。“成分”与“复合对象”的关系是“部分”（parts—of）的关系。

（4）联合。联合是将同一类对象中的几个具有部分相同属性值的对象组合起来，形成一个更高水平的集合对象的过程。“集合对象”描述由联合而构成的更高水平的对象，有联合关系的对象称为成员。例如一个县是由若干个乡镇联合而成。“成员”与“集合对象”的关系是“成员”（member—of）的关系。

面向对象空间数据模型的详细内容请参阅本书第 3 章的内容。

### 2.2.6　典型的空间数据模型

从 GIS 软件发展历史来看，每一种全新的 GIS 产品的推出都对应一种新的空间数据模型，如 ESRI 公司的 GIS 软件产品，Arc/Info 对应 Coverage 数据模型，ArcView 对应 Shapefile 数据模型，ArcGIS 对应 Geodatabase 数据模型。Coverage 和 Shapefile 模型属于地理关系数据模型，而 Geodatabase 模型属于面向对象的数据模型。典型的空间数据模型有 CAD 数据模型、地理关系数据模型、面向对象数据模型。

#### 2.2.6.1　CAD 数据模型

第一代空间数据模型（CAD 数据模型）起源于 20 世纪 60 ~ 70 年代通用 CAD 软件。CAD 数据模型用二进制文件存储空间数据，用点、线描述空间实体，几何要素与相关的颜色、线型等属性存放在一起，而图层和注记则是它对属性的主要表达方式。

CAD 数据模型不能完全表达空间对象的属性信息，也不能建立拓扑关系或进行空间分析。空间数据不存贮在数据库中，并且缺乏对属性数据的支持是 CAD 数据模型给 GIS 软件开发和数据共享带来的主要困难。尽管 CAD 数据模型在地理信息表达方面存在很多不足，但是在制图领域一直有着长足的发展，如著名的制图软件 AutoCAD。随着 GIS 的快速发展，GIS 中的 CAD 数据模型很快被其他的数据模型所取代。

#### 2.2.6.2　简单要素数据模型

简单要素数据模型是一种基于地理实体的数据模型，以地理实体（简单的点、线、面）为基本单位进行数据组织和空间表达的，在存储坐标时是各对象独立存储，不依赖其他对象，实体间共有的公共点和公共边重复存贮，不存储拓扑信息，数据冗余度较大。简单要素数据模型的优点主要有数据结构简单，系统设计、查询检索与实现比较容易；整体性强，便于操作，系统维护和扩充方便；实体管理、修改方便。

由于简单要素模型在设计上比较简单，且容易实现，能够满足大多数的应用需求，因此被广泛应用于各类 GIS 系统中。其中 ESRI 的 Shapefile 数据模型是简单要素数据模型的典型代表。Shapefile 是一种非拓扑的地理关系模型。

Shapefile 是 ESRI 公司 20 世纪 90 年代推出的针对微机的 ArcView GIS 的本原数据格式。Shapefile 是一种用于存储地理要素的几何位置和属性信息的非拓扑简单格式。Shapefile 中的地理要素可通过点、线或面（区域）来表示。Shapefile 的工作空间还可以包含 dBASE 表，它们用于存储可连接到 Shapefile 的要素的附加属性。Shapefile 表达简单要素类，用点、线、多边形存储要素的形状，却不能存储拓扑关系，具有简单、快速显示的优点。一个 Shapefile 是由若干文件组成，空间信息和属性信息分离存储。

每个 Shapefile 都至少由三个文件组成，这些文件是：

.shp：用于存储要素几何的主文件；必需文件。

.shx：用于存储要素几何索引（MBR）；必需文件。

.dbf：用于存储要素属性信息的 dBASE 表；必需文件。几何与属性是一对一关系，这种关系基于记录编号。dBASE 文件中的属性记录必须与主文件中的记录采用相同的顺序。

以上三个文件是一个 Shapefile 的基本文件，还有其他一些可选文件。

一个 Shapefile 的所有组成文件必须位于同一工作空间内，且所有文件必须具有相同的前缀，例如，roads. shp、roads. shx 和 roads. dbf。组成 Shapefile 的每个文件均被限制为不超过 2GB。因此，. dbf 文件不能超过 2GB，. shp 文件也不能超过 2GB（只有这两个文件的容量会很大）。所有组成文件的总大小可以超过 2GB。

在 ArcCatalog（或任何 ArcGIS 应用程序）中查看 Shapefile 时，将仅能看到一个代表 Shapefile 的文件；但可以使用 Windows 资源管理器查看与 Shapefile 相关联的所有文件。当使用 ArcCatalog 对 shapefile 进行创建、移动、复制、删除或重命名等操作，或使用 ArcMap 对 Shapefile 进行编辑时，ArcGIS 将自动维护数据的完整性，将所有文件同步改变。

由于 20 世纪 90 年代地理信息技术的迅速发展以及 ArcView GIS 3. *x* 软件在世界范围内的推广，Shapefile 格式的数据使用非常广泛，数据来源也较多。很多软件都提供了向 Shapefile 转换的接口（如 MapInfo、MapGIS 等）。ArcGIS 支持对 Shapefile 的编辑操作，也支持 Shapefile 向第三代数据模型 Geodatabase 的转换。

#### 2.2.6.3 地理关系数据模型

空间数据由空间和属性两部分组成，空间部分描述地理要素的位置，而属性部分描述地理要素的相关特征。地理关系数据模型（Georelational Data Model）用两个独立的系统分别存储空间和属性数据：用图形文件存储空间数据（“地理”），用关系数据库存储属性数据（“关系”），它们之间通过地理实体的 OID 进行连接。其空间数据管理属于“文件与关系数据库混合管理模式”。

Coverage 数据模型源于 ESRI 公司于 1981 年推出的第一个商业 GIS 软件：ARC/INFO，该模型属于地理关系数据模型。ARC/INFO 采用一种混合数据模型定义和管理空间数据，其空间使用拓扑数据模型来表示，而属性数据则使用关系数据模型。

在 ARC/INFO 中，“ARC”是指用于定义地理实体空间位置和关系的拓扑数据结构，“Info”是指用于定义地理实体属性的表格数据（关系数据）结构，“ARC/INFO”则是两种混合数据模型及其处理过程的关系。

ARC/INFO 以 Coverage 作为矢量空间数据的基本存贮单元。Coverage 使用一组要素类来表示地理要素。每个要素类存储一组点、线（弧）、面或注记（文本）。Coverage 可以具有拓扑，用于确定要素间的关系。每个 Coverage 一般只描述一个专题的地理要素，如道路、河流、居民点或土壤单元等。

在 Coverage 中，主要用弧段、结点、标识点和多边形来表示点、线、面地理要素，除此之外，还有控制点、覆盖范围、注记和链，如图 2-5 所示。地理要素的位置信息用 XY 坐标表示，相互关系用拓扑结构表示，属性信息用二维关系表存储。

从文件管理的角度来看，一个 Coverage 就是包含存储地理实体信息的一组文件的一个目录。一组相关的 Coverage、INFO 数据库和其他数据文件一起构成 ARC/INFO 的工作空间（Workspace）。Coverage 模型的存储目录结构如图 2-6 所示，图中的工作空间包含 streams、

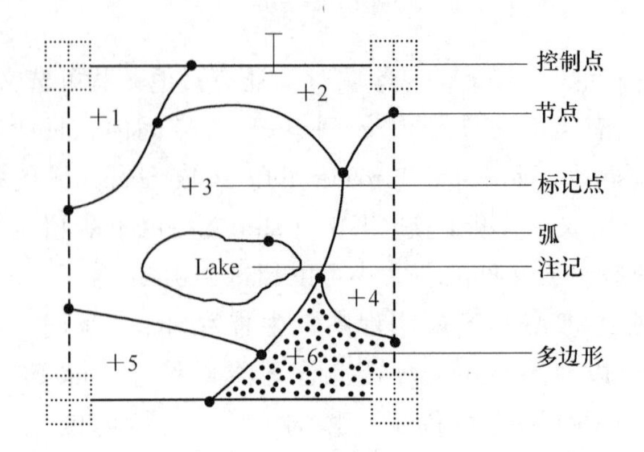


图 2-5　Coverage 数据模型中的要素类

soils、roads、sewers 等 Coverages，每个工作空间都有一个 INFO 属性数据库，存储在子目录 info 下。Coverage 目录中的每个 . adf 文件都与 info 文件夹中的一对 . dat 和 . nit 文件关联。Info 目录中的 arc. dir 文件用于追踪与 . adf 文件关联的那对 . nit 和 . dat 文件。

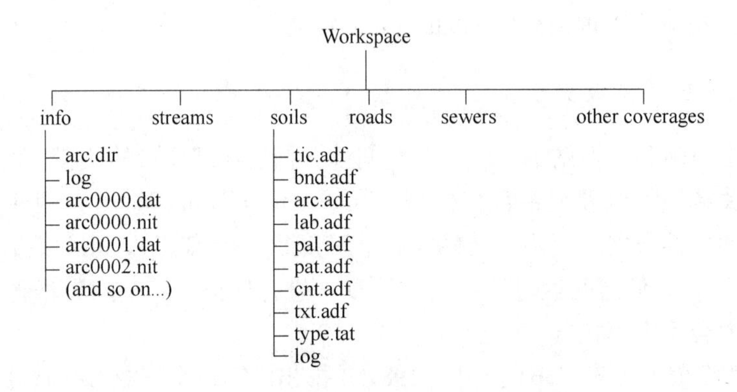


图 2-6　Coverage 模型的存储目录结构

Coverage 支持以下三种基本拓扑关系：

（1）连接性（Connectivity）：弧段间通过结点彼此连接；在弧段 - 结点数据结构中，弧段由两个端点定义：指示弧段起始位置的起始结点和指示弧段终止位置的终止结点。这被称为弧段 - 结点拓扑。

（2）面定义（Area definition）：由一系列相连的有序弧段定义面；在多边形 - 弧段数据结构中，多边形由一系列相连的有序弧段定义。这被称为多边形 - 弧段拓扑。

（3）邻接性（Contiguity）：弧段有方向性，且有左多边形和右多边形。该部分信息保存在弧段左、右多边形表中。

Coverage 主要的空间数据结构如下：

点数据结构：

结点坐标表：Nodes（NID，X，Y）

弧段数据结构：

弧段 - 结点关系表：ArcNodes（AID，From_Node，To_Node）

弧段坐标表：ArcCoordinates（AID，Points），Points 为连接弧段 AID 的结点坐标列表，

形如:(X1，Y1)(X2，Y2)……(Xn，Yn)。

多边形数据结构：

弧段左右多边形表：LeftRightPolygons（AID，LeftPolygon，RightPolygon）

多边形－弧段表：PloygonArcs（PID，Arcs），Arcs为组成多边形PID的弧段列表，形如：AID1，AID2,……

弧段坐标表：ArcCoordinates（AID，Points），Points为连接弧段AID的结点坐标列表。

ARC/INFO依靠INFO模块管理地理要素的属性数据。INFO是一个完全的关系数据库管理系统。它管理着与Coverage中的地理要素相联系的表格数据。

Coverage文件内容在Windows资源管理器和在ArcCatalog中的显示方式不同。图2-7是ArcCatalog中的看到的Coverage内容，statesCov包含在StatesCoverages工作空间中。工作空间中的info文件夹在ArcCatalog中不可见。statesCov文件夹中的arc.adf文件在ArcCatalog中以statesCov中的ArcFeatureClass的形式表示。图2-8为在Windows资源管理器中看到的Coverage和info目录中的内容。

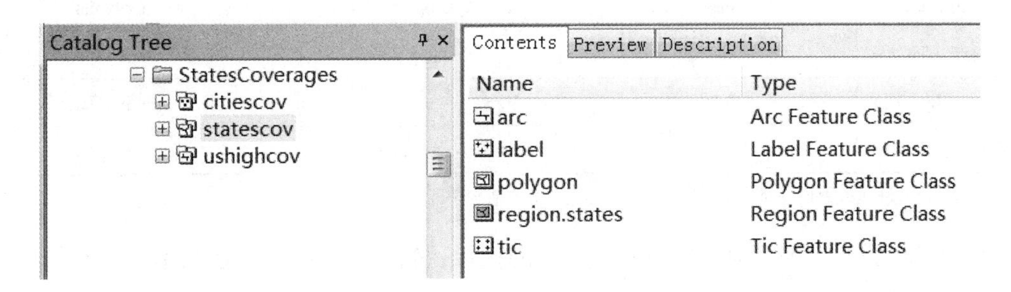


图2-7　在ArcCatalog中查看Coverage

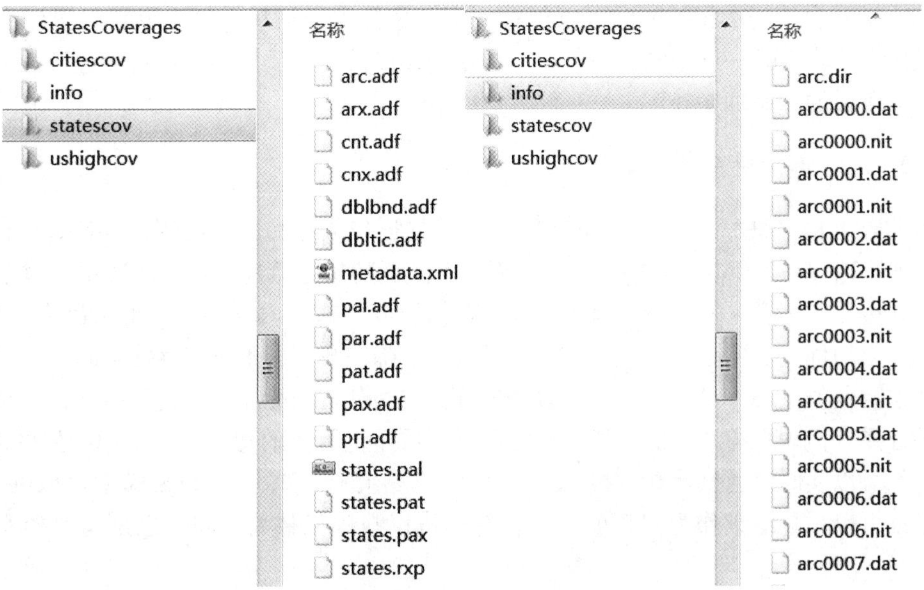

图2-8　在Windows资源管理器中查看Coverage和info目录

通常情况下，只有要素属性表中的记录允许用户直接访问，其他文件以二进制格式存储并且 ArcGIS 会自动维护文件。Coverage 要素类的主要文件组如表 2-2 所示。

**表 2-2　Coverage 要素类的主要文件组**

| 要素类 | Coverage 目录中的空间数据 | Coverage 目录中的要素属性表 | INFO 数据库中的要素属性表 |
|---|---|---|---|
| 点（Point） | lab. adf | pat. adf | . nit 和 . dat |
| 弧（Arc） | arc. adf | aat. adf | . nit 和 . dat |
| 结点（Node） | arc. nit，arc. adf | nat. adf | . nit 和 . dat |
| 路径（Route） | arc. adf，sec. adf | <route>. rat | . nit 和 . dat |
| Section | arc. adf | <route>. sec | . nit 和 . dat |
| 面（Polygon） | pal. adf、cnt. adf、lab. adf、arc. adf | pat. adf | . nit 和 . dat |
| 区域（Region） | rxp. adf，<region>. pal | <region>. pat | . nit 和 . dat |
| 注记（Annotation） | <anno>. txt | <anno>. tat | . nit 和 . dat |
| 控制点（TIC） | tic. adf | tic. adf | . nit 和 . dat |
| 链接（Link） | lnk. adf | lnk. adf | . nit 和 . dat |
| Coverage 范围 | bnd. adf | bnd. adf | . nit 和 . dat |

注：Section 是弧或弧的一部分，用于定义路径或路径的结构单元。

Coverage 数据模型，通过以下两个方面的优势，确立了它在此后近二十年中空间数据模型标准的地位：

（1）空间数据与属性数据关联：空间数据存储在建立了索引的二进制文件中，属性数据则存储在 DBMS 表（TABLES）中，两者以公共的标识编码关联。

（2）矢量数据间的拓扑关系得以保存：由此拓扑关系信息，可以得知多边形由哪些弧段组成、弧段由哪些点组成、两条弧段是否相连以及一条弧段的左或右多边形是谁？这就是通常所说的“平面拓扑”。

### 2.2.6.4　面向对象数据模型

20 世纪 90 年代中后期，随着面向对象技术的逐步成熟和广泛应用，Coverage 的优势是否还能得以保持？Coverage 用点、线、面相互关联的拓扑结构记录空间数据，对于多边形的公共边，它不会重复存储，因而节省了存储空间。这在内外存介质价格昂贵的年代，是十分突出的优点。随着硬件价格呈几何级数的下降，我们已不再将存储空间的节省与否作为考虑问题的重心。对于邻接、连通和包含等空间分析功能，基于拓扑关系记录是一种不错的选择。但现在的计算机运算能力已经有了成千上万倍的提高，在普通配置的 PC 机上，已经可以实时地通过计算直接获得分析结果。由此看来，Coverage 模型可取的方面，有的已经可以不再继续作为强调的因素，有的可以找到代替的、同时也是高效的途径来完成。

从以上分析可以看出：随着技术的发展，Coverage 数据模型的优势已不复存在，这促使我们从“面向对象”的角度去审视 Coverage 模型。Coverage 数据模型有一个明显的缺陷：空间数据不能很好地与其行为相对应。

地理空间中不同的领域对象被强行地抽象成了“点”“线”“面”等简单空间要素。无法区别对待同是“点”类型的“电杆”和“水井”。在Coverage数据模型中，可以将“电杆”和“水井”同样定义为“点”，因而也可以有同样的操作——“移动”。现实世界中，“移动电杆”是个合理的动作，而“移动水井”则显得牵强。如果能将“电杆”和“水井”表达成两个不同的要素类，它们各自有不同的“行为”，则不会出现“移动水井”这样不合理的操作。当然，可以通过“二次开发”，用程序来定义和处理不同“空间对象”的不同操作，把矛盾和困难“后推”，让不得不解决问题的应用开发阶段中去完成。按“面向对象”的观点，更好的办法应该是将空间要素与其行为相关联，建立“空间对象”或“地理对象”模型。而这正是Coverage力所不能的。

以文件方式保存空间数据，而将属性数据存放在另外的DBMS系统中。这种方式对于日益趋向企业级和社会级的GIS应用而言，已很难适应。

海量数据的管理、并发操作、安全控制和访问效率等，都是我们将目光转向面向对象空间数据模型的原因。在这种背景下，ESRI公司于20世纪末在其ArcGIS 8产品中引入了全新的面向对象空间数据模型—Geodatabase数据模型。

Geodatabase是ESRI公司继Shapefile、Coverage数据模型之后的一个全新的空间数据模型，它是数据库技术和面向对象技术发展的产物。它是建立在RDBMS之上的统一的、智能化的空间数据模型；同时又是在新的一体化数据存储技术的基础上发展起来的新数据模型，实现了Geodatabase之前所有空间数据模型都无法完成的数据统一管理，即在一个公共模型框架下对GIS通常所处理和表达的各种空间数据类型（如矢量、栅格、网络、地形数据、宗地数据等）进行统一描述和管理；并且Geodatabase是面向对象的空间数据模型，其空间特征的表达较之以往的模型更接近我们对地理实体的认识和表达。

Geodatabase数据模型的详细内容请参阅本书第3章的内容。

## 2.3 空间数据类型及空间数据操作

空间数据类型及空间数据操作是空间数据模型的重要组成部分，它们的定义很大程度上决定了空间数据模型设计的优劣、空间数据库系统的性能以及空间查询语言的表达能力。空间数据类型的定义和实现是开发SDBMS要解决的最基本问题，同时对空间数据类型的了解，也有助于我们深入理会某个特定的SDBMS本质特征，从而进一步帮助我们设计和维护好实际GIS工程项目中的空间数据库。

为了规范空间数据类型及空间操作算子的设计与实现，OGC和ISO/IEC国际标准化组织制定了空间数据类型标准以及每一种空间数据类型拥有的空间操作算子标准。以下重点介绍这些标准，以及ArcGIS、常用的DBMS实现的空间数据类型和空间操作。

### 2.3.1 OGC简单要素访问与ISO/IEC SQL/MM标准概述

#### 2.3.1.1 OGC简单要素访问规范

OGC地理信息实现标准——简单要素访问（Simple Feature Access，SFA）包括通用体系架构（Common architecture）和 SQL 选项（SQL option）两部分。

通用体系架构的主要内容包括：Geometry 对象模型，文本标注（ANNOTATION TEXT），Geometry 的 WKT 表达，Geometry 的 WKB 表达，空间参考系的 WKT 表达。SQL 选项（简称 SFASQL）的主要内容包括：使用预定义数据类型的 SQL 实现，使用扩展 GEOMETRY 类型的 SQL 实现。

A SFA 几何对象模型概述

简单要素几何对象模型（Geometry Object Model）一共定义了 17 个几何对象类型：Geometry、Point、Curve、LineString、Line、LinearRing、Surface、Polygon、PolyhedralSurface、Triangle、TIN、GeometryCollection、MultiPoint、MultiCurve、MultiLineString、MultiSurface 和 MultiPolygon，它们之间的层次关系如图 2-9 所示。每个几何对象类型都有相关的空间参考系，用来描述几何对象的空间坐标位置。每个几何对象类型又定义各自的属性和方法。Geometry 为最顶层的抽象基类，定义了所有几何对象类型公共的属性和方法。所有几何对象类型都支持 x，y，z（可选）和 m（可选）坐标。

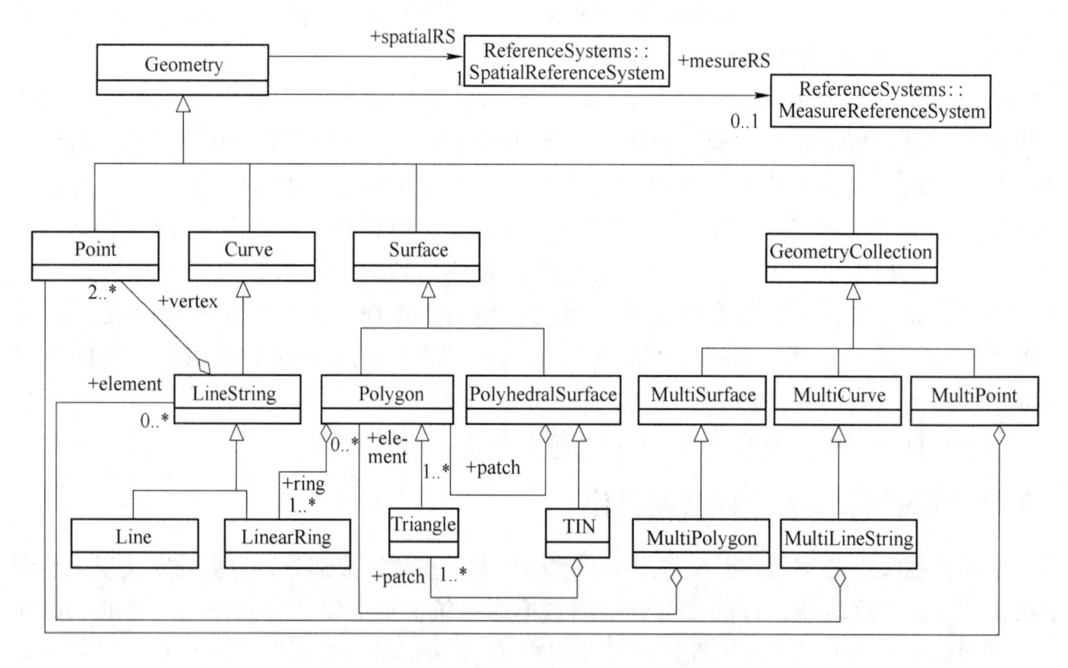

图 2-9 OGC 简单要素访问几何对象模型图

B SFASQL 的主要内容

OGC 的 SFASQL 标准已被 ISO TC211 吸纳成为 ISO 19125 标准。SFASQL 实现机制是基于 SQL 模式实现地理要素集的存储、获取、查询和更新。在 SQL 实现机制中，地理要素集被存放在数据表中，地理要素的非空间属性采用标准的 SQL 数据类型字段来记录，而空间属性存储有两种方式：一是使用 SQL 中预定义的数据类型，二是使用 SQL 中扩展的 GEOMETRY 类型。

数据表中的每条记录描述一个地理要素，一个表中可以有一个或多个几何类型字段（但目前的 SDBMS 实现中，一个要素类只有一个几何字段），这种记录地理要素的数据表被称为地理要素表（Feature Table）。

a　使用预定义数据类型的 SQL 实现

使用 SQL 预定义数据类型的实现模式定义了管理要素表、几何对象和空间参考系信息的模式，如图 2-10 所示。该模式包括以下 4 个表：

（1）GEOMETRY_COLUMNS 表：描述要素表及相关的几何属性；

（2）SPATIAL_REF_SYS 表：描述坐标系和几何变换；

（3）FEATURE TABLE：存储要素集合，要素表中的 Geometry Column（GID）作为外关键字与 GEOMETRY TABLE 相关联；

（4）GEOMETRY TABLE：使用 SQL 数值类型或 SQL 二进制类型存储要素的几何对象。

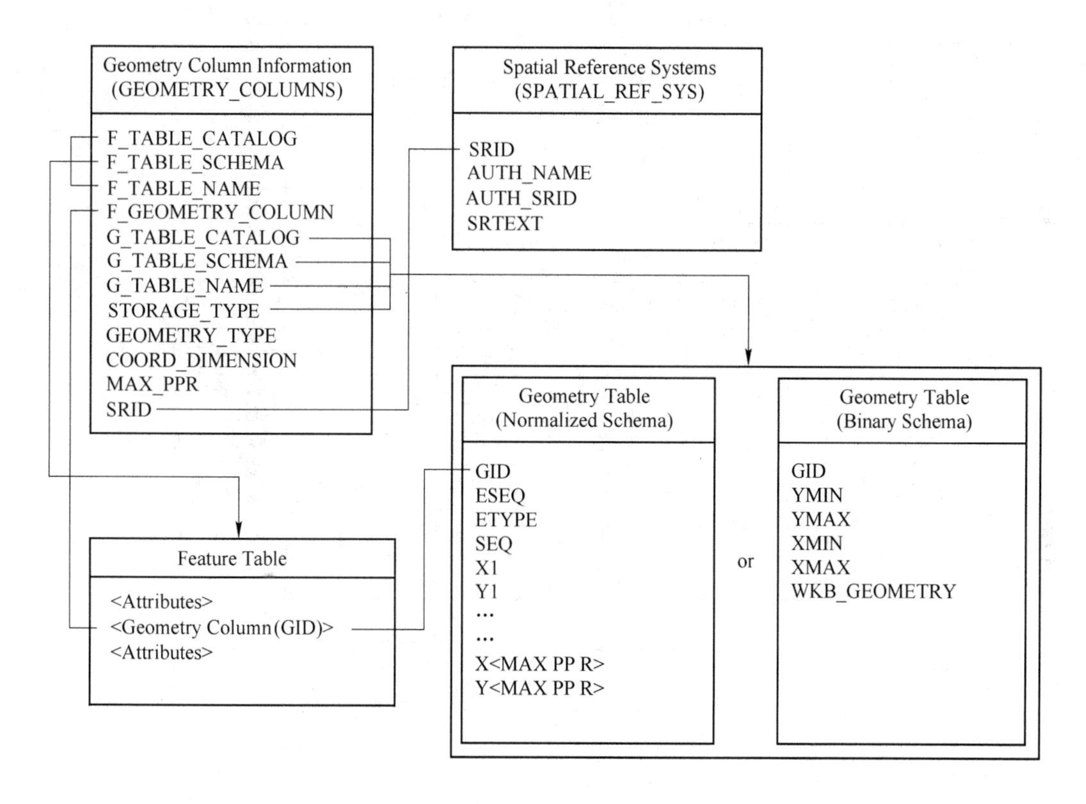


图 2-10　使用预定义数据类型的要素表模式

SQL 预定义数据类型的实现模式包含两种方式：常规数值类型和二进制类型。用常规数值类型实现方式管理地理要素时，要素几何形状单独存储在几何表（Geometry Table）中，要素表（Feature Table）的几何列只存储几何对象在几何表中的 GID（Geometry ID）。每个地理要素由一系列点坐标对来描述，其坐标值用 SQL 预定义的数值类型来存储。当地理要素的坐标对数超过了每行的定长坐标对数时，就采用分行存储。二进制方式与常规数值方式的唯一不同之处，即要素的几何形状采用二进制来表达。每个地理要素只需对应于几何表中的一行。几何表的存储模式有以下两种：

（1）使用 SQL 常规数值类型的几何存储模式。使用 SQL 常规数值类型的几何存储模式将几何对象的坐标以预定义 SQL 数值类型存储。在几何表中，一个或多个坐标点（*X*，*Y*，可选的 *Z*、*M* 值）可以用数值对表达（如图 2-11 所示）。每个几何对象由关键字（GID）标识并且由一个或多个按顺序（ESEQ）排列的基本元素组成。几何对象中的每个基本元素可能被分配到几何表的一行或多个行中，跨多行时按序列号（SEQ）排序，元素的几何类型由 ETYPE 标识。

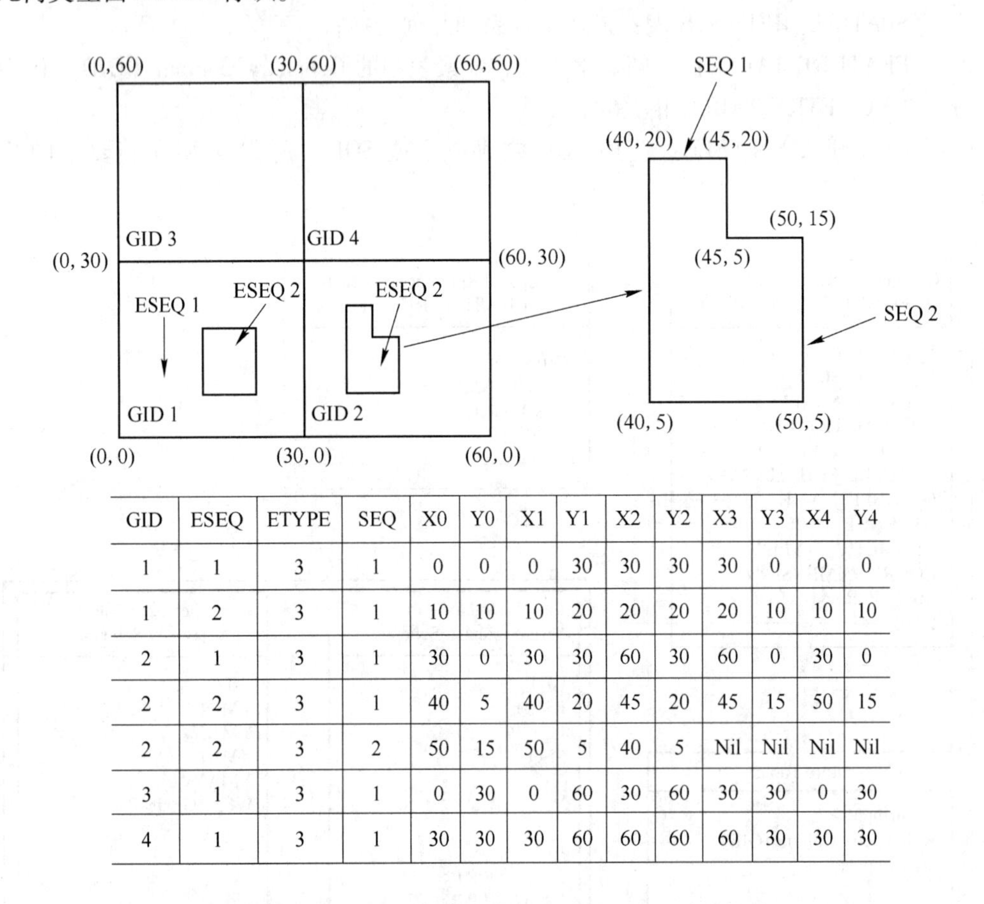


| GID | ESEQ | ETYPE | SEQ | X0 | Y0 | X1 | Y1 | X2 | Y2 | X3 | Y3 | X4 | Y4 |
|---|---|---|---|---|---|---|---|---|---|---|---|---|---|
| 1 | 1 | 3 | 1 | 0 | 0 | 0 | 30 | 30 | 30 | 30 | 0 | 0 | 0 |
| 1 | 2 | 3 | 1 | 10 | 10 | 10 | 20 | 20 | 20 | 20 | 10 | 10 | 10 |
| 2 | 1 | 3 | 1 | 30 | 0 | 30 | 30 | 60 | 30 | 60 | 0 | 30 | 0 |
| 2 | 2 | 3 | 1 | 40 | 5 | 40 | 20 | 45 | 20 | 45 | 15 | 50 | 15 |
| 2 | 2 | 3 | 2 | 50 | 15 | 50 | 5 | 40 | 5 | Nil | Nil | Nil | Nil |
| 3 | 1 | 3 | 1 | 0 | 30 | 0 | 60 | 30 | 60 | 30 | 30 | 0 | 30 |
| 4 | 1 | 3 | 1 | 30 | 30 | 30 | 60 | 60 | 60 | 60 | 30 | 30 | 30 |

图 2-11　使用 SQL 数值类型时多边形在几何表中存储样例

几点说明（见表 2-3）：

1）ETYPE 指明元素的几何类型；

2）几何对象由多个元素组成时，由 ESEQ 序号标识不同的元素；

3）一个几何元素可能跨多行，由 SEQ 序号标识不同的行；

4）多边形的边界坐标首位要一致，即最后一个点的坐标与第一个点的要坐标相同；多边形可以包含空洞；当多边形的环由多个部分按顺序组装而成时，每部分由 SEQ 来标识其顺序；

5）几何表中，一个几何元素未使用完的坐标列要设计为 Nil（包括 X 和 Y 坐标）；

6）当一个几何对象存储跨多行时，下一行的第一个点要重复上一行的最后一个点，即它们的坐标相同。

7）对几何对象的组成元素的数量没有限制，对一个元素占用多少行也没有限制。

**表 2-3 几何类型与代码对应表**

| Code | Geometry type | Code | Geometry type |
|---|---|---|---|
| 0 | Geometry | 1000 | GeometryZ |
| 1 | Point | 1001 | PointZ |
| 2 | LineString | 1002 | LineStringZ |
| 3 | Polygon | 1003 | PolygonZ |
| 4 | MultiPoint | 1004 | MultiPointZ |
| 5 | MultiLineString | 1005 | MultiLineStringZ |
| 6 | MultiPolygon | 1006 | MultiPolygonZ |
| 7 | GeometryCollection | 1007 | GeometryCollectionZ |
| 8 | CircularString | 1008 | CircularStringZ |
| 9 | CompoundCurve | 1009 | CompoundCurveZ |
| 10 | CurvePolygon | 1010 | CurvePolygonZ |
| 11 | MultiCurve | 1011 | MultiCurveZ |
| 12 | MultiSurface | 1012 | MultiSurfaceZ |
| 13 | Curve | 1013 | CurveZ |
| 14 | Surface | 1014 | SurfaceZ |
| 15 | PolyhedralSurface | 1015 | PolyhedralSurfaceZ |
| 16 | TIN | 1016 | TINZ |
| 17 | Triangle | 1017 | TriangleZ |
| 2000 | GeometryM | 3000 | GeometryZM |
| 2001 | PointM | 3001 | PointZM |
| 2002 | LineStringM | 3002 | LineStringZM |
| 2003 | PolygonM | 3003 | PolygonZM |
| 2004 | MultiPointM | 3004 | MultiPointZM |
| 2005 | MultiLineStringM | 3005 | MultiLineStringZM |
| 2006 | MultiPolygonM | 3006 | MultiPolygonZM |
| 2007 | GeometryCollectionM | 3007 | GeometryCollectionZM |
| 2008 | CircularStringM | 3008 | CircularStringZM |
| 2009 | CompoundCurveM | 3009 | CompoundCurveZM |
| 2010 | CurvePolygonM | 3010 | CurvePolygonZM |
| 2011 | MultiCurveM | 3011 | MultiCurveZM |
| 2012 | MultiSurfaceM | 3012 | MultiSurfaceZM |
| 2013 | CurveM | 3013 | CurveZM |
| 2014 | SurfaceM | 3014 | SurfaceZM |
| 2015 | PolyhedralSurfaceM | 3015 | PolyhedralSurfaceZM |
| 2016 | TinM | 3016 | TINZM |
| 2017 | TriangleM | 3017 | TriangleZM |

（2）使用 SQL 二进制类型的几何存储模式。使用 SQL 二进制类型的几何存储模式用 GID 做关键字，并且使用 WKBGeometry 的方式存储几何对象。几何表包含了几何对象的最小矩形框以及 WKBGeometry，如表 2-4 所示。

**表 2-4　使用 WKBGeometry 时多边形的几何存储模式**

| GID | XMIN | YMIN | XMAX | YMAX | Geometry |
|---|---|---|---|---|---|
| 1 | 0 | 0 | 30 | 30 | <WKBGeometry> |
| 2 | 30 | 0 | 60 | 30 | <WKBGeometry> |
| 3 | 0 | 30 | 30 | 60 | <WKBGeometry> |
| 4 | 30 | 30 | 60 | 60 | <WKBGeometry> |

b　使用扩展 GEOMETRY 类型的 SQL 实现

使用扩展 GEOMETRY 类型的实现模式定义了管理要素表、几何对象和空间参考系信息的模式，如图 2-12 所示。该模式包括以下 3 个表：

（1）GEOMETRY_COLUMNS 表：描述可用的要素表及相关的几何属性；

（2）SPATIAL_REF_SYS 表：描述坐标系和几何变换；

（3）FEATURE TABLE：存储要素集合，要素表的 Geometry Column 为 SQL 的 GEOMETRY 扩展类型。

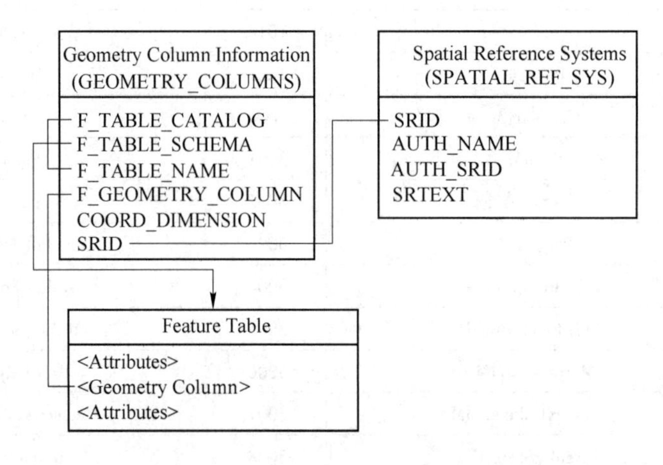


图 2-12　使用 SQL 的 Geometry 扩展类型的要素表模式

Geometry 扩展类型的实现模式使用用户定义类型 UDT（User Defined Type）扩展 SQL 的类型系统，通过 UDT 提供扩展的 Geometry 类型和相关函数（方法），从而为 SQL 提供空间数据访问功能。这种实现模式下，几何对象直接存储在要素表 Geometry 类型列（Geometry Column）中，不需要单独的几何表来存储。

C　几何对象的 WKT 与 WKB 表达

OGC SFA 规范对几何对象的 WKT、WKB 表达以及空间参考的 WKT 表达都作了规定，以下作简要介绍。

a　几何对象的 WKT 表达

WKT（Well-known Text）可以通过文本来描述几何对象。通过表 2-5 中的例子可以比较快速、直观地了解几何对象的 WKT 表达。

**表 2-5 几何对象的 WKT 表达**

| 几何类型 | WKT 例子 | 说明 |
|---|---|---|
| Point | Point（10 10） | 点 |
| LineString | LineString（10 10，20 20，30 40） | 有 3 个节点的线 |
| Polygon | Polygon（（10 10，10 20，20 20，20 15，10 10）） | 只有 1 个外环的多边形 |
| MultiPoint | MultiPoint（（10 10），（20 20）） | 多点 |
| MultiLineString | MultiLineString（（10 10，20 20），（15 15，30 15）） | 多线 |
| MultiPolygon | MultiPolygon（（（10 10，10 20，20 20，20 15，10 10）），（（60 60，70 70，80 60，60 60））） | 多面 |
| GeometryCollection | GeometryCollection（POINT（10 10），POINT（30 30），LINESTRING（15 15，20 20）） | 几何集合 |
| PolyhedralSurface | PolyhedralSurface Z（（（0 0 0，0 0 1，0 1 1，0 1 0，0 0 0）），（（0 0 0，0 1 0，1 1 0，1 0 0，0 0 0）），（（0 0 0，1 0 0，1 0 1，0 0 1，0 0 0）），（（1 1 0，1 1 1，1 0 1，1 0 0，1 1 0）），（（0 1 0，0 1 1，1 1 1，1 1 0，0 1 0）），（（0 0 1，1 0 1，1 1 1，0 1 1.0 0 1））） | 多个表面构成的立方体 |
| Tin | Tin Z（（（0 0 0，0 0 1，0 1 0，0 0 0）），（（0 0 0，0 1 0，1 0 0，0 0 0）），（（0 0 0，1 0 0，0 0 1，0 0 0）），（（1 0 0，0 1 0，0 0 1，1 0 0））） | 4 个三角形构成的 TIN 网格 |
| Point | Point Z（10 10 5） | 三维点 |
| Point | Point ZM（10 10 5 40） | 带 M 值的三维点 |
| Point | Point M（10 10 40） | 带 M 值的二维点 |

b 几何对象的 WKB 表达

几何对象的 WKB（Well-known Binary）表达（WKBGeometry）规定了使用 X，Y 坐标实现点、线和面要素的简单存储模型。该存储模型将几何对象的坐标值序列化为不间断的二进制字节流，通过序列化的字节流来描述几何对象。WKB 表示的基本结构单元是由两个双精度型组成的点的字节流。可以使用已定义几何对象的字节流构建其他几何对象的字节流。WKB 表达允许几何对象的坐标数据在客户端应用程序和 SQL 数据库之间进行交换。

二进制字节流的顺序表示有两种编码方式：XDR（属于 Big-endian 编码）和 NDR（属于 Little-endian 编码）。Big-endian 和 little-endian 是描述多字节数据在计算机内存中存储的字节顺序的术语。Big-Endian 是指低地址存放最高有效字节（MSB），而 Little-Endian 则是低地址存放最低有效字节（LSB）。假如，将 0x1234abcd 写入到以 0x0000 开始的内存中，两种编码方式字节顺序如表 2-6 所示。

表 2-6 XDR 与 NDR 编码示例

| 地址 \ 编码 | big-endian | little-endian |
|---|---|---|
| 0x0000 | 0x12 | 0xcd |
| 0x0001 | 0x34 | 0xab |
| 0x0002 | 0xab | 0x34 |
| 0x0003 | 0xcd | 0x12 |

基本类型定义：

```
byte:1 byte
uint32:32 bit unsigned integer(4 bytes)
double:double precision number(8 bytes)
```

构建块（Building Blocks）定义：

```
Point { double x;double y;};
PointZ {double x;double y;double z}
PointM {double x;double y;double m}
PointZM { double x;double y;double z;double m}
LinearRing { uint32 numPoints;Point points[numPoints];}
LinearRingZ { uint32 numPoints;PointZ points[numPoints]}
LinearRingM { uint32 numPoints;PointM points[numPoints]}
LinearRingZM { uint32 numPoints;PointZM points[numPoints]}
enum wkbByteOrder
  {
    wkbXDR = 0,//Big Endian
    wkbNDR = 1//Little Endian
  };
enum WKBGeometryType
{
    wkbPoint = 1,                    wkbLineString = 2,
    wkbPolygon = 3,                  wkbTriangle = 17,
wkbMultiPoint = 4,                   wkbMultiLineString = 5,
wkbMultiPolygon = 6,                 wkbGeometryCollection = 7,
wkbPolyhedralSurface = 15,           wkbTIN = 16,
wkbPointZ = 1001,                    wkbLineStringZ = 1002,
wkbPolygonZ = 1003,                  wkbTrianglez = 1017,
wkbMultiPointZ = 1004,               wkbMultiLineStringZ = 1005,
wkbMultiPolygonZ = 1006,             wkbGeometryCollectionZ = 1007,
wkbPolyhedralSurfaceZ = 1015,        wkbTINZ = 1016,
wkbPointM = 2001,                    wkbLineStringM = 2002,
wkbPolygonM = 2003,                  wkbTriangleM = 2017
wkbMultiPointM = 2004,               wkbMultiLineStringM = 2005,
wkbMultiPolygonM = 2006,             wkbGeometryCollectionM = 2007,
```

```
wkbPolyhedralSurfaceM = 2015,    wkbTINM = 2016,
wkbPointZM = 3001,               wkbLineStringZM = 3002,
wkbPolygonZM = 3003,             wkbTriangleZM = 3017,
wkbMultiPointZM = 3004,          wkbMultiLineStringZM = 3005,
wkbMultiPolygonZM = 3006,        wkbGeometryCollectionZM = 3007,
wkbPolyhedralSurfaceZM = 3015,   wkbTinZM = 3016
}
```

部分 WKB 几何类型定义：

```
WKBPoint { byte byteOrder;static uint32 wkbType = 1;Point point}
WKBPointZ {byte byteOrder;static uint32 wkbType = 1001;PointZ point}
WKBPointM { byte byteOrder;static uint32 wkbType = 2001;PointM point}
WKBPointZM { byte byteOrder;static uint32 wkbType = 3001;PointZM point}
WKBLineString {byte byteOrder;static uint32 wkbType = 2;uint32 numPoints;Point points[numPoints]}
WKBLineStringZ { byte byteOrder; static uint32 wkbType = 1002; uint32 numPoints; PointZ points[numPoints]}
WKBLineStringM { byte byteOrder; static uint32 wkbType = 2002; uint32 numPoints; PointM points[numPoints]}
WKBLineStringZM { byte byteOrder; static uint32 wkbType = 3002; uint32 numPoints; PointZM points[numPoints]}
WKBPolygon { byte byteOrder;static uint32 wkbType = 3;uint32 numRings;LinearRing rings[numRings]}
WKBPolygonZ {byte byteOrder;static uint32 wkbType = 1003;uint32 numRings;LinearRingZ rings[numRings]}
WKBPolygonM {byte byteOrder;static uint32 wkbType = 2003;uint32 numRings;LinearRingM rings[numRings]}
WKBPolygonZM{ byte byteOrder;static uint32 wkbType = 3003;uint32 numRings;LinearRingZM rings[numRings]}
```

其他 WKB 几何类型定义参见 OGC SFA 规范。

在 WKB 中主要涉及两种数值类型：一种是 uint32，占 4 个字节，用以存储节点数、几何对象类型等信息；其中的几何对象类型对应的整数可以参见表 2-3。另一种是 double，占 8 个字节，用以存储节点坐标值。除此之外，WKB 在第一位还存储了一个额外的字节用来标识字节序 1（0 = Big-Indian，1 = Little-Indian）。因此，对于一个点（不带 M 值的二维点）来说，其 WKB 表达的字节流结构如图 2-13 所示，总共占据 21 个字节。

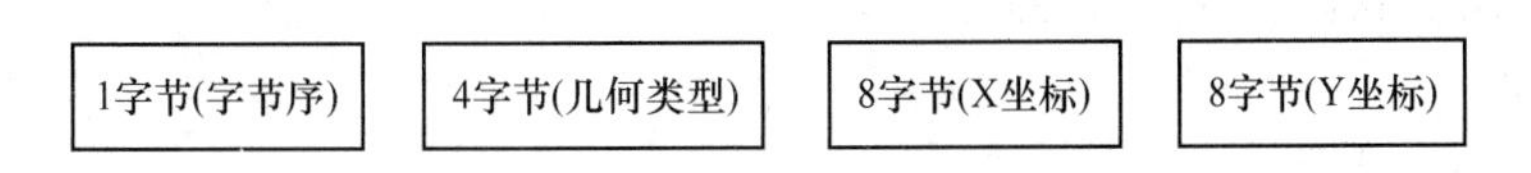


图 2-13 WKB 描述点的字节结构

对于有 2 个节点的线来说，WKB 描述应该包含 41 个字节，其字节流结构如图 2-14 所示。

| 1字节<br>(字节序) | 4字节<br>(几何类型) | 4字节<br>(节点数) | 8字节<br>(节点1X坐标) | 8字节<br>(节点1Y坐标) | 8字节<br>(节点2X坐标) | 8字节<br>(节点2Y坐标) |
|---|---|---|---|---|---|---|

图 2-14 WKB 描述线的字节结构

对于仅有 1 个外环，由 5 个节点构成的多边形来说，WKB 描述则应该包含 109 个字节，其字节流结构如图 2-15 所示。

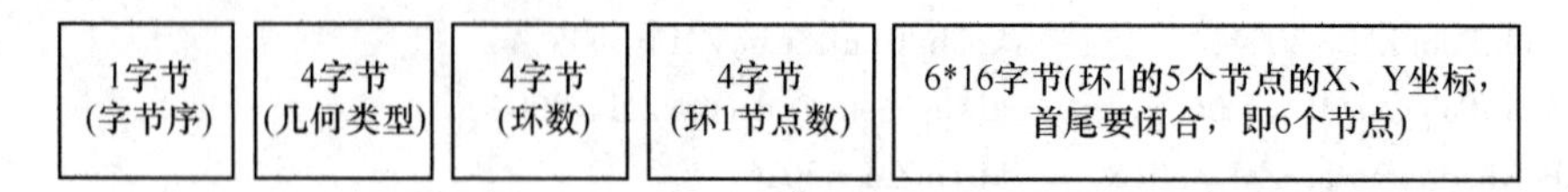


图 2-15　WKB 描述多边形的字节结构

c　空间参考的 WKT 表达

WKT 除了可以描述几何对象，也可以描述空间参考。通过 2 个例子可以很直观地看到如何通过文本来描述空间参考。

对于一个地理坐标系，比如最常见的 WGS84 坐标系统，WKT 描述如下：

```
GEOGCS
  [
    "GCS_WGS_1984",
    DATUM["D_WGS_1984",SPHEROID["WGS_1984",6378137.0,298.257223563]],
    PRIMEM["Greenwich",0.0],
    UNIT["Degree",0.0174532925199433],
    AUTHORITY["EPSG",4326]
  ]
```

“GEOGCS” 表明其后紧随的“[ ]”中描述的是一个地理坐标系统。该坐标系统名称为“GCS_WGS_1984”；采用的大地基准面为“D_WGS_1984”，该基准面近似椭球体的长半轴为 6378137.0m、扁率的倒数为 298.257223563；以格林威治 0 度经线为起始经线；单位为度，该单位的转换因子为 0.0174532925199433（π/180），即 1 度对应的弧度值；最后，该坐标系统在 EPSG 中的编码为“4326”。

对于一个投影坐标系，比如 Xian_1980_3_Degree_GK_Zone_38 坐标系统，WKT 描述如下：

```
PROJCS
  [
  "Xian_1980_3_Degree_GK_Zone_38",
  GEOGCS
    ["GCS_Xian_1980",
    DATUM["D_Xian_1980",SPHEROID["Xian_1980",6378140.0,298.257]],
    PRIMEM["Greenwich",0.0],
    UNIT["Degree",0.0174532925199433]],
  PROJECTION["Gauss_Kruger"],
  PARAMETER["False_Easting",38500000.0],
  PARAMETER["False_Northing",0.0],
  PARAMETER["Central_Meridian",114.0],
  PARAMETER["Scale_Factor",1.0],
  PARAMETER["Latitude_Of_Origin",0.0],
```

UNIT["Meter",1.0],

AUTHORITY["EPSG",2362]

]

“PROJCS”代表的是一个投影坐标系。投影坐标系中必然会包括一个地理坐标系，这里的地理坐标系为“GCS_Xian_1980”。下面紧跟着的是投影的相关参数，“Gauss_Kruger”是采用投影的名称，该投影坐标系以114度经线为中央经线进行投影；东西坐标偏移量为38500000，38为该投影所在的3度带的带号，坐标系的单位为m（显然，转换因子就为1.0），而该坐标系的EPSG编码为“2362”。

#### 2.3.1.2 ISO IEC SQL/MM 空间数据标准

国际标准化组织（The International Organization for Standardization：ISO）与国际电工委员会（The International Electrotechnical Commission：IEC）第一联合技术委员会（ISO/IEC JTC1）数据管理和交换分技术委员会（SC32）联合负责制定SQL/MM标准（全称为：SQL Multimedia and Application Packages，ISO/IEC 13249）。以下简要介绍SQL/MM：Part 3 Spatial（ISO/IEC 13249—3）相关的主要内容。

A SQL/MM 几何对象模型概述

SQL/MM几何对象模型一共定义了18个几何对象类型：ST_Geometry、ST_Point、ST_Curve、ST_LineString、ST_CircularString、ST_CompoundCurve、ST_Surface、ST_CurvePolygon、ST_Polygon、ST_PolyhedralSurface、ST_Triangle、ST_TIN、ST_GeomCollection、ST_MultiPoint、ST_MultiCurve、ST_MultiLineString、ST_MultiSurface和ST_MultiPolygon，所有的对象名称都以ST_为前缀。它们之间的层次关系如图2-16所示。每个几何对象类型都有相关的空间参考系，每个几何对象类型又定义各自的属性和方法。ST_Geometry为最顶层的抽象基类，定义了所有几何对象类型公共的属性和方法。所有几何对象类型都支持x，y，z（可选）和m（可选）坐标。

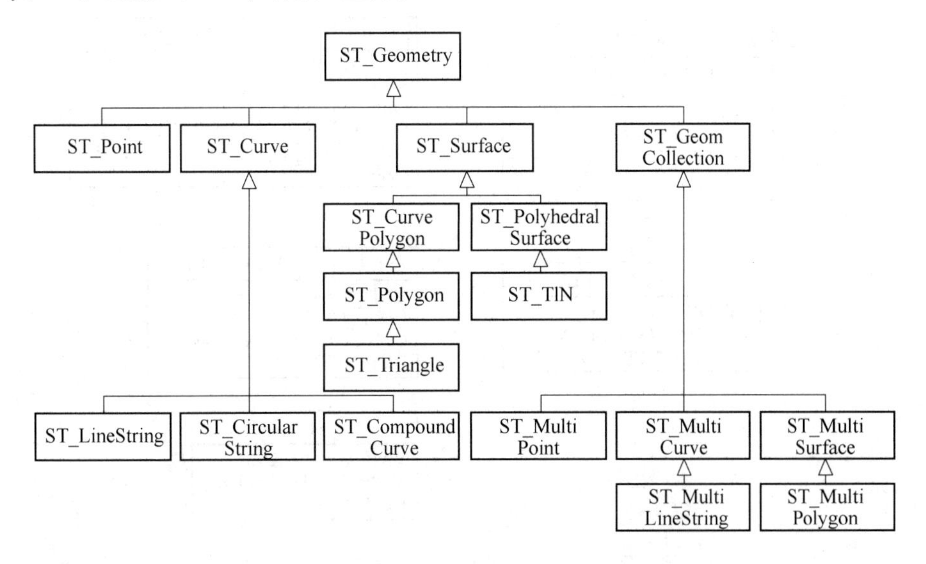


图2-16 SQL/MM几何对象模型图

曲线（Curve，类型 ST_ Curve）的子类包括直线串（ST_ LineString）、圆弧线串（ST_ CircularString）和复合曲线串（ST_ CompoundCurve）。ST_ LineString 是两点之间通过线性插值形成的直线串，ST_ CircularString 则是相连 3 点之间通过圆弧插值（三点插值）形成弧段组成的，ST_ CompoundCurve 则是线性和圆弧插值直线串的组合，弧段与线段可连接形成曲线。二维几何面（ST_ Surface）的子类是曲线多边形（ST_ CurvePolygon），ST_ CurvePolygon 是可以包含洞的由曲线构成的多边形，其子类多边形（ST_ Polygon）由直线串构成，如图 2-17 所示。

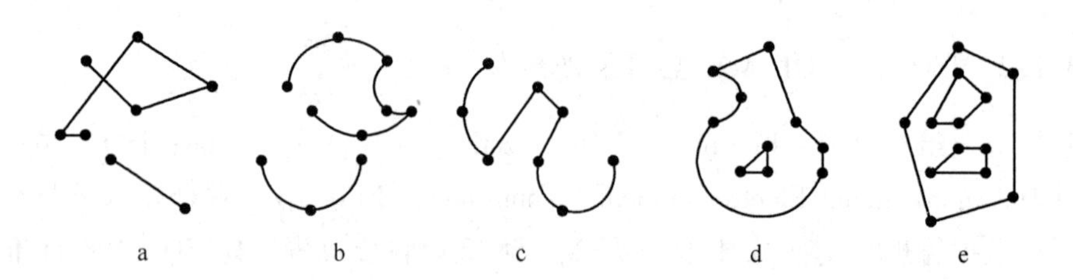


图 2-17　曲线和多边形的例子

a—直线串；b—圆弧线串；c—复合弧线串；d—曲线多边形；e—多边形

B　要素表实现模式

SQL/MM Spatial 标准描述的扩展环境与 SFASQL 中支持 UDT 扩展的环境一致。要素表实现模式与 SFASQL 的扩展 Geometry 类型类似。图 2-18 描述了 SQL/MM Spatial 的要素表实现模式。ST_ GEOMETRY_ COLUMNS 表、ST_ SPATIAL_ REF_ SYSTEMS 表和 FEATURE TABLE 与 SFA SQL 的扩展 Geometry 类型对应的表也类似。ST_ UNITS_ OF_ MEASURE 表记录了系统支持的度量单位。ST_ SIZINGS 记录了定义执行的元变量和它们的值。

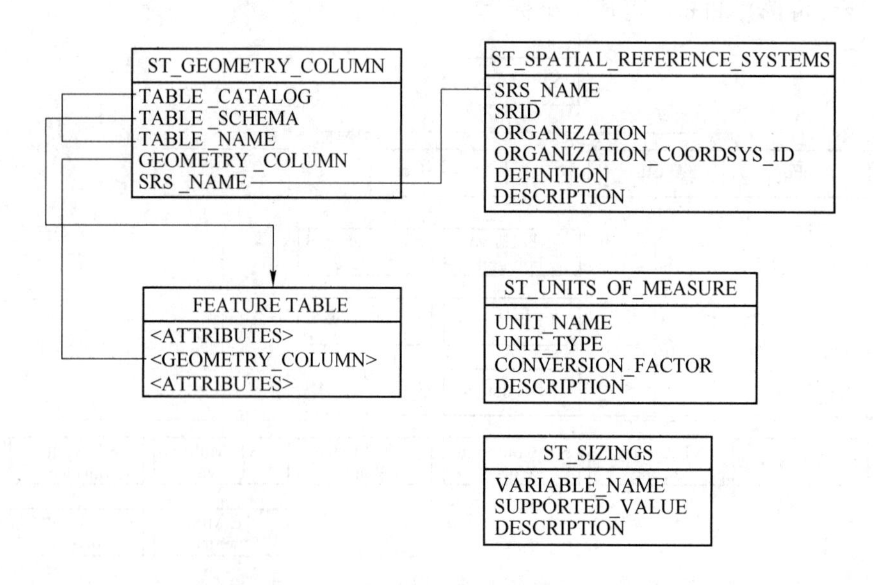


图 2-18　SQL/MM 基于 Geometry 扩展类型的实现模型

### 2.3.1.3 两个标准的分析比较

A 几何对象对比分析

两个标准定义的几何对象模型基本一致，但也有各自的特点，它们的对比如表2-7所示。模型自上到下反映了几何对象从抽象到具体的变化过程，自左到右反映了几何对象从简单到复杂的变化过程，使得模型清晰、易于理解。

**表2-7 两个标准几何对象对比表**

| 序号 | SFASQL | SQL/MM | SFASQL | SQL/MM |
|---|---|---|---|---|
| 1 | Geometry | ST_Geometry | GeometryCollection | ST_GeomCollection |
| 2 | Point | ST_Point | MultiPoint | ST_MultiPoint |
| 3 | Curve | ST_Curve | MultiCurve | ST_MultiCurve |
| 4 | LineString | ST_LineString | MultiLineString | ST_MultiLineString |
| 5 | Line | - | MultiSurface | ST_MultiSurface |
| 6 | LinearRing | - | MultiPolygon | ST_MultiPolygon |
| 7 | - | ST_CircularString | - | ST_Angle |
| 8 | - | ST_CompoundCurve | - | ST_Direction |
| 9 | Surface | ST_Surface | - | Topology - Geometry |
| 10 | - | ST_CurvePolygon | - | Topology - Network |
| 11 | Polygon | ST_Polygon | Annotation Text | - |
| 12 | PolyhedralSurface | ST_PolyhedralSurface | | |
| 13 | Triangle | ST_Triangle | | |
| 14 | TIN | ST_TIN | | |

SFASQL不仅定义了几何对象类型，也定义了注记文本（Annotation Text）类型。SQL/MM在一定程度上继承了SFASQL的几何对象模型，并进行了一定的扩展，定义了方向（ST_Direction）和角度（ST_Angle）类型，同时定义了拓扑几何（Topology-Geometry）和拓扑网络（Topology-Network）的实现模型。SFASQL只描述了线性插值形成的几何图形，没有定义圆弧插值的几何图形及拓扑关系。SQL/MM则支持圆弧插值形成的几何对象，支持复合几何对象，例如SQL/MM删去了SFASQL中的Line和LinearRing；增加了以圆弧插值构成的ST_Circularstring、ST_CompoundCurve和ST_CurvePolygon类型，圆弧插值可以精确地表示圆弧组成的几何图形。

B 空间操作对比分析

两个标准为各类几何对象定义的空间操作基本相同，但SQL/MM明显丰富于SFASQL，两个标准定义的空间操作对比如表2-8和表2-9所示。SFASQL没有为预定义数据类型定义相关的SQL空间操作，仅对扩展类型，给出了相应的空间操作定义。对于SFASQL与SQL/MM都定义了的几何对象类型，SFASQL的SQL空间操作参考了SQL/MM相应类型相应空间操作的定义。

表 2-8　两个标准中 Geometry 与 ST_ Geometry 定义的空间操作对比表

| 分类 | SFASQL Geometry | SQL/MM ST_ Geometry | 功能概述 |
|---|---|---|---|
| 基本操作 | Dimension ( ): Integer | ST_ Dimension ( ): SMALLINT | 返回几何对象的维数，不大于坐标维数 |
| | | ST_ CoordDim ( ): SMALLINT | 坐标维数 |
| | GeometryType ( ): String | ST_ GeometryType ( ): String | 返回几何对象的类型，如' Point '、' ST_ Point ' |
| | SRID ( ): Integer | ST_ SRID ( ): Integer | 返回几何对象所属的空间参考系 ID |
| | | ST_ SRID (anSRid): ST_ Geometry | |
| | | ST_ Transform (anSRid): ST_ Geometry | 返回转换到指定空间参考的几何对象 |
| | Envelope ( ): Geometry | ST_ Envelope ( ): ST_ Polygon | 返回几何对象的最小外包矩形 |
| | IsEmpty ( ): Integer | ST_ IsEmpty ( ): Integer | 如果几何对象为空集，则返回 1 |
| | IsSimple ( ): Integer | ST_ IsSimple ( ): Integer | 如果几何对象是简单的（不自交），则返回 1 |
| | | ST_ IsValid ( ): Integer | Test if an ST_ Geometry value is well formed |
| | Is3D ( ): Integer | ST_ Is3D ( ): Integer | 如果几何对象含有 Z 值，则返回 1 |
| | IsMeasured ( ): Integer | ST_ IsMeasured ( ): Integer | 如果几何对象含有 M 值，则返回 1 |
| | Boundary ( ): Geometry | ST_ Boundary ( ): ST_ Geometry | 返回几何对象的边界 |
| 空间关系检测运算 | Equals (aGeom): Integer | ST_ Equals (aGeom): Integer | 如果两个几何对象的内部和边界在空间上都相等，则返回 1 |
| | Disjoint (aGeom): Integer | ST_ Disjoint (aGeom): Integer | 如果两个几何对象的内部和边界在空间上都不相交，则返回 1 |
| | Intersects (aGeom): Integer | ST_ Intersects (aGeom): Integer | 如果两个几何对象在空间上相交，则返回 1 |
| | Touches (aGeom): Integer | ST_ Touches (aGeom): Integer | 如果两个几何对象边界相交但内部不相交，则返回 1 |
| | Crosses (aGeom): Integer | ST_ Crosses (aGeom): Integer | 如果这个几何对象的内部和另一个几何对象内部有相交，且这个几何对象的内部和另一个几何对象外部有相交，则返回 1 |
| | Within (aGeom): Integer | ST_ Within (aGeom): Integer | 如果这个几何对象空间上位于另一个几何对象内部，则返回 1 |
| | Contains (aGeom): Integer | ST_ Contains (aGeom): Integer | 如果这个几何对象空间上包含另一个几何对象，则返回 1 |
| | Overlaps (aGeom): Integer | ST_ Overlaps (aGeom): Integer | 如果几何对象内部有非空交集，则返回 1 |
| | Relate (aGeom, DE-9IMMatrix: String): Integer | ST_ Relate (aGeom, DE-9IMMatrix: String): Integer | 如果该几何对象与另一个几何对象的 DE-9IM 与 DE-9IMMatrix 相匹配，则返回 1 |
| | LocateAlong (mValue): Geometry | ST_ LocateAlong (mValue): ST_ Geometry | 返回与给定的 M 值相匹配的几何集 |
| | LocateBetween (mStart, mEnd): Geometry | ST_ LocateBetween (mStart, mEnd): ST_ Geometry | 返回与给定的 M 值范围相匹配的几何集 |

续表 2-8

| 分类 | SFASQL Geometry | SQL/MM ST_ Geometry | 功能概述 |
|---|---|---|---|
| 空间分析运算 | Distance (aGeom): Double | ST_ Distance (aGeom): Double<br>ST_ Distance (aGeom, aunit): Double | 返回两个几何对象间的最短距离 |
| | Buffer (adistance): Geometry | ST_ Buffer (adistance): ST_ Geometry | 根据给定距离创建缓冲区多边形。 |
| | | ST_ Buffer (adistance, aunit): ST_ Geometry | 根据给定距离及单位创建缓冲区多边形。 |
| | ConvexHull (): Geometry | ST_ ConvexHull (): ST_ Geometry | 返回几何对象的最小凸多边形。 |
| | Intersection (aGeom): Geometry | ST_ Intersection (aGeom): ST_ Geometry | 返回由两个几何对象的交集构成的几何对象。 |
| | Union (aGeom): Geometry | ST_ Union (aGeom): ST_ Geometry | 返回由两个几何对象的并集构成的几何对象。 |
| | Difference (aGeom): Geometry | ST_ Difference (aGeom): ST_ Geometry | 返回这个几何对象与另一个几何对象不相交的部分。 |
| | SymDifference (aGeom): Geometry | ST_ SymDifference (aGeom): ST_ Geometry | 返回两个几何对象与对方互不相交的部分。 |
| | AsText (): String | ST_ AsText (): String | 将几何对象以 WKT 格式输出 |
| | AsBinary (): Binary | ST_ AsBinary () | 将几何对象以 WKB 格式输出 |
| | | ST_ AsGML () | 将几何对象以 GML 格式输出 |
| | | ST_ ToPoint (): ST_ Point | 将几何对象转换为 ST_ Point |
| | | ST_ ToLineString (): ST_ LineString | 将几何对象转换为 ST_ LineString |
| | | ST_ ToCircular (): ST_ CircularString | 将几何对象转换为 ST_ CircularString |
| | | ST_ ToCompound (): ST_ CompoundCurve | 将几何对象转换为 ST_ CompoundCurve |
| | | ST_ ToCurvePoly (): ST_ CurvePolygon | 将几何对象转换为 ST_ CurvePolygon |
| | | ST_ ToPolygon (): ST_ Polygon | 将几何对象转换为 ST_ Polygon |
| | | ST_ ToGeomColl (): ST_ GeomCollection | 将几何对象转换为 ST_ GeomCollection |
| | | ST_ ToMultiPoint (): ST_ MultiPoint | 将几何对象转换为 ST_ MultiPoint |
| | | ST_ ToMultiCurve (): ST_ MultiCurve | 将几何对象转换为 ST_ MultiCurve |

续表 2-8

| 分类 | SFASQL Geometry | SQL/MM ST_Geometry | 功能概述 |
|---|---|---|---|
| | | ST_ToMultiLine ( ): ST_MultiLineString | 将几何对象转换为 ST_MultiLineString |
| | | ST_ToMultiSurface ( ): ST_MultiSurface | 将几何对象转换为 ST_MultiSurface |
| | | ST_ToMultiPolygon ( ): ST_MultiPolygon | 将几何对象转换为 ST_MultiPolygon |
| | | ST_WKTToSQL (awkt): ST_Geometry | 将 WKT 表达的几何对象转换为相应的 ST_Geometry 类型 |
| | | ST_WKBToSQL (awkb): ST_Geometry | 将 WKB 表达的几何对象转换为相应的 ST_Geometry 类型 |
| | | ST_GMLToSQL (agml): ST_Geometry | 将 GML 表达的几何元素（如 LineString）转换为相应的 ST_Geometry 类型（如 ST_LineString） |
| | | ST_GeomFromText (awkt): ST_Geometry<br>ST_GeomFromText (awkt, ansrid): ST_Geometry | 根据 WKT 表达创建几何对象（Functin） |
| | | ST_GeomFromWKB (awkb): ST_Geometry<br>ST_GeomFromWKB (awkt, ansrid): ST_Geometry | 根据 WKB 表达创建几何对象（Functin） |
| | | ST_GeomFromGML (agml): ST_Geometry<br>ST_GeomFromGML (agml, ansrid): ST_Geometry | 根据 GML 表达创建几何对象（Functin） |

注：SFASQL 空间操作规范大部分引自 SQL/MM。

**表 2-9 两个标准每种几何类型定义的空间操作对比**

| 几何类型 | SFASQL | SQL/MM |
|---|---|---|
| Point | X ( ): Double<br>Y ( ): Double<br>Z ( ): Double<br>M ( ): Double | ST_X ( ): Double; ST_X (xcoord): ST_Point<br>ST_Y ( ): Double; ST_Y (xcoord): ST_Point<br>ST_Z ( ): Double; ST_Z (xcoord): ST_Point<br>ST_M ( ): Double; ST_M (xcoord): ST_Point<br>说明：The following example returns the result Point (1, 3).<br>SELECT NEW ST_Point (1, 2). ST_Y (3)<br>ST_ExplicitPoint ( ): DOUBLE ARRAY [4]，返回点的 X, Y, Z, M 坐标值<br>ST_PointFromText (awkt): ST_Point (Functin)<br>ST_PointFromText (awkt, anSRid): ST_Point (Functin)<br>ST_PointFromWKB (awkb): ST_Point (Functin)<br>ST_PointFromWKB (awkb, anSRid): ST_Point (Functin)<br>ST_PointFromGML (agml): ST_Point (Functin)<br>ST_PointFromGML (agml, anSRid): ST_Point (Functin) |

续表 2-9

| 几何类型 | SFASQL | SQL/MM |
|---|---|---|
| Curve | Length ( ): Double<br>StartPoint ( ): Point<br>EndPoint ( ): Point<br>IsClosed ( ): Integer<br>IsRing ( ): Integer | ST_Length ( ): Double; ST_Length (aunit): Double<br>ST_StartPoint ( ): Point<br>ST_EndPoint ( ): Point<br>ST_IsClosed ( ): Integer<br>ST_IsRing ( ): Integer<br>ST_CurveToLine ( ): ST_LineString |
| LineString | NumPoints ( ): Integer<br>PointN (N: Integer): Point | ST_Points ( ): ST_Point ARRAY<br>ST_Points (apointarray): ST_LineString<br>ST_NumPoints ( ): Integer<br>ST_PointN (N: Integer): ST_Point<br>与上类似的 FromText ( )、FromWKB ( )、FromGML ( ) 函数，如 ST_LineFromText (awkt): ST_LineString |
| ST_CircularString | | ST_Points ( ): ST_Point ARRAY<br>ST_Points (apointarray): ST_CircularString<br>ST_NumPoints ( ): Integer<br>ST_PointN (N: Integer): ST_Point<br>ST_MidPointRep ( ): ST_Point ARRAY; 包括每一圆弧线段的起点、中点和终点的点数组。<br>与上类似的 FromText ( )、FromWKB ( )、FromGML ( ) 函数，如 ST_CircularFromTxt (awkt): ST_CircularString |
| ST_CompoundCurve | | ST_Curves ( ): ST_Curve ARRAY<br>ST_NumCurves ( ): INTEGER<br>ST_CurveN (N: Integer): ST_Curve<br>与上类似的 FromText ( )、FromWKB ( )、FromGML ( ) 函数，如 ST_CompoundFromTxt (awkt): ST_CompoundCurve |
| Surface | Area ( ): Double<br>Centroid ( ): Point<br>PointOnSurface ( ): Point | ST_Area ( ): Double; ST_Area (aunit): DOUBLE<br>ST_Centroid ( ): ST_Point<br>ST_PointOnSurface ( ): ST_Point<br>ST_Perimeter ( ): DOUBLE;<br>ST_Perimeter (aunit): DOUBLE<br>ST_IsWorld ( ): INTEGER; 测试面的外环是否为空。 |
| ST_CurvePolygon | | ST_ExteriorRing ( ): ST_Curve<br>ST_ExteriorRing (acurve): ST_CurvePolygon<br>ST_InteriorRings ( ): ST_Curve ARRAY<br>ST_InteriorRings (acurvearray): ST_Curve ARRAY<br>ST_NumInteriorRing ( ): INTEGER<br>ST_InteriorRingN (N: Integer): ST_Curve<br>ST_CurvePolyToPoly ( ): ST_Polygon; 返回 ST_CurvePolygon 的近似 ST_Polygon.<br>ST_CPolyFromText (awkt): ST_CurvePolygon (Functin)<br>ST_CPolyFromText (awkt, anSRid):<br>ST_CurvePolygon (Functin)<br>ST_CPolyFromWKB (awkb):<br>ST_CurvePolygon (Functin)<br>ST_CPolyFromWKB (awkb, anSRid):<br>ST_CurvePolygon (Functin)<br>ST_CPolyFromGML (agml):<br>ST_CurvePolygon (Functin)<br>ST_CPolyFromGML (agml, anSRid):<br>ST_CurvePolygon (Functin) |

续表 2-9

| 几何类型 | SFASQL | SQL/MM |
|---|---|---|
| Polygon | E xteriorRing ( ): LineString<br>InteriorRingN (N: Integer): LineString<br>NumInteriorRing ( ): Integer | ST_ExteriorRing ( ): ST_LineString<br>ST_InteriorRingN (N: Integer): LineString<br>ST_NumInteriorRing ( ): Integer<br>与上类似的 FromText ( )、FromWKB ( )、FromGML ( ) 函数，如 ST_PolyFromText (awkt): ST_Poly、<br>ST_BdPolyFromText (awkt): ST_Polygon、<br>ST_BdPolyFromText (awkt, anSRid): ST_Polygon、<br>ST_BdPolyFromWKB (awkb): ST_Polygon、<br>ST_BdPolyFromWKB (awkb, anSRid): ST_Polygon |
| PolyhedralSurface | Geometries ( ): Surface ARRAY<br>NumSurfaces ( ): INTEGER<br>SURFACE (N INTEGER): Surface | ST_Geometries ( ): ST_Surface ARRAY<br>ST_NumSurfaces ( ): INTEGER<br>ST_SURFACE (N INTEGER): ST_Surface |
| GeomCollection | ST _ NumGeometries ( ): INTEGER<br>ST_GeometryN (N: INTEGER): ST_Geometry | ST_NumGeometries ( ): INTEGER<br>ST_GeometryN (N: INTEGER): ST_Geometry<br>ST_Geometries ( ): ST_Geometry ARRAY<br>ST_Geometries (ageometryarray): ST_GeomCollection<br>ST_GeomCollFromTxt (awkt), (Functin)<br>ST_GeomCollFromTxt (awkt, anSRid), (Functin)<br>ST_GeomCollFromWKB (awkb), (Functin)<br>ST_GeomCollFromWKB (awkb, anSRid), (Functin)<br>ST_GeomCollFromGML (agml), (Functin)<br>ST_GeomCollFromGML (agml, anSRid), (Functin) |
| MultiPoint | Geometries ( ): ST_ Point ARRAY<br>Geometries (ageometryar-ray): MultiPoint | ST_Geometries ( ): ST_Point ARRAY<br>ST_Geometries (ageometryarray): ST_MultiPoint<br>与上类似的 FromText ( )、FromWKB ( )、FromGML ( ) 函数，如 ST_MPointFromText (awkt) |
| MultiCurve | IsClosed ( ): Integer<br>Length ( ): Double; Length aunit): Double | ST_IsClosed ( ): Integer<br>ST_Length ( ): Double; ST_Length aunit): Double<br>与上类似的 FromText ( )、FromWKB ( )、FromGML ( ) 函数，如 ST_MCurveFromText (awkt) |
| MultiLineString | Geometries ( ): ST_LineString ARRAY<br>Geometries (ageometryarray): MultiLineString | ST_Geometries ( ): ST_LineString ARRAY<br>ST_Geometries (ageometryarray): ST_MultiLineString<br>与上类似的 FromText ( )、FromWKB ( )、FromGML ( ) 函数，如 ST_MLineFromText (awkt) |
| MultiSurface | Area ( ): Double; Area (aunit): Double<br>Centroid ( ): Point<br>PointOnSurface ( ): Point<br>Geometries ( ): Surface ARRAY<br>Geometries (ageometryarray): MultiSurface | ST_Area ( ): Double; ST_Area (aunit): DOUBLE<br>ST_Perimeter ( ): DOUBLE; ST_Perimeter (aunit): DOUBLE<br>ST_Centroid ( ): ST_Point<br>ST_PointOnSurface ( ): ST_Point<br>ST_Geometries ( ): ST_Surface ARRAY<br>ST_Geometries (ageometryarray): ST_MultiSurface<br>与上类似的 FromText ( )、FromWKB ( )、FromGML ( ) 函数，如 ST_MSurfaceFromTxt (awkt) |
| MultiPolygon | 继承父类 MultiSurface 的空间操作 | ST_Geometries ( ): ST_Polygon ARRAY<br>ST_Geometries (ageometryarray): ST_MultiPolygon<br>与上类似的 FromText ( )、FromWKB ( )、FromGML ( ) 函数，如 ST_ MPolyFromText (awkt)、ST_ BdMPolyFromText (awkt) |

注：SFASQL 空间操作规范大部分引自 SQL/MM。

C　空间数据存储类型分析

空间数据在数据库中的物理存储类型与数据库的扩展环境紧密相关。SFASQL规范既支持预定义数据类型的扩展环境，也支持UDT（用户自定义类型）数据库空间扩展环境。该规范包含三种存储方式：二进制类型、常规数值类型以及扩展的几何对象类型。其中，前两种使用了预定义的数据类型，而后一种基于UDT。SQL/MM只定义了UDT数据库环境下的空间扩展相关规范，几何对象存储只支持扩展的几何对象类型。如果数据库不支持UDT特征，空间数据将只能借助预定义数据类型来存储，此时可参考SFASQL规范。

GIS厂商实现数据库空间扩展既可以选择使用数据库的预定义数据类型，也可以选择使用对象类型来存储。而数据库厂商扩展数据库支持空间数据，通常选择对象类型作为空间数据的存储方式。基于预定义的常规方式由于需要维护额外的信息，涉及一系列的关系运算、表连接操作和空间数据变长的管理，效率最低。二进制类型存储简化了变长记录的管理，但是二进制块的读写效率较定长字段慢得多。对象类型从核心扩展了DBMS的数据类型，直接存储和管理非结构化的空间数据，定义空间对象的函数，解决了变长记录管理，关系表之间的结构更简单，易维护，具有较高的效率，是目前主流的实现方式。

### 2.3.2　GIS与DBMS实现的空间数据类型及空间操作

#### 2.3.2.1　ArcGIS几何类型及空间操作

A　ArcGIS（ArcObjects）几何对象模型

ArcGIS（ArcObjects）的几何对象被分为高级几何对象和构件几何对象两个层次。

a　高级几何对象

高级几何对象可直接用于定义地理要素或图形元素的几何形状。高级几何对象包括以下类型：

Point具有X、Y坐标值，以及可选的属性，如高程（Z值），测量值（M）和ID号。

Multipoint是无序点的集群，它用于表示具有相同属性设置的同一组点。

Polyline（多段线）对象是相连或不相连的路径对象的有序集合，它可以分别是单个路径、多个不相连的路径和多个相连路径的集合。

Polygon（多边形）是有序环（Ring）对象的集合，这些环可以是一个或多个，且环内可以套环，形成岛环的情况，但是内外环之间不能重叠。对于一个给定的点，能够明确确定它是在多边形“内部”“外部”或者“边界上”。多边形对象通常可以用于描述具有面积的离散矢量对象。

MultiPatch用于描述三维几何对象的表面，三维几何对象还可以存储顶点法线（vertex normal）、顶点ID、顶点的M值及基于部分的属性（part-level attributes）。MultiPatch可以带纹理、透明度等信息。

b　构件几何对象

构件几何对象用于构建高级几何对象。构件几何对象（或称几何构件）包括：

线段（Segment）：任何几何对象都可以看作是点的集合，点与点之间如何连接由线段的类型决定。线段是由一个起始点、一个终止点以及定义两点之间的曲线的函数组成的几何对象。线段的类型包括：CircularArc（圆弧），Line（直线），EllipticArc（椭圆弧）和BezierCurve（贝塞尔曲线）四种类型。Segment 对象是一个抽象类，也是 Curve 的一个子类，它从 Curve 类继承了最基本的属性和方法，如 FromPoint 和 ToPoint 确定了所有曲线的起始点和终止点。一个 Segment 对象可以有 z 值、m 值或 ID 值。

路径（Path）是连续 Segment 对象的集合，除了路径的第一个和最后一个 Segment 外，每一个 Segment 的起始点都是前一个 Segment 的终止点，即路径对象中的 Segment 不能出现分离的情况。路径可以是任意数目的 Line、CircularArc、EllipticArc 和 BezierCurve 的组合。路径用于构建多段线（polyline）。

环（Ring）是一种闭合的路径，它包含一系列首尾相连的同方向的 Segment 对象，它是封闭的，即起始点与终止点是同一个点，它不能自相交。环用于构建多边形（polygon）或 MultiPatch。

三角形条带（TriangleStrip，由一个接一个的三角形相互连接而成三角形条带）、三角形扇（TriangleFan，所有三角形共一个顶点）、Triangles（三角形的集合）或环，用于构建多面（MultiPatch）。

除了高级几何对象和构件几何对象外，还有 2 个几何对象：Envelope 和 GeometryBag。Envelope 用于描述其他几何对象的空间范围，它是一个矩形（仅考虑 X、Y 坐标时）。它覆盖了几何对象的最小坐标和最大坐标、Z 值和 M 值的变化范围。GeometryBag 是任何类型的几何体对象的集合，实际上 GeometryBag 是一个可以容纳任何类型几何对象的容器，可以同时容纳多种不同类型的几何对象。

ArcGIS（ArcObjects）的几何对象模型如图 2-19 所示。

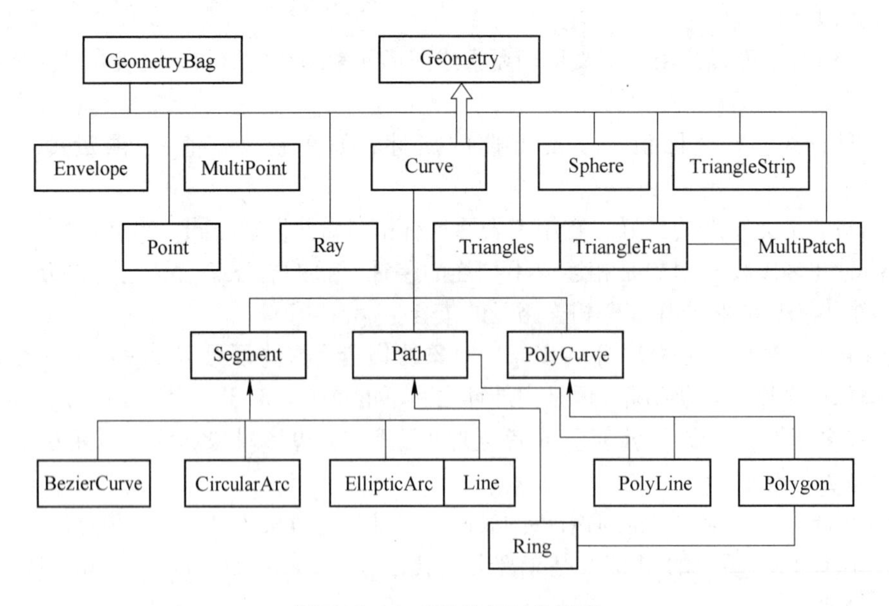


图 2-19　ArcGIS 几何对象模型

一个几何对象的每个顶点，除了有 X、Y 坐标值外，还可以有其他可选属性，如 Z 值、M 值和 ID。

Geometry 类是所有几何对象的超类，它是一个抽象类。这个类通过 IGeometry 接口定义了所有的几何对象通用的属性、方法，如 IGeometry. Dimension 可以查询几何对象的维度；IGeometry. Envelope 可以返回几何对象的最小外包矩形；IGeometry. GeometryType 则可以返回用于对象的几何类型，等等。

Multipoint、Polyline、Polygon 和 MultiPatch 几何对象在它们的几何形状上都有约束条件，如线不能自相交，多边形的内部必须明确定义，且必须与之外部分开。当几何对象上的所有约束条件都满足时，我们说这个几何对象是简单的几何对象；当有一个约束条件未满足或不知道这个约束条件是否满足时，我们说这个几何对象是非简单（non - simple）的几何对象。ITopologicalOperator、IPolygon2 ~ IPolygon4 和 IPolyline2 ~ IPolyline5 接口中提供了检测和强化几何对象简单性的操作。

高级几何对象支持经典的集合运算来产生新的几何对象，这些集合运算包括集合的并（union）、交（intersection）、差（difference）和对称差分（symmetric difference，也即异或运算）。这些操作定义在 ITopologicalOperator 接口中，且通常情况下这些运算一次操作两个几何对象，但其中的 ConstructUnion 运算可作用于多于两个几何对象。高级几何对象还支持 IRelationalOperator 接口，其中定义了用于检测两个几何对象之间的空间关系方法，如检测两个几何对象是否相离（disjoint）、是否相接（touch）、是否包含（contain）等，这些方法返回布尔类型的值。

ArcGIS 的几何对象遵循 OGC Simple Features Specification（SFS）1.1 规范（1.1 版本 1999 年发布，最新版本为 1.2.1，2011），在几何类型定义上进行了适当扩充和修改，OGC SF 1.1 定义的几何对象模型如图 2-20 所示。在 ArcGIS 的几何对象模型中，没有明确定义 GeometryCollection、MultiSurface、MultiCurve、MultiPolygon、MultiLineString 几何集合类型，但 ArcGIS 的 Polyline、Polygon 语义更丰富，不仅仅是简单的线、多边形，包括了多部分的线、多部分的多边形；ArcGIS 中的 Polyline 涵盖了 OGC SFS 中的 LineString 和 MultiLineString；ArcGIS 中的 Polygon 涵盖了 OGC SFS 中的 Polygon 和 MultiPolygon。此外，ArcGIS 中的线段也不仅仅是直线段，它提供了 CircularArc（圆弧），Line（直线），EllipticArc（椭圆弧）和 BezierCurve（贝塞尔曲线）四种类型的线段，比 OGC SFS 要丰富得多（OGC SFS 中只有 Line 一种类型的线段），且 OGC SFS 1.1 有一个致命缺陷：只支持 X，Y 二维坐标，不支持 Z、M 值，不过在 OGC SFA 1.2.1 中得到改善。

ArcGIS 几何对象模型中没有定义 Surface，它的 Polygon 是从 Curve→PolyCurve 继承而来的；而 OGC SFS 中的 Polygon 是从它的 Surface 继承而来。ArcGIS 中定义的 MultiPatch，用于表达三维几何形体的表面，类似于 OGC SFA 1.2.1 中的 PolyhedralSurface。ArcGIS 中定义的 GeometryBag 是一个可以容纳任何类型几何对象的容器，可以同时容纳多种不同类型的几何对象；OGC SFS 中的 GeometryCollection 原则上是同种类型的几何对象的集合。

ArcGIS 几何对象模型中还定义了 Envolpe、Ray、Sphere、Path、TriangleStrip、TriangleFan、Triangles、Ring 特有的几何对象类型。此外，ArcGIS 还在 DefenseSolutions 模块中定义了基于椭球体的 GeoPolyline、GeoPolygon 和 GeoEllipse 的几何对象类型。

B　ArcSDE Geodatabase 中的几何存储类型

任何一种空间数据引擎本质上都是通过利用和扩展符合标准的 DBMS 的数据类型和功能，来实现空间数据在数据库中的物理存储。为了支持异构平台的访问和互操作，各种几何类型都遵循 OGC 等国际标准。借助 DBMS 的强大功能，空间数据引擎实现了数据完整

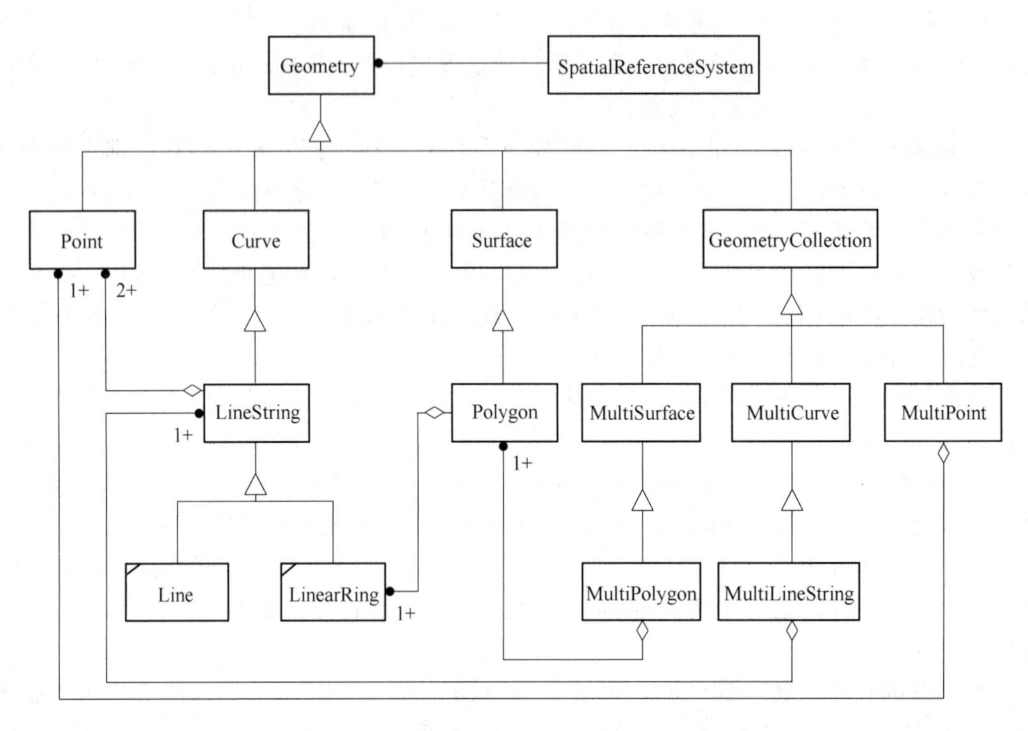


图 2-20　OGC 简单要素规范（版本 1.1）几何对象模型图

性和一致性的维护，提供严格的规则及有效性检查，支持长事务处理和版本管理。

ArcSDE 利用和扩展 DBMS 提供的标准数据类型来组织存储空间数据。在 IBM DB2 和 Informix 中，使用其自身 Spatial Extender、Spatial DataBlade 提供的空间数据类型 ST_Geometry 来存储要素的几何形状。Oracle 可以使用自己的标准数据类型 BLOB 和 Oracle Spatial 提供的 SDO_Geometry 几何类型来存储要素的几何形状。PostgreSQL 可以使用 PostGIS 提供的 Geometry（PostGIS EWKB 或 EWKT）、Geography（PostGIS EWKB 或 EWKT）类型来存储要素的几何形状。SQL Server 可以使用自己的 Geometry、Geography 几何类型来存储要素的几何形状。

此外，ArcSDE 为 Oracle 和 PostgreSQL 提供了 ArcSDE 扩展的 ST_Geometry 类型来存储要素的几何形状。ArcSDE 为 Oracle 和 SQL Server 提供了 ArcSDE 压缩二进制类型、OGC-WKB 两种二进制类型来存储要素的几何形状。

有关要素几何存储详见“空间数据存储与索引”中的相关内容。

#### 2.3.2.2　Oracle Spatial 几何类型及空间操作

Oracle Spatial 是 Oracle 数据库管理系统（DBMS）的空间数据管理扩展模块，提供了一套 SQL 方案和函数来存储、检索、更新和查询数据库中的空间数据。Oracle Spatial 使用 Oracle 的可扩展对象类型系统创建了扩展的几何类型 SDO_GEOMETRY，在此数据类型的基础上，实现了 R 树空间索引和四叉树空间索引，还以 SQL 函数的形式实现了多种空间分析功能。

SDO_GEOMETRY（MDSYS 模式）存储的几何信息包括：几何类型、空间参考 ID、插值类型（直线与曲线）及坐标值。SDO_GEOMETRY 支持的几何对象类型包括：Point、Point Cluster（点群）、Oriented Point，LineString、ArcLineString、CompoundLineString，Polygon、ArcPolygon、CompoundPolygon，Surface（如 TIN），Circle 和 Rectangle，Solid，如图 2-21 所示。

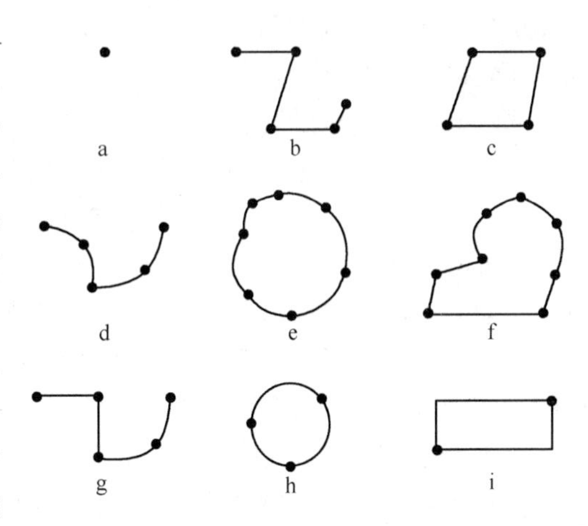


图 2-21　SDO_GEOMETRY 常用的几何类型
a—点；b—直线串；c—多边形；d—弧线串；e—弧多边形；f—复合多边；g—复合线串；h—圆；i—矩形

Oracle Spatial 数据模型是由几何元素、几何对象和图层组成的层次结构模型，图层由一系列的几何对象组成，几何对象由一个到多个几何元素组成。图层是具有相同属性集的几何对象的集合，如一个包含道路要素的图层，一个包含河流要素的图层等。

几何对象用于表达地理要素，它是基本几何元素的有序集合。几何对象可以是由单个几何元素组成的，这单个几何元素是 Oracle Spatial 支持的基本几何元素的实例。几何对象也可以是同类或异构几何元素的集合，如 multipolygon 是同类几何元素的集合；异构几何元素的集合，如一个包含点和多边形的几何集合类型。根据 OGC 简单要素规范中的定义，可以将几何对象描述为在坐标点之间通过线性插值、圆曲线插值或结合使用两种插值方法来构造几何。

Oracle Spatial 支持 SQL/MM 标准中的 ST_Geometry 类型和其特定的子类型（ST_CircularString、ST_CompoundCurve、ST_Curve、ST_CurvePolygon、ST_GeomCollection、ST_LineString、ST_MultiCurve、ST_MultiLineString、ST_MultiPoint、ST_MultiPolygon、ST_MultiSurface、ST_Point 和 ST_Polygon）。这些类型和 Oracle Spatial 中的 SDO_GEOMETRY 数据类型在本质上是可互操作的。也就是说，可以从 SDO_Geometry 类型创建 ST_Geometry，反之亦然。另外，Oracle 实现了 SQL/MM 标准中在 ST_Geometry 和其子类型上定义的关系函数。简而言之，Oracle Spatial 遵循 OGC 简单特性规范和 SQL/MM 标准。

对于三维数据，Oracle 可以存储和建模 GML 3.1.1 规范中的大多数类型，除了参数曲线类型（如弧和样条曲线等）。另外，Oracle Spatial 提供了一些构造函数来实现 SDO_GEOMETRY 数据类型与 SQL/MM 标准中熟知文本（WKT）和熟知二进制（WKB）在二维数据上的转换，以及 SDO_GEOMETRY 和 GML 3.1.1 类型在三维数据上的转换。

#### 2.3.2.3　PostgreSQL 与 PostGIS 几何类型及空间操作

PostgreSQL 是一个开源的、社区驱动的、符合标准的对象 - 关系型数据库管理系统，它不仅支持关系数据库的各种功能，而且还具备类、继承等对象数据库的特征。它是目前功能最强大、特性最丰富和结构最复杂的开源数据库管理系统，其中有些特性甚至连商业数据库都不具备。

PostgreSQL 中已经定义了一些基本的几何类型，如：点（Point）、线（Line）、线段（Lseg）、方形（Box）、路径（Path）、多边形（Polygon）和圆（Circle）；另外，PostgreSQL 定义了一系列的函数和操作符来实现几何类型的操作和运算；同时，PostgreSQL 引入空间数据索引 R-tree。

尽管 PostgreSQL 提供了上述几项支持空间数据的特性，但其提供的空间特性很难达到 GIS 的要求，主要表现在：缺乏复杂的空间类型；没有提供空间分析；没有提供投影变换功能。为了使 PostgreSQL 更好地提供空间信息服务，PostGIS 应运而生。

PostGIS 是对象关系型数据库系统 PostgreSQL 的空间扩展，为 PostgreSQL 增强了存储管理空间数据的能力。PostGIS 最大的特点是符合并且实现了 OGC 的一系列规范，是最著名的开源空间数据管理引擎。PostGIS 提供如下空间信息服务功能：空间对象、空间索引、空间操作函数和空间操作符。PostGIS 是由 Refractions Research 公司发起开发的。

PostGIS 支持的空间数据类型（几何类型）遵循 OGC 简单要素规范，同时在此基础上扩展了对 3D、2DM、3DM 坐标的支持，从而遵循 ISO/IEC SQL/MM 标准。PostGIS 支持主要几何类型包括：点（Point）、线串（Linestring）、多边形（Polygon）、多点（Multipoint）、多线（Multilinestring）、多多边形（Multipolygon）和集合对象集（Geometrycollection）等。

PostGIS 支持的大部分几何类型是基于笛卡尔坐标系的。2D 坐标空间中的 Point 由（X，Y）定义，3D 坐标空间中的 Point 由（X，Y，Z）定义，2DM 空间中的 Point（一般用 PointM 几何类型予以区分）由（X，Y，M）定义，3DM 空间中的 Point（一般用 Point MZ 几何类型予以区分）由（X，Y，Z，M）定义。

Linestring 至少由 2 个点来定义。与 Point 类似，Linestring 也有 4 种不同类型的坐标定义：2D 中的 Linestring，3D 中的 Linestring，2DM 中的 Linestring，3DM 中的 Linestring.

PostGIS 支持的其他几何类型也都支持 2D、3D、2DM、3DM 空间中的定义。

PostGIS 中几何对象的表达采用 EWKT 和 EWKB 格式，EWKT 和 EWKB 相比于 OGC WKT 和 WKB，主要是扩展了 3D、2DM、3DM 和内嵌空间参考的支持。

以下列举了几个几何对象 EWKT 表达：

POINT(0 0 0):3D 点

SRID=32632;POINT(0 0):内嵌空间参考的点

POINTM(0 0 0):带 M 值的点

POINT(0 0 0 0):带 M 值的 3D 点

SRID=4326;MULTIPOINTM(0 0 0,1 2 1):内嵌空间参考的带 M 值的多点

MULTILINESTRING((0 0 0,1 1 0,1 2 1),(2 3 1,3 2 1,5 4 1)):3D 多线串

POLYGON((0 0 0,4 0 0,4 4 0,0 4 0,0 0 0),(1 1 0,2 1 0,2 2 0,1 2 0,1 1 0)):3D 多边形

MULTIPOLYGON(((0 0 0,4 0 0,4 4 0,0 4 0,0 0 0),(1 1 0,2 1 0,2 2 0,1 2 0,1 1 0)),((-1 -1 0,-1 -2 0,-2 -2 0,-2 -1 0,-1 -1 0))):3D 多边形集合

GEOMETRYCOLLECTIONM(POINTM(2 3 9),LINESTRINGM(2 3 4,3 4 5)):2DM 几何集合

MULTICURVE((0 0,5 5),CIRCULARSTRING(4 0,4 4,8 4)):2D MULTICURVE

POLYHEDRALSURFACE(((0 0 0,0 0 1,0 1 1,0 1 0,0 0 0)),((0 0 0,0 1 0,1 1 0,1 0 0,0 0 0)),((0 0 0,1 0 0,1 0 1,0 0 1,0 0 0)),((1 1 0,1 1 1,1 0 1,1 0 0,1 1 0)),((0 1 0,0 1 1,1 1 1,1 1 0,0 1 0)),((0 0 1,1 0 1,1 1 1,0 1 1,0 0 1))):3D 多面

TRIANGLE((0 0,0 9,9 0,0 0)):2D 三角形

TIN(((0 0 0,0 0 1,0 1 0,0 0 0)),((0 0 0,0 1 0,1 1 0,0 0 0))):3D TIN

```
CIRCULARSTRING(0 0,1 1,1 0)
CIRCULARSTRING(0 0,4 0,4 4,0 4,0 0)
COMPOUNDCURVE(CIRCULARSTRING(0 0,1 1,1 0),(1 0,0 1))
CURVEPOLYGON(CIRCULARSTRING(0 0,4 0,4 4,0 4,0 0),(1 1,3 3,3 1,1 1))
MULTICURVE((0 0,5 5),CIRCULARSTRING(4 0,4 4,8 4))
MULTISURFACE(CURVEPOLYGON(CIRCULARSTRING(0 0,4 0,4 4,0 4,0 0),(1 1,3 3,3 1,1 1)),
((10 10,14 12,11 10,10 10),(11 11,11.5 11,11 11.5,11 11)))
```

EWKT、EWKB 格式输入、输出：

```
bytea EWKB = ST_AsEWKB(geometry);
text EWKT = ST_AsEWKT(geometry);
geometry = ST_GeomFromEWKB(bytea EWKB);
geometry = ST_GeomFromEWKT(text EWKT);
```

此外，PostGIS 还提供了地理类型（Geography Type），主要是用来以地理坐标（常说的大地坐标，或者经纬度）表达地理要素。地理坐标属于球面（椭球面）坐标，以度（Degree）为单位来表示。

PostGIS 几何类型的基础是平面，平面上两点之间的最短距离是一条直线。在计算几何图形的面积、距离、长度等操作时可以使用笛卡尔数学计算公式。相反，PostGIS 地理类型的基础是一个球体（椭球体），球体上两点之间的最短距离是大圆圆弧（great circle arc）。这意味着在进行相同的地理计算时需要更复杂的数学计算公式。如果要结果更加精确，则必须考虑真实世界的球体形状，这将使计算变得更加复杂。因此，基于地理类型的功能函数要大大少于基于几何类型的功能函数。但是随着 PostGIS 版本的不断更新，越来越多基于球面的算法将会加入进来，地理类型的功能也会越来越强大。

PostGIS 地理类型现在仅支持最简单的要素，包括点（Point），线（LineString），面（Polygon），多点（MultiPoint），多线（MultiLineString），多面（MultiPolygon）以及混合数据类型（GeometryCollection）。

创建带有二维点数据的表可以表示为：

```
CREATE TABLE spheroid_points
(
  fid serial PRIMARY KEY,
  name VARCHAR(64),
  location geography(POINT,4326)
);
```

一旦带有地理数据字段的表建好，就可以像下面的例子一样往表里插入数据：

```
INSERT INTO spheroid_points(name,location)
VALUES('TownA',ST_GeographyFromText('SRID=4326;POINT(114 25)'));
```

地理类型以经纬度表示的数据进行存储，需要耗费一定的代价：基于该类型的功能函数比较少；这些函数也要花费更多的 CPU 时间来计算。选用地理类型还是几何类型取决于使用者所研究的区域。如果研究范围是遍布全球或比较大的区域，就应该将数据以经纬度存储，选用地理数据类型来存储，不需要考虑复杂的投影细节。如果研究范围只是一个很小的区域，最好的选择就是挑选合适的投影并基于几何类型进行计算。

## 2.4　空间数据的完整性约束

空间数据完整性约束是指保证空间数据库中数据的正确性、有效性和相容性的一组完整性规则的集合，防止错误的数据进入空间数据库。完整性约束定义了数据模型必须遵守的语义约束，也规定了数据模型中数据及其联系所必须满足的语义约束。完整性约束是数据库系统必须遵守的约束，用以限定符合数据模型的数据库状态以及状态的变化，以保证数据的正确、有效和相容。

为维护数据库的完整性，SDBMS 必须：

(1) 提供定义完整性约束条件的机制，一般由 SQL 的 DDL 语句来实现（完整性定义）。

(2) 提供检查是否违背完整性约束条件的方法。一般在 INSERT、UPDATE、DELETE、语句执行后开始检查，也可以在事务提交时检查。(完整性检查)。

(3) DBMS 若发现用户的操作违背了完整性约束条件，就采取一定的措施，如拒绝用户执行该操作，来保证数据的完整性。(违约处理)。

SDBMS 应该提供的完整性类型包括以下 10 项内容：实体完整性（Entity Integrity），参照完整性（Referential Integrity），域完整性（Domain Integrity），专题语义完整性（Thematic Semantic Integrity），时态语义完整性（Temporal Semantic Integrity），空间语义完整性（Spatial Semantic Integrity），关系类完整性约束（Relationship Integrity），组合语义完整性约束（Combination Semantic Integrity），空间数据多版本约束（Multiversions Constraint），触发器（Trigger）。

### 2.4.1　实体完整性约束

空间数据库中，一个基本关系（如一个要素类）通常对应现实世界的一个实体（要素）集。例如地籍管理系统中宗地要素类（Parcels）是宗地要素的集合。现实世界中的实体是可区分的，即它们具有某种唯一性标识。相应地，关系模型中以主键（PRIMARY KEY，或称主关键字，表中的一个字段或字段组合）作为唯一性标识，其值不能为 NULL，也不能重复，以此来保证实体的完整性。要素类中的 ObjectID 字段的取值可用于区分地理要素，可以作为主键，当然也可以定义其他字段或字段组合作为主键。

关系模型的实体完整性使用 CREATE TABLE 中的 PRIMARY KEY 定义。如：

```
CREATE TABLE ADMIN. BLOCKS
  (
    OBJECTID NUMBER NOT NULL,
    RES NUMBER(5),
    BLOCK_ID NUMBER,
    SHAPE SDE. ST_GEOMETRY,
    PRIMARY KEY(BLOCK_ID)
  );
```

以上 SQL 语句创建一要素类 BLOCKS（街区、区块），并通过 PRIMARY KEY 指定 BLOCK_ID 为主关键字，ADMIN 为一用户名。

```
CREATE TABLE ADMIN. PARCELS
```

```
(
    OBJECTID NUMBER NOT NULL,
    PROPERTY_I NUMBER(38,8),
    LANDUSE_CO NVARCHAR2(3),
    ZONING NVARCHAR2(6),
    PARCEL_ID NUMBER(10),
    RES NUMBER(5),
    ZONING_S NVARCHAR2(4),
    BLOCKID NUMBER,
    SHAPE SDE. ST_GEOMETRY,
    PRIMARY KEY(PARCEL_ID),
    FOREIGN KEY(BLOCKID)REFERENCESADMIN. BLOCKS(BLOCK_ID)
);
```

以上 SQL 语句创建一要素类 Parcels（宗地），并通过 PRIMARY KEY 指定"PARCEL_ID "为主关键字。

实体完整性检查和违约处理：插入或对主码列进行更新操作时，DBMS 按照实体完整性规则自动进行检查，包括：

（1）检查主码值是否唯一，如果不唯一则拒绝插入或修改。

（2）检查主码的各个属性是否为空，只要有一个为空就拒绝插入或修改。

### 2.4.2 参照完整性约束

参照完整性是用于确保两个关系之间的引用的一致性。

关系模型的参照完整性定义：在 CREATE TABLE 中用 FOREIGN KEY 短语定义哪个（几个）列为外键（或称外关键字），用 REFERENCES 短语指明这些外键参照哪个（几个）表的主键。如上面 CREATE TABLE " ADMIN ". " PARCELS "中的：

**FOREIGN KEY** （" BLOCKID "） **REFERENCES** " ADMIN ". " BLOCKS " （" BLOCK_ID "）指明 BLOCKID 字段是要素类 PARCELS 的外键，它引用要素类 BLOCKS 中的主关键字 BLOCK_ID；这时，PARCELS 表一般称为从表或子表，BLOCKS 表称为主表或父表。

要素类 Parcels 中的一条记录表示一块宗地，其中 BLOCKID 字段的值为宗地所在的街区编号，它引用 BLOCKS 中的 BLOCK_ID。

参照完整性将两个表中的相应元组相关联。因此，对子表和父表进行增删改操作时有可能破坏参照完整性。例如，对表 Parcels 和 BLOCKS 有 4 种可能破坏参照完整性的情况：

（1）表 Parcels 中增加一个元组，该元组的 BLOCKID 值在表 BLOCKS 中找不到一个元组其 BLOCK_ID 的值与之相等。

（2）修改表 Parcels 中的一个元组，修改后该元组的 BLOCKID 值在表 BLOCKS 中找不到一个元组其 BLOCK_ID 的值与之相等。

（3）从表 BLOCKS 中删除一个元组后，造成表 Parcels 中某些元组的 BLOCKID 值在表 BLOCKS 中找不到一个元组其 BLOCK_ID 的值与之相等。

（4）修改表 BLOCKS 中的一个元组的 BLOCK_ID 属性后，导致表 Parcels 中某些元组的 BLOCKID 属性值在表 BLOCKS 中找不到一个元组其 BLOCK_ID 的值与之相等。

当上述的不一致发生时，系统可使用以下策略加以处理。

（1）拒绝（Reject）。不允许执行该操作，该策略一般设置为默认策略。

（2）级联删除或更新（Cascade）。当删除或修改父表（BLOCKS）的一个元组时造成了不一致，则删除或更新子表中（Parcels）所有造成不一致的元组（假设 BLOCKS 被删除的元组的 BLOCK_ID 值为 10892，则从表 Parcels 中删除 BLOCKID 值为 10892 的所有元组）。

（3）设置为空值（Set-null）。当删除或修改父表（BLOCKS）的一个元组时造成了不一致，则将子表中（Parcels）所有造成不一致的元组的对应属性设置为空值（假设 BLOCKS 被删除的元组的 BLOCK_ID 属性的值为 10892，则将表 Parcels 中 BLOCKID 值为 10892 的所有元组的 BLOCKID 属性设置为空值）。

在定义表时，可指定参照完整性处理策略，如：

```
CREATE TABLE ADMIN. PARCELS
 (
    OBJECTID NUMBER NOT NULL,
    PROPERTY_I NUMBER(38,8),
    LANDUSE_CO NVARCHAR2(3),
    ZONING NVARCHAR2(6),
    PARCEL_ID NUMBER(10),
    RES NUMBER(5),
    ZONING_S NVARCHAR2(4),
    BLOCKID NUMBER,
    SHAPE SDE. ST_GEOMETRY,
    PRIMARY KEY(PARCEL_ID),
    FOREIGN KEY(BLOCKID) REFERENCES ADMIN. BLOCKS(BLOCK_ID)
      ON DELETE CASCADE  /*级联删除 Parcels 表中相应的元组*/
      ON UPDATE CASCADE  /*级联更新 Parcels 表中相应的元组*/
);
```

### 2.4.3 域完整性约束

空间数据库中的表由一系列字段定义，每个字段都有相关联的数据类型。域完整性是对表中字段取值的约束，它包括字段的类型、字段的值域、字段的有效规则、是否允许空值等约束。

#### 2.4.3.1 数据类型约束

（1）常规数据类型约束。在 ArcCatalog 中创建表或要素类的时候，它提供的数据类型有：Short Integer、Long Integer、Float、Double、Text、Date、Blob、Guid、Raster；各 DBMS 也提供了常用的数据类型。在创建数据库模式时，通过数据类型来限制相应字段上的取值。例如，如果字段数据类型是整数，那么它就不能存储 101.5 或任何非整数。此外，不同的数据类型具有不同的运算法则，如常规的加、减、乘、除运算只对数值型数据有效，对其他数据类型一般是无效的。

（2）空间数据类型约束。为了存储管理空间数据，ArcGIS、各 DBMS 都提供相应的空间数据类型（几何类型）。几何对象模型及相应的空间操作、函数的相关内容详见本章上一节。在空间数据库中创建要素类时，需要指定要素类的几何类型，如 Point、Multi-Point、Polyline、Polygon 等。为确保几何数据的完整性，需要为几何字段指定域完整性约束（几何完整性约束）。

几何完整性约束主要包括几何类型约束和几何形状约束。几何类型约束与常规数据类型约束类似，点要素只能存储 Point 几何形状，而不能存储 Polyline 或 Polygon，要素类型应该与几何类型匹配。

几何形状约束，OGC SFA 规范对几何形状的构成做了规定。简述如下：

Point 的几何形状没有任何约束，其坐标构成可以是（X，Y）、（X，Y，Z）、（X，Y，M）或（X，Y，Z，M）.

MultiPoint 的几何形状约束是不能有重复的点（即不能存在坐标相同的点）。

LineString 的几何形状约束是必须由直线段构成，且不能存在自相交的现象。

MultiLineString 的几何形状约束是必须由直线段构成，且每一部分及各部分之间不能存在自相交的现象。

ArcGIS 中的 Polyline 涵盖了 OGC SFA 中的 LineString 和 MultiLineString，并且线段类型更丰富。

Polygon 的几何形状约束：Polygon 首先是平面且一定是闭合的，它由 1 个外环（如图 2-23d 不满足）和 0 到多个内环组成，环自身不能存在自相交，环与环之间不能相交（但允许相切交于一点，不能多点相切相交，如图 2-23a、b 不满足）或重叠，多边形的内环不能相连；多边形不能有悬挂的线（如图 2-23c 不满足）；每个内环定义为多边形内的一个空洞；外环特征点坐标按逆时针顺序排列，内环特征点坐标按顺时针顺序排列。满足、不满足几何形状约束的多边形示例分别如图 2-22 和图 2-23 所示。

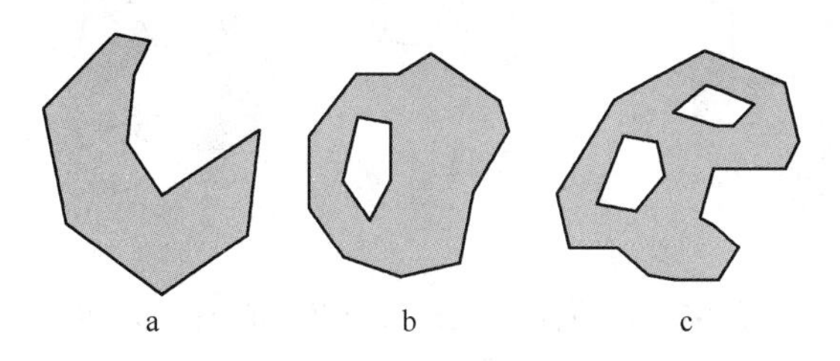


图 2-22　多边形示例

（a、b、c 分别由 1、2、3 个环组成）

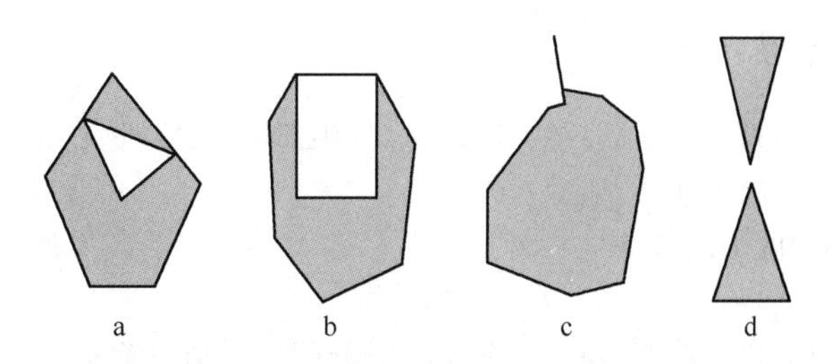


图 2-23　不满足几何形状约束的多边形示例

PolyhedralSurface 的几何形状约束：PolyhedralSurface 是连续的多边形的集合，多边形共享公共边界，一条边界最多被两个多边形所共享，多边形之间不能存在缝隙或交叉重叠，相邻多边形遍历公共边界的方向要相反，如图 2-24 所示。

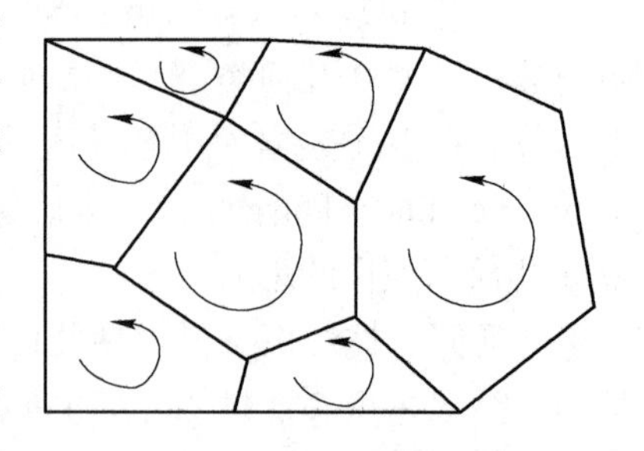

图 2-24　满足几何约束的 PolyhedralSurface 示例

MultiPolygon 的几何形状约束：首先应该是拓扑闭合的；任意两个多边形的内部不能相交，如图 2-26c 不满足；任意两个多边形的边界不能穿越（cross，如图 2-26c 不满足）、但可以在有限点上相接（touch，如图 2-25c 满足，图 2-26a 不满足）；不能有悬挂线段，如图 2-26b 不满足；多边形的内环不能再镶嵌内环，如图 2-25d 应该理解为由 2 个多边形组成的 MultiPolygon 满足、不满足几何形状约束的多边形示例分别如图 2-25 和图 2-26 所示。

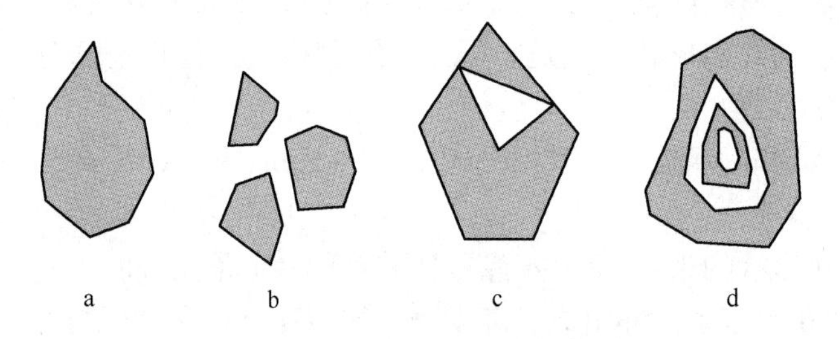


图 2-25　MultiPolygon 示例
（a、b、c、d 分别由 1、3、2、2 个多边形元素组成）

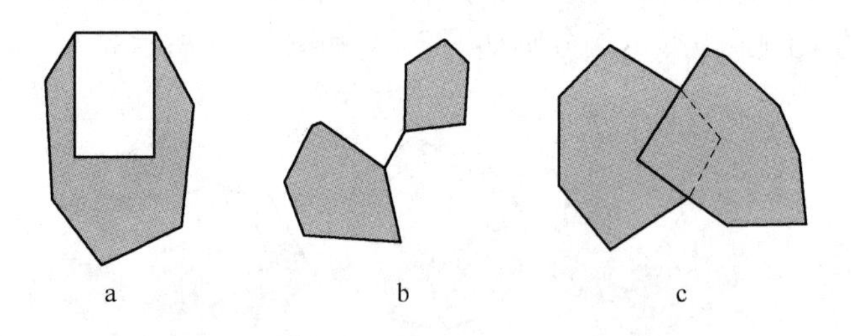


图 2-26　不满足几何约束的 MultiPolygon 示例

ArcGIS 中的 Polygon 涵盖了 OGC SFA 中的 Polygon 和 MultiPolygon，并且可以环内套环，镶嵌的深度也无限制。

#### 2.4.3.2　字段取值约束

（1）非空约束（NOT NULL）。在 CRETE TABLE 中的字段定义后面加上 NOT NULL 关键字即定义了该属性不能取空值。

```
CREATE TABLE ADMIN. Owners
  (
    OBJECTID NUMBER NOT NULL,   /* 要求 OBJECTID 列值不能为空 */
    PROPERTY_ID NUMBER(38,8),
```

```
    OWNER_NAME NVARCHAR2(30),
    OWNER_PERCENT NUMBER(38,8),
    DEED_DATE NVARCHAR2(20),
    OWN_ID NUMBER(38,8)NOT NULL,UNIQUE(OWN_ID)VALIDATE
    /*要求 OWN_ID 列值不能为空,且必须唯一*/
)
```

（2）列值唯一约束（UNIQUE）。在 CRETE TABLE 中的字段定义后面加上 UNIQUE 关键字即定义了该属性取值的唯一性。如上面 CREATE TABLE ADMIN. Owners 中的 “**UNIQUE**（OWN_ID）” 指明 Owners 表中 OWN_ID 字段取值必须唯一。

（3）用 CHECK 短语指定列值应该满足的条件。使用 CHECK（检查）子句可保证属性值满足某些前提条件。其一般格式为：

CHECK（<条件>）

如：

```
CREATE TABLE Student
  (
    Sno CHAR(9)PRIMARY KEY,
    Sname CHAR(8)NOT NULL,
    Ssex CHAR(2)CHECK(Ssex IN('男','女')),/*性别 Ssex 只允许取'男'或'女'*/
    Sage SMALLINT,
    Sdept CHAR(20)
  );
```

它既可跟在字段定义的后面，也可在定义语句中另增一子句加以说明。如：

```
CHECK(Sage> =16 AND Sage< =35)
CHECK(Ssex IN('男','女'))
CHECK(dno IN(select dno from department))
```

从上例中可以看出，CHECK 子句的条件中还可以带子查询。

（4）完整性约束命名子句。SQL 在 CREATE TABLE 语句中提供了完整性约束命名子句 CONSTRAINT，用来对完整性约束条件命名，从而可以灵活地增加、删除一个完整性约束条件。

格式：

CONSTRAINT <完整性约束条件名>

[PRIMARY KEY 短语 | FOREIGN KEY 短语 | CHECK 短语]

如：

```
CREATE TABLE Student
(Sno NUMERIC(6) CONSTRAINT C1 CHECK(Sno BETWEEN 90000 AND 99999),
  Sname CHAR(20) CONSTRAINT C2 NOT NULL,
  Sage NUMERIC(3) CONSTRAINT C3 CHECK(Sage<30),
  Ssex CHAR(2) CONSTRAINT C4 CHECK(Ssex IN('男','女')),
    CONSTRAINT StudentKey PRIMARY KEY(Sno));
```

在 Student 表上建立了 5 个约束条件，包括主码约束（命名为 StudentKey）以及 C1、C2、C3、C4 四个列级约束。

修改表中的完整性限制：使用 ALTER TABLE 语句可以修改表中的完整性限制。

（5）属性域。属性域（Domains）是描述一个字段类型的合法值的规则，用于限制在表、要素类、或子类型的任何具体的属性字段内允许的值。每个要素类或表可有一个属性域的集合，这些属性域用于不同的属性和子类型，并且可以在 Geodatabase 的要素类和表之间共享。

Geodatabase 有两种不同的属性域：范围域（Range Domains）和编码值域（Coded Value Domains）。范围域是数值属性指定值的有效范围，通过最小值、最大值定义；编码值域给一个属性指定有效的取值集合。

### 2.4.4　专题语义完整性约束

专题语义完整性约束（Thematic Semantic Integrity Constraints）用于确保专题属性的一致性。一方面，它通过指定两个或多个字段值之间的关系、或一个字段值与一个已定义的其他值之间的关系来限制单个实体的属性范围，例如，假设道路有道路类型（road type）和车道数（number of driving lanes）两个属性，那么道路类型为高速公路的道路至少有 4 条车道。又如：能通航的河流水深一定要达到规定的最小深度；房屋的楼层数必须大于等于 1；地块的面积必须大于 0 等。另一方面，专题语义完整性约束还用于确保地理实体之间属性一致性，例如，赣州、吉安、九江等属于江西省的地级市，不能出现“赣州是广东省的地级市”，否则属性语义不一致；工业用地上不能出现居民住宅，陆地地块不能位于水体区域，等等。

### 2.4.5　时态语义完整性约束

时态语义完整性约束（Temporal Semantic Integrity Constraints）用于确保时态数据的逻辑一致性，使时态数据符合现实世界的语义。时态数据有 3 种基本数据类型：时刻（Time Instant）、时间间隔（Time Interval）与时长（Time Period），其中，时间间隔与时长均表示一段时间，但后者没有起点与终点时刻。复杂的时态语义完整性约束涉及事件、过程、状态、动作等特定时间点或时间间隔之间的关系。例如：一座桥梁修建时间、通车时间 2 个时态属性，其隐含的时态语义：桥梁修建时间必须在通车时间之前。通过时态语义完整性约束可以发现不符合时态语义的数据，如“桥梁修建时间在通车时间之后”。

时间间隔通过两个有序的时间点来描述现实世界中的事件，在时间坐标轴上第一个时间点位于第二个时间点之前。对于一个给定的时间间隔 $I_n$，用 $I_{n-}$、$I_{n+}$ 分别表示该时间间隔的开始时间点、结束时间点，那么任意两个时间间隔 $I_1$、$I_2$ 之间存在以下关系：

$I_1 \text{before} I_2 : I_{1+} < I_{2-}$

$I_1 \text{meets} I_2 : I_{1+} = I_{2-}$

$I_1 \text{overlaps} I_2 : (I_{2-} > I_{1-}) \wedge (I_{1+} < I_{2+}) \wedge (I_{1+} > I_{2-})$

$I_1 \text{starts} I_2 : (I_{1-} = I_{2-}) \wedge (I_{1+} < I_{2+})$

$I_1 \text{finishes} I_2 : (I_{1+} = I_{2+}) \wedge (I_{1-} > I_{2-})$

$I_1 \text{during} I_2 : (I_{1-} > I_{2-}) \wedge (I_{1+} < I_{2+})$

$I_1 \text{equal} I_2 : (I_{1-} = I_{2-}) \wedge (I_{1+} = I_{2+})$

以上时态关系在不同领域有着广泛应用，且已成为 ISO/TC211 标准的一部分。在时态语义完整性约束实现中，可以根据实际问题的现实语义，利用上述关系检测时态数据是否符合实际语义。

### 2.4.6 空间语义完整性约束

空间语义完整性约束（Spatial Semantic Integrity Constraints）用于限制地理实体的空间布局、地理实体的空间属性及地理实体之间的空间关系，确保空间数据库中的空间数据符合空间语义。地理实体之间的空间关系通常分为：拓扑关系、方位关系和度量关系。

#### 2.4.6.1 拓扑语义完整性约束

拓扑属性是指几何对象之间在拓扑变换（如平移、拉伸、压缩、旋转）下保持不变的空间属性。拓扑是一个定性的概念，它不依赖于任何定量度量值（如坐标、长度、面积等），拓扑只关心地理实体之间的连接或非连接特性。

OGC SFA 规范利用基于维数扩展的九交模型（Dimensionally Extended 9 Intersection Model，DE－9IM）定义了两个几何对象之间的八种空间拓扑关系：Equal（相等）、Disjoint（相离）、Intersect（相交）、Touch（相接）、Cross（穿越）、Within（在里面）、Contains（包含）和 Overlap（有重叠）。基于维数扩展的九交模型，通过计算两个几何对象的内部（interior）、边界（boundary）和外部（exterior）交集的维数来判断两个几何对象之间的拓扑关系。交集的维数可以 0（点）、1（线）、2（多边形）或 －1（空集）。

不是所有的拓扑关系对所有的几何类型都有效，OGC SFA 规范对拓扑语义约束作了规定。简述如下：

假设 P 为点对象，L 为线对象，A 为面对象，mP 为多点，mL 为多线，mA 为多面。给定两个几何对象 a、b，I（a），B（a）和 E（a）分别表示 a 的内部、边界和外部，dim（a）表示几何对象的维数。常用拓扑关系定义及约束如下：

Equals：$a.Equals(b) \Leftrightarrow (a \subseteq b) \wedge (b \subseteq a)$，a、b 只能为相同类型的几何对象。

Disjoint：$a.Disjoint(b) \Leftrightarrow a \cap b = \emptyset$（空集），a、b 可以是任何类型的几何对象。

Intersects：$a.Intersects(b) \Leftrightarrow !\ a.Disjoint(b)$

Touches：$a.Touch(b) \Leftrightarrow (I(a) \cap I(b) = \emptyset) \wedge (a \cap b \neq \emptyset)$，a、b 的几何类型为 A/A、L/L、L/A、P/A 及 P/L，如图 2-27 所示。

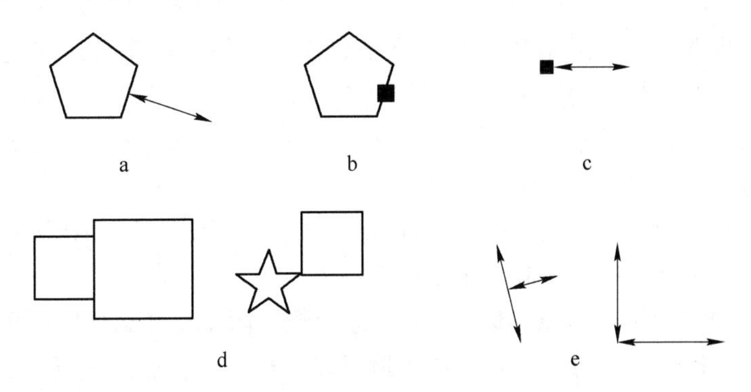


图 2-27　Touches 关系示例

a—Polygon/LineString；b—Polygon/Point；c—LineString/Point；
d—Polygon/Polygon；e—LineString/LineString

Crosses：a. Cross(b)$\Leftrightarrow$(I(a)$\cap$I(b)$\neq\emptyset$)$\wedge$(a$\cap$b$\neq$a)$\wedge$(a$\cap$b$\neq$b)，a、b 的几何类型为 P/L、P/A、L/L 和 L/A.

Within：a. Within(b)$\Leftrightarrow$(a$\cap$b = a)$\wedge$(I(a)$\cap$E(b) = $\emptyset$)，a、b 的几何类型为 A/A、L/A、P/A、和 L/L，如图 2-28 所示。

Contains：a. Contains(b)$\Leftrightarrow$b. Within(a)

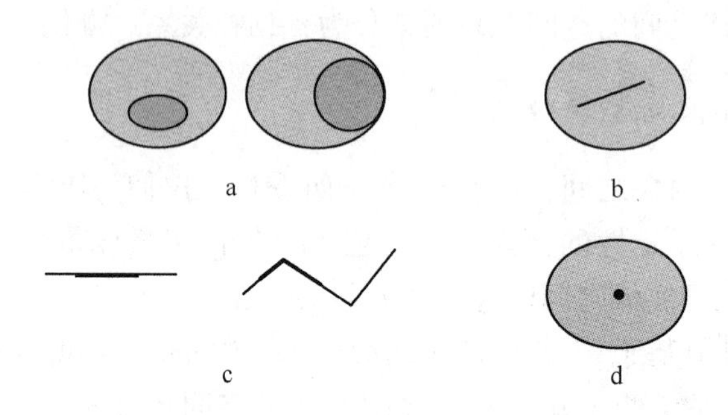


图 2-28　Within 关系示例

Overlaps：a. Overlaps(b)$\Leftrightarrow$(dim(I(a)) = dim(I(b)) = dim(I(a)$\cap$I(b)))$\wedge$(a$\cap$b$\neq$a)$\wedge$(a$\cap$b$\neq$b)，a、b 的几何类型为 A/A、L/L 和 P/P.

此外，还有一个通用的关系检测操作 Relate：a. Relate（b，DE－9IM matrix），该操作直接使用某种拓扑关系对应的九交矩阵来检测两个几何对象之间是否满足该种类型的拓扑关系，如 Within 对应的九交矩阵“T * F * * F * * *”，Overlaps 对应的九交矩阵“T * T * * * T * *”（A/A、P/P）或“1 * T * * * T * *”（L/L）。

拓扑语义完整性约束（Topological Semantic Integrity Constraints）用于约束两个几何形状之间应该满足某种空间拓扑关系，以确保空间数据符合拓扑语义。例如，多边形公共边界的一致性、边线公共节点的一致性；对多边形边界的修改，与边界相邻的多边形必须同步更新；等高线不能相交；宗地之间不能有重叠、也不能有缝隙（出现飞地）；河流不能与道路相交，除非通过桥梁或隧道；道路不能穿越房屋，住宅类型的房屋必须位于住宅类型的宗地上，等等。

拓扑语义完整性约束还包括地理网络完整性约束，地理网络有定向和非定向两种类型；典型的定向网络（几何网络）有排水网络、供电网络等；典型的非定向网络（网络数据集）有道路交通网络。网络由一系列的结点（Nodes）或交汇点（Junctions）和边线（Edges）两种元素连接而成，节点、边线之间的相互连接应满足一定的连通规则。

几何网络的连通规则有：

（1）边线－交汇点规则（Edge-junction rule）：这个规则限定了对某一类边线可以与哪一类节点相连；如仪表只能与低压线路相连。

（2）边线－边线规则（Edge-edge rule）：这个规则限定了什么样的两条边线可以通过一个给定的交汇点相连；如两种不同直径管道只能通过一个合适的减压阀进行连接。

（3）边线－交汇点基数（Edge-junction cardinality）：这个规则限定了与一个交汇点相连的边线的数量（基数）；如一个三通的交汇点最多可以连接三条边线。

（4）缺省的交汇点类型（Default junction type）：当一个类型的边线与另一个类型的

边线相连时，可以定义一个连接这两条边线的缺省交汇点。如当一条 14.4kV 的电线连接到一条 28.8kV 的电线的末端交汇点时，需要在该点放置一个变压器。

网络数据集的连通规则（策略）有：

（1）线要素（边线）连通策略。同一连通组内的边可以两种不同方式进行连接，具体方式取决于边源上采用的连通性策略。边源的连通性策略有：

1）端点（Endpoints）连通策略：边线只能在端点处与其他边线或交汇点连通，即线要素将变成仅在重合端点处进行连接的边。遵照此连通策略，一个线要素将始终创建一个边线元素，一个线要素不会被分割为两个边线元素。

2）“任意节点（Any vertexes）”连通策略：一条边线可以与其他边线或交汇点的任意节点处连通，即线要素将在重合节点处被分成多条边线。但这种策略也并不是把所有相交的线都在相交处打断，如果在相交处没有重合的节点，那么它并不会自动创建节点把线打断。如果构建街道数据的目的是要让街道在节点处与其他街道相交，则设置这一策略非常重要。

（2）点要素（交汇点）连通策略。交汇点可以将同一或不同连通组中的线要素相连。交汇点的连通策略有：

1）依边线连通（Honor）：由边线的连通策略决定交汇点是否与边线连通。

2）交汇点处连通（Override）：覆盖边线连通策略，交汇点与边线的连通策略为任意节点处连通，忽略边线的连通策略，在交汇点处一定要连通。

在公交网和街道网的多模式系统中，公交站点是从点源中添加的，并且同时处于两个连通性组（公交网、街道网）中；公交站的点位置在空间上必须与相连的公交线和街道线重合；这时，需要将公交站点的连通策略设置为交汇点处连通。

（3）依据高程字段（Elevation Field）或要素几何的 Z 坐标值连通（策略）。网络元素的连通性不仅可取决于它们在 X、Y 空间中是否重合，还可取决于它们是否共享相同的高程。构建高程模型的可选方式有两种：使用高程字段和使用几何对象的 Z 坐标值。

1）高程字段。当参与构建网络数据集数据源，只有一个要素类时，但有的边线需要任意节点连通策略，有的边线需要端点连通策略，这时可以考虑使用高程字段确定边线的连通性，即高程相同的边线在重合处连通，否则不连通。通过应用高程字段，使得网络数据集能够表达线要素的高低起伏关系。

2）几何的 Z 坐标值。如果源要素的几何中存储了 Z 值，则可以创建三维网络。室内人行道的模型通常就用 3D 网络构建。多层建筑中的走廊在 2D（X - Y）空间上都是无法区分的，但在 3D 空间中，却可以根据它们的 Z 坐标值对其加以区分。同样，电梯是靠垂直移动来连接各楼层的。在 X - Y 空间中电梯是点，但在 3D 空间中却完全可以将其作为线进行建模。

在 3D 网络数据集中，要想建立连通性，源要素（点、线端点和线节点）必须共享全部三个坐标值：X、Y 和 Z 值。

Geodatabase 通过一系列拓扑规则（如：must not overlap、must be covered by 等）和拓扑工具来确保空间数据的拓扑完整性。在设计 Geodatabase 时，用户可以指定空间数据必须满足的拓扑约束（规则），如：要素之间的相邻关系、连接关系、覆盖关系、相交关系、重叠关系等。所有这些关系都对应相应的规则。在数据编辑时，使用拓扑编辑工具，确保要素几何的完整性。有关 Geodatabase 拓扑相关内容请参阅本书第 3 章的内容。

#### 2.4.6.2　方位语义完整性约束

方位语义完整性约束（Directional Semantic Integrity Constraints）是指地理实体之间的方位关系约束。方位关系在平移和缩放时保持不变。一般情况下，根据是否使用固定坐标系，方位关系有两种类型：基于地理坐标系的东南西北方位关系（如图 2-29a、b 所示）和前后左右方位关系（如图 2-29c 所示）。

基于地理坐标系的东南西北方位关系又分为基于锥形划分的方位关系（如图 2-29a 所示）和基于投影的方位关系（如图 2-29b 所示），如房屋的正面朝南，房屋的北面有一棵树，房屋的西南角有一个池塘。基于地理坐标系的方位关系也称为主方位关系（Cardinal Direction Relations）。

在方位关系判断中，几何对象通常用它的最小外包矩形 MBR 近似表达，MBR 用其左下角 $P_{LL}$ 和右上角 $P_{UR}$ 表达，那么可以通过比较两个几何对象 A、B 的 MBR 的 $P_{LL}$、$P_{UR}$ 的 X、Y 的大小来确定它们之间的方位关系。例如，如果 $Y^A_{P_{LL}} > Y^B_{P_{UR}}$，则几何对象 A 位于几何对象 B 的强北（Strong North）方向；如果（$Y^A_{P_{UR}} > Y^B_{P_{UR}}$）and（$Y^B_{P_{LL}} < Y^A_{P_{LL}} < Y^B_{P_{UR}}$），则几何对象 A 位于几何对象 B 的弱北（Weak North）方向；其他方位关系可类似判断。

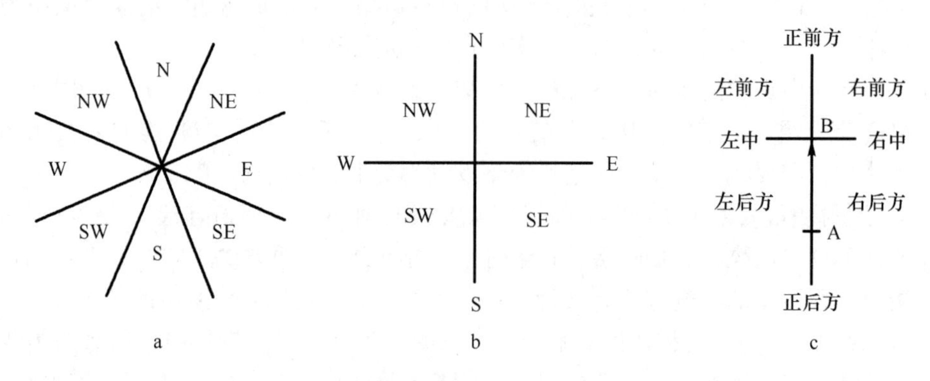


图 2-29　方位关系

a—锥形投影的主方位关系；b—基于投影的主方位关系；c—前后左右方位关系

前后左右方位关系不需要固定的坐标系，而是针对某个特定的地理实体，描述其前后、左右的地理实体的分布，如房屋的后面是花园，前面是运动场，左边是菜地，右边是商店。这种方位关系描述一个地理实体相对于另一个地理实体方位。

方位关系还有平行、垂直关系，例如，道路指示牌应该朝向行车方向，城市地下管线应该沿街道布设，天桥应该与道路垂直。

#### 2.4.6.3　度量语义完整性约束

度量属性是基于地理实体之间的距离的，相应的度量语义完整性约束（Metric Semantic Integrity Constraints）用于限制距离和大小。线几何对象有长度度量属性，多边形几何对象有周长、面积等度量属性，相应的几何对象上有计算长度、面积的方法，这些方法可以用来限制线要素的最小长度或面要素的最大面积，且长度、面积不能为负值。还有，空间数据编辑过程中分割、合并操作，应确保相应的度量一致性；如对一地块进行分割，分割后的地块面积之和应该等于原始地块的面积。

度量语义完整性约束还用于限制地理实体之间的距离，例如，加油站离学校的距离不能小于500m；核电站离居住区的距离不能小于10km；为了交通便利，高速公路离城市距离不能超过5km；排水管线的埋设需要满足一定的坡度等。

### 2.4.7 关系类完整性约束

空间数据库中的实体之间可以相互关联，其类型有：

（1）地理实体和地理实体之间的关联。例如，建筑物可与宗地、宗地与街区相关联。

（2）地理实体和非地理实体之间的关联。例如，宗地可与所有者相关联。

（3）非空间实体和非空间实体之间的关联。例如，宗地拥有者和免税代码相关联。

ArcGIS 提供了多种方法来将 Geodatabase 中的记录关联在一起，如关系类（Relationshipclass）、关联（Relate）、连接（Join）、拓扑（Topology）、网络（Network）。建立地理要素之间的关系时，首先考虑的是对要素之间的空间关系进行建模，如拓扑模型、网络模型等。

关系类管理一个类中（要素类或表）的对象与另一个类中对象的关系。在关系的任何一端的对象可以是地理要素，或是表中的记录。关系类支持各种基数：一对一、一对多和多对多，还可以有关于关系本身的属性。

使用关系类有助于增强相关对象之间的引用完整性。建立关系类便可在修改对象时自动地更新其相关对象。这包括以物理方式移动相关要素、删除相关对象或更新属性。例如，可以建立关系来确保当移动电线杆时，电线杆上的变压器和其他设备也随之一起移动；通过设置规则，关系类可以限制有效的关系类型，例如，铁支杆支持 A 类变压器，木支杆支持 B 变压器；此外，还可以指定关系基数范围，如一个铁支杆能支持 0 ~3 个 A 类变压器，一个木支杆能支持 0 ~2 个 B 类变压器。

在几何网络中，网络连通性规则用于限制可以相互连接的网络要素的类型以及可以连接的要素数量。通过建立这些规则以及其他规则（例如属性域），可以在数据库中保持网络数据的完整性。任何时间，都可以有选择地验证数据库中的要素来发现违反连通性规则或其他规则的无效要素。

### 2.4.8 组合语义完整性约束

组合语义完整性约束是由以上多个语义完整性约束组合而成的约束，在一个约束中限制多个语义领域的关系或属性。例如，如果管道直径大于40cm，蝶形阀不能与该管道相连；这一约束组合了拓扑约束和属性约束，拓扑约束为拓扑连接（Connectivity）或拓扑相交（Intersects），即蝶形阀与管道连接或相交；属性约束是管道直径小于等于40cm，才能够与蝶形阀连接或相交。

组合语义完整性约束还可以由部分（parts）－整体（whole）关系和属性关联组合而成，例如，一个省的居住人口数是其所有行政管辖区居住人口的总和，这个例子涉及行政管辖区和省两种类型的地理实体，它们之间的关系是 partOf 的关系；这个例子还显示了部分整体关系与拓扑关系有一定的联系，行政管辖区与省之间存在包含与被包含的拓扑关系。

### 2.4.9　空间数据多版本约束

为了支持空间数据的长事务处理和多用户并发访问控制，空间数据管理引擎或 DBMS 应该提供版本机制，允许数据库同时存在多个并发状态（即版本）。版本允许多用户编辑 ArcSDE Geodatabase 中的同一数据，而不需要应用锁定或复制数据。当多个编辑用户在同一版本或不同版本中对同一数据进行操作可能会产生冲突。空间数据多版本约束需要提供检测和解决冲突的机制，有关内容详见本书第 5 章的内容。

### 2.4.10　触发器约束

目前很多商用 DBMS 都支持触发器。触发器又叫做事件 - 条件 - 动作规则，是当特定的系统事件（对一个表的增、删、改操作）发生时，对规则的条件进行检查，如果条件成立则执行规则中的动作，否则不执行该动作。

如：银行存款取款实例，每进行一次交易，就要调用触发器，自动扣除或增加账户金额。

```
create table account              /*银行账户表*/
(
  customerName varchar2(30) primary key,
  cardID varchar2(8),
  currentMoney number
);
insert into account values('兰天','10010001',5000);
insert into account values('兰德','10010002',3000);

create table trans                /*银行交易(存款取款)表*/
(
  transDate date,
  cardID varchar2(8),
  transType varchar2(10),  /*存款或取款*/
  transMoney number
);
insert into trans values(sysdate,'10010001','取款',1000);
创建触发器:
create or replace trigger trans_trigger
before insert
on trans
for each row
declare
  v_currentMoney account.currentMoney%type;
begin
  —判断类型
  if:new.transType='取款' then
```

```
        —取款
        select currentMoney into v_currentMoney
        from account
        where cardID = :new. cardID;

        if v_currentMoney < :new. transMoney then
          raise_application_error( -20001,'余额不足');
        end if;

        update account
        set currentMoney = currentMoney - :new. transMoney
        where cardID = :new. cardID;
      else
        —存款
        update account
        set currentMoney = currentMoney + :new. transMoney
        where cardID = :new. cardID;
      end if;
    exception
      when no_data_found then
        raise_application_error( -20002,'无效的账户');
    end;
```

在空间数据管理中，空间数据管理引擎或DBMS通过触发器在多个系统表之间维护空间数据库模式的一致性。如SDE模式中的TG_GCOL_NAME触发器：

```
CREATE OR REPLACE TRIGGER "SDE". "TG_GCOL_NAME"
BEFORE INSERT OR UPDATE OF
"COLUMN_NAME","GEOMETRY_TYPE","OWNER","TABLE_NAME"
ON "SDE". "ST_GEOMETRY_COLUMNS"
REFERENCING OLD AS OLD NEW AS NEW
FOR EACH ROW
DECLARE
  CURSOR select_seq IS SELECT ST_GEOM_ID_SEQ. nextval FROM dual;
  SEQ_O NUMBER;
  INVALID_SEQ EXCEPTION;
BEGIN
  :NEW. OWNER: = UPPER( :NEW. OWNER);
  :NEW. TABLE_NAME: = UPPER( :NEW. TABLE_NAME);
  :NEW. COLUMN_NAME: = UPPER( :NEW. COLUMN_NAME);
  :NEW. GEOMETRY_TYPE: = UPPER( :NEW. GEOMETRY_TYPE);

  IF INSERTING THEN
    OPEN select_seq;
    FETCH select_seq INTO SEQ_O;
```

```
    IF select_seq% NOTFOUND THEN
      RAISE INVALID_SEQ;
    ELSE
      CLOSE select_seq;
    END IF;
    :NEW. GEOM_ID: = SEQ_O;
  END IF;
  EXCEPTION
  WHEN INVALID_SEQ THEN raise_application_error( -20005,' ST_GEOMETRY_COLUMNS sequence
ST_GEOM_ID_SEQ not found. ');
  CLOSE select_seq;
END;
```

该触发器的作用是：当用户创建或更新一个存储类型为 ST_ Geometry 类型的要素类时，自动调用该触发器在 ST_ GEOMETRY_ COLUMNS 系统表中记录 OWNER、TABLE_ NAME、COLUMN_ NAME、GEOMETRY_ TYPE、GEOM_ ID 等相关信息，创建时要获得 GEOM_ ID 的值。

当然，用户也可以根据 GIS 工程项目的实际需要，创建自己的用于空间数据管理和维护的触发器。

# 3 Geodatabase 数据模型

本章主要介绍 Geodatabase 数据模型的基本概念、Geodatabase 及 DBMS 中支持的数据类型、Geodatabase 中的各种数据集。

## 3.1 Geodatabase 概述

### 3.1.1 Geodatabase 简介

3.1.1.1 Geodatabase

Geodatabase 模型是 ESRI 公司在 ArcGIS 系列产品中推出的一种新型的面向对象的空间数据模型，它采用面向对象技术将地理空间抽象为由若干对象类组成的数据模型，每个对象类有其属性、行为和规则，对象类间又有一定的联系；它在统一的模型框架下存储管理各种不同类型的空间数据。

Geodatabase 是 ArcGIS 中的主要数据存储形式，它是存储在通用文件系统文件夹、Microsoft Access 数据库或多用户对象关系 DBMS（如 Oracle、Microsoft SQL Server、PostgreSQL、IBM DB2 或 Informix）中的各种类型地理数据集的集合。Geodatabase 大小不一且拥有不同数量的用户，可以小到只是基于文件构建的小型单用户数据库，也可以大到成为可由许多用户访问的大型工作组、部门及 Enterprise ArcSDE Geodatabase。

Geodatabase 是 ArcGIS 系列产品的本原数据结构，是空间数据存储管理的主要数据格式；Geodatabase 具有全面的信息模型，包括属性表、要素类和栅格数据集 3 种基本数据集，还有具有 GIS 行为的高级数据对象、空间完整性的规则、以及空间数据处理工具；通过 ArcGIS 或 SQL 可以访问 Geodatabase 中的地理数据；Geodatabase 软件逻辑贯穿 ArcGIS 系列产品；ArcSDE Geodatabase 具有用于管理 GIS 数据工作流的事务模型，如 Geodatabase 的长事务处理模型。

和以往的其他空间数据模型相比，Geodatabase 模型具有以下优势：

（1）空间数据连续无缝统一存储管理，各种不同类型的空间数据都能在同一数据库中统一存储管理，且无须分块。

（2）数据输入和编辑更加准确，通过智能的属性验证，可以减少很多的编辑错误。

（3）Geodatabase 将要素的“自然”行为绑定到要素类模型中，更贴近人们对地理空间的认知。

（4）要素具有丰富的关联环境。使用拓扑关系、空间表达和一般关联，不仅可以定义要素的特征，还可以定义要素与其他要素的关联情况。当与要素相关的要素被移动、改变或删除的时候，用户预先定义好的关联要素也会做出相应的变化。

（5）可以制作蕴含丰富信息的地图。通过直接在 ArcMap 中应用先进的绘图工具，可以更好地控制要素的绘制，还可以添加一些智能的绘图行为。

（6）多用户并发编辑地理数据。Geodatabase 数据模型允许多用户编辑同一区域的要素，并可以协调出现的冲突。

3.1.1.2　Geodatabase 类型

Geodatabase 是用于保存各种类型数据集的容器，它有以下三种类型：

（1）File Geodatabase：以文件系统中的文件夹存储管理各种类型数据集。每个数据集以一个文件的形式存储，该文件大小最多可扩展至 1TB。ESRI 建议使用 File Geodatabase 而不是 Personal Geodatabase。

（2）Personal Geodatabase：各种类型数据集都存储于 Microsoft Access 数据文件内，该数据文件的大小最大为 2GB。

（3）ArcSDE Geodatabase：使用 Oracle、Microsoft SQL Server、IBM DB2、IBM Informix 或 PostgreSQL 存储管理各种类型数据集，这些多用户 Geodatabases 需要使用 ArcSDE，在数据大小和用户数量方面没有限制。

（1）File Geodatabase 和 Personal Geodatabase。File、Personal Geodatabases，对所有的 ArcGIS 用户都是免费使用的，支持 Geodatabase 的全部信息模型，这包括拓扑、栅格目录、网络数据集、地形数据集、地址定位器等。File 和 Personal Geodatabase 被设计为由一个单独的用户编辑，不支持 Geodatabase 版本。对于 File Geodatabase，可以有多个编辑者同时进行编辑，只要是他们编辑不同的要素数据集、独立要素类或者表。

File Geodatabase 是在 ArcGIS9.2 版本中新发布的一种新的 Geodatabase 类型，可在不同的操作系统使用。

Personal Geodatabase 从 ArcGIS 8.0 版本开始就被 ArcGIS 使用，使用 Microsoft 的 Access 数据结构（mdb 文件）。它们支持的 Geodatabase 容量大小最大为 2GB。Personal Geodatabase 只能在 Microsoft Windows 操作系统下使用。

ESRI 公司推荐使用 File Geodatabase 而不是 Personal Geodatabase。

（2）ArcSDE Geodatabase。ArcSDE Geodatabase 适用于多种 DBMS 存储模型（IBM DB2、Informix、Oracle、PostgreSQL 和 SQL Server）。ArcSDE Geodatabase 使用范围广泛，主要适用于工作组、部门和企业级的多用户同时编辑和使用的应用场合。它们充分利用 DBMS 的基础架构以支持以下功能：1）超大型、连续无缝的 GIS 数据库。2）大量并发用户。3）长事务和版本化工作流。4）对空间数据管理的关系数据库支持（可伸缩性、可靠性、安全性、备份以及完整性等）。5）所有的 DBMS 都支持 SQL 空间数据类型（Oracle、SQL Server、PostgreSQL、Informix 和 DB2）。6）大量用户使用仍能保持较高性能。

ArcSDE Geodatabases 按功能强弱又分为 Personal ArcSDE Geodatabase、Workgroup ArcSDE Geodatabase 和 Enterprise ArcSDE Geodatabase 三个级别。

（1）Personal ArcSDE Geodatabase。Personal ArcSDE Geodatabase 使用 SQL Server Express 作为后台数据库服务器存储管理空间数据，最多可同时支持三个桌面用户。

SQL Server Express 限制在一个 CPU 上运行，使用 1GB 的内存。SQL Server 2005、2008 Express 最大的数据库限制在 4GB，SQL Server 2008 Express R2 最大的数据库限制在 10GB。

（2）Workgroup ArcSDE Geodatabase。Workgroup ArcSDE Geodatabase 包含在 ArcGIS

Server Workgroup 产品中，通过使用 SQL Server Express，最多可同时支持 10 个 Windows Desktop 用户和编辑人员，并可支持任意数量的来自 Web 应用程序的额外服务器连接。

对于 ArcGIS Server Workgroup，可使用 ArcCatalog 创建和管理 SQL Server Express 的 ArcSDE Geodatabase。不需要具有额外的数据库管理方面的专业知识。

（3）Enterprise ArcSDE Geodatabase。ArcGIS Server Enterprise 中包含完整的企业版 ArcSDE 技术，没有任何限制。可针对 Oracle、SQL Server、PostgreSQL、IBM DB2 和 IBM Informix 运行传统的 ArcSDE 技术。企业服务器级别的 ArcSDE 支持任意大小的数据库以及任意数量的用户，并可在任意大小和配置的计算机上运行，是功能最强的空间数据管理技术。

#### 3.1.1.3 Geodatabase 中的数据集概述

Geodatabase 中的数据集是 ArcGIS 组织和使用地理信息的主要途径，其中包含三种基本数据集类型：表（Table）、要素类（FeatureClass）、栅格数据集（Raster Dataset）。

设计和构建 Geodatabase 通常是以构建若干上述三种基本数据集开始；然后，使用更高级的功能（例如添加拓扑、网络或子类型等）来添加或扩展 Geodatabase，以便建模 GIS 高级行为、维护数据完整性和处理重要的空间关系。

Geodatabase 中的三种基本数据集以及其他数据集都是使用表来存储的。地理数据集中的空间表达以矢量要素或栅格的形式存储，其几何形状及其他属性都作为表的属性列进行存储管理。要素类以表的形式存储，每行表示一个要素。

#### 3.1.1.4 Geodatabase 事务管理

在很多情况下，可以使用 DBMS 的事务处理框架来管理数据编辑和 Geodatabase 的更新。但是，GIS 用户普遍有具体的专业事务处理要求：

（1）有些 GIS 事务要跨越很长的时间（有时是几天或几个月）；

（2）大多数 GIS 编辑包括协调多个表中的多行变化和以单独的统一的事务管理这些变化，用户需要能够撤销或重做这些变化；

（3）有时，编辑过程必须是在与中央数据库断开的状态下进行；

（4）由于 GIS 工作流过程可以跨越几天或几个月，空间数据库必须为日常的操作保持持续地可用。

DBMS 的封锁机制并不适合 GIS 的这些事务处理。

ArcSDE Geodatabase 使用版本（Version）机制支持多用户环境下空间数据管理和更新。版本机制，变化信息以增量记录的形式存储在数据库中。版本在两个增量表中明确地记录了 Geodatabase 对象状态：添加表（Add table）和删除表（Delete table）。

Geodatabase 管理 GIS 工作流的机制就是通过版本保持多个状态，以保证地理信息、规则和行为的完整性。版本就是记录独立要素或对象的修改、增加和删除的各种状态。每个版本明确地记录了每个要素或对象的行状态，同时还包括一些重要的事务处理信息。任何数量的用户可以同时操作和管理多个版本。

Geodatabase 版本机制使得多数用户可以使用缺省版本（default version），而其他用户同时使用各自的版本进行空间数据更新。

每一版本都可以进行大量的更新操作。当用户想和其他人共享更新时，需要执行 reconcile 和 post 操作，以便将 update version 中的编辑提交给主版本（main（Default）version）。在 reconcile 过程中，需要识别和解决版本间存在的编辑冲突。

ArcSDE 在版本化的 Geodatabase 应用中扮演着关键的角色，它充分利用 DBMS 的短事务处理框架，来管理 GIS 的长事务。

ArcSDE 使用版本的元数据来隔离多个编辑会话、支持复杂事务、共享复本、同步多个数据库之间的内容、执行自动存档并支持历史查询。

### 3.1.2　表基础

Geodatabase 中的数据集都以表格的形式存储，如一个要素类对应一张表，表中的每行记录代表一个要素。表与表之间，可以通过一个公共字段使它们的记录相互关联。可通过多种方式建立此类关联，其中包括在地图中临时连接或关联表（joining or relating tables），或者在 Geodatabase 中创建可以保持更长久关联的关系类（RelationshipClasse）。例如，可将宗地所有权表与宗地图层进行关联，因为它们共享一个宗地 ID 字段。

在 Geodatabase 的数据表支持常规的数据类型，XML 列类型可以通过编程接口支持。

在 Geodatabase 中有以下一些可选的功能用于扩展表的能力，它们包括：

（1）属性域（Domain）：为属性列指定有效值列表或有效值范围，确保属性取值的完整性。属性域经常用来强制执行数据分类（例如道路类、分区代码和土地使用分类）。

（2）关系类（RelationshipClass）：使用公用键在两个表之间构建关系。基于在源表中选择的行查找另一个表中相关联的行。

（3）子类型（SubType）：在一个表中管理一组属性子类。要素类经常使用子类型来管理同一要素类中不同要素子集上的不同行为。

（4）版本化（Versioning）：管理 GIS 工作流要求的长事务更新、历史存档和多用户编辑。

### 3.1.3　要素类基础

要素类是具有相同几何类型、相同属性集、相同行为和规则的地理要素的集合。在 Geodatabase 中最常用的要素类有四种：点、线、多边形和注记。

在 Geodatabase 中，要素类以表的形式存储，表中的一行代表一个要素，每行的 Shape 列用于存储每个要素的几何形状，Object ID 列存储每个要素的唯一标识符。

#### 3.1.3.1　Geodatabase 中要素类的类型

矢量要素是最常用的表达地理实体的数据格式，它适合于表达离散的有明显边界且稳定存在的地理对象，如井、街道、河流和地块。一个要素是一个简单对象，它存储其几何图形，可以是点、线或面。要素类有 7 种类型：

（1）点（Point）：用来表达那些很小且不能用线或多边形来表示的地理要素（如 GPS 观测站）。

（2）线（Polyline）：用来表达那些长条形的，非常狭窄但不能用多边形表示的地理要素，如街道中心线和溪流。线也可以表达那些有长度却没有面积的要素，如轮廓线和边界。

(3) 多边形 (Polygon): 是一个封闭的图形，用来表示均质要素的形状和位置，如省、县、土地、土壤类型或者土地利用类型区等。

(4) 注记 (Annotation): 地图文本，包括文本如何组织的属性；例如，除了每个注记的文本字符串，还包括其他属性，如放置文字形状，字体，字体大小和其他显示属性。注记也可以是与要素链接 (feature - linked) 的注记，也可以包含子类。

(5) 尺寸标注 (Dimension): 一种特殊的注记，它显示具体的长度或距离；例如，为了显示一个建筑物或一块地的一条边的长度，或者两个不同要素之间的距离。尺寸标注经常用于 GIS 设计、工程应用中。

(6) 多点 (Multipint): 由多个点组成的要素。Multipoints 通常用于管理大量点集合的数组，如激光雷达点串，可以包含几十亿个点。

(7) 多面 (Multipatch): 用于表达 3D 几何形体的表面，如建筑物的表面。

#### 3.1.3.2 要素几何形状及坐标

要素类包含要素的几何形状和描述性属性。要素几何主要由各自的要素类型（点、线或多边形）定义，但是，也可定义其他几何属性，例如，要素可以是单部分或多部分 (Multipart)、具有 3D 顶点（具有 Z 值）、具有线性度量值（称为 M 值）以及包含通过参数定义的曲线。

(1) 单部分和多部分构成的线及多边形。Geodatabase 中的线和多边形要素可以有单部分 (Single - part) 或多部分组成；在实际应用中，绝大多数都是由单部分组成的，但也有一些地理实体是由多部分组成，需要使用多部分的 Polyline 或 Polygon；如，我国南沙群岛由很多个岛屿组成，高速公路通常也是由多个部分组成的，但通常作为一个单独的要素处理。

(2) 顶点、线段、Z 值和 M 值。线和多边形要素几何形状由两个关键元素定义：1) 定义线或多边形的几何形状的一系列有序顶点 (Vertices)；2) 连接相邻每对顶点之间的线段类型。

要素中的顶点也可以包含表达高程的 Z 值和表达沿线要素度量的 M 值，顶点坐标形式有:(X, Y)、(X, Y, Z)、(X, Y, M) 和 (X, Y, Z, M)。对于 M 值，某些 GIS 应用程序使用沿线状要素（例如道路、河流和管线）定位的度量系统，可为要素中的每个顶点分配 M 值；一个常用的示例是运输部门所使用的公路里程标志测量系统，用于沿公路记录路面状况、速度限制、事故位置等。

连接顶点之间的线段可以是：CircularArc（圆弧）、Line（直线）、EllipticArc（椭圆弧）或 BezierCurve（贝塞尔曲线）。

#### 3.1.3.3 要素类的几何属性

在 Geodatabase 中创建要素数据集或独立要素类时，需要指定以下几何属性：坐标系，XY 分辨率、容差，Z 分辨率、容差，M 分辨率、容差。

A 坐标系

新建要素数据集或独立要素类时，需要指定坐标系。坐标系与容差、分辨率一起组成要素类的空间参考。空间参考描述了要素实际所处的位置。

如果选择让坐标包含 Z 值，还需要指定垂直坐标系。垂直坐标系用于定义空间参考的 Z 值，常用于表示高程。垂直坐标系包含大地基准或高程基准、测量的线性单位、轴方向和垂直位移。

M 值不具有坐标系。

B　分辨率与容差

分辨率（Resolution）是用于设置坐标值的精细程度，即小数点后的有效位数。分辨率的单位与坐标系的单位相同。

容差（Tolerance）用于设置在聚集等操作中坐标之间的最小距离，如拓扑验证、缓冲区生成和多边形叠加等编辑操作。

a　XY 坐标的分辨率

XY 坐标分辨率（XY resolution）是用于设置 X、Y 坐标值的精细程度，即小数点后的有效位数。分辨率的单位与坐标系的单位相同。如图 3-1 所示，设定的 XY 坐标分辨率为 0.01，那么 1.22、1.23 可以区分为 2 个不同的值；而 1.222、1.223 认为 2 个值是一样的，小数点后的第三位无法区分。

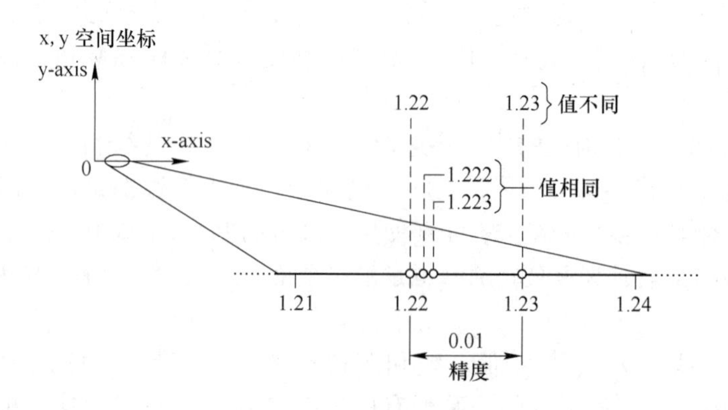


图 3-1　坐标分辨率示意图

一旦设定了分辨率，就相当于在 XY 平面内建立了一个以分辨率为单位的坐标格网（如图 3-2 所示），所有坐标点只能捕捉到格网点上。在 ArcGIS 中，坐标值实际上是以整数形式进行存储和运算。

分辨率的值选择要恰当。选择低的分辨率会导致几何信息损失，选择高分辨率则会使原始坐标值放大过多，浪费存储空间，而导致数据库存储效率下降，性能降低。默认分辨率值是 0.1mm，或为其他单位的等效值；例如，如果要素类以英尺为单位进行存储，则默认分辨率为 0.0003281 英尺（0.003937 英寸）；如果坐标以经纬度表示，则默认分辨率为 0.000000001 度。一般情况下，分辨率至少应小于数据精度的 1/10，如数据的精度为 mm，分辨率可取 0.1mm，对于许多应用是合适的。

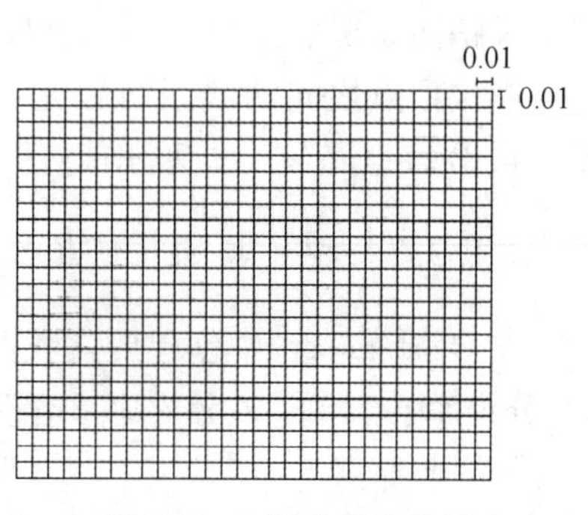


图 3-2　坐标分辨率格网

在 Geodatabase 的内部坐标存储中，使用整数来存储坐标值。使用整数存储坐标值具有以下优点：

①加快处理速度，整数比浮点数处理速度更快，数据高效压缩；

②高效支持 Geodatabase 拓扑（Geodatabase 拓扑使用几何重合的机制来维护拓扑关系）。

坐标整数值的计算公式：

Persisted coordinate = Round ((map coordinate - minimum domain extent)/resolution)

在内部的坐标存储中，Geodatabase 将坐标数值四舍五入转换为整型；在客户端显示中，Geodatabase 将其转换为原浮点型数据。

b 分辨率与空间域的关系

Geodatabase 9.1 及以前版本使用 32 个 bit 来存储整型数值。其中一个 bit 位用于存储符号，另外 31 个 bit 用于存储数值。

如果 Geodatabase 空间域的最小值为 0，那么最大值为 $2^{31}-1$，即 2 147 483 647，由于空间域可以使用的最大值为 21 亿整数，因此空间域是有范围边界的。

使用的分辨率高，空间域会变小；使用毫米比厘米的分辨率高，但 21 亿毫米定义的范围比 21 亿厘米定义的范围小得多。当用户将要素添加到空间域范围外时，会出现一个错误“坐标系统或精度超出了范围”。这时需改变分辨率换取更大的空间域范围。

Geodatabase 9.2 开始，使用 54 个 bit 来存储整型数值，所以，对于给定的分辨率，空间域的范围大大扩大，或给定空间域的范围，分辨率大大提高（这时的空间参考成为高精度的空间参考，以前的称为低精度的空间参考）。例如：如果空间域的最小值为 0，分辨率为 1，则空间域的最大值为 $2^{53}-1$，即 9007199254740991；若分辨率为 0.0001，则空间域的最大值为 900719925474.0991。对于以前的版本，若空间域的最小值为 0，分辨率为 0.0001，则空间域的最大值为 214748.3647，这个值对很多坐标系来说太小。

c XY 容差

XY 容差（XY tolerance）用于设置在聚集操作中坐标之间的最小距离，如拓扑验证、缓冲区生成和多边形叠加等编辑操作。默认容差设定值为 0.001m，或者为其等效值，即为默认分辨率的 10 倍，大多数情况下推荐使用此设置。对于坐标精度较低的数据，可选择设置一个较大的容差值；而对于精度要求极高的数据，可设置一个较小的容差值。

要素处理操作是受 XY 容差影响的，它决定了在这些操作中所有要素坐标之间的最小距离。它也定义了在聚集操作中一个坐标在 X 或 Y 方向（或者两者）可以移动的距离。

当坐标点在 X 方向、Y 方向的距离在 XY 容差范围内时，这些坐标点被认为是坐标一致，在聚集操作中它们会捕捉到同一个点上。通常情况下，将精度较低的坐标点移动到精度较高的坐标位置，或按照聚集中各坐标点间的距离加权平均计算一个新位置，在这种情况下，距离加权平均基于聚集坐标的精度等级的。坐标点之间允许移动的最大距离为 XY 容差的 $\sqrt{2}$ 倍，如图 3-3 所示。

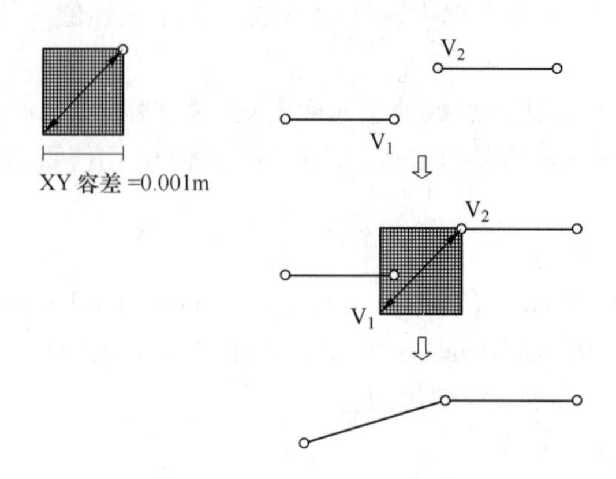


图 3-3　XY 容差的大小与聚集的结果示意图

对于关系运算、拓扑运算等，不同的容差值可能会产生不同的结果；例如，如果使用较小容差，两个几何对象可能属于不相交的（没有公共的点），如果使用较大的容差，则它们可能属于相交（Intersects）或相接（Touches）的几何对象。

C　Z 分辨率及 Z 容差

Z 坐标主要用于包含高程的地理要素中。但是，Z 坐标也可以用于其他垂直度量，如空气污染观察数据、温度和其他度量值。

Z 分辨率（Z-resolution）、Z 容差（Z-tolerance）定义和作用与 XY 分辨率、XY 容差的定义和作用类似，只不过一个作用于 Z 坐标，另一个作用于 XY 坐标。

Z 分辨率用于设置 Z 坐标值的精细程度，即小数点后的有效位数。

Z 容差用于区分顶点的 Z 坐标或高程是否处于彼此容差范围内，以及是否应进行聚集到一起。默认的 Z 容差是 0.001m 或其他单位的等效值。

D　M 分辨率（M-resolution）及 M 容差（M-tolerance）

M 值用于描述沿线性要素的某种度量值，如公路里程标志测量系统，用于沿公路记录路面状况、速度限制、事故位置等。M 分辨率、M 容差定义和作用与 XY 分辨率、XY 容差的定义和作用类似。

### 3.1.3.4　扩展要素类

要素类可以根据需要进行扩展。要素类的扩展如下：

（1）要素数据集（FeatureDataset）：保存空间相关要素类的集合或构建拓扑、网络、地籍数据集和地形数据集。

（2）子类型（SubType）：在一个要素类中管理一组要素子类。

（3）属性域（Domain）：为属性列指定有效值列表或有效值范围，确保属性取值的完整性。

（4）关系类（RelationshipClass）：使用公用键在要素类和其他表之间构建关系。

（5）拓扑（Topology）：对要素共享几何的方式进行建模。如，拓扑邻接、拓扑包含等。

（6）网络数据集（NetworkDataset）：对非定向网络（如交通网络）进行建模。

（7）几何网络（GeometricNetwork）：对定向网络（如供电、供水网络）进行建模。

（8）地形数据集（Terrain Dataset）：对多分辨率不规则三角网（TIN）进行建模。

（9）地址定位器（Address Locator）：用于地理编码。

（10）宗地结构（Parcel Fabric）：宗地结构数据模型。

（11）线性参考（Linear Referencing）：使用 M 值沿线状要素定位事件。

（12）制图表现（Cartographic Representations）：管理多个制图表达和高级制图绘制规则。

（13）版本化（Versioning）：空间数据版本化管理，如长事务编辑、历史存档等。这需要使用 ArcSDE Geodatabase。

### 3.1.4 栅格数据基础

栅格数据集是采用规则格网来表示地理实体、地理现象的，每个单元都具有一个值，用于表示该位置的某个特征，例如温度、高程或光谱值。

栅格数据集常用于表示和管理各种影像、数字高程模型及许多其他现象。通常，栅格是表达点、线和多边形要素的另一种方法（此外，还有矢量表达法）。

#### 3.1.4.1 Geodatabase 中的栅格数据

（1）Geodatabase 中栅格数据集管理策略有两种。

1）按栅格数据提供的格式原样使用（Raster provisioning）：让栅格数据集在 GIS 中迅速“发挥作用”，最有可能就是按数据集原样使用，这些栅格数据集通常以一系列文件的形式提供，或者使用类似“ArcGIS Server 影像扩展”的技术来管理这些现有数据集并将这些数据集用作集合。

2）在 Geodatabase 中管理栅格数据（Rasters in the Geodatabase）：当希望管理栅格、添加行为和控制模式；希望将一组定义良好的栅格数据集作为 DBMS 的一部分进行管理；需要获得高性能而不丢失内容和信息（无压缩）；以及想要一个数据架构用于管理所有内容时，这些场合将栅格数据集存储在 Geodatabase 中是不错的选择。

（2）栅格数据的地理属性。一个栅格数据的地理属性通常包括：行列号坐标系统（坐标原点通常为左上角）；XY 坐标系统（坐标原点通常为左下角）；格网单元的大小；行和列的数量。利用这些信息，可以计算每个栅格单元的空间位置（X，Y 坐标）；利用这些信息，也可以遍历栅格数据。

（3）Geodatabase 中的栅格块表（Raster Block Table）。栅格数据通常在大小上比要素要大很多，需要一个副表（Side table）存储。例如，一个正常的正射影像有 6700 行 * 7600 列（超过 5 千万个单元值）。

为了取得这些大栅格数据集的高性能，一个 Geodatabase 栅格被分割为较小的块（称为 blocks），通常为 128 行 * 128 列或者 256 行 * 256 列。这些较小的块然后存储在副表中，如图 3-4 所示。

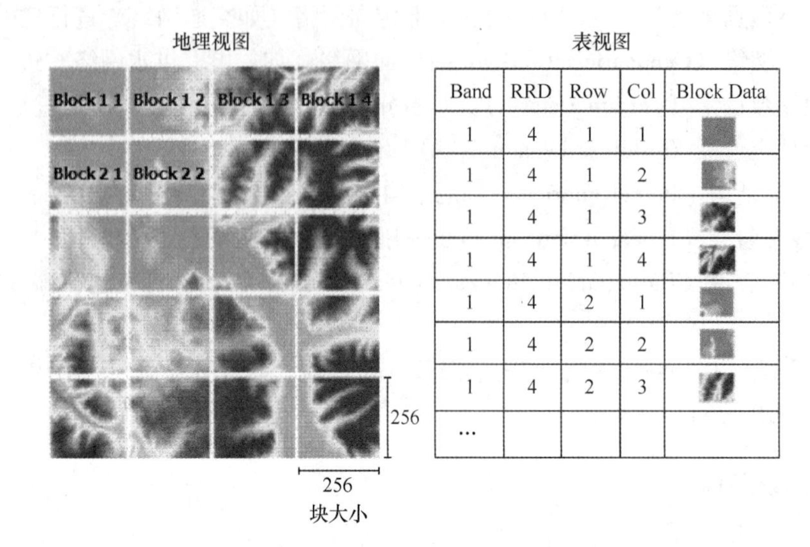


| Band | RRD | Row | Col | Block Data |
|---|---|---|---|---|
| 1 | 4 | 1 | 1 | |
| 1 | 4 | 1 | 2 | |
| 1 | 4 | 1 | 3 | |
| 1 | 4 | 1 | 4 | |
| 1 | 4 | 2 | 1 | |
| 1 | 4 | 2 | 2 | |
| 1 | 4 | 2 | 3 | |
| … | | | | |

图 3-4　栅格数据集的分块存储

#### 3.1.4.2　扩展栅格数据

栅格数据集可以根据应用需要进行扩展。栅格数据集的扩展如下：

（1）栅格数据集（Raster datasets）：管理非常大的连续影像数据集和镶嵌栅格。

（2）镶嵌数据集（Mosaic Datasets）：镶嵌数据集是混合了栅格目录和栅格数据集的数据模型，表示栅格目录的动态视图。可用于存储、管理、查看和查询栅格影像数据集合。

（3）栅格目录：多种用途，包括：1）管理分块的栅格图层，其中每个分块都是一个独立的栅格。2）在 DBMS 中管理任意系列的栅格。3）管理栅格时间序列。

（4）表中的栅格属性列：将图片或扫描的文档作为属性存储在表中。

## 3.2　Geodatabase 及 DBMS 中的数据类型

### 3.2.1　Geodatabase 字段数据类型

#### 3.2.1.1　字段数据类型

当创建要素类或表时，必须为每个字段指定一个数据类型。可用的数据类型包括多种数值类型、文本类型、日期类型、二进制大对象（BLOB）或全局唯一标识符（GUID）。

（1）数值类型（Number），有四种数值类型：

1）Short integer，短整型，使用 2 字节存储，表达的数值范围：－32768 ~ 32767。

2）Long integer，长整型，使用 4 字节存储，表达的数值范围：－2147483648 ~ 2147483647。

3）单精度浮点型（float），使用 4 字节存储，表达的数值范围：－3.4E38 ~ 1.2E38。

4）双精度浮点型（double），使用 8 字节存储，表达的数值范围：－2.2E308 ~ 1.8E308。

在选择数值型数据类型时，首先考虑需要是整数还是小数。如果仅需要存储整数，根据数值范围选择短或长整型。如果需要存储小数，它有小数位，也需要根据数值范围选择单精度浮点型或双精度型。其次，当在短整型或长整型、或单精度型或双精度型两者做选择时，选择的数据类型应该占最小的存储空间。这不仅仅是最小存储容量的需要，同时也可提高性能。如果存储的整型在 -32,768 ~ 32,767 这个范围内，选择短整型数据类型，因为它可以达到 2 个字节，长整型是 4 个字节。如果需要存储分数在 -3.4E-38 到 1.2E38 范围，选择单精度数据类型，因为它可以达到4个字节，而双精度类型可以达到8个字节。

如果是为 File 或 Personal Geodatabase 中的表指定数值类型的字段，仅需要指定数据类型。如果是为 ArcSDE Geodatabase 指定数值类型，还需要指定精度（字段的最大长度），还有小数位数（scale）。指定精度和小数位数允许限制一个字段可以接受的值的范围和数值格式，给予用户更大的控制。例如，如果指定为单精度浮点型，精度为4，小数位数为2，那么这个字段就可以接受 12.34。如果输入 12.345 到这个字段，就会显示错误信息，因为这个数值超出了小数位允许的最大数字；另一方面，如果指定为单精度浮点型，精度为5，小数位数为3，那么输入 12.345 是可以接受的。

（2）文本类型。文本（Text）字段表示一系列字母数字符号。重复使用文本属性的替代方法是建立编码值。例如，可以通过数值对道路类型进行编码：将 1 指定给快速路、将 2 指定给主要道路、将 3 指定给小区道路等等。这样做的好处是减少 Geodatabase 中占用的存储空间；但是，这些编码值必须为数据用户所了解。如果在 Geodatabase 的编码值域中定义编码值并将该域与存储编码的整型字段相关联，则在 ArcMap 或 ArcCatalog 中查看该表时，Geodatabase 将显示文本描述。

文本中所用字符视语言而定。为了在各种语言之间更方便地转换文本，ArcGIS 使用 Unicode 对字符进行编码。

（3）日期时间类型。日期数据类型（Date）可以存储日期、时间或日期和时间。默认的格式是以 mm/dd/yyyy hh：mm：ss 显示的，同时还将指定 AM 或 PM。在表中输入日期字段的数据时，输入的数据将转换为此格式。

（4）大二进制对象（BLOB）类型。BLOB 是以一个长序列的二进制数存储在 Geodatabase 中。ArcGIS 将注记和尺寸标注存储为 BLOB，图像、多媒体或编码位（bits of code）等也可以此数据类型存储。需要通过自定义的加载器、查看器或第三方应用程序将这些数据加载到 BLOB 字段中或者查看 BLOB 字段的内容。

（5）对象标识符（ObjectID）类型。ObjectID 字段由 ArcGIS 维护并保证表中每行具有唯一 ID。查看某个表或某个图层的属性表时，通常会发现：ObjectID 字段以别名 OID 或 ObjectID（表）或 FID（图层）列出。ArcGIS 的许多关键功能（如滚动和显示选择集）都依赖于 ObjectID 的值。

（6）全球唯一标识符。Global ID 和 GUID 数据类型存储由 36 个字符组成附加波形括号（{}）的注册表样式字符串，如{3d9a6ef5-57f5-4ddd-b8b5-2baacf1b36d3}。这些字符串唯一标识一个 Geodatabase 或跨 Geodatabases 中的一个要素或表的行。这是在单向（one-way）和双向（two-way）Geodatabase 复制（replication）中要素如何被跟踪的。开发人员可以在关系类或任何需要全球唯一标识符的应用中使用它们。在一个关系类中，如果源键值是 Global ID 字段，目标键值也必须是 GUID 字段。Geodatabase 会自动维护 GUID 字段的值。

具有本地 GUID 数据类型的数据库，如 Personal Geodatabase、SQL Server ArcSDE Geodatabase，以 16 个字节来存储 Global ID 和 GUID 值，没有本地 GUID 数据类型的数据库，以 38 个字节存储它们。

（7）栅格字段类型（Raster）。Geodatabase 要素类或表可具有一个包含栅格数据集的属性字段。与仅将要素的属性字段连接到某图像的超链接不同，栅格类型的属性字段可在 Geodatabase 中存储栅格数据或者将该数据存储在 Geodatabase 的其他位置（而不是直接存储在栅格类型的属性字段中，即所谓的行内、行外存储）。例如，可将商业属性的像片作为宗地要素的属性进行添加。

（8）几何类型。在 ArcGIS 中，几何数据类型用于指定表中所存储要素的几何类型（点、线、面、多点或多面体（multipatch））。存储为几何类型的字段通常称为 SHAPE 字段。

几何类型属于 ArcGIS 使用的数据类型。如果将数据存储在 ArcSDE Geodatabase 中，几何数据存储在 DBMS 中的方式将取决于所用 DBMS 的类型。因为对于每种支持的 DBMS，ArcSDE 均将使用特定的几何存储类型。

#### 3.2.1.2　SQL WHERE 从句的语法

三种类型的 Geodatabases 在 SQL WHERE 从句的语法是不相同的，主要体现在以下几个方面。

（1）字段名引用不同。如果要查询的数据源为 File Geodatabase、shapefile、dBase table、coverage 或 INFO 表，则字段名使用双引号引用，如" Name "。

如果要查询的数据源为 Personal Geodatabase，则字段名使用方括号引用，如 [Name]。

如果要查询的数据源为 ArcSDE Geodatabase 或 ArcIMS 影像服务或要素服务，则字段名直接使用，如 Name。

如果要查询的数据源为 Excel 文件（. xls）中 worksheet 或文本文件（. txt），一般情况下，字段名使用单引号引用，如' Name '；但如果是从属性表窗口中打开 Select By Attributes 对话框时，则字段名使用方括号引用，如 [Name]。

（2）字符串使用区别。字符串总是使用单引号引用，如：" STATE_ NAME " = ' **California** '

Personal Geodatabase 中的字段值不区分大小写；而 ArcSDE、File Geodatabases 及 shapefiles 中的字段值大小写敏感。可以使用转换函数将字符串统一转换为大写或小写；基于文件的数据源，使用 UPPER 函数将字符串中的所有字符转换为大写，使用 LOWER 函数将字符串中的所有字符转换为小写，如 UPPER（" LAST_ NAME "） = ' JONES '；其他数据源有类似的转换函数，如 Personal Geodatabase 中的 UCASE、LCASE。

使用 LIKE 运算符（代替“=”）构建基于部分字符串匹配的查询，如“STATE_NAME” LIKE ‘Miss%’。

（3）通配符使用区别。通配符是代表一个或多个字符的一个特殊符号。

对于文件类型的数据源，'%'代表其所在位置的一个或多个或无字符；'_'代表其所在位置的任意一个字符，如" NAME " LIKE ' Cath% '，" OWNER_ NAME " LIKE '_ atherine smith '.

对于 Personal Geodatabase，' * '代表任意数目的字符，'? '代表任意单个字符。

对于连接表，要使用合适的通配符；如果查询仅用到目标表的字段，则使用目标表的通配符；如果查询仅用到连接表的字段，则使用连接表的通配符；如果查询用涉及两边的字段，则使用'%'、'_'通配符。例如：如果要连接一个 dbf 文件（连接表）到 Personal Geodatabase 要素类（目标表）。

1）如果查询仅涉及 Personal Geodatabase 中的字段，使用 * 通配符；

2）如果查询仅涉及 dbf 中的列，使用% 通配符；

3）如果查询涉及两边的表，使用% 通配符。

（4）其他不同。Geodatabases 中的字段、shapefiles/dBASE 表及 coverages/INFO 表中的 date 字段都支持 Null 值。File Geodatabase 不支持 Distinct 关键字，建议使用 IDataStatistics. UniqueValues 返回某个字段上的唯一值。

可以使用 =、< >、>、<、> =、< = 运算符查询数值型数据，如" POPULATION96 "> =5000。

日期的查询语法依赖于数据源类型，如 Personal Geodatabase 中 [DATE_ OF_ BIRTH] =#06 - 13 - 2001 19：30：00#，File Geodatabase 中" DATE_ OF_ BIRTH " = date ' 2001 - 06 - 13 19：30：00 '。

在 ArcGIS 中，基于属性条件的查询（Select By Attributes…）会自动根据不同的数据源使用正确的 WHERE 从句语法来查询数据，它们列出了相应的分隔符、通配符、操作符等。**ArcSDE Geodatabases** 的 **SQL WHERE** 从句语法请查阅相应的 **DBMS** 文档。

### 3.2.2 DBMS 中的数据类型

当在 Geodatabase 中创建表或向表添加字段时，需要为字段指定特定的数据类型；用户一般是在 ArcCatalog 中完成类似的模式创建工作，但实际空间数据一般是存储在各 DBMS 中；这就需要了解 ArcGIS 和 DBMS 之间的等效数据类型。

File Geodatabase 的数据类型与 ArcGIS 的数据类型相同，而对于 DBMS 产品，其数据类型可以不同。以下介绍了 DBMS 数据类型及 ArcGIS 数据类型之间的映射。

#### 3.2.2.1 Personal Geodatabase 数据类型

当在 ArcGIS 中创建一个要素类或表，对每个列可以有 11 种不同数据类型可选择。表 3-1 列出了这些类型与 Personal Geodatabase（Microsoft Access）数据类型的对应关系。

**表 3-1　ArcGIS 与 Access 数据类型的对应关系**

| ArcGIS 数据类型 | Access 数据类型 | 备　注 |
| --- | --- | --- |
| OBJECTID | Long Integer | OBJECTID 是一个 AutoNumber 字段 |
| SHORT INTEGER | Integer | |
| LONG INTEGER | Long Integer | |
| FLOAT | Single | |
| DOUBLE | Double | |
| TEXT | Text | |
| DATE | Date/Time | |
| BLOB | OLE Object | |
| GUID | Number | 复制（Replication）ID，允许复制 |
| GEOMETRY | OLE Object | |
| RASTER | Long Integer | |

注：OLE（Object Linking and Embedding）Objects 是在其他应用程序中创建的对象，这些应用程序被连接或嵌入到 Access 中。在这种情况下，BLOB 和 GEOMETRY 在 Access 中不存在，因此这个对象是在 ArcGIS 中，并被连接到 Access 数据库中。

#### 3.2.2.2　Oracle 数据类型

当在 ArcGIS 中创建一个要素类或表时，对每个列可以有 11 种不同数据类型可选择。表 3-2 列出了这些类型与 Oracle 类型的对应关系。

**表 3-2　ArcGIS 与 Oracle 数据类型对应关系**

| ArcGIS 数据类型 | Oracle 中的数据类型 | 备　注 |
| --- | --- | --- |
| BLOB | BLOB | |
| DATE | DATE | |
| DOUBLE | DECIMAL（31，8） | ArcGIS 中指定的精度和小数位数会影响在数据库中创建的数据类型 |
| FLOAT | DECIMAL（31，8） | |
| GEOMETRY | ST_GEOMETRY<br>NUMBER（38）<br>SDO_GEOMETRY | Oracle 数据类型取决于为要素类指定的几何存储。压缩二进制或 WKB（仅 Geodatabase 支持）= NUMBER（38）；Oracle Spatial = SDO_GEOMETRY；ArcSDE 空间类型 = ST_GEOMETRY |
| GUID or Global ID | CHAR or NCHAR（UUID LEN） | 如果将用来指定表创建的配置关键字的参数 UNICODE_STRING 设置为 TRUE，那么唯一标识符字段将创建为 NCHAR 字段 |
| LONG INTEGER | NUMBER（38） | |
| OBJECTID | NUMBER（38） | ArcGIS 类型 ObjectID 是表或要素类的注册行 ID 列。每个表只能存在一个 ObjectID。对于在 ArcGIS 外部创建的表，只有在注册到地理数据库之后才会将列转换为 ObjectID（以下各表相同） |
| RASTER | BLOB or number（38）<br>SDO_Georaster | 仅 Geodatabase 支持栅格。栅格字段所使用的数据类型取决于创建镶嵌数据集或栅格数据集时指定的配置关键字 |
| SHORT INTEGER | NUMBER（5） | |
| TEXT | varchar2、CLOB、nvarchar2 或 NCLOB | |

### 3.2.2.3 PostgreSQL 数据类型

当在 ArcGIS 中创建一个要素类或表时，对每个列可以有 12 种不同数据类型可选择。表 3-3 列出了这些类型与 PostgreSQL 类型的对应关系。

**表 3-3 ArcGIS 与 PostgreSQL 数据类型对应关系**

| ArcGIS 数据类型 | PostgreSQL 中的数据类型 | 备　注 |
| --- | --- | --- |
| BLOB | BYTEA | |
| DATE | TIMESTAMP WITHOUT ZONE | |
| DOUBLE | numeric（p，s） | ArcGIS 中指定的精度和小数位数可以影响在数据库中创建的结果数据类型 |
| FLOAT | numeric（p，s） | |
| GEOMETRY | ST_Geometry<br>Geometry（PostGIS）<br>Geography（PostGIS） | 要在数据库（非 Geodatabase）中使用 ST_Geometry，必须先进行安装。<br>要使用 PostGIS 几何或地理类型，必须在 PostgreSQL 数据库集群中安装 PostGIS，且数据库本身必须允许使用 PostGIS |
| Global ID | varchar（38） | 仅 Geodatabase 支持 |
| GUID | VARCHAR（38） | |
| LONG INTEGER | INTEGER | |
| OBJECTID | INTEGER（在企业级 Geodatabase 中创建时）<br>SERIAL（在数据库中创建时） | |
| RASTER | BYTEA | 仅在 Geodatabase 中支持栅格 |
| SHORT INTEGER | SMALLINT | |
| TEXT | CHARACTER VARYING | |

### 3.2.2.4 SQL Server 数据类型

当在 ArcGIS 中创建一个要素类或表，对每个列可以有 12 种不同数据类型可选择。表 3-4 列出了这些类型与 SQL Server 类型的对应关系。

**表 3-4 ArcGIS 与 SQL Server 数据类型对应关系**

| ArcGIS 数据类型 | SQL Server 中的数据类型 | 备　注 |
| --- | --- | --- |
| BLOB | VARBINARY（MAX） | |
| DATE | DATETIME2（7） | |
| DOUBLE | NUMERIC（p，s） | ArcGIS 中指定的精度和小数位数可以影响在数据库中创建的结果数据类型 |
| FLOAT | NUMERIC（p，s） | |
| GEOMETRY | int<br>GEOMETRY<br>GEOGRAPHY | 在 Geodatabase 中，创建的 SQL Server 数据类型取决于创建要素类时使用的配置关键字的 GEOMETRY_STORAGE 参数。SDEBINARY = int；GEOMETRY = Geometry 列；GEOGRAPHY = Geography 列 |

续表 3-4

| ArcGIS 数据类型 | SQL Server 中的数据类型 | 备　注 |
|---|---|---|
| Global ID | uniqueidentifier | 仅 Geodatabase 支持 |
| GUID | uniqueidentifier | |
| LONG INTEGER | int | |
| RASTER | BLOB，int | 仅 Geodatabase 支持栅格数据类型。<br>在桌面和工作组级地理数据库中，通常将栅格作为 BLOB 数据类型来创建。<br>在企业级 Geodatabase 中，创建的 SQL Server 数据类型取决于创建栅格数据集或镶嵌数据集时使用的配置关键字。如果关键字的 RASTER_ STORAGE 参数设置为 RASTERBLOB，则会创建 BLOB 列；如果该参数设置为 BINARY，则会创建 int 列 |
| OBJECTID | int（4）(在企业级 Geodatabase 中创建时)<br>INTEGER（在数据库中创建时） | |
| SHORT INTEGER | SMALLINT | |
| TEXT | varchar、varchar（max）<br>nvarchar、nvarchar（max） | |

### 3.2.2.5 DB2 数据类型

当在 ArcGIS 中创建一个要素类或表，对每个列可以有 12 种不同数据类型可选择。表 3-5 列出了这些类型与 DB2 类型的对应关系。

**表 3-5 ArcGIS 与 DB2 数据类型对应关系**

| ArcGIS 数据类型 | DB2 中创建的数据类型 | 备　注 |
|---|---|---|
| BLOB | BLOB | |
| DATE | TIMESTAMP | |
| DOUBLE | DECIMAL（p，s） | ArcGIS 中指定的精度和小数位数会影响在数据库中创建的数据类型 |
| FLOAT | DECIMAL（p，s） | |
| GEOMETRY | ST_ GEOMETRY | |
| GLOBAL ID | CHAR（38） | 仅 Geodatabase 支持 |
| GUID | CHAR（UUID LEN） | |
| LONG INTEGER | INTEGER | |
| OBJECT ID | CHARACTER（38） | |
| RASTER | BLOB | 仅 Geodatabase 支持 |
| SHORT INTEGER | SMALLINT | |
| TEXT | VARCHAR | |

#### 3.2.2.6　Informix 数据类型

当在 ArcGIS 中创建一个要素类或表，对每个列可以有 12 种不同数据类型可选择。表 3-6 列出了这些类型与 Informix 类型的对应关系。

**表 3-6　ArcGIS 与 Informix 数据类型对应关系**

| ArcGIS 数据类型 | Informix 中创建的数据类型 | 备　注 |
| --- | --- | --- |
| BLOB | BLOB | |
| DATE | DATETIME | |
| DOUBLE | DECIMAL（31，8） | ArcGIS 中指定的精度和小数位数会影响在数据库中创建的数据类型 |
| FLOAT | DECIMAL（31，8） | |
| GEOMETRY | ST_GEOMETRY | |
| GLOBAL ID | CHAR（38） | 仅 Geodatabase 支持 |
| GUID | CHAR（UUID LEN） | |
| LONG INTEGER | INTEGER | |
| OBJECTID | CHARACTER（38）(在企业级 Geodatabase 中创建时)<br>SERIAL（在数据库中创建时） | |
| RASTER | BLOB | 仅 Geodatabase 支持 |
| SHORT INTEGER | SMALLINT | |
| TEXT | VARCHAR | |

## 3.3　Geodatabase 中的数据集

### 3.3.1　表

表（Table）是空间数据存储的基础，要素类实际上就是带有特定几何字段的表。

#### 3.3.1.1　根据坐标表格数据创建要素类或图层

可以将某些类型的表格数据转换为地理数据。例如，如果有一个包含空间位置和属性的表或文本文件，便可以根据表中数据创建图层或新要素类。

如果有一个 X，Y（，Z）坐标表，可将其添加到 ArcMap（使用 Add XY Data…）以创建新的点图层（称为 X，Y 事件图层）。如果希望该图层成为永久图层，可将其从 ArcMap 中导出或基于这些数据在 ArcCatalog 中创建新的点要素类。

另外，使用“ASCⅡ 3D to Feature Class”地理处理工具，可以依据一个或多个 ASCⅡ坐标文本文件来创建 Point、Multipoint、Polyline 或 Polygon 要素类。ASCⅡ坐标文本文件格式可以是 XYZ、XYZI 或 GENERATE 文件格式。

使用“Add XY Coordinates”地理处理工具向点要素添加 X、Y 坐标字段，即将字段 POINT_X 和 POINT_Y 添加到点输入要素并计算其值。如果启用了输入要素的 Z 值和 M 值，还将追加 POINT_Z 和 POINT_M 字段。

#### 3.3.1.2　按属性连接和关联表

数据库由一系列表组成，每个表关注一个特定的主题，表与表之间可以建立某种关联关系。ArcGIS 允许通过一个公用字段（也称为键——Key）将一个表中的记录与另一个表中的记录相关联。可通过多种方式进行此类关联：

（1）连接表（joining tables）。

（2）关联表（relating tables）。

（3）Geodatabase 中的关系类（relationship classes）。

当连接（Join）两个表时，基于两个表的公用字段可以将属性从一个表追加到另一个表上。关联（Relate）表基于公用字段定义两个表间的联系，但并不把属性从一个表追加到另一个表，而是在需要时访问关联的数据。

A　连接表的属性

通常情况下，可以根据两个表中相同字段值将数据表连接到图层。字段名称可以不同，但数据类型必须相同。可以使用连接数据对话框（Join Data dialog box，通过在 ArcMap 中右键单击某个图层来访问）或添加连接工具（Add Join tool）执行连接操作。

假设已获取反映各县市人口变化的数据，并想要根据此信息生成人口增长地图。只要人口数据存储在数据库的表中并且与图层共享公共字段，就可以将其连接到地理要素，然后使用其他字段来符号化、标注、查询或分析该图层要素。

连接表时，默认选项是保留所有记录。如果目标表中的某条记录在连接表中没有匹配项，则对于从连接表追加到目标表中的所有字段，该记录将被赋予空值，这种连接称为外部连接，如图 3-5 所示。

使用“仅保留匹配记录（Keep only matching records）”选项时，如果目标表中的某条记录在连接表中没有匹配项，则该记录将从生成的目标表中移除，这种连接称为内部连接，如图 3-6 所示。如果目标表是某一图层的属性表，则未连接数据的要素将不会显示在地图上。

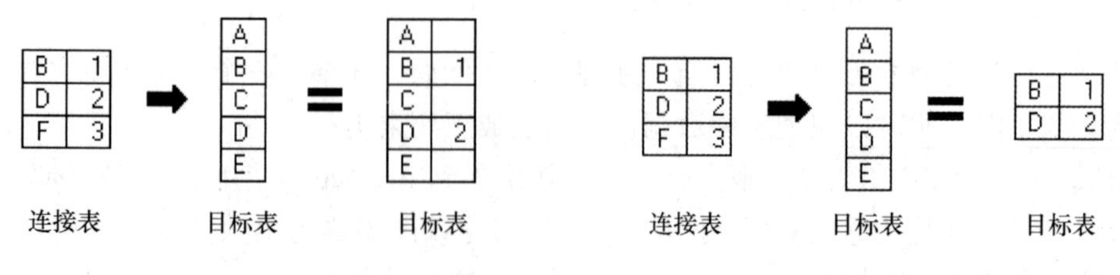


图 3-5　外部连接示意图　　图 3-6　内部连接示意图

在 ArcMap 中连接表时，将在图层属性表和包含要连接的信息表之间建立一对一或多对一的关系。下例说明了每个县与县人口数据变化之间的一对一的关系。也就是说，一个县对应着一个人口变化，如图 3-7 所示。

图 3-8 是一个多对一的关系示例。假设有一个土地利用图层，其中按其土地利用类型来对每个多边形进行归类。图层属性表仅存储土地利用编码；在另一个独立表中存储每个土地利用类型的全部类型描述。连接这两个表可建立一个多对一的关系，因为图层属性表中的多个记录都将连接到土地利用描述表中的同一记录。

| ObjectID | Shape | Name | ID |
|---|---|---|---|
| 1 | polygon | Canyon County | 10001 |
| 2 | polygon | Cassia County | 10002 |
| 3 | polygon | Clark County | **10003** |
| 4 | polygon | Custer County | 10004 |

| ID | Population Change(%) |
|---|---|
| 10001 | 3.12 |
| 10002 | 0.51 |
| **10003** | 0.32 |
| 10004 | 0.56 |

图 3-7 一对一连接示意图

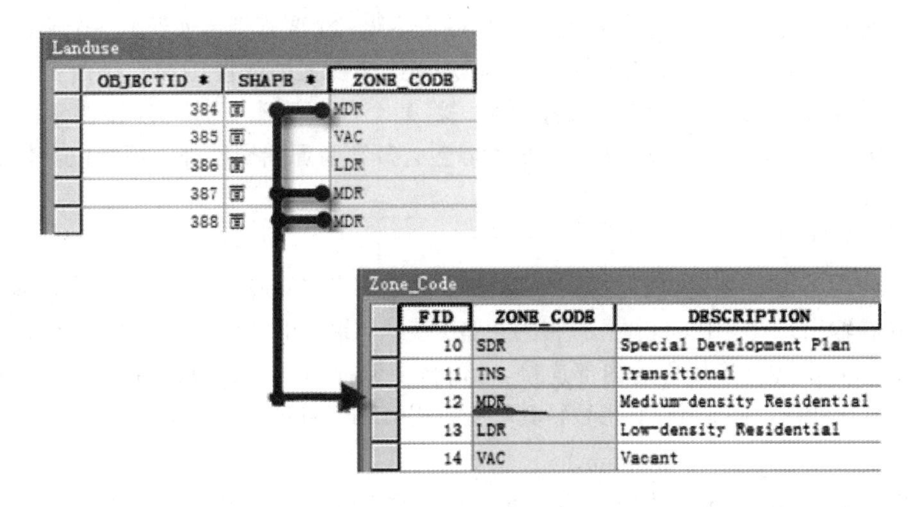

Landuse

| OBJECTID * | SHAPE * | ZONE_CODE |
|---|---|---|
| 384 | 面 | MDR |
| 385 | 面 | VAC |
| 386 | 面 | LDR |
| 387 | 面 | MDR |
| 388 | 面 | MDR |

Zone_Code

| FID | ZONE_CODE | DESCRIPTION |
|---|---|---|
| 10 | SDR | Special Development Plan |
| 11 | TNS | Transitional |
| 12 | MDR | Medium-density Residential |
| 13 | LDR | Low-density Residential |
| 14 | VAC | Vacant |

图 3-8 多对一连接示意图

如果想要建立一个 1：M 关系的连接，在连接结果图层中将仅连接第一个匹配项。

B 关联表

关联表（Relate）只是在两个表间定义一个联系。关联的数据不会像连接表那样追加到图层的属性表。但是，在使用此图层的属性时可以访问关联的数据。

ArcMap 中定义的关联实质上与 Geodatabase 中定义的简单关系类相同，只是前者是与地图一起保存而不是保存在 Geodatabase 中。如果数据存储在 Geodatabase 中，并且定义了关系类，可以直接使用关系类而无需在 ArcMap 中建立关联。当将参与关系类中的一个图层添加到地图中时，该关系类将自动可用。

#### 3.3.1.3 按空间位置连接数据（Spatial Join）

当地图上的图层没有公共属性字段时，可以使用空间连接将其连接起来，即根据图层中要素的位置连接两个图层的属性。

可以使用连接数据对话框（Join Data dialog box，通过在 ArcMap 中右键单击某个图层来访问），或者地理处理工具空间连接（Spatial Join tool）执行空间连接操作。如果对较大或复杂的数据集执行空间连接，则应使用空间连接工具，而不是使用此对话框。空间连接工具将提供更好的性能和可靠性。

使用空间连接，可以找到以下任意内容：

（1）距其他要素最近的要素。

（2）要素内包括什么。

（3）什么与要素相交。

（4）落在每个多边形内的点数。

按位置连接（或空间连接）将在所涉及的图层（或要素类）之间使用空间关系将一个图层（或要素类）中的属性追加到另一个图层（或要素类）。空间连接与属性和关系类连接不同，它不是动态连接，而是需要将结果保存到新的输出图层（或要素类）中。

A　空间连接（Spatial Join）地理处理工具

基于两个要素类中要素之间的空间关系将属性从一个要素类传递到另一个要素类。只要找到指定的空间关系（或匹配选项），就会将连接要素的属性添加到目标要素中。例如，如果将某个点要素类指定为目标要素，将某个面要素类指定为连接要素，并选择 WITHIN 作为匹配选项，则每个输出点要素除包含其自身原始属性外，还将包含其所在面的属性。

B　连接方式

默认情况下，即使未发现连接要素和目标要素之间存在任何空间关系，所有目标要素也都将保留在输出要素类中。此操作被视为外部连接。如果输出要素类中的仅包含满足空间连接关系目标要素（此连接称为内部连接），请将“Keep All Target Features”不选中（unchecked）。或使用“join_type”参数，其取值为“KEEP_ALL”或“KEEP_COMMON”。

C　连接操作（join_operation）

JOIN_ONE_TO_ONE：如果找到多个与同一“目标要素”存在相同空间关系的“连接要素”，将使用“字段映射”合并规则对多个“连接要素”中的属性进行聚合。例如，如果在两个独立的面“连接要素”中找到了同一个点“目标要素”，将对这两个面的属性进行聚合，然后将其传递到输出要素类。如果一个面的属性值为 3，另一个面的属性值为 7，且指定了“总和”合并规则，则输出要素类中的聚合值将为 10。JOIN_ONE_TO_ONE 为默认选项。

JOIN_ONE_TO_MANY：如果找到多个与同一“目标要素”存在相同空间关系的“连接要素”，输出要素类将包含多个“目标要素”实例。例如，如果在两个独立的面“连接要素”中找到了同一个点“目标要素”，则输出要素类将存在两个“目标要素”实例，分别包含两个面的属性。

D　匹配选项（match_option）

匹配选项定义用于匹配行的条件。只要找到该空间关系（或匹配选项），就会将“连接要素”的属性传递到“目标要素”。匹配选项包括：

（1）INTERSECT：如果“目标要素”与“连接要素”相交，则将“连接要素”的属性传递到“目标要素”。

（2）CONTAINS：如果“目标要素”包含“连接要素”，则将“连接要素”的属性传递到“目标要素”。对于此选项，“目标要素”不能为点，且仅当“目标要素”为面时“连接要素”才能为面。

（3）WITHIN：如果“目标要素”位于“连接要素”内部，则将“连接要素”的属性传递到“目标要素”。对于此选项，“连接要素”不能为点，且仅当“连接要素”为面时“目标要素”才能为面。

（4）CLOSEST：将最近“连接要素”的属性传递给“目标要素”。

在 ArcMap 中也可执行空间连接。

### 3.3.2 要素类

要素类（FeatureClass）是具有相同几何类型、相同属性集、相同行为和规则的地理要素的集合（如点，线或多边形）。在 Geodatabase 中创建新要素类主要有四种方法：

（1）使用 ArcCatalog 或 Catalog 窗口。

（2）使用“创建要素类（Create Feature Class）”地理处理工具。

（3）在 ArcMap 中导出地图图层的内容。

（4）将外部数据源转换为 Geodatabase 要素类（例如，转换 shapefile 或 CAD 文件）。

创建要素类时，选择所创建的要素类的类型：多边形、线、点、多点、多面形（Multipatch）、注记、尺寸标注。然后定义要素类的字段并指定相关属性，它们定义了要素类的结构。

（1）要素类的名称与别名（Name/Alias）。要素类的命名应符合要求，要素类的命名不能含有"gdb_"、"sde_"和"delta_"命名前缀。要素类的别名，应该直观、明了；如要素类名为：Buildings，其别名可以取为：建筑物。

要素类名称在 Geodatabase 中必须唯一，不能存在同名的要素类，即使位于不同的要素数据集中，也不得同名。

在 ArcGIS Desktop 中创建要素类时所指定的名称与 Geodatabase 中显示的要素类名称不同。Geodatabase 会追加数据库的名称以及要素类的存储模式的名称。这称为要素类的全局名称。例如，如果用户 admin 在 OracleSpatialDB 数据库中创建了一个名为 parcels 的要素类，则该要素类在 Geodatabase 中的名称为：

1）OracleSpatialDB. admin. parcels。因此，其他用户也可以创建名为 parcels 的要素类，因为他们创建的要素类会在要素类名称中追加相应的用户名。例如，如果用户 landUser 创建了自己的 parcels 要素类，则该要素类在数据库中的名称为 OracleSpatialDB. landUser. parcels。

2）建议不要重复使用要素类名称，即使它们会存储在不同的模式或数据库中。在此示例中，如果两个要素类都包含 parcels 的相关信息，则没必要创建两个单独的要素类。如果这两个要素类包含的数据明显不同，则应从要素类名称中反映出来。

（2）配置关键字（Configuration keywords）。数据库的存储配置可以微调数据如何存储在 File Geodatabase 或 ArcSDE Geodatabase。配置参数将被组合为一个或多个配置关键字，其中一个关键字为 DEFAULTS 配置关键字，用于指定默认存储参数。

1）Personal Geodatabase 不支持选择配置关键字。

2）通过 SQL Server Express 获得许可的 ArcSDE Geodatabase 仅支持默认存储参数（DEFAULTS 配置关键字）。

3）在 File 或 ArcSDE Geodatabase 中创建要素类时，可以为数据库指定要使用的配置关键字。大多数情况下，可使用 Default 关键字。但是在某些情况下，在创建特定数据集或数据类型时可能要指定其他配置关键字，以将其性能最大化或对其在数据库中的存储方式的某一方面进行改善。

（3）字段和字段属性。创建新要素类时，需要定义必要的字段并指定字段属性，如字段类型和可存储在字段中的数据最大值或范围。每个字段类型都有特殊的属性。

所有字段均具有如下属性：别名（Alias）、是否允许空值（Allow Nulls）、默认值（Default Value）和长度（Length）。

所有要素类都具有一组必填字段：OBJECTID 和 Shape，创建新要素类时会自动创建这些必填字段，且无法删除。线要素类还会自动添加 SHAPE_Length 字段，面要素类还会自动添加 SHAPE_Length 和 SHAPE_Area 字段。

创建新要素类时，可选择从另一个要素类或表中导入字段。

### 3.3.3　要素数据集

要素数据集（FeatureDataset）是共用相同空间参考系的相关要素类的集合。要素数据集主要用于按空间或专题整合相关的要素类。

使用要素数据集将空间上相关的要素类组织成一个要素数据集，以便执行以下任务：添加拓扑（To add a topology），添加网络数据集（To add a network dataset），添加几何网络（To add a geometric network），添加地形数据集（To add a terrain dataset），添加宗地结构（To add a parcel fabric）。

此外，在其他某些情况下，用户也需要使用要素数据集：

（1）组织专题上相关的要素类。有时，用户组织一个共同专题的要素类集合为一个要素数据集。例如，用户可能有一个 Water 要素数据集，其中包含 Hydro Points（水文点）、Hydro Lines（水文线）和 Hydro Polygons（水文多边形）要素类。

（2）基于数据库的权限组织数据存取。有时，用户会使用要素数据集来组织数据访问权限。一个要素数据集中包含的所有要素类都具有相同的访问权限。例如，用户可能需要使用多个要素数据集来划分一系列相关要素类，以便在各用户之间实现访问权限的差异化；如，每个组对其中一个要素数据集及其要素类具有编辑访问权限，但对其他要素数据集不具有编辑访问权限。

（3）为数据共享组织要素类。在某些数据共享情况下，可将需要共享的相关要素类组织到一个要素数据集中，与其他用户共享。

### 3.3.4　属性域

#### 3.3.4.1　属性域概述

属性域（Attribute Domain）是描述一个字段类型的合法值的规则，用于限制在表、要素类、或子类型的任何具体属性字段内允许的值，从而确保数据合法、有效。

属性域可以在 Geodatabase 的要素类、表和子类型之间共享。

A 属性域类型（Domain type）

有两种类型的属性域：

（1）范围属性域（Range domain）：用于指定数值型属性的有效值范围。创建范围域时，需要输入一个最小有效值和一个最大有效值。可将范围域应用于短整型、长整型、浮点型、双精度浮点型和日期属性类型。范围域是通过使用“验证要素（Validate Features）”命令进行验证的。例如，在给水干管要素类中，可以针对输水干管、配水干管和支路给水干管设置子类型。配水干管的压强可以介于 50 ~ 75psi 之间，要使一个配水干管对象有效，为其输入的压强值必须介于 50 ~ 75psi 之间。

（2）编码值属性域（Coded domain）：用于给一个属性指定有效的取值集合。编码值域可以应用于任何属性类型，包括文本、数字、日期等。例如土地利用类型：居住（1）、商用（2）、工业用（3）。编码值域既包括存储在数据库中的实际值（例如，1 代表居住用地），也包括对值的实际含义的用户友好型描述。对编码值域的验证是通过限制用户从下拉列表中选择字段值来实现的。

B 分割与合并策略（Split and merge policies）

在编辑数据时，常常需要将一个要素分割（Splitting）成两个要素，或将两个要素合并（Merging）成一个的要素。

当一个要素被分割时，属性值的分割由分割策略（Split Policy）来控制。当两个要素合并时，属性值的合并由合并策略（Merge Policy）来控制。

每一个属性域有分割和合并策略，当一个要素被分割或合并时，ArcGIS 根据这些策略，决定其结果要素的属性取值。

a 分割策略

对于一个给定的表、要素类或子类型，可以由下列 3 个分割策略中的任何一个，来控制分割结果要素的属性取值：

（1）默认值（Default value）：两个分割结果要素的属性采用给定要素类或子类型属性的默认值。

（2）复制（Duplicate）：两个分割结果要素的属性采用原始对象属性的拷贝值。

（3）几何比例（Geometry ratio）：两个分割要素的属性值是对原始对象属性值的比例计算值。属性值计算比例是基于原始要素几何的分割比例。如果几何被分割成相等的两部分，则每个分割要素获得原始对象属性值的一半。几何比例策略仅仅用于数值型字段，例如地块面积，道路的长度、土地使用税等。

图 3-9 的宗地示例中，当分割一块宗地时，Area 属性将作为结果要素几何的一个属性被自动分配。Owner 的值会被拷贝到新要素（假设分割一个地块并不影响它的所有权）。PropertyTax 是根据一个宗地的面积、大小计算的。为了计算每个新要素的PropertyTax，分割策略会根据新要素的各自面积将原始宗地的 PropertyTax 按比例分配给各个新要素。

b 合并策略

当两个要素合并成一个新的要素时，合并策略控制新要素的属性值。对任何给定的要

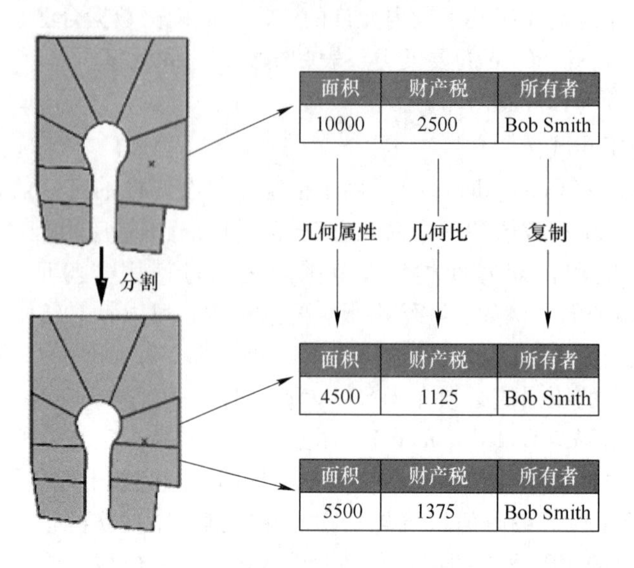


图 3-9　属性域分割策略示意图

素类或子类型的属性值，可以由下列 3 个合并策略中的任何一个确定。

（1）默认值（Default value）：合并结果要素的属性采用给定要素类或子类型属性的默认值。这是唯一适用于非数值字段和编码值属性域的合并策略。

（2）总和值（Sum values）：合并结果要素的属性使用原始要素属性值的总和。

（3）几何加权（Geometry weighted）：合并结果要素的属性是原始要素属性值的加权平均值。此平均值取决于原始要素的几何。

图 3-10 的宗地示例中，当合并两块宗地时，Area 属性将作为结果要素几何的一个属性被自动分配。Owner 被赋值为默认值。合并结果要素的 PropertyTax 属性是原始要素的 PropertyTax 属性值的总和，它的合并策略是取和值。

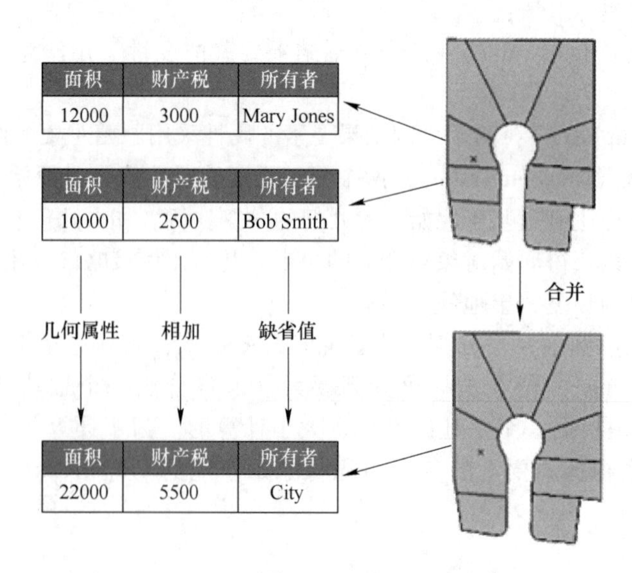


图 3-10　属性域合并策略示意图

#### 3.3.4.2 使用属性域

属性域存储在 Geodatabase 中。一旦一个用户建立一个新属性域，那么所有的用户可以浏览这个域的属性，在一个要素素或表中使用这个属性域。

可以通过 Geodatabase 的属性对话框或要素类（或表）的属性对话框（通过 Subtypes 标签上 Domains 按钮，打开 Domains properties 对话框），可以浏览、修改、删除和创建属性域。

创建属性域时，需要选择其类型：范围属性域或编码值属性域；同时还有指定分割策略和合并策略。

当一个新的属性域建立时，属性域的拥有者，也就是建立属性域的用户将被记录在数据库中。只有属性域的拥有者才能删除和修改属性域。属性域可以与要素类、表、子类型的特定字段关联。如果一个属性域正被某个表或要素类使用，则无法对其进行删除或修改。

通过要素类（或表）的属性对话框，可以建立字段与属性域的关联。属性域与一个要素类或表建立关联以后，在 Geodatabase 中一个属性有效规则就被建立起来了。同一个属性域可以与同一个表或要素类或子类型的多个字段关联，也可以与多个要素类或多个表的多个字段关联。

在一个表或要素类中，并非所有对象都必须在相同字段中应用相同的域或默认值。要将不同的域和默认值应用到单个表或要素类中的同一字段，必须创建子类型。

### 3.3.5 子类型（Subtype）

#### 3.3.5.1 子类型概述

子类型是一个要素类中的要素子集，或一个表中的对象子集，它们共享相同的属性。它们作为数据分类的一种方法被使用。子类型允许执行如下操作：

（1）使用子类型，避免过多的要素类，从而提高 Geodatabase 性能；例如，可将街道要素类中的街道划分为三个子类型：地方街道、辅助道路和主干道，而不是为每个要素子集都创建新的要素类。

（2）设置字段的默认值，以便在创建新要素时自动应用。例如，可创建和定义一个地方街道子类型，其速度限制属性默认值为 25km/h；任何时候这个子类型添加到要素类时，其速度限制属性自动设为 25km/h。

（3）应用属性域，可以限制各子类型相应字段有效值。例如，在一个供水网络中，子类型给水干管可以使用一个编码域来表示材料，以将其材料限定于铸铁（Cast iron）、球墨铸铁（Ductile iron）或铜（Copper）中。

（4）创建其他子类型和要素类之间的连通性规则以保持网络的完整性。例如，在一个供水管网中，消火栓可以连接到消火栓支管，但不能连接到生活用水支管。

（5）为拓扑中的其他子类型和要素类创建相互之间的拓扑规则。例如，可以要求街道要素必须在两个末端都与其他街道要素相连，除非街道属于死胡同（cul-de-sac）子类型。

（6）建立其他子类型、表和要素类之间的关联规则。例如，可以在电力网络中创建一个子类型之间的关系规则，其中说明钢杆支持 A 类变压器，而木杆支持 B 类变压器。

（7）编写代码在不同要素之间建立自定义规则。

#### 3.3.5.2　使用子类型

子类型是基于整型字段对表或要素类进行的逻辑分组，子类型通过建立代码值来实现；例如，下面名为 RoadClass 子类型的代码表示了街道要素类的有效子类：Local Streets；Secondary Streets；Main Streets.

每个子类型可以有其默认值集合。如，local streets 子类型有一个速度限制属性的默认值，设为 25km/h，main streets 子类型有一个速度限制属性的默认值为 35km/h。任何时候当一个 local streets 被添加到这个街道要素类，它的速度限制属性将会自动设置为 25km/h。

针对某个给定字段，每个子类型还可以有各自的范围或编码属性域。例如，在自来水总管道的某个要素类中，可以实现水压的范围域。代表送水主管道的子类型的压力值在 40 ~ 100psi 之间，而配水主管道子类型的压力值在 50 ~ 75psi 之间。

每个子类型同样可以关联不同的连接规则、关联规则或拓扑规则。

在进行 Geodatabase 设计时，需要决定在什么地方适合使用子类型和在什么地方需要添加要素类。当决定是建立子类型还是新要素类，根据以下情况判断：

（1）当需要通过默认值、属性域、连接规则、关联规则区分对象时，就需要对单一的要素类或表建立不同的子类型。

（2）当根据不同的行为、属性、访问权限或对象的多版本来区分对象时，必须建立另外的要素类。

可以使用 ArcCatalog 或 Catalog 窗口来添加子类型以及为每个子类型的字段设置默认值和属性域。通过使用每个表或要素类的“属性”对话框对子类型进行管理。可以定义子类型字段、添加新子类型以及移除或修改现有子类型。可以修改子类型的描述、默认值和属性域。另外可以使用地理处理工具中的 Subtypes 工具箱来创建、删除子类型。

### 3.3.6　关系及相关对象

空间数据库中的实体之间可以相互关联：

（1）地理实体和地理实体之间的关联。例如，建筑物可与宗地相关联。

（2）地理实体和非地理实体之间的关联。例如，宗地可与所有者相关联。

（3）非空间实体和非空间实体之间的关联。例如，宗地拥有者和免税代码相关联。

ArcGIS 提供了多种方法将 Geodatabase 中的要素和记录彼此关联在一起。建立地理要素之间的关系时，首先考虑的是对要素之间的空间关系进行建模，如拓扑模型、网络模型等等。这些方法可以帮助用户高效地创建和维护数据。

如果需要捕获距离非常近的要素之间的关系，但是空间范围中的关联非常模糊，则不能只使用空间关系。例如，箱式变压器可以为多个建筑物供电，但是，除非绘制出辅助线来建立一组建筑物与对其供电的变压器之间的联系，否则它们之间没有明确而清晰的关联。不能设置空间关系的另一种情况是关联中包含非地理实体（如宗地所有者）。对于这两个普通的例子，可以在关系类中建立属性关系、或使用动态关联（Relate）或创建连接（Join）。这些方法建立一个类（要素类或表）中的记录与另一个类中的记录之间的关系。

#### 3.3.6.1 关系类、连接和关联的选择

关系类有助于确保引用完整性。例如，对某一要素进行删除或修改可能会删除或更改关联要素。此外，关系类存储在 Geodatabase 中，使用 Geodatabase 的任何人都可以对关系类进行访问。关系类可以表达一对一、一对多、多对多的关系。

动态关系也称为关联（relate），其被定义为 ArcMap 图层的属性。使用它们可以改善编辑性能，降低编辑的开销。关联可以表达一对一、一对多的关系。

连接（join）最适合于标注和符号化。通过关系数据库定义连接可以在数据库以及多种数据源中进行标准 SQL 查询。连接可以表达一对一、多对一的关系。

#### 3.3.6.2 关系类的优点

Geodatabase 中的关系类用于管理一个类（要素类或表）中的对象与另一个类中的对象之间的关联。关系中任意一方的对象可以是具有地理要素或表中的记录。

关系类支持所有基数（一对一、一对多和多对多），并可具有关系自身的属性。关系类也提供了在 ArcMap 连接和关联中没有的多种高级功能。

（1）使用关系类有助于增强相关对象之间的引用完整性。建立关系类便可在修改对象时自动地更新其相关对象。这包括以物理方式移动相关要素、删除相关对象或更新属性。例如，可以建立关系来确保当移动电线杆时，电线杆上的变压器和其他设备也随之一起移动。通过设置规则，关系类可以限制有效的关系类型。例如，一种电线杆最多可以支持三个变压器。钢制的电线杆支持 A 类变压器而不支持 B 类变压器。即使相关联的类中有一个没有被添加到 ArcMap 会话中，关系类也将有效地保持相关类之间的引用完整性。

（2）关系类有利于编辑，有助于降低维护成本。通过自动更新相关对象，关系类可以减少额外的编辑操作。关系类有助于在编辑的同时访问对象；可以选择一个对象，然后使用“属性”对话框或表查找所有相关对象；当导航到相关对象时，就可以对该对象的属性进行编辑；无论链接多深，所有相关类都可进行编辑。关系类在 Geodatabase 中存储，可以使用版本对其进行管理；多用户通过版本可以同时编辑关系中的要素或记录。

（3）关系类允许查询相关要素和记录。与 ArcMap 连接相似，可以查询、执行分析和用关系类中的属性生成报表。

#### 3.3.6.3 关系类的属性

关系类包含多种属性，它们定义了源类中的对象如何与目标类中对象相关联。当建立关系类时需要指定以下属性。

一旦已经建立了关系，可以指定关系规则来优化基数。

A 简单关系与复合关系（Simple vs. composite）

当建立一个关系类时，需要指定类型：简单关系或复合关系。

在简单关系中，相关对象可以相互独立存在。当在一个简单关系中，删除源类中的一个对象，对于目标类中匹配对象的关键字的值被设置为 Null。删除目标类中的对象不会影

响源类中的对象。

简单关系可以有一对一、一对多、多对多的基数。

在复合关系中，目标类不能独立于源类而存在，因此当删除源类中的对象时，目标类中相关对象被级联删除。

复合关系也帮助用户从空间完整性上维护要素，移动或旋转一个源要素会引起目标要素也跟着它移动或旋转。

复合关系通常是一对多，但也可以通过关系规则限制到一对一。

B　源类和目标类（Origin and destination classes）

当建立一个关系类时，正确选择源类和目标类非常重要，千万不能颠倒。在复合关系中的级联删除行为中，这种重要性可能更明显。

在简单关系中，保证源类和目标类的正确性是关键的。这是因为当删除源类中的一条记录时，简单关系类查找目标类中相匹配的记录，并设置它们的关键字段的值为 Null。如果选择错误的源类，删除源类中的对象，会将错误引入到外关键字字段。图 3-11 中的例子解释了这种错误是如何发生的。

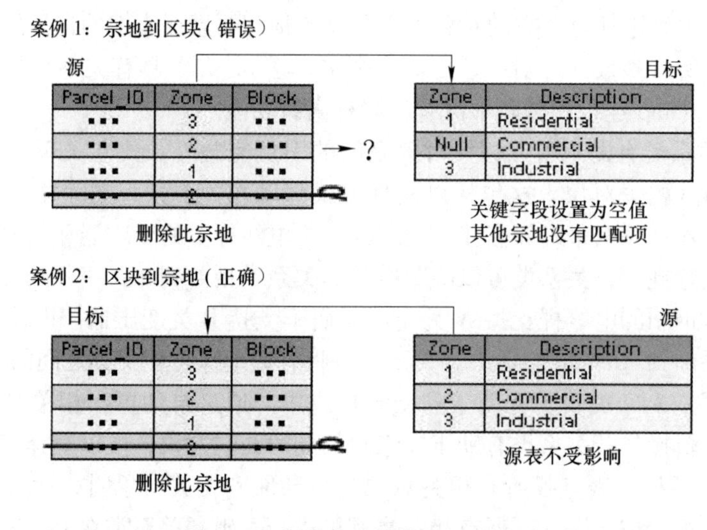


图 3-11　源类与目标类设置示意图

（1）Parcel to Zone（错误）。这是常见的错误情况。Zone 表包含不同区域编码的具体描述。在这种情况下，Parcel 类是源类，Zone 类是目标类。问题就是在删除一块宗地时，Zone 表中匹配记录的键字段（Zone）中的值设置为 Null，然后其他具有该分区代码的任何宗地在 Zone 表中没有匹配项。

（2）Zone to Parcel（正确）。为了解决这个问题，设置 Zone 表为源。删除一块宗地（目标对象）时，对 Zone 表没有任何影响；删除 Zone code（一个源对象）时，只会将匹配宗地记录中 Zone 字段的值设置为 Null，这一点与实际情况相符，因为它们在 Zone 表中不再有匹配的记录。

在一对多的关系中，“一”端的类设置为源类，“多”端的类设置为目标类。

C　主关键字和外关键字（Primary and foreign keys）

在关系类中，源类中的对象匹配目标类中对象是通过它们关键字字段的值。源类中的关键字段称为主关键字，通常简写为 PK；不同于真正的主关键字，在一个关系中主关键字段的值不要求对每个对象是唯一的。在目标类中的关键字段称为外关键字，通常简写为 FK；它包含匹配与源类中主关键字段的值。同样，这个关键字段的值不要求对每个对象是唯一的。

关键字段可以有不同的名字，但必须属于相同的数据类型，并且包含相同种类的信息（如宗地 ID）。除 BLOB、日期和栅格外的所有数据类型的字段都可以是关键字段。

当决定采用哪个字段作为主关键字段时候，方法之一就是使用 ObjectID 字段。但建立和使用自己的主关键字段比依赖于 ObjectID 字段更好。分析如下：

（1）当导入记录到另一个要素类和表，新的 ObjectID 值会被分配，同时会丢失基于源 ObjectID 值的所有关系。相反，建立基于另一个主关键字段关系，当导入记录时主关键字段的值将不会改变。这允许在导入相关对象集合到新类时保留关系。

使用 copy/paste 功能时是一个特例，它复制 ObjectID 值，因此如果打算使用这种方法来移动对象，可以使用 ObjectID 字段作为主关键字段。

（2）复制（Replicating）将 ObjectID 字段用作主关键字段的关系类时，在同步过程中需要进行额外处理，这可能会影响性能。在某些情况下，还可能导致意外行为。

（3）在对某个要素进行分割时，原始要素将会保留（几何将进行更新），并创建一个新要素。如果具有基于源 ObjectID 的关系，则只有在分割过程中创建的两个要素中的一个会维持该关系，另一个将丢失。

（4）在合并两个要素时，新的要素将保留其中一个原始要素的 ObjectID。

D　基数（Cardinality）

关系的基数描述了源类中有多少个对象与目标类中的对象关联。关系的基数可以是：一对一、一对多或多对多。

（1）一对一：一个源类对象仅能与一个目标类对象关联。例如，一个地块仅能有一个合法的描述。在 ArcGIS 中，这种基数同样适用多对一。一个多对一关系的例子就是多个地块关联一个相同的合法描述。

（2）一对多：一个源类对象可以与多个目标类对象关联。例如，一个地块上有多个建筑物。在一对多的关系中，一的一边必须是源类，多的一边必须是目标类。

（3）多对多：一个源类对象可以与目标类中的多个对象关联，相反，一个目标类对象可以与多个源类对象关联。例如，一个特定财产可能有多个业主，一个特定的业主可以有多个财产。

术语一和多可能被误解。一实际是零到一，多实际是零到多。因此，当建立地块和建筑物之间的一对多关系时，例如，这个关系允许下面所有的形式：一个地块，零个建筑物，一个建筑物，零个地块，一个地块，多个建筑物。

建立一个关系后，通过定义关系规则控制关系类型的基数。可以通过设置规则来指定允许与目标中多个对象相关联的源中的对象数。

E　关系规则（Relationship rules）

创建一个关系类时，可以通过定义关系规则来控制关系类型的基数，或指定关联的对象类型。在地块和建筑物的关系中，可能需要每个建筑物与一个地块相关联，或者一个地块包含一个最大数量的建筑物。需要防止用户忘记一个建筑物与一个地块相关联，或者太多的建筑物与一个地块相关联。

如果有子类型，可以控制源类中的对象数量和类型，它与目标类中某一确定的对象类型相关联。例如，铁支杆支撑 A 类变压器，木支杆支撑 B 类变压器。此外，可能需要为每个有效的子类型对指定允许的基数范围。例如，一个铁支杆能支持 0 ~ 3 个 A 类变压器，一个木支杆能支持 0 ~ 2 个 B 类变压器。

一旦已经建立了一个关系类，可以指定规则来强化参照完整性规则。

（1）在 ArcCatalog 中，在一个已存在的关系类上，单击右键，打开它的 Relationship Class Properties 的对话框，单击 Rules 标签。

（2）从源类中选择一个子类型，选择与源类中被选的子类型相关的目标子类型。

（3）选择 origin cardinality 和 destination cardinality 选项卡上的复选框。为这个规则设置合适的最小或最大的基数值。这个对话框防止设置最小基数值大于最大基数值，因此先设置最大的基数值。

F　消息通知方向（Message notification direction）

在删除复合关系中的源对象时，相关联的目标对象会级联删除。

不论正在使用简单关系还是复合关系，都可能存在需要更新某一要素以触发其相关要素中更新操作。

（1）当移动或旋转要素时，需要相关要素与其一起移动或旋转。

（2）当更新要素时，需要相关要素中的属性自动更新。

（3）更新源对象可要求相关目标对象进行更新。

（4）更新目标对象可要求相关源对象进行更新。

如果关系需要这种行为，可以让源和目标对象相互发送消息通知它们已经改变，允许相关的对象相应地更新。

为了完成上述操作，建立关系时设置消息通知方向。如果更新一个源对象要求相关目标对象也更新，设置消息通知方向为向前（Forward）；如果更新目标对象要求相关源对象也更新，设置消息通知方向为向后（Backward）。如果以上两种情况都需要，设置消息通知方向为双向（Both）。一旦建立了关系类，必须把这种行为赋给对象，它们才能收到消息，做出响应。消息通知方向对简单关系与复合关系的作用如表 3-7 所示。

**表 3-7　消息通知方向对简单关系与复合关系的作用**

| 方　向 | 对简单关系的作用 | 对复合关系的作用 |
|---|---|---|
| 向前（Forward） | 除非进行自定义编程，否则不起任何作用 | 删除源将会删除目标；<br>移动或旋转源将会移动或旋转目标；<br>除非对自定义行为进行编程，否则不起其他任何作用 |
| 向后（Backward） | 除非进行自定义编程，否则不起任何作用 | 删除源将会删除目标；<br>除非对自定义行为进行编程，否则不起其他任何作用 |
| 双向（Both） | 除非进行自定义编程，否则不起任何作用 | 删除源将会删除目标；<br>移动或旋转源将会移动或旋转目标；<br>除非对自定义行为进行编程，否则不起其他任何作用 |
| 无（None） | 阻止消息发送，可使性能略微提高 | 删除源将会删除目标；<br>阻止其他消息发送，可使性能略微提高 |

G 多对多关系（Many-to-many relationships）

在一对一和一对多关系中，源类中主关键字段的值直接与目标类中外关键字段的值相关联。另一方面，多对多关系需要使用一个中间表来存储关系。结果，当建立一个多对多关系时，一个中间表自动建立。这个中间表存储来自源类的主关键字和来自目标类的外关键字。每一行关联一个源对象和一个目标对象，如图 3-12 所示。

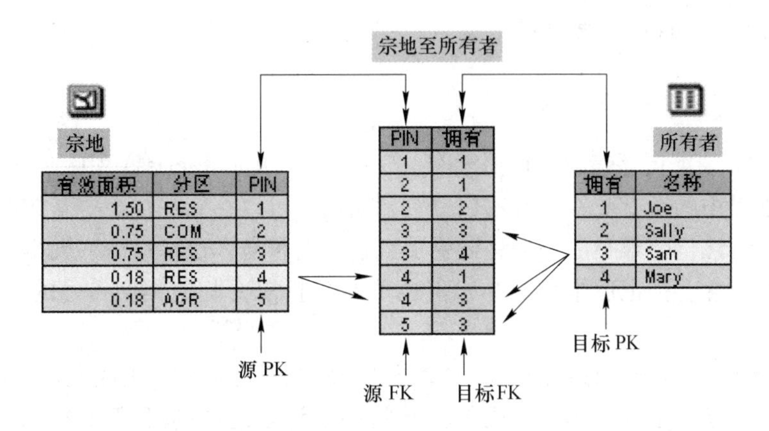


图 3-12 多对多关系中中间表与源类、目标类之间的关系

当中间表建立时，仅有字段被生成。ArcGIS 并不知道哪些源对象与哪些目标对象相关联，因此必须在 ArcMap 中手动建立这些对象。

H 关系类的属性字段（Relationship attributes）

关系类可以存储自身特有的属性（Attributes），通过定义必要的字段来定义关系类自身的属性。例如，地块和拥有者之间可以有一个关系类，拥有者拥有地块，地块被拥有者拥有；关系的一个属性可以是所有权的百分比（Percent），如果需要存储这样一个属性，可以在建立这个关系时或建立后的任何时候添加到关系类的表，如图 3-13 所示。

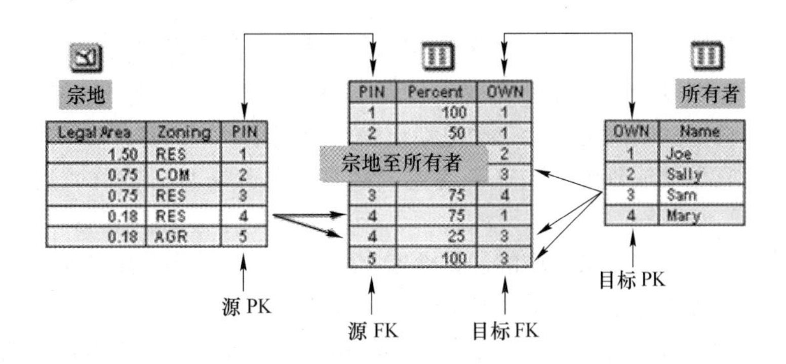


图 3-13 带属性的关系类

I 向前标注与向后标注（Forward and backward labels）

向前标注与向后标注在 ArcMap 中的“属性（Attributes）”及“识别结果（Identify results）”对话框中显示，有助于在相关对象间进行导航。

关系类具有两种标注：

（1）向前标注：描述了从源类到目标类的关系。在 pole-transformer 例子中，这个标注为“supports”，意为此杆（pole）支持的变压器（transformers）。

（2）向后标注：描述了从目标类到源类的关系。在 pole-transformer 例子中，这个标注为“is mounted on”，意为此变压器被安装在哪个杆上。

### 3.3.7　注记（Annotation）要素类

#### 3.3.7.1　注记要素类概述

Geodatabase 中注记存储在注记要素类（Annotation feature class）中。和其他要素类一样，注记要素类中的所有要素具有地理位置和属性，可以存储在一个要素数据集内部，也可以作为独立的注记要素类。每个注记要素有自己的符号，包括字体、大小、颜色，还有其他文本符号属性。注记通常为文本，但也可能包括需要其他类型符号的图形形状（例如方框或箭头）。

在 ArcGIS 中存储文本的其他两个主要可选方法是动态标注和地图文档注记。

如果有几百条以上的文本，或需要创建将用于许多地图的可编辑文本，请使用 Geodatabase 注记。在 ArcMap 中处理 Geodatabase 注记的速度通常要比处理地图文档注记的速度快。Geodatabase 注记采用空间索引方式，这意味着它将更快地完成选择和绘制。

A　标准（standard）注记和链接要素的注记

Geodatabase 中有两种类型的注记：

标准的注记（Standard annotation）：标准注记在 Geodatabase 中不与要素相关联。标准注记类的一个例子就是地图上山脉的名称，只是标注一个区域，没有特定的对应要素。

链接要素的注记（Feature-linked annotation）：与 Geodatabase 中一个要素类的特定要素相关联，链接要素的注记文本反映了其所关联要素的一个字段或多个字段。

创建注记要素类时，若不选中“Link the annotation to the following class”，则为标准注记要素类。

注记是通过带消息的复合关系来链接要素的。被注记的要素类在关系中是源类，注记要素类是目标类。在复合关系中，源要素控制着目标要素。如果源要素的一个属性值改变，基于这个属性链接的注记将会自动更新反映这个变化。当源要素被移动或旋转，连接的注记也会跟着它移动或旋转。当一个源要素从 Geodatabase 中被删除，连接的注记也会被删除。

在要素数据集中，与要素关联的注记要素类应该与同一数据集中的某要素类关联。同样，与要素关联的独立注记要素类应与同一 Geodatabase 中的独立要素类关联。

一个注记要素类只能链接唯一一个要素类，但是一个要素类可以有许多的链接注记要素类。

在 ArcCatalog 目录树上查看注记要素类时，并不能直接看出是标准的注记类还是链接要素的注记类。Annotation Feature Class Properties 对话框的 Annotation Classes 标签可以判断是标准的注记类，还是链接要素的注记类，链接要素的注记类有一个标注字段和表达式按钮，标准注记类却没有。

在 ArcCatalog 目录树中，也看不出链接要素注记类关联的是哪一个要素类。但是，Annotation Feature Class Properties 对话框的 Relationships 标签可以看到它连接的要素类。

B 注记类（Annotation class）

标准的和链接要素的注记要素类均包含一个或多个注记类。每个注记类都具有一些属性，用于确定要素类中注记子集的显示方式。例如，如果有一个城市的注记要素类，可以有多个使用不同文字大小和比例范围的注记类分别用于表示大、中、小城市，所有这些注记类都在一个注记要素类中进行管理。通过注记类，无需定义和维护多个注记要素类。多个注记类作为注记要素类的子类型管理。

C 文本符号

一个注记要素类包含由一个或多个文本符号组成的符号集合。该符号包含了一些用于描述注记要素绘制方式的属性，如字体、大小和颜色。例如，如果有一个要用于表示大、中、小城市的注记，则要创建三个不同字体大小的文本符号以指定给该注记，并不需要为每个注记要素存储自身的符号属性。

#### 3.3.7.2 注记要素类的属性字段

注记要素类的定义包含一系列字段，其中一部分是必需的，不能删除；其余是可选的，可以修改或删除。不能删除的必需字段如下：

（1）ObjectID。

（2）Shape：表示注记轮廓的多边形形状。

（3）FeatureID：对于与要素关联的注记，包含关联要素的对象 ID。

（4）ZOrder：尚未使用。

（5）AnnotationClassID：注记所属的注记类。

（6）Element：存储符号和文本几何的 BLOB 字段。

（7）SymbolID：符号表中的符号 ID。

（8）Status：注记要素是处于已放置状态还是处于未放置状态。

（9）Shape_length。

（10）Shape_area。

SymbolID 字段的值通常大于或等于 0，该值是文本符号在符号集合中编码（即符号集合中的该文本符号的顺序）。如果该值为 -1，则表示注记要素正在存储记录中的显示属性，并且它没有引用符号集中的任何一个文本符号。当 SymbolID 值为 -1，Override 字段值为 0 时，利用注记要素存储的所有符号属性。可编辑、可删除的字段如下：

（1）TextString：注记要素的文本字符串。

（2）FontName：字体名称（例如 Arial）。

（3）FontSize：字体大小。

（4）Bold：文本是否为粗体（真/假）。

（5）Italic：文本是否为斜体（真/假）。

（6）Underline：文本是否带有下划线（真/假）。

（7）VerticalAlignment：文本的垂直对齐方式（顶部/中心/基线/底部）。

（8）HorizontalAlignment：文本的水平对齐方式（左/右/中心/全部）。

（9）XOffset：将文本位置向右或向左平移。

（10）YOffset：将文本位置向上或向下平移。

（11）Angle：文本旋转角度。

（12）FontLeading：调整行之间的间距。

（13）WordSpacing：调整文字之间的间距。

（14）CharacterWidth：调整字符宽度。

（15）CharacterSpacing：调整字符之间的间距。

（16）FlipAngle：调整旋转文本的翻转角度。

Override 字段不可编辑，由 ArcGIS 维护。当 override 值为 0 时，会使用注记要素所引用的 SymbolID 文本符号来显示注记要素并且不会将显示属性存储到记录中。当 override 值大于 0 时，注记要素将使用 SymbolID 文本符号作为基本显示并将 override 属性应用于该符号。在属性表中看到的值是各 override 属性值的总和；例如，如果 override 值是 65，则 X 偏移（1）和字体大小（64）属性都将被覆盖（1 + 64 = 65）。各属性的 override 值如表 3-8 所示。

**表 3-8　文本符号属性覆盖值**

| Override 值 | Overridden 属性 |
|---|---|
| 1 | XOffset property |
| 2 | YOffset property |
| 4 | HorizontalAlignment property |
| 8 | VerticalAlignment property |
| 16 | FlipAngle property |
| 64 | Size property |
| 128 | Color property |
| 512 | CharacterSpacing property |
| 1024 | CharacterWidth property |
| 2048 | WordSpacing property |
| 4096 | Leading property |
| 8192 | Bold property |
| 16384 | Italic property |
| 32768 | Underline property |
| 65536 | Background Symbol |
| 131072 | Font property |

可以根据需要编辑注记要素的相关属性。

编辑前 Override = 0，注记要素“Washington”的属性，如图 3-14 所示。

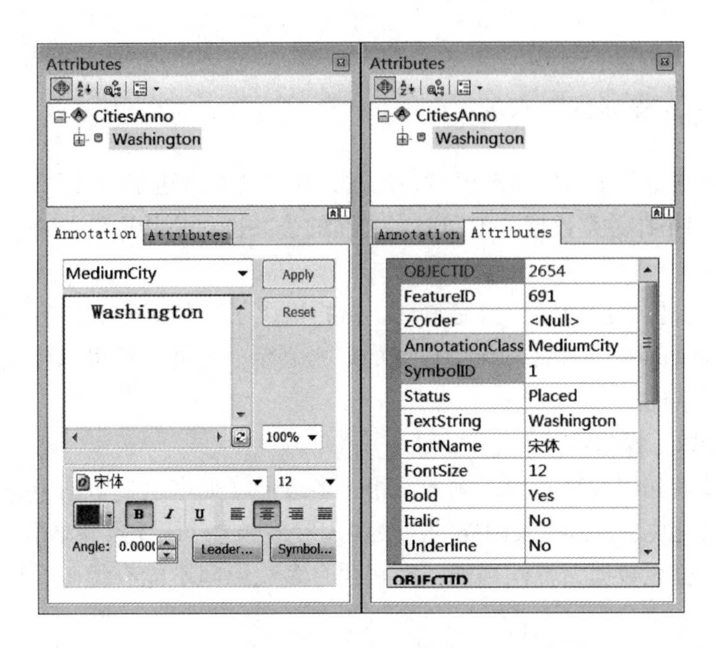


图 3-14 辑前注记要素的相关属性

编辑：对注记要素“Washington”的以下属性进行了编辑，即改变了符号颜色（128）、字体名称（131072）、字体大小（64）、字体倾斜（16384）、字体加下划线（32768）。这时 Override = 180416 = 128 + 131072 + 64 + 16384 + 32768，如图 3-15 所示。

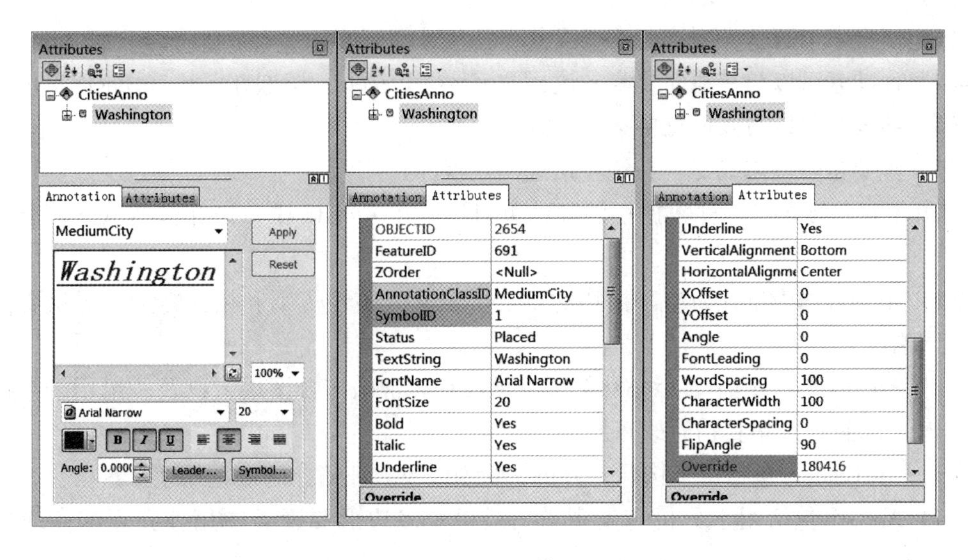


图 3-15 编辑后注记要素的相关属性

创建注记要素类的方法：导入 Coverage 或其他类型的注记（Annotation）；在 ArcMap 中，将某个图层的标注（Labels）转换为注记要素类；在 ArcCatalog 中创建空的注记要素类。

### 3.3.8 拓扑

#### 3.3.8.1 ArcGIS 中的拓扑概述

Geodatabase 提供了全新的拓扑模型，通过拓扑规则来表达拓扑关系，它并不像 Coverage 那样实际保存拓扑关系数据，不同要素之间的公共点、公共边等是在拓扑编辑过程中动态地检测到的。

Geodatabase 拓扑帮助确保数据完整性。拓扑提供了一种对数据执行完整性检查的机制，帮助在 Geodatabase 中验证和保持更好的要素表示。此外，还可以使用拓扑为要素之间的多种空间关系建模。

拓扑可用于以下操作：

（1）约束要素如何共享几何，例如，相邻多边形（如宗地）具有共享边、街道中心线和人口普查区块共享几何以及相邻的土壤多边形共享边；线要素共享端点。

（2）定义和强化数据完整性规则，如在两个多边形间不能有缝隙，要素间应该没有重叠等。

（3）支持拓扑关系查询和导航，如确定要素邻接性和连通性。

（4）支持复杂编辑工具，来加强数据模型的拓扑约束。

（5）根据非结构化的几何来构造要素，如根据线创建多边形。

拓扑关系中要素共享几何的方式有：

（1）面要素可以共享公共边界；

（2）线要素可以共享端点；

（3）线要素与其他类型线要素可以共享公共线段；

（4）面要素可以与其他面要素一致，如宗地（Parcels）镶嵌在区块（Blocks）内；

（5）线要素可以与其他点要素共享端点；

（6）点要素可以与线要素一致（沿线的点事件）。

拓扑不仅仅提供了一种数据存储和约束机制。在 ArcGIS 中，拓扑包括以下六个方面内容：

（1）拓扑数据模型，为参与拓扑的要素类定义完整性规则和拓扑行为，提供要素共享几何机制。

（2）ArcMap 提供用于显示拓扑关系、错误和异常的拓扑图层，以及一组用于拓扑查询、编辑、验证以及拓扑错误改正的工具。

（3）ArcToolbox 包括用于构建、分析、管理以及验证拓扑的地理处理工具。

（4）ArcGIS 包括用于分析和发现点、线以及多边形要素类中拓扑元素的高级软件逻辑。

（5）ArcMap 包括一个编辑和数据自动化框架，用于创建、维护和验证拓扑完整性以及执行共享要素编辑。

（6）ArcGIS 拓扑相关软件逻辑在 Desktop、Engine 和 Server 中都是可用的。

在 Geodatabase 中，拓扑定义属性有：拓扑的名字，聚集容差，将参与构建拓扑的要素类列表，要素类坐标的相对精度等级和拓扑规则。

#### 3.3.8.2 聚集处理（Cluster processing）

A 聚集容差与坐标相对精度等级

聚集容差：聚集容差指落在以此值为半径的圆形区域内的所有点被看成是一致的，会被捕捉（Snap）到一起。默认的聚集容差是0.001m，是分辨率（它定义了存储坐标数值精度大小）的10倍。在ArcGIS中，一对聚集容差用于集成顶点：

（1）XY容差用于发现处于彼此水平距离范围内的顶点。

（2）Z容差用于区分顶点的Z值是否处于彼此容差范围内，以及是否应进行聚集。

Z拓扑容差：构建三维地形或建筑物模型的要素类具有表示各个顶点高程的Z值。与使用XY拓扑容差和坐标精度等级来控制水平捕捉要素的方式相同，如果拓扑具有构建高程模型的要素类，则可以使用Z拓扑容差和等级控制垂直捕捉重合顶点的方式。

Z拓扑容差定义了重合顶点间的高程或Z值的最小差异。拓扑验证期间，Z值处于Z拓扑容差内的顶点被捕捉到一起。

坐标相对精度等级：在Geodatabase拓扑中为要素类指定的坐标相对精度等级控制着要素顶点在拓扑验证过程中的移动。每个参与拓扑约束的要素类都可以人为地赋予一个精度等级，精度等级越高，在容差范围内需要移动时就越稳定，即：级别低的要向级别高的靠拢。当不同的要素类数据精度不一致时，通常应将精度较高者设定为较高等级。精度等级可以设置为1~50的整数，等级1表示的精度最高，等级50精度最低。

B 拓扑聚集处理

建立拓扑关系包括分析要素顶点的坐标位置，要素顶点可以是一个要素类中的要素之间的，也可以是参与拓扑的不同要素类之间的。位于聚集容差范围内的要素顶点被认为是坐标一致的。

所有落在聚集容差范围中的顶点在验证处理中会轻微移动。坐标精度等级有助于控制容差范围内的顶点的移动方式。在拓扑验证过程中，精度较低的坐标移动到精度较高的坐标位置，或按照聚集中各坐标间的加权平均距离计算一个新位置。当同级顶点处于彼此拓扑容差范围内时，对这些顶点的位置从几何上进行平均。如图3-16所示。

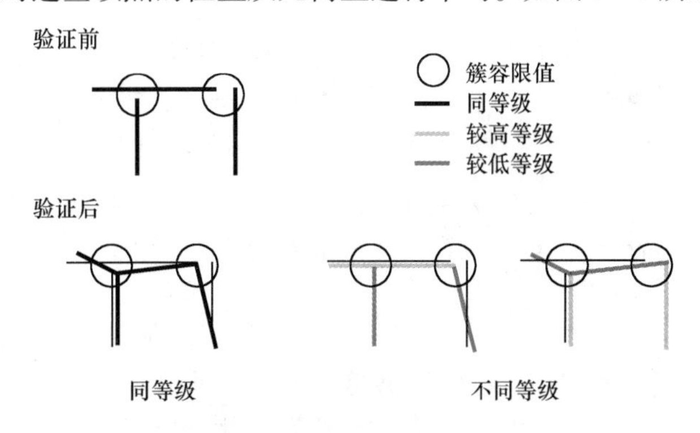


图3-16 拓扑聚集示意图

构建城市建筑物的模型时，两个建筑物可能彼此相邻，并在 XY 平面共享同一条公用边。如果通过某种方式获得了建筑物拐角的高程值，则用户应关注如何在拓扑验证期间保持每栋建筑物结构的相对高度。通过将 Z 拓扑容差值设置为零，可在拓扑验证时防止聚集 Z 值，如图 3-17 所示。

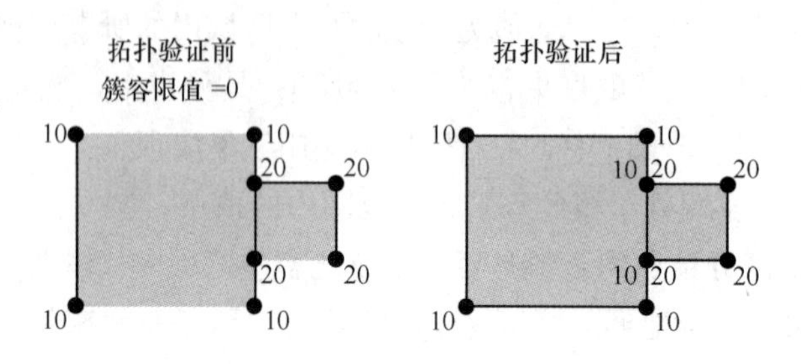


图 3-17　Z 容差为 0 防止聚集 Z 值

构建地形模型时，可能会以不同的 XY 和 Z 精度来采集数据集。在这种情况下，可能要设置一个大于零的 Z 拓扑容差以进行捕捉。为避免采集到的高精度 Z 值被捕捉到低精度 Z 值中，可以为每个要素类指定一个相对精度等级。如果低等级要素的 Z 值处于拓扑容差范围内，将被捕捉到高等级顶点的高程中，如图 3-18a 所示，Z 容差值为 15，左右两边的坐标精度等级分别为 1、2（也即左边坐标精度更高），公共边界上高程值在 Z 容差值范围之内，拓扑校验中低精度的点捕捉到高精度点上，所以公共边界上的高程值都为 10。属于同等级要素类的顶点的 Z 值如果处于拓扑容差范围内，将求均值如图 3-18b 所示，公共边界上高程值在 Z 容差值范围之内，且坐标精度等级相同，拓扑校验中公共边界上的高程值取均值 15。

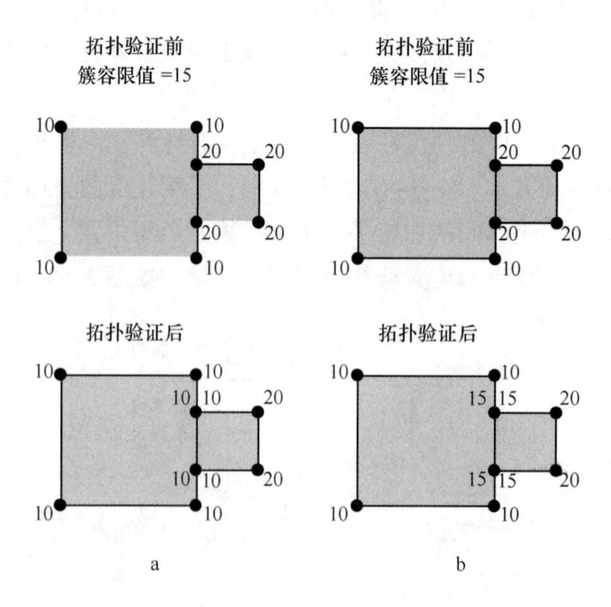


图 3-18　Z 坐标精度等级对拓扑聚集的影响
a—Z 坐标精度等级不同，低等级向高等级移动；
b—Z 坐标精度等级相同，Z 值取平均

### 3.3.8.3 Geodatabase 中的拓扑规则

拓扑规则定义了要素之间允许的空间关系。为拓扑定义的规则可控制一个要素类中各要素之间、不同要素类中各要素之间以及要素的子类型之间的关系。例如，拓扑规则“Must not overlap（不能重叠）”用于管理同一个要素类中要素的完整性；如果两个要素有重叠部分，拓扑校验后则重叠部分将以红色显示，表示违反拓扑规则。

在要素类的子类型之间也可以定义拓扑规则。例如，假设有 Blocks（街区、区块）、Parcels（宗地）两个要素类，它们都有 Residential 和 Non_Residential 两个子类型，拓扑规则可以要求居住类型的用地必须被居住类型的街区所覆盖，即要求“Residential parcels must by covered by residential blocks”，这里使用了“Must be covered by”拓扑规则。典型的拓扑规则例子是：

（1）多边形不能相互重叠（两个建设用地地块间不可相互重叠）。

（2）点必须被多边形边线覆盖（建设用地的界址点必须在用地红线上）。

（3）不能有悬挂结点（用地红线不能有多余的出头线段）。

（4）两个线图层不能相交（地下管线和道路中心线不能有交叉点），等等。

拓扑规则是对地理对象之间的重合、相邻和连通等空间关系的定义，理解 ArcGIS 中的拓扑规则，可以将其用以数据建模，更好地表达地理信息。

Geodatabase 中的拓扑规则共 32 个，其中有六个是 ArcGIS10.0 新增加的：

（1）多边形规则 11 个，如表 3-9 所示。

**表 3-9　多边形拓扑规则**

| 序号 | 规　　则 | 使 用 情 况 |
|---|---|---|
| 1 | Must Be Larger Than Cluster Tolerance | 要素几何形状大小必须大于聚集容差值。此规则是强制性规则，应用于所有的线和面要素类 |
| 2 | Must Not Overlap | 要求同一要素类（或子类型）之间多边形的内部不重叠，但可以共享边或顶点 |
| 3 | Must Not Have Gaps | 此规则要求同一要素类（或子类型）中的单一面之中或两个相邻面之间没有空白。所有面必须组成一个连续表面 |
| 4 | Must Not Overlap With | 要求一个要素类（或子类型）中面的内部不得与另一个要素类（或子类型）中面的内部重叠。两个要素类的面可以共享边或顶点，或完全不相交 |
| 5 | Must Be Covered By Feature Class Of | 要求一个要素类（或子类型）中的一个多边形必须被另一个要素类（或子类型）中的与前者共享区域的所有多边形所覆盖；如一个省被它的所有行政区所覆盖 |
| 6 | Must Cover Each Other | 要求一个要素类（或子类型）的面必须与另一个要素类（或子类型）的面共享双方的所有区域。面可以共享边或顶点 |
| 7 | Must Be Covered By | 要求一个要素类（或子类型）的面必须包含于另一个要素类（或子类型）的面中；面可以共享边或顶点。如某行政区被省所覆盖 |

续表 3-9

| 序号 | 规　则 | 使 用 情 况 |
| --- | --- | --- |
| 8 | Boundary Must Be Covered By | 要求面要素的边界必须被另一要素类中的线覆盖。此规则在区域要素需要具有标记区域边界的线要素时使用 |
| 9 | Area Boundary Must Be Covered By Boundary Of | 要求一个要素类（或子类型）中的面要素的边界被另一个要素类（或子类型）中面要素的边界覆盖 |
| 10 | Contains Point | 要求一个要素类中的面至少包含另一个要素类中的一个点。点必须位于面内，而不是边界上 |
| 11 | Contains One Point（ArcGIS10.0 新增） | 要求每个面包含一个点要素且每个点要素落在单个的面内 |

（2）线规则 16 个，如表 3-10 所示。

**表 3-10　线拓扑规则**

| 序号 | 规　则 | 使 用 情 况 |
| --- | --- | --- |
| 1 | Must Be Larger Than Cluster Tolerance | 要素几何形状大小必须大于聚集容差值。此规则是强制性规则，应用于所有的线和面要素类 |
| 2 | Must Not Overlap | 要求同一要素类（或子类型）中的线彼此不能重叠 |
| 3 | Must Not Intersect | 要求同一要素类（或子类型）中的线要素不能彼此相交或重叠。线可以共享端点 |
| 4 | Must Not Intersect With（ArcGIS10.0 新增） | 要求一个要素类（或子类型）中的线要素不能与另一个要素类（或子类型）中的线相交或重叠。线可以共享端点 |
| 5 | Must Not Have Dangles | 要求线要素的两个端点必须都接触到相同要素类（或子类型）中的线。未连接到另一条线的端点称为悬挂点 |
| 6 | Must Not Have Pseudo Nodes | 要求线在每个端点处至少连接两条其他线。连接到一条其他线（或到其自身）的线称为有伪结点；即要求节点至少连接两条线 |
| 7 | Must Not Intersect Or Touch Interior | 要求一个要素类（或子类型）中的线必须仅在端点处接触同一要素类（或子类型）的其他线 |
| 8 | Must Not Intersect Or Touch Interior With | 要求一个要素类（或子类型）中的线必须仅在端点处接触另一要素类（或子类型）的其他线 |
| 9 | Must Not Overlap With | 要求一个要素类（或子类型）中的线不能与另一个要素类（或子类型）中的线要素有重叠 |
| 10 | Must Be Covered By Feature Class Of | 要求一个要素类（或子类型）中的线必须被另一个要素类（或子类型）中的线所覆盖 |
| 11 | Must Be Covered By Boundary Of | 要求线被面要素的边界所覆盖 |
| 12 | Must Be Inside（ArcGIS10.0 新增） | 要求线包含在面要素内 |
| 13 | Endpoint Must Be Covered By | 要求线要素的端点必须被另一要素类中的点要素覆盖 |
| 14 | Must Not Self-Overlap | 要求线要素不得与自身有重叠 |
| 15 | Must Not Self-Intersect | 要求线要素不得自交叉或与自身重叠 |
| 16 | Must Be Single Part | 要求线只有一个部分，不是多部分的线 |

（3）线、多边形共用规则 1 个。

（4）点规则 6 个，如表 3-11 所示。

**表 3-11 点拓扑规则**

| 序号 | 规　　则 | 使 用 情 况 |
|---|---|---|
| 1 | Must Coincide With（ArcGIS10.0） | 要求一个要素类（或子类型）中的点必须与另一个要素类（或子类型）中的点重合 |
| 2 | Must Be Disjoint（ArcGIS10.0） | 要求点与同一要素类（或子类型）中的其他点在空间上相互分离。重叠的任何点都是错误 |
| 3 | Must Be Covered By Boundary Of | 要求点位于面要素的边界上 |
| 4 | Must Be Properly Inside | 要求点必须位于面要素内部 |
| 5 | Must Be Covered By Endpoint Of | 要求一个要素类中的点必须被另一要素类中线的端点所覆盖 |
| 6 | Point Must Be Covered By Line | 要求一个要素类中的点被另一要素类中的线覆盖。它不能将线的覆盖部分约束为端点 |

拓扑规则应用实例如表 3-12 所示。

**表 3-12 拓扑规则应用实例**

| 数据专题 | 要 素 类 | 拓扑规则应用 |
|---|---|---|
| Parcels | Parcel polygons<br>Parcel boundaries（lines）<br>Parcel corners（points） | 1. 宗地多边形不能重叠（Must not overlap）；<br>2. 宗地多边形的边界必须被宗地边界线所覆盖（Boundary must be covered by）；<br>3. 宗地边界线的端点必须被宗地界址点所覆盖（Endpoint must be covered by） |
| Street center-lines and census units | Street centerlines<br>Census blocks<br>Census block groups<br>Census tracts | 1. 街道线仅在端点处彼此相连，不能相交或内部相接（Must not intersect or touch interior）；<br>2. 人口普查区块不能重叠（Must not overlap）；<br>3. 人口普查区块组必须被普查区块所覆盖（Must be covered by feature class of）；<br>4. 人口普查区块组不能重叠（Must not overlap）；<br>5. 人口普查区域必须被普查区块组所覆盖（Must be covered by feature class of）；<br>6. 人口普查区域不能重叠（Must not overlap） |
| Soils | Soil type polygons | 1. 土壤多边形不能重叠（Must not overlap）；<br>2. 土壤多边形不能空洞（Must not have gaps） |

#### 3.3.8.4 拓扑验证、错误和异常处理

创建拓扑关系或对参与拓扑的要素类编辑修改后，应进行拓扑验证。拓扑验证包括以下处理：

（1）断裂并聚集要素顶点，以发现共享相同位置的地理要素；

（2）在共享相同位置的地理要素的几何形状上插入共同的顶点；

（3）运行一系列完整性检测，识别与拓扑规则相抵触的地理要素；

（4）创建拓扑错误日志。

编辑或更改数据时，ArcGIS 将追踪更改的区域并将其标记为脏区（Dirty areas）。将只对拓扑中的脏区运行验证。如果上次验证后并未进行编辑或更新，则不会进行任何检查。以下情况下，ArcGIS 会为拓扑创建脏区：

（1）创建或删除要素；

（2）修改要素的几何形状；

（3）要素子类型变化；

（4）协调版本；

（5）修改拓扑属性。

A　拓扑验证的方法

拓扑验证可以在 ArcCatalog 或 ArcMap 中或使用“Validate Topology”地理处理工具完成。如果是一个新建的拓扑，将验证整个范围的拓扑，在大多数情况下，仅在有更新的脏区域进行验证。

B　拓扑错误与异常

违反拓扑规则的要素最初以错误的形式存储在拓扑图层中。错误要素会在验证期间记录发现拓扑错误的位置。某些错误是可以接受的，这种情况下可将该错误要素标记为异常或例外。错误与异常会以要素形式存储在拓扑图层中，可用于呈现和管理要素不符合拓扑规则的情况，如图 3-19 所示。

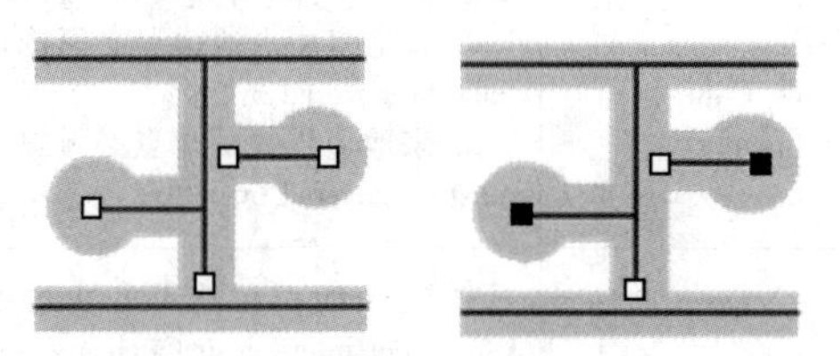

□ 针对“必须不存在悬挂节点”规则的错误要素

■ 错误要素被标识为“例外”

图 3-19　拓扑错误与异常示例

对于检查出来的拓扑关系错误，用户可有三种选择：

（1）用编辑工具改正这个错误。

（2）对该错误暂不处理。

（3）将该错误置为异常或例外。

后面两种处理方式是有本质不同的。暂不处理的错误仍然是错误，只要不改正永远都会被记录和标识出来。而当我们将错误置为例外时，就等于指定该处为一个特殊情况，可以不受我们定义的拓扑规则的约束，不再将其视为错误。

C　拓扑错误的改正

不同的拓扑规则引起的拓扑错误，可以使用不同的改正方法，如表 3-13 ~ 表 3-15 所示。

**表 3-13 面拓扑规则错误改正方法**

| 拓 扑 规 则 | 可能的错误改正方式 |
| --- | --- |
| Must Be Larger Than Cluster Tolerance | 删除（Delete）：删除长度、宽度小于容差值的线、面要素 |
| Must Not Overlap | 减去（Subtract）：具有重叠的要素减去重叠部分并在原来的位置留下了空洞。<br>合并（Merge）：将重叠的部分合并到其中的一个要素，并从另一要素中减去重叠部分。<br>创建要素（Create Feature）：将重叠的部分创建一个新的要素，具有重叠的要素减去重叠部分。 |
| Must Not Have Gaps | 创建要素：将面要素之间的空隙部分创建一新要素 |
| Must Not Overlap With | 减去：具有重叠的要素减去重叠部分并在原来的位置留下了空隙。<br>合并：将重叠的部分合并到其中的一个要素，并从另一要素中减去重叠部分 |
| Must Be Covered By Feature Class Of | 减去：减去引发错误的每个要素的叠置部分，这样两个要素类中各要素的边界都将相同。<br>创建要素：根据现有面的叠置部分创建新的面要素，这样两个要素类中每个要素的边界都将相同 |
| Must Cover Each Other | 减去：减去引发错误的每个要素的重叠部分，这样两个要素类中各要素的边界都将相同。<br>创建要素：根据现有面的重叠部分创建新的面要素，这样两个要素类中每个要素的边界都将相同 |
| Must Be Covered By | 创建要素：根据现有面的叠置部分创建新的面要素，这样两个要素类中每个要素的边界都将相同 |
| Boundary Must Be Covered By | 创建要素：使用产生错误的面要素的边界线段创建新的线要素 |
| Area Boundary Must Be Covered By Boundary Of | 无 |
| Contains Point | 创建要素：在引发错误的面要素的质心处创建新的点要素。保证创建的点要素在面要素中 |
| Contains One Point | 无 |

**表 3-14 线拓扑规则错误的改正方法**

| 拓 扑 规 则 | 可能的错误改正方式 |
| --- | --- |
| Must Be Larger Than Cluster Tolerance | 删除：删除长度、宽度小于容差值的线、面要素 |
| Must Not Overlap | 减去：从引发错误的要素移除重叠线段 |
| Must Not Intersect | 减去：从引发错误的要素移除重叠线段。<br>分割（Split）：用于在交点处分割相互交叉的线要素。如果两条线在某一点处交叉，在该位置使用“分割”修复将生成四个要素。分割后的要素将保留原始要素中的属性 |

续表 3-14

| 拓 扑 规 则 | 可能的错误改正方式 |
| --- | --- |
| Must Not Intersect With | 减去：从引发错误的要素移除叠置线段。<br>分割：用于在交点处分割相互交叉的线要素。如果两条线在某一点处交叉，在该位置使用“分割”修复将生成四个要素。分割后的要素将保留原始要素中的属性 |
| Must Not Have Dangles | 延伸（Extend）：线要素能够在指定距离范围内捕捉到其他线要素的情况下，延伸线要素的悬挂端点。如果在指定的距离内未找到要素，要素将不会延伸。如果距离值为0，线将一直延伸直至这些线遇到要捕捉到的要素。<br>修剪（Trim）：如果在指定距离内发现交点，该改正将修剪掉悬挂线要素；如果在所指定的距离内未发现要素，则不会修剪此要素；如果指定距离大于出错要素的长度也不会删除此要素。如果距离值为0，线将被修剪直至遇到交点。如果没有找到交点，将不会修剪要素。<br>捕捉（Snap）：将悬挂线要素捕捉到指定距离内最近的线要素。如果在所指定距离内不存在线要素，该线则不会被捕捉。“捕捉”改正将捕捉到指定距离内发现的最近的要素。捕捉顺序是：端点－顶点－线要素的边 |
| Must Not Have Pseudo Nodes | 合并至最长的要素（Merge To Largest）：将较短线的几何合并到最长线的几何中。将保留最长线要素的属性。<br>合并：将一个线要素的几何添加到引发错误的其他线要素中 |
| Must Not Intersect Or Touch Interior | 减去：从引发错误的要素移除重叠线段。如果有重复的线要素，请通过“Subtract 对话框选择要删除的线要素。<br>分割：在交点处分割相互相交的线要素。分割后的要素将保留原始要素中的属性。如果使用分割策略，属性将进行相应更新 |
| Must Not Intersect Or Touch Interior With | 减去：从引发错误的要素移除重叠线段。如果有重复的线要素，请通过“Subtract 对话框选择要删除的线要素。<br>分割：在交点处分割相互相交的线要素。分割后的要素将保留原始要素中的属性。如果使用分割策略，属性将进行相应更新 |
| Must Not Overlap With | 减去：从引发错误的要素移除重叠线段。如果有重复的线要素，请通过“Subtract 对话框选择要删除的线要素。 |
| Must Be Covered By Feature Class Of | 无 |
| Must Be Covered By Boundary Of | 减去：移除不与面要素的边界重合的线段。如果线要素不能与面要素的边界共享任何相同线段，要素将被删除 |
| Must Be Inside | 删除：移除不在面要素内部的线要素。如果不想删除线，则可以使用“编辑”工具将线移动到面内部 |
| Endpoint Must Be Covered By | 创建要素：在出错的线要素的端点处添加新的点要素 |
| Must Not Self-Overlap | 简化：从出错的要素移除自重叠线段。应用“简化”改正会生成多部分要素，可以使用“Must Be Single Part”规则对其进行检测 |
| Must Not Self-Intersect | 简化：从出错的要素移除自重叠线段。应用“简化”改正能生成多部分要素。可以使用“Must Be Single Part”规则检测多部分要素 |
| Must Be Single Part | 拆分：使用出错的多部分线要素的每个部分创建单一部分线要素 |

**表 3-15　点拓扑规则错误的改正方法**

| 拓扑规则 | 可能的修复方式 |
| --- | --- |
| Must Coincide With | 捕捉：将第一个要素类或子类型中的点要素移动到指定距离范围内的第二个要素类或子类型中最近的点。如果在所指定的容差范围内不存在点要素，则不会捕捉该点 |
| Must Be Disjoint | 无 |
| Must Be Covered By Boundary Of | 无 |
| Must Be Properly Inside | 删除：删除没有完全落在面要素内的点要素。如果不想删除点，则可以使用“编辑”工具将点移动到面内部 |
| Must Be Covered By Endpoint Of | 删除：删除不与线要素的端点重合的点要素。也可以将点捕捉到线，方法为将边捕捉设置为线图层，然后使用“编辑”工具移动点 |
| Point Must Be Covered By Line | 无 |

#### 3.3.8.5　Geodatabase 拓扑信息存储

Geodatabase 存储以下拓扑信息：

拓扑就是在创建拓扑时指定的所有属性的模式记录。

共享重叠几何的所有要素的公共坐标顶点。Geodatabase 拓扑使用这些共享坐标为 ArcGIS 中的各种操作发现和查询边、节点、拓扑面及其要素关系的拓扑图。

一个脏区表，该表包含覆盖了已添加或编辑的要素区域以及通过版本控制协调更新的区域。

拓扑错误要素有 3 个表：点错误、线错误和面错误。拓扑错误的几何、涉及的要素类信息、违反的拓扑规则一起写入错误表中。

### 3.3.9　地理编码

除常规的坐标定位之外，还有两种非常规的定位方法：地址定位和沿线要素定位。地址定位主要是根据街道地址和街道地图，将地址转换为沿街道的地图位置的一种定位方法。沿线要素定位是根据具有度量系统（带有 M 值）的线要素的一种相对定位的方法，如昌赣高速 210km 处有一服务区。

本小节主要介绍地址定位即地理编码（Geocoding）的基本概念及相关技术。

#### 3.3.9.1　地理编码的基本概念

（1）地理编码。地理编码（Geocoding）是指将坐标对、地址或地名等位置描述转换为地球表面上某一位置的过程。进行地理编码时，可以每次只输入一个位置描述，也可以表的形式一次提供多个描述；得到的位置将以带属性的地理要素形式输出，可以用于制图或空间分析操作。

（2）地址。地址是一种用于描述位置的方法。进行地理编码时，地址可为街道地址、地名或可通过编码识别的位置（如邮政编码）。地址由地址元素组成，每个地址都包括一个或多个地址元素，例如门牌号、街道名称、街道类型和邮政编码。这些要素将以所在地区通用的特定地址格式表示。了解各种地址格式中包含的特定地址元素将有助于确定应选择哪种适合的地址样式以及如何进行地址匹配。

(3) 地址定位器及其样式。地址定位器（Address locator）是地理编码过程的主要组成部分。地址定位器基于特定的地址定位器样式和参考数据（引用数据）创建。

地址定位器的组成有以下三部分：地址定位器样式，引用（参考）数据，字段映射(引用数据的字段与地址定位器样式字段的映射)。

地址定位器样式是地址定位器的模板和框架，用于定义可使用哪些参考数据创建地址定位器；它还用于指定管理地理编码过程和输出的属性和解析语法。

有许多不同的地址定位器样式，ArcGIS 提供的地址定位器样式如表 3-16 所示。要选择正确的样式，就要知晓参考数据应该采用的类型和要进行地理编码的数据格式。例如，对于街道中心线数据（包含左和右地址范围、方向、街道名称、街道类型以及左和右邮政编码)，可以使用"US Address-Dual Ranges（美国地址：双范围)"地址定位器样式。如果要对美国邮政编码数据进行地理编码，则可使用"US Address 5-Digit ZIP（美国地址：5 位邮政编码)"地址定位器样式基于邮政编码点参考要素类创建邮政编码地址定位器。

**表 3-16　ArcGIS 提供的地址定位器样式**

| 样　式 | 参考数据集几何 | 参考数据集表示 | 应　用 |
|---|---|---|---|
| US Address-Dual Ranges（美国地址：双范围） | 线 | 街段两侧的地址范围 | 查找街道特定侧的房屋 |
| US Address-One Range（单范围） | 线 | 每条街段的单侧范围 | 在街道上非所需一侧查找房屋，或在存储为各街段中的属性的街道两侧查找房屋 |
| US Address-Single House（独立房屋） | 点或面 | 每个要素表示一个地址 | 查找宗地、建筑物或地址点 |
| US Address-ZIP 5 Digit（5 位邮政编码） | 点或面 | 邮政编码区或质心 | 查找特定的邮政编码位置 |
| US Address-ZIP +4（ZIP +4 邮政编码） | 点或面 | 增强型（ZIP +4）邮政编码区或质心 | 查找特定的增强型（ZIP +4）邮政编码位置 |
| US Address-ZIP +4 Range（ZIP +4 邮政编码范围） | 点或面 | 每个要素表示一个邮政编码和附加 4 位的高低范围 | 查找特定的增强型（ZIP +4）邮政编码位置 |
| General-City State Country（常规 - 城市/州/国家） | 点或面 | 州和国家范围内的城市 | 在州和国家中查找特定城市 |
| General-Gazetteer（常规 - 地名词典） | 点或面 | 每个要素表示一个特定地理地名或地标 | 在某个区域中或全球范围内查找地理地名或地标 |
| General-Single Field(常规 - 单字段) | 点或面 | 通过文本字符串、名称或编码识别各要素 | 查找通过名称或编码识别的要素 |

复合地址定位器（Composite address locator）由两个或更多的地址定位器组成，这些地址定位器允许根据多个地址定位器来匹配地址和查找最佳匹配项。

（4）参考数据。参考数据（Reference data）是 ArcGIS 中用于创建地址定位器的要素类形式的数据源。参考数据可能包含一些常用地址元素（例如，门牌号范围、街道名称和街道类型），这些元素可用于地理编码。

参考数据可用作主表、备用名称表或地名别名表。

1）参考数据用作主表（primary table，必需）：主表是地址定位器使用的主要参考数据。参考数据可以是各种类型的空间数据。根据所选的地址定位器样式，地址定位器将搜索参考数据的属性表，然后自动将属性字段映射到地址定位器所指定的字段。如果未自动匹配字段，则需手动选择字段。

2）参考数据用作备用名称表（alternate name table，可选）：通常，参考数据中的街道或其他属性由多个名称引用，或者名称随时间而变化。如果是这种情况，则可将含有备用名称的表添加到地址定位器。备用名称表通过相关字段（如 JOINID）引用主引用表中的记录，如图 3-20 所示。

| OBJECTID * | JOINID | PRE_DIR | PRE_TYPE | ST_NAME | ST_TYPE | SUF_DIR |
|---|---|---|---|---|---|---|
| 1 | 4190 | | | Atlanta | Blvd | |
| 2 | 4191 | | | Atlanta | Blvd | |
| 3 | 4191 | | | Old Country | Rd | |
| 4 | 5200 | | Road | 61A | | |
| 5 | 5200 | W | | Jackson | Ct | |
| 6 | 5200 | | | J.E. Memorial | Ln | |

对应于主引用表中记录

图 3-20 备用名称表引用主引用表中的记录

3）参考数据用作地名别名表（place-name alias table，可选）：地名别名是位置的常用名称，如学校、医院或其他地标的名称。在地理编码过程中，可将地址定位器设置为允许使用地名别名代替其地址来进行匹配。通过添加地名别名表，便可根据位置名称来搜索位置。地名别名表结构如图 3-21 所示。

| OBJECTID * | NAME | ADDRESS | City | State | ZIP |
|---|---|---|---|---|---|
| 1 | Children's Museum of Atlanta | 34 Peachtree Street NW | Atlanta | GA | 30303 |
| 2 | APEX Museum | 135 Auburn Avenue NE | Atlanta | GA | 30303 |
| 3 | Public Library | 455 Beverly Rd NE | Atlanta | GA | 30309 |
| 4 | Atlanta Market | 241 16th St NW | Atlanta | GA | 30318 |
| 5 | Children's Hospital | 35 Butler Street SE | Atlanta | GA | 30303 |

地名别名　　地名别名对应的地址

图 3-21 地名别名表结构

（5）字段映射。根据所选的地址定位器样式，可匹配的字段将有所不同。默认情况下，地址定位器将搜索参考属性表，然后自动将属性字段映射到地址定位器所指定的字段。如果未自动选择字段，则可利用每个字段的下拉菜单手动选择字段。

### 3.3.9.2　地理编码工作流程

要成功执行地理编码，应遵循多个步骤，具体步骤如下：

（1）构建或获取参考数据。获取参考数据或根据需要修改参考数据，以符合地址定位器样式的需要。不同的地址定位器样式需要对应的参考数据。

（2）确定地址定位器样式。一般来说，地址数据需要包含用于将地址与要素进行匹配的必要元素，并且必须使用合适的格式。要正确进行地理编码，需要了解各种地址定位器样式并选择相应的地址和参考数据。

（3）构建地址定位器。已选定地址定位器样式并为该样式准备好参考数据后，即可开始构建地址定位器。地址定位器包含参考数据所提供的地址属性和索引的快照以及所选地址样式所特有的一组属性。构建地址定位器后，即可将地址与地址定位器进行匹配。地址定位器将不再使用参考数据。如果参考数据已更新，则可以重新构建地址定位器以刷新信息。

（4）定位地址。使用地址定位器搜索单个地址、地名或基于位置的信息。还可使用地址定位器对一组地址进行地理编码。

（5）发布或维护地址定位器。可将地址定位器作为地理编码服务进行共享或发布。如果参考数据已更新，则可以重新构建相关地址定位器。

### 3.3.9.3　地址匹配过程

创建地址定位器后，即可使用它对地址进行地理编码。地理编码的关键是地址匹配，地址匹配过程如下：

（1）解析地址。地址定位器解析地址时，会根据地址定位器的样式将地址分解为地址元素。例如，在地址 86 Hongqi Street 中，86 是门牌号，Hongqi 是街道名称，Street 是街道类型。某些情况下，可以使用多种方式对地址进行解析，如地址 127 West Point Drive Olympia WA 98501，可解析为：

1）127 | West | Point | Drive | Olympia | WA | 98501。

2）127 | West Point | Drive | Olympia | WA | 98501。

（2）为地址创建多种表示。地址中的许多元素（例如，方向或街道类型）通常使用缩写形式表示。这些缩写有多种形式，例如，Drive 既可缩写为 DR 或 DRV，也可完整拼写为 Drive；Avenue 既可缩写为 AV 或 AVE 或完整拼写为 Avenue。将根据对地址定位器样式的定义为地址的每个组成部分创建一组值。例如，在地址 127 West Point Drive, Olympia, WA 98501 中，每个组成部分均包含多个值或多种表示，如表 3-17 所示。

**表 3-17　地址元素的多种表示**

| 门牌号 | 方向 | 街道名称 | 街道类型 | 所在城市 | 州 | 邮政编码 |
|---|---|---|---|---|---|---|
| 127 | west<br>w | point<br>west point | drive<br>dr<br>drv | Olympia | washington<br>wa<br>wash | 98501 |

（3）搜索地址定位器。地址定位器对地址进行解析并为地址的每个组成部分生成一组值后，将根据一组搜索条件在定位器中查找与输入地址的元素匹配的要素。如果使用一组条件（例如，按城市、省和邮政编码搜索地址）无法找到地址候选项，则将使用限制较少的条件（例如，仅使用地址和邮政编码）继续搜索，直至找到所有可能的匹配候选项。

（4）为各个可能的匹配项计算得分。地址定位器生成一组可能的位置候选项后，将会计算各候选项的得分，以确定各候选项与要进行地理编码的地址的匹配程度。各个可能的候选项都将被指定一个得分，得分范围为 0 ~ 100。将使用各个地址元素来计算此得分。如果地址元素出现以下某种情况，各个可能的候选项的得分将会变低：

1）拼写错误：较长或不常见的街道名称（例如，Pennsylvania 和 Ahwatukee）很可能导致拼写错误。

2）地址元素不正确：例如，地址的街道号不在候选项的地址范围内。

3）地址元素缺失：例如，已在地址数据中指定街道方向，但在可能的候选项中不存在。

（5）过滤候选项列表。计算各候选项的得分后，地址定位器将根据为其设置的最低候选得分生成一组可能与地址匹配的候选项。得分低于最低候选得分的可能的匹配项将从可能的匹配项的列表中移除。

（6）匹配最佳候选项。地址定位器将按得分排列和显示候选项。可以查看和选择匹配项。在表匹配过程中，地址将自动匹配得分最高的候选项。

（7）指明匹配的要素。作为地理编码过程的最后一步，将使用与最佳候选项相对应的要素为匹配的地址生成位置。此位置可能基于线要素的插值（包括单侧偏移参数和末端偏移参数），或基于面的质心（如果参考要素是面或点）。

#### 3.3.9.4 创建地址定位器并进行地理编码

可在 ArcCatalog 或 Catalog 窗口或“Geocoding Tools”工具箱中的“Create Address Locator”地理处理工具来创建地址定位器。在“Create Address Locator”对话框中，需要指定地址定位器的样式、参考数据及其角色（Primary Table、Alternate Name Table 或 Alias Table）、参考数据字段与地址定位器样式字段的映射。地址定位器将存储在工作空间中（例如，Geodatabase 或文件夹）。

对于单个地址的地理编码可以使用“Tools”工具条上的“Find”对话框或在“Geocoding”工具条上“Full Address”框中输入地址，然后按回车键查找；对于由多个地址组成的地址表的地理编码可以使用“Geocoding”工具条上的“Geocode Addresses”工具或“Geocode Addresses”地理处理工具或右键点击地址表选中“Geocode Addresses…”菜单。

地址表经过地理编码并且保存到地理编码要素类后，可能需要查看匹配的地址或对不匹配的地址进行地理编码。地理编码要素类添加到地图后，“Geocoding”工具条上的“Review/Rematch Addresses”按钮将变为可用。单击该按钮将打开交互式的重新匹配对话框，从中可查看和选择要重新匹配的记录。

可使用“Geocoding”工具条上的“Address Inspector（地址检查器）”工具，在地图上单击并获取该位置的地址。此过程通常称为反向地理编码。地址检查器工具使用地址定位器或复合定位器查找地图上点的地址。

地址定位器是参考数据的快照，创建地址定位器后，它将不再使用参考数据。如果要使用对参考数据所做的更改刷新定位器，则需要创建一个新的定位器或重新构建（Rebuild）现有定位器。可以在 ArcCatalog 中或使用“Rebuild Address Locator”地理处理工具重新构建地址定位器。

如果使用 ArcSDE Geodatabase 中的版本化数据，则可基于所选版本的数据创建地址定位器。打开地址定位器属性对话框，然后单击高级查看用于定位器的参考数据的版本信息。如果重新构建定位器，将根据原来用于定位器的那一版本的数据库执行重新构建。

### 3.3.10　线性参考

#### 3.3.10.1　线性参考基础

许多组织机构以沿线的定位方式收集有关线要素的数据，以此代替 X，Y（，Z）坐标定位，用沿着已存在的线性要素的相对位置来简化数据的记录。位置是根据一个已知的线要素和一个沿该要素的位置或度量值给定的。例如，昌赣高速 221.6km 处，唯一地标识了地理空间中的一个位置，而不必用 X，Y（，Z）表示。这种应用场合需要使用线性参考技术。

线性参考是一种沿线要素（具有度量值 M）的相对位置存储地理位置的方法。使用距离度量值定位沿线的事件，如公路沿线的休息区、加油站、指示牌、路面材料、速度限制等。

使用线性参考的两个主要原因：

（1）沿线要素记录沿线发生的事件，如交通事故的位置、高速公路路面材料、时速限制等。许多传感器使用沿线（沿管线、道路、河流等）的距离测量值或时间测量值来记录沿线要素的状态。

（2）线性参考还用于将多个属性集与线要素的部分关联，不需要在每次更改属性值时分割（分段）基本线。例如，公路方面的一个应用场景，我们要显示一条公路的 4 种不同属性：车道数、路面材料、路段限速情况和路况，如图 3-22 所示。

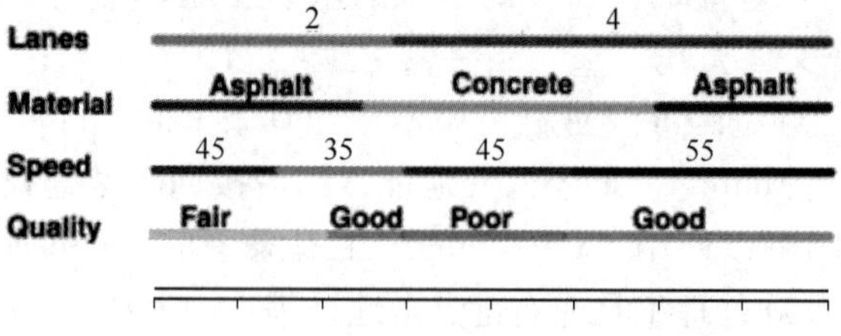

图 3-22　多个属性集与线要素的关联

对于这种同一数据源对应多个属性（且属沿线分布）的情况，如果不使用线性参考技术，那么需要 4 个公路图层，每个图层的公路根据属性分成长短不同的小段（Feature），才能够将这些属性展示出来；而用了线性参考技术后，只需要一个公路数据（Feature 数量不限），和四个事件表即可在不改变实际公路数据的情况下，按要求显示上述四种属性。

动态分段是使用线性参考测量系统计算事件表中存储和管理事件的地图位置以及在地图上显示它们的过程。“动态分段”源于每次更改属性值时无需分割（也就是“分段”）线要素的理念，即可以“动态”定位线段。

利用动态分段，可将多组属性与现有线状要素的任意部分相关联，无论其开始或结束位置在哪里。可以显示、查询、编辑和分析这些属性，而不会影响基础线要素的几何。

线性参考还涉及以下基本概念：

（1）路径就是任何具有唯一标识符和度量系统的线性要素，如城市街道、公路、河流或管线。这个度量系统定义了沿线要素的离散位置。路径存储在路径要素类中。

（2）路径要素类是指在单个要素类中存储的具有通用度量系统的路径的集合（例如，某市所有的公交线路）。路径要素类与标准线要素类的区别是，除 X 和 Y 坐标外，它还存储 m 坐标（X，Y，m）。

（3）度量值是沿线要素存储的表示与要素起点（或沿线状要素的某点）相对位置的值，而不是以 X，Y 坐标形式表示。度量值以 m 值形式存储在路径顶点中。度量值可以采用任何测量单位，例如，英里、米等。

（4）路径位置描述了沿一个路径（点）或路径的一部分（线）的一个离散位置。点路径位置仅用一个度量值描述沿一路径的一个离散位置。线路径位置用 from-和 to-度量值描述一路径的一部分。

（5）路径事件：当路径位置以及它们的关联属性存储到一个表中时，就是所谓的路径事件或者简称为事件。事件基于共同的专题组织成表。

（6）事件表包含有关资产、条件和可以沿路径要素定位的事件信息。表中的各行引用事件，并且其位置表示为沿路径要素的度量值。有两种类型的路径事件表：点事件表和线事件表。事件表可以是 ArcGIS 支持的任何类型的表，包括 INFO 表，dBASE 表，Geodatabase 表，带分隔符的文本文件和 DBMS 表。

（7）点事件发生在沿路径的一个精确点位置。点事件表至少包含两个字段：路径 ID 和路径位置。沿高速公路的事故位置，铁路线的标志，沿公交线路的站点和沿管线的泵站都是点事件的例子。

（8）线事件描述路径的一部分。线事件表至少包含 3 个字段：路径 ID 和两个度量值描述它们的位置。路面质量、公共汽车费用、管线宽度和交通流量都是线性事件的例子。

#### 3.3.10.2 创建路径要素类

创建路径要素类主要有两种方式：创建新的路径要素类和根据现有线要素创建路径。

（1）创建新的路径要素类。可在 ArcCatalog 或 Catalog 窗口中创建新的路径要素类。创建路径要素类时，必须将要素类类型定义为线并指示其将包含 m（测量）值。还需要在要素类中添加路径标识符字段。该字段唯一标识各路径，假设为 RouteID。然后在 ArcMap 中，可以新建路径要素，或通过交互式的方式，选择图上的线要素创建路径（Make Route）。

（2）根据现有线要素创建路径。可以使用“Linear Referencing Tools”工具箱中的“Create Routes”工具，根据现有的线要素创建路径。

输入要素类可以是任何支持的格式，包括 coverage、shapefile、Geodatabase 和 CAD 数据。

可以合并用作输入的线状要素，以创建单条路径。对于各个线要素，必须在具有路径 ID 的源数据集中指定字段。具有相同路径 ID 值的要素将在所创建的路径要素类中合并为多部分的线要素。

合并输入线状要素时，可采用以下三种方式之一来确定路径 M 值：

（1）使用输入要素的几何长度累积 M 值。

（2）使用 m 字段中存储的值累积 M 值。

（3）使用“From_M”和“To_M”中存储的值设置测量值。

#### 3.3.10.3　显示和查询路径要素类

路径要素类是带 M 值的线要素类，除了一般的要素类的显示、查询工具外，ArcGIS 还提供了专门针对路径要素类符号化、标注、查找路径的工具。

（1）标识路径（Identify Route Locations tool）。

（2）查找路径（Find tool on the ArcMapTools toolbar）。

（3）显示路径刻度影线（Route layer property）。

#### 3.3.10.4　显示和查询路径事件

显示事件的方法，称为动态分段（DynSeg）。开发 DynSeg 的目的是使用户可以在地图上直观表示线性参考的要素。例如，公路局可能希望显示与其道路网相关联的事件，例如，路面质量和事故位置。

DynSeg 过程沿事件的路径参考计算存储在事件表中的事件的地图位置（形状）。此过程结果称为路径事件源的动态要素类。它在 ArcMap 中以要素图层的形式显示，并且与其他要素图层一样，可用于显示、查询和分析。

可以在 ArcMap 中使用“Make Route Event Layer（创建路径事件图层）”地理处理工具或通过访问事件表快捷菜单中的“Display Route Events…（显示路径事件…）”命令将路径事件添加到 ArcMap。

#### 3.3.10.5　编辑路径

除用于显示和查询路径和事件外，ArcMap 还提供了创建和编辑路径要素的工具，其中部分工具可在“Route Editing”工具栏中找到，而其他工具则在 ArcMap 编辑环境中提供。

（1）重新测量路径（Remeasuring routes）。路径 M 值可能需要时常更新，可使用 ArcMap 中的编辑草图（edit sketch）对路径 M 值进行编辑。编辑路径线要素时，编辑草图只是一个代表路径几何副本的形状。对路径 M 值进行必要的更改后，即可完成编辑草图。完成草图将会更新路径的要素几何，包括对其 M 值的更改。

（2）在 ArcMap 中使用点校准路径。沿路径具有准确的度量值很重要，尤其当度量值用于关联大量事件数据时更是如此。校准路径有助于确保 M 值可靠并可将其用于精确定位事件。

可以通过校准来调整路径 M 值，使其与已知测量位置相一致。校准过程通过读取点要素类中以属性形式存储的度量信息来调整路径 M 值。各个点的落点位置处于其校准的特定路径上，或处于路径线的给定容差范围内。可以使用多个点来校准一条路径，如图 3-23 所示。

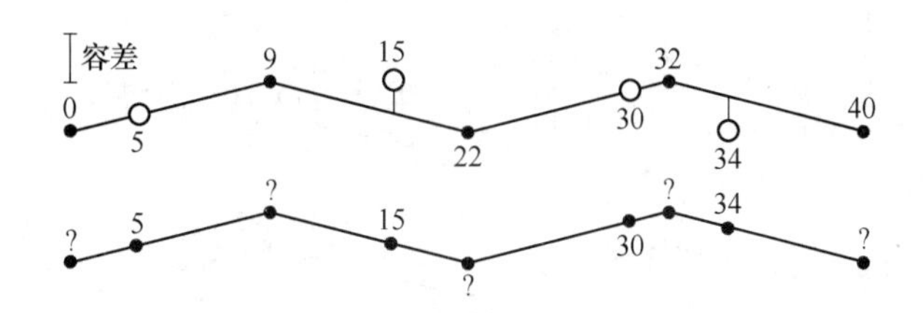


图 3-23 使用输入点校准 M 值示意图

校准过程中，在各校准点与路径的相交位置创建新顶点。这些新顶点上的 M 值与以点属性形式存储的 M 值相一致。而其他预先存在的路径顶点上的 M 值可以内插或外推。

要内插或外推顶点 M 值，需要确定校准比率。有两种确定该比率的方法，第一种方法使用输入点间的最短路径距离；第二种方法使用输入点间的现有 M 值。

1）使用输入点间的最短路径距离。

按如下方式外推 v1 处的 M 值（如图 3-24 所示）。

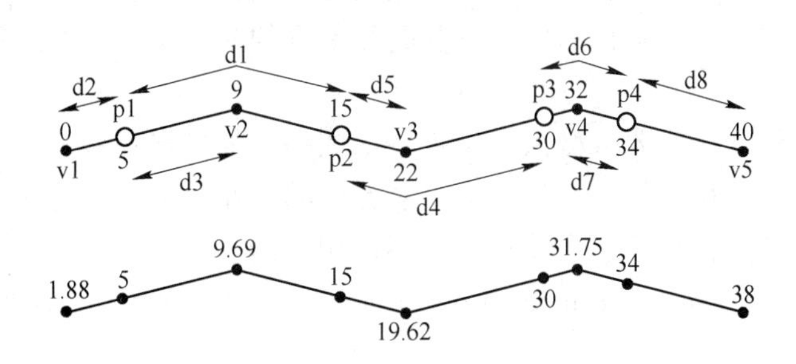


图 3-24 使用输入点间的最短路径距离校准 M 值

① p1 与 p2 间的距离（d1）为 14.31；

② p1 与 p2 间的 M 值为 15 - 5 = 10；

③ 单位距离上的 M 值为 10/14.31；

④ v1 与 p1 间的距离（d2）为 4.47，其间的 M 值为 4.47 * 10/14.31 = 3.12，所以，v1 点上的 M 值 = 5 - 3.12 = 1.88。

根据 d3 = 6.71，d4 = 11.628，d5 = 3.58，d6 = 7.16，d7 = 3.13，d8 = 7.16，可以推算出其他顶点的 M 值。

2）使用输入点间的现有 M 值

按如下方式外推 v1 处的 M 值（如图 3-25 所示）。

① p1 与 p2 间旧的 M 值为 17.84 - 3.6 = 14.24；

② p1 与 p2 间新的 M 值为 15 - 5 = 10；

③ 校准比率为 10/14.24；

④ v1 与 p1 间旧的 M 值为 3.6 - 0 = 3.6，新的 M 值为 3.6 * 10/14.24 = 2.53，所以，v1 点上的 M 值 = 5 - 2.53 = 2.47。

根据其他校准点上的新旧 M 值，可以推算出其他顶点的 M 值。

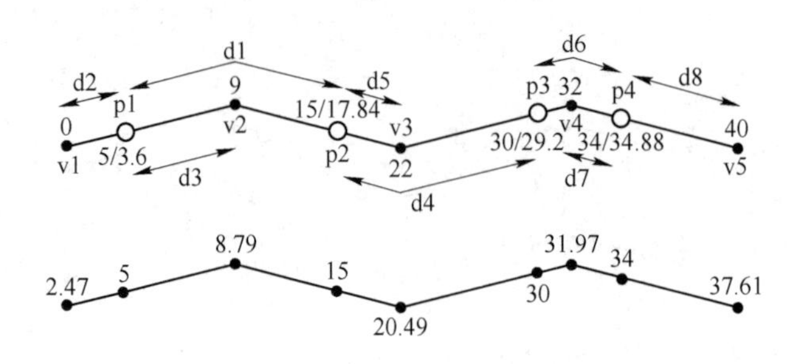


图 3-25　使用输入点间的现有 M 值校准 M 值

可以使用“Route Editing（路径编辑）”工具栏上的“Calibrate Route Feature”工具校准路径。

### 3.3.10.6　沿路径定位要素

沿路径定位点要素时，会计算每个点要素的路径和测量信息并将其写入点事件表中。沿路径定位线要素时，会计算线和路径数据交集处的路径和测量信息并将其写入线事件表中。沿路径定位面要素时，会计算面数据和路径数据的几何交集处的路径及测量信息并将其写入到线事件表中。

要成功进行定位，这些要素必须位于路径上或路径的指定容差范围内。默认搜索容差是 0。通过以首选单位指定距离，可控制搜索容差的大小。点的搜索容差指定搜索半径；而线的搜索容差则指定拓扑容差。搜索容差不适用于面。

在 ArcGIS 中，“Locate Features Along Routes”工具可用于沿路径定位点、线或面要素。

（1）沿路径定位点要素。沿路径定位点要素的过程实质上是确定点数据与路径数据交集处的点及测量信息 M 值的过程，得到的结果是一个点事件表，如图 3-26 所示。再利用 Linear Referencing Tools/Make Route Event Layer 生成点事件图层。

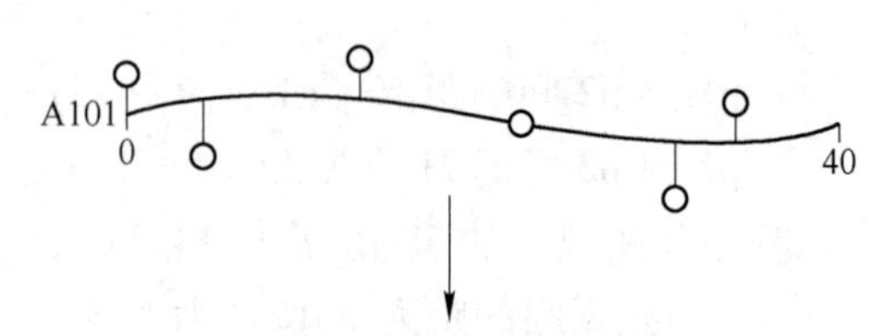


| Point_ID | Route_ID | Measure |
|---|---|---|
| 1 | A101 | 0 |
| 2 | A101 | 4.9 |
| 3 | A101 | 14.7 |
| 4 | A101 | 23.9 |
| 5 | A101 | 33.2 |
| 6 | A101 | 38.1 |

图 3-26　沿路径定位点要素

（2）沿路径定位多边形要素。沿路径定位多边形要素的过程实质上是计算多边形数据和路径几何交集处的部分路径及测量信息 M 值的过程，并生成先事件表。沿路径定位多边形数据后，即可利用生成的事件表来实现各种目的，例如，计算穿过每个多边形的路径长度，如图 3-27 所示。

（3）沿路径定位线要素。沿路径定位线要素的过程实质上是确定线与路径交集处的部分路径及测量信息 M 值的过程，并生成先事件表。此交集取决于指定的拓扑容差，如图 3-28 所示。

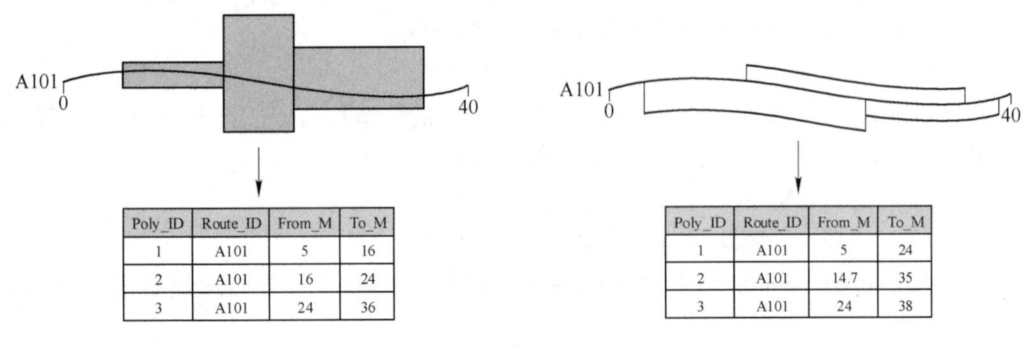


| Poly_ID | Route_ID | From_M | To_M |
|---|---|---|---|
| 1 | A101 | 5 | 16 |
| 2 | A101 | 16 | 24 |
| 3 | A101 | 24 | 36 |

图 3-27 沿路径定位面要素

| Poly_ID | Route_ID | From_M | To_M |
|---|---|---|---|
| 1 | A101 | 5 | 24 |
| 2 | A101 | 14.7 | 35 |
| 3 | A101 | 24 | 38 |

图 3-28 沿路径定位线要素

### 3.3.11 宗地结构数据集

#### 3.3.11.1 宗地结构概述

宗地结构（Parcel fabric）是用于宗地存储、维护和编辑的数据集。宗地结构取代以往的测量数据集。宗地结构在要素数据集中创建，并从要素数据集中继承其空间参考。

宗地结构中存储了相连宗地或宗地网络的连续表面数据。结构中的宗地由面要素、线要素和点要素组成。宗地面由存储 COGO 尺寸的边界线定义，这些边界线将尺寸作为属性存储在线表中。COGO 尺寸理论上或最终应与测量记录或测量图中记录的尺寸相匹配。

宗地多边形彼此通过连接线连接（例如，穿过道路的连接线），形成一个无缝的宗地结构网络。宗地线具有端点，相邻宗地间共享端点。宗地间的公共点建立了网络中的连通性并维护内部拓扑完整性。宗地点存储 X、Y、Z 坐标，这些坐标可在地面上定位宗地。线点是位于相邻宗地边界上但不分割边界的宗地点。控制点限制并约束宗地点。

宗地结构由以下关键要素组成，如图 3-29 所示。

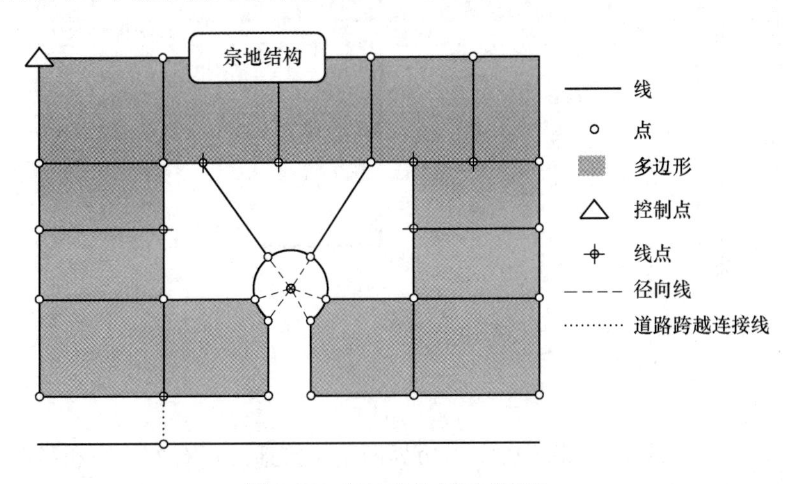


图 3-29 宗地结构的组成部分

（1） Control points：具有精确位置坐标的控制点。

（2） Parcel points：存储通过最小二乘平差得到的 X、Y、Z 坐标的宗地点。

（3） Parcel lines：存储和保留 COGO 尺寸的宗地线。

（4） Parcel polygons：由宗地线定义的宗地多边形。

（5） Line points：线点，即位于相邻宗地边界上的宗地拐角点，当宗地的拐角点位于相邻宗地的边界上，但不分割该边界时，将出现线点。

（6） Plans （table）：存储有关测量记录信息的测量图（表）。

（7） Jobs （table）：跟踪宗地结构编辑内容的作业（表）。

（8） Adjustment vectors （table）：储存来自最小二乘平差的位移矢量集的平差矢量（表）。

（9） Accuracy （table）：通过最小二乘平差加权宗地的精度（表）。

### 3.3.11.2　宗地结构数据模型

宗地结构中的宗地由点要素、线要素和面要素组成。宗地面由一系列独立的线进行定义，这些线通过形成闭合环来定义一个面。每条线都有一个起点和一个终点，起点和终点也是宗地拐角点。连接线和相邻宗地之间的点是公共的。宗地始终与一个测量图（Plan）或称测量记录（Survey Record）相关联。

A　宗地多边形

宗地结构中的每个宗地多边形均由一组边界线进行定义。宗地多边形（Parcels）与宗地线（Lines）相关联，如图 3-30 所示。

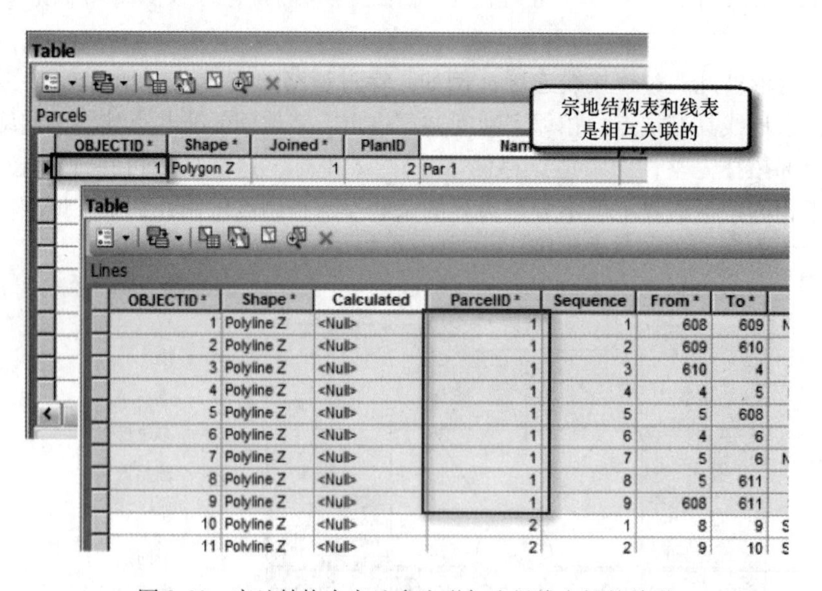


图 3-30　宗地结构中宗地多边形与边界线之间的关联

B　宗地线

宗地线是宗地的边界，用来形成宗地边界网络。宗地线还有连接线和径向线等，如图 3-31 所示。宗地线存储了 COGO 尺寸，该尺寸在理想情况下或最终时应与测量记录或测量图中记录的尺寸相匹配。

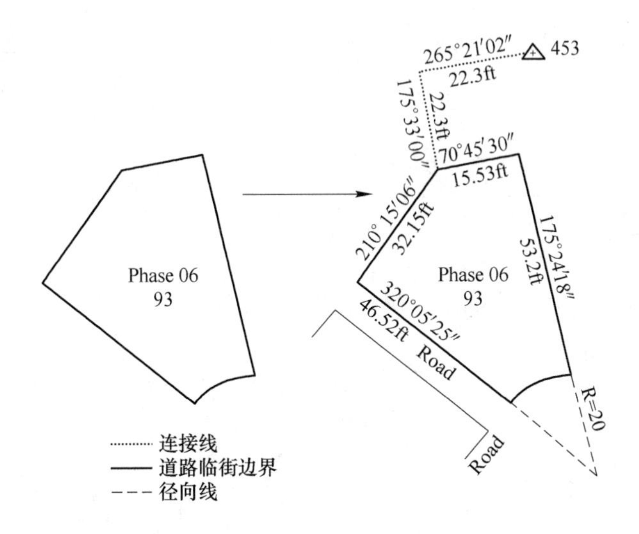


图 3-31　宗地线类别示意图

宗地边界线具有两个端点（FromPoint、ToPoint），这些点也是宗地的拐角点。宗地线与宗地点相关联，如图 3-32 所示。宗地点要素存储各点的 X、Y、Z 坐标。

Table

Lines

| OBJECTID * | Shape * | Calculated | ParcelID * | Sequence | From * | To * | Bear |
|---|---|---|---|---|---|---|---|
| 980 | Polyline Z | <Null> | 106 | 1 | 66 | 323 | S28°0 |
| 981 | Polyline Z | <Null> | 106 | 2 | 323 | 324 | N55°0 |
| 982 | Polyline | | | | | | |
| 983 | Polyline | | | | | | |
| 984 | Polyline | | | | | | |
| 985 | Polyline | | | | | | |

Table

Points

| OBJECTID * | Shape * | X | Y | Z |
|---|---|---|---|---|
| 66 | Point Z | 6256121.416789 | 1965159.615284 | <Null> |
| 323 | Point Z | 6256082.567725 | 1965086.671721 | <Null> |

宗地线表和宗地点表相关联

图 3-32　宗地线与宗地点的关联

C　宗地点

宗地点存储了 X、Y、Z 坐标，表示宗地拐角点、曲线中心点和连接线的端点，如图 3-33 所示。宗地结构中每条线的端点处都存在点。共享边界之间的点是公共的。

D　线点

宗地点也可以是宗地结构中的线点（Line Point）。当宗地点位于相邻宗地的边界上，但不分割该边界时，将为宗地点分配线点。线点可将宗地点限制在边界线上，而不将这条线分割或裂化成多条线，如图 3-34 所示。这对于保留记录的信息非常重要。如果相邻宗地拐角点位于边界线上或分割了边界线，则应使用单个方位角和距离而非多个单独的方位角和距离来表示宗地边界。

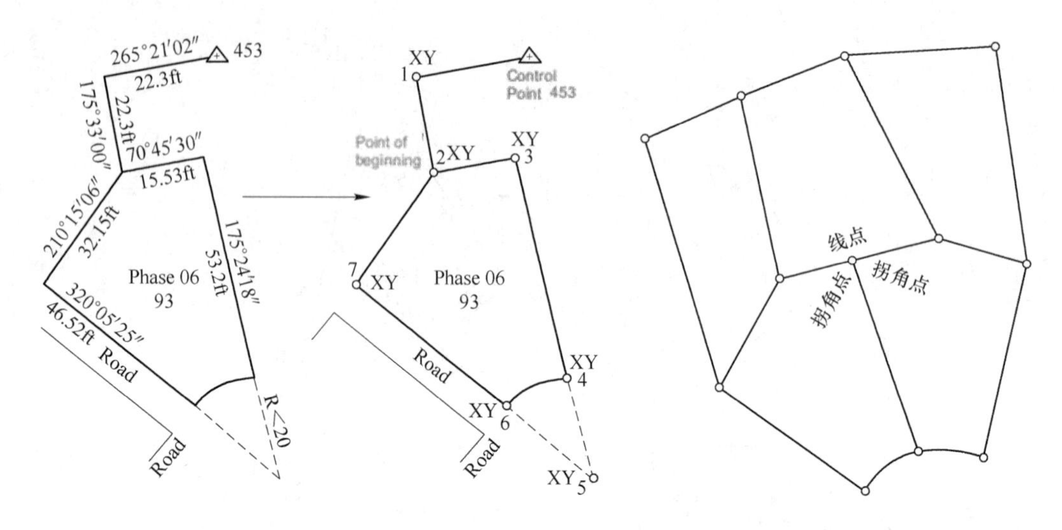


图 3-33　宗地点位于线的端点处　　　　图 3-34　相邻宗地边界上的线点

E　控制点

控制点具有精确的 X、Y、Z 坐标，用于控制宗地结构的精度，精确定义宗地拐角点的空间位置。控制点由 X、Y 坐标定义其在投影平面（2D）上的位置，而由 Z 值单独定义其高于海平面的高度。X、Y、Z 并不是三维直角坐标系中的坐标。

F　测量图

测量图中记录的尺寸作为宗地线的坐标几何（COGO，把测量获得的方位、距离和角度等转换为坐标数据）属性进行存储。由于尺寸由测量而获得，因而它们可以具有关联的精度，每条宗地线均可具有关联精度。测量图属性保存在单独的关联表即 Plans 表中，宗地多边形与 Plans 的关联如图 3-35 所示。

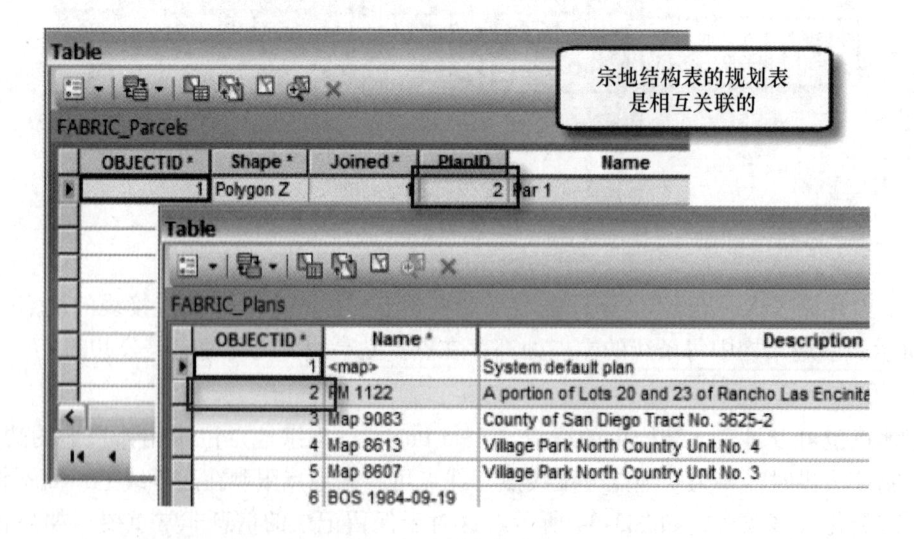


图 3-35　宗地结构中宗地多边形与测量图之间的关联

## 3.3.12 栅格数据集

### 3.3.12.1 栅格数据概述

栅格数据集是采用规则格网来表示地理实体、地理现象的，每个格网单元（像元）都具有一个值，表示该处地理实体、地理现象的某种属性，如类别、量级、高程或光谱值等；类别则可以是草地、森林或道路等土地利用类型；量级可以表示重力、噪声污染或降雨；高程表示平均海平面以上的表面高程，可以用来派生出坡度、坡向和流域属性；光谱值可以是各种传感器影像中表示光反射系数和颜色。

像元值可应用到像元的中心点或像元的整个区域，如图 3-36 所示，表现出连续的或跳跃式的表面形态。

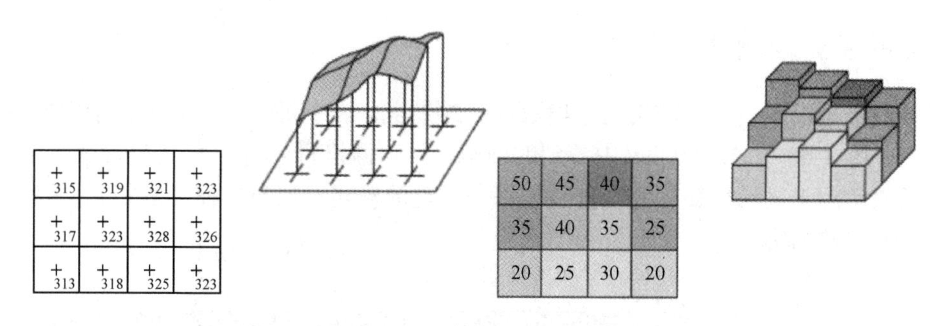


图 3-36　像元值应用到像元的中心点（左）或像元的整个区域（右）

栅格数据的表达与像元的大小（即栅格的分辨率）有关：分辨率越高（即像元越小）表达的地理实体、地理现象越精细，表达的误差越小，表达的数据量也越大；分辨率越低（即像元越大）表达的地理实体、地理现象越粗糙，表达的误差越大，表达的数据量越小。

一些栅格数据具有单波段或单图层（单个特征的量度）的数据，另一些栅格数据具有多个波段。一般情况下，单波段栅格数据用一个像元值矩阵表示，多个波段的栅格则用多个像元值矩阵表示。数字高程模型（DEM）是一个单波段栅格数据集的示例。DEM 中的每个像元只包含一个表示表面高程的值。还有一种有时被称为全色图像或灰度图像的单波段正射影像。多数卫星影像都具有多个波段，通常包含电磁光谱某个范围或波段内的值。

为了改善大栅格数据的显示性能，通常采用影像金字塔技术。影像金字塔是原始栅格数据集的缩减采样版本，可包含多个缩减采样图层。金字塔的各个连续图层均以 2∶1 的比例进行缩减采样（即 4 个小栅格合并成 1 个大栅格）。图 3-37 是为栅格数据集创建的两级金字塔示例。

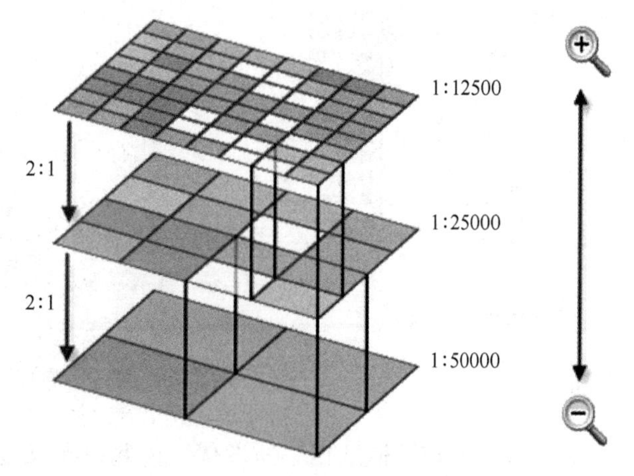


图 3-37　两级金字塔示例

每个栅格数据集只需构建一次金

字塔，之后每次查看栅格数据集时都会访问此金字塔。栅格数据集越大，创建金字塔所花费的时间就越长。

在 Geodatabase 中，共有 4 种方式可以组织栅格数据。包括：Raster Dataset、Raster Catalog、Mosaic Dataset 及作为要素属性的栅格。

### 3.3.12.2　栅格数据集

栅格数据集是组织成一个或多个波段的任何有效的栅格格式。每个波段由一系列像素（像元）组成，每个像素都有一个值。栅格数据集至少有一个波段。大多数影像数据和栅格数据（例如正射像片或规则格网 DEM）均作为栅格数据集提供。ArcGIS 支持超过 70 多种不同的栅格数据集文件格式，其中包括 TIFF、JPEG 2000、Esri Grid 和 MrSid 等。

### 3.3.12.3　栅格目录

栅格目录是以表格形式定义的栅格数据集的集合，表中每个记录表示目录中的一个栅格数据集，图 3-38 为 ArcCatalog 中看到的栅格目录。栅格目录可以大到包含数千个影像。栅格目录通常用于显示相邻、完全重叠或部分重叠的栅格数据集，而无需将它们镶嵌为一个较大的栅格数据集。

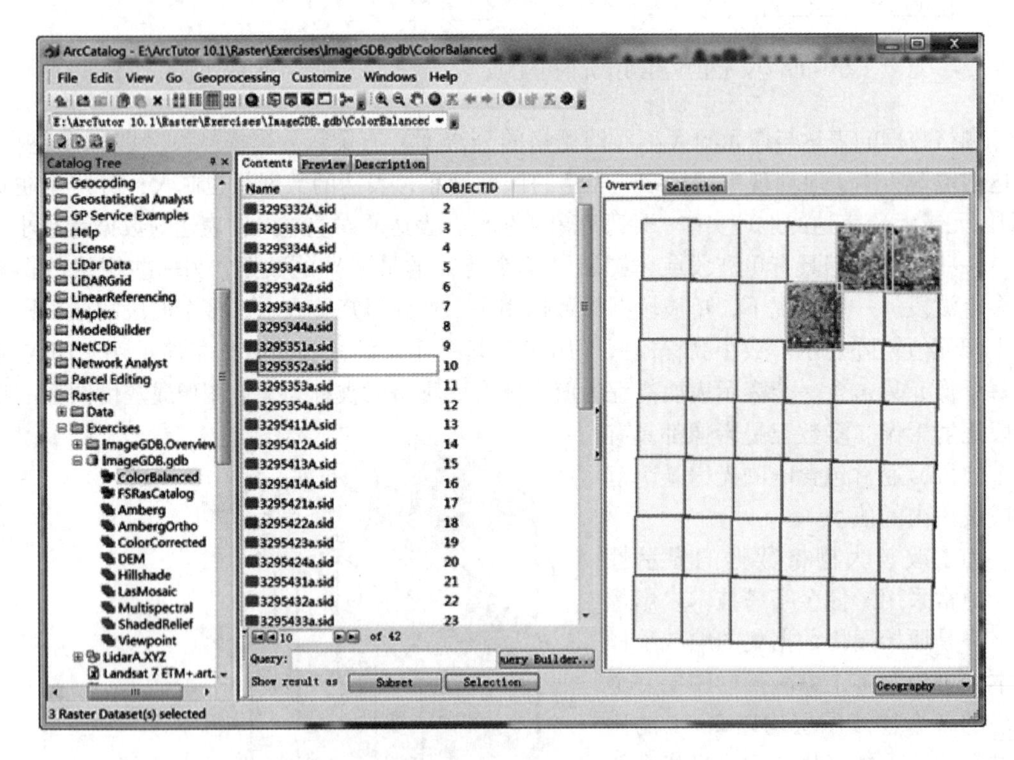


图 3-38　ArcCatalog 中看到的栅格目录

栅格目录已被镶嵌数据集所取代。因此，建议使用镶嵌数据集而非栅格目录来管理栅格数据。

### 3.3.12.4 镶嵌数据集

镶嵌数据集用于存储、管理、查看和查询各种大小的栅格和影像数据。镶嵌数据集是Geodatabase 中的数据模型，用于管理一组以目录形式存储并以镶嵌影像方式查看的栅格数据集（影像）。镶嵌数据集具有高级栅格查询功能和处理函数，还可用作提供影像服务的源。

镶嵌数据集由以下几个部分组成：

（1）一个提供栅格像素和轮廓线的源目录。

（2）一个定义边界的要素类。

（3）一组用于动态镶嵌栅格的镶嵌规则。

（4）一组用于控制镶嵌和任何影像提取的属性。

（5）一个用于在数据加载和其他操作期间记录日志的表格。

（6）一个用于接边镶嵌的接边要素类（可选）。

（7）一个用于定义栅格目录中的各栅格色彩映射的色彩校正表（可选）。

ArcCatalog、ArcMap 中看到的镶嵌数据集分别如图 3-39 和图 3-40 所示。

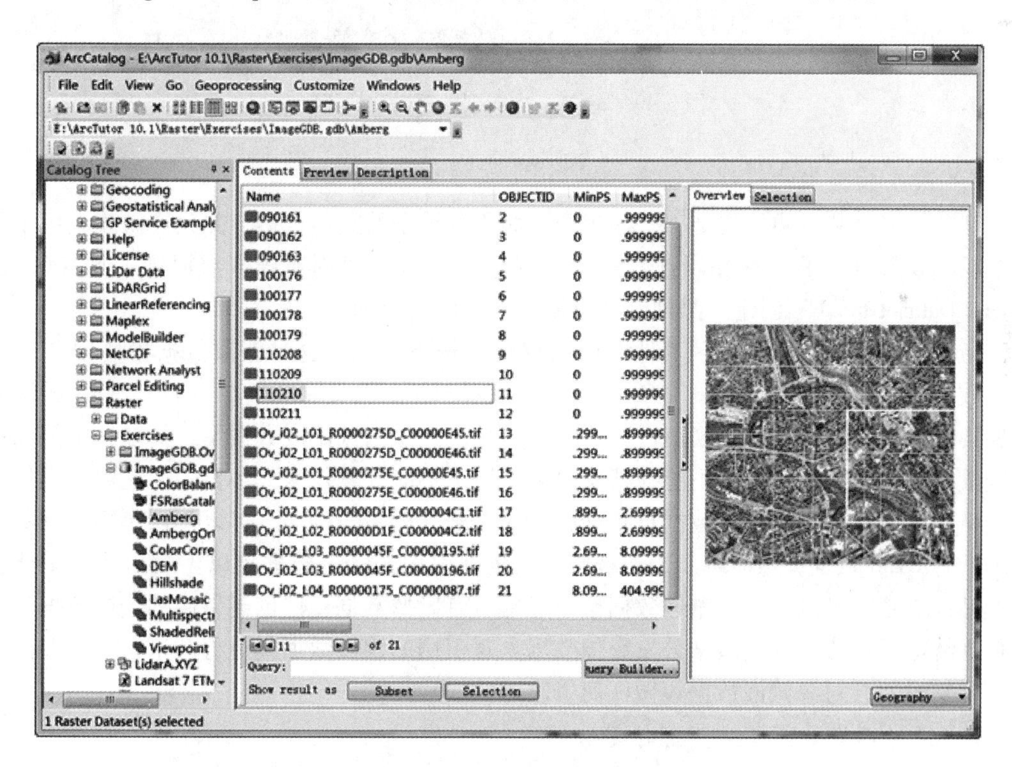


图 3-39 ArcCatalog 中看到的镶嵌数据集

向 ArcMap 中添加某个镶嵌数据集时，该数据集在内容表中作为特殊图层组显示，它至少包含三种图层：Boundary（整个镶嵌数据集覆盖范围，为面要素类；实质上，边界是通过将所有栅格轮廓线（不包括 Overview）合并到一个单部分或多部分面中创建而成的）、Footprint（镶嵌数据集中各栅格的轮廓线及相关概视图 Overview 的轮廓线）和 Image。

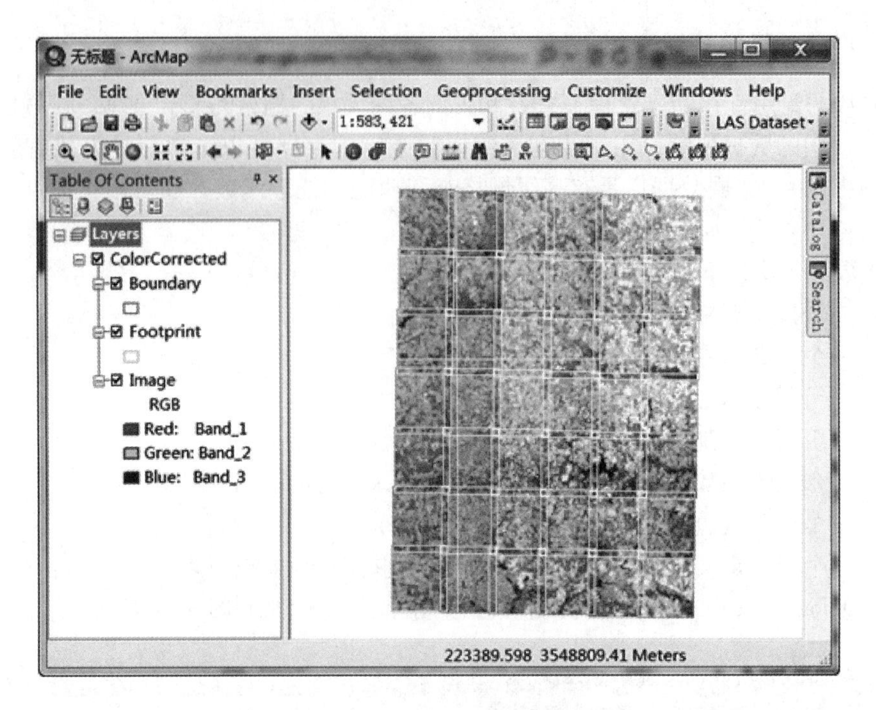


图 3-40　ArcMap 中看到的镶嵌数据集

A　镶嵌数据集的类型

镶嵌数据集共有两种类型，一种允许添加所有类型的栅格数据，并允许修改应用于各栅格或镶嵌数据集的属性和函数。这种镶嵌数据集使用“创建镶嵌数据集工具（Create Mosaic Dataset tool）”创建。此种镶嵌数据集没有任何限制。

另一种镶嵌数据集仅引用其他镶嵌数据集或栅格目录。这种镶嵌数据集使用“引用已有数据创建镶嵌数据集工具（Create Referenced Mosaic Dataset tool）”创建。引用的镶嵌数据集的行为方式类似于常规镶嵌数据集；但是，它是只读镶嵌数据集，例如，不能向该镶嵌数据集添加其他栅格，不能为其构建金字塔，不能计算像素大小范围。它用于提供常规栅格目录或包含不同镶嵌数据集级别函数的镶嵌数据集。例如，可以创建镶嵌数据集来管理所有 DEM 数据，然后基于源镶嵌数据集创建引用的镶嵌数据集以生成山体阴影或坡度产品；或者，可以在一个镶嵌数据集中管理所有影像数据，但创建引用的镶嵌数据集可以根据特定日期或影像类型来分发影像数据。对引用的镶嵌数据集进行共享访问，还能确保访问它时不会对源镶嵌数据集做任何修改。

B　通过镶嵌数据集应用栅格函数

函数是每个镶嵌数据集的重要组成部分。通过函数可使镶嵌数据集传送动态镶嵌的影像，使用函数执行动态处理操作（例如，正射校正、影像增强和影像代数）可增强镶嵌影像产品。可将函数添加至镶嵌数据集或添加至镶嵌数据集中的各栅格，也可在向镶嵌数据集添加数据时添加函数。例如，将特定栅格数据产品（如卫星传感器提供的）添加至镶嵌数据集时，有些函数会自动添加至该栅格数据中。例如，可以添加用于生成正射校正的全色锐化影像的栅格数据集；要生成这种影像，必须在访问栅格数据时对该栅格数据应用全色锐化函数和正射校正函数。由于该过程不要求存储源数据集和预处理数据集，从而节省了磁盘空间。

在实际应用中，可根据问题的需要添加相应的栅格函数。

C 镶嵌数据集属性表

创建镶嵌数据集时，默认情况下将始终显示下列属性表字段。

（1）ObjectID：由 ArcGIS 维护并保证表中每行都具有唯一 ID。

（2）Raster：存储到栅格数据集、以及属性、函数或元数据的链接。在 ArcMap 的属性表中，通过在此字段中单击，然后单击随即显示的箭头按钮，即可以预览该栅格数据；在弹出的窗口中，可以编辑函数及预览属性和元数据，如图 3-41 所示。

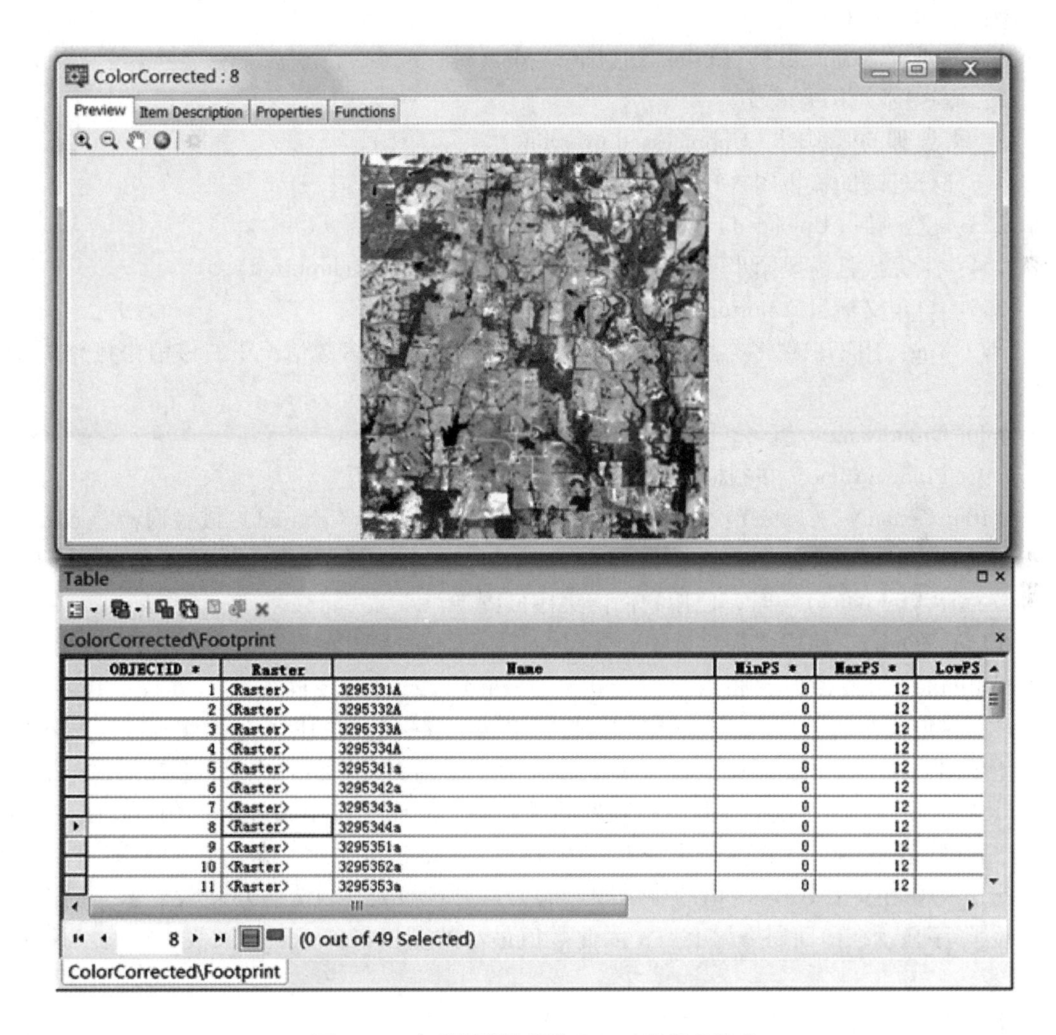


图 3-41 查看镶嵌数据集 Raster 字段的信息

（3）Name：由栅格类型定义的源名称，该名称可以是栅格类型中定义的栅格数据集文件的名称或者元数据文件的名称。

（4）MinPS、MaxPS：最小和最大像素大小由 LowPS 和 HighPS 值计算获得，它们取决于重叠的栅格数据集。这些值用于控制在影像显示和请求的某个特定比例或分辨率下将使用哪些栅格来创建动态镶嵌图像。例如，如果由 1 米的源栅格来创建镶嵌数据集并构建金字塔（Overview），则会显示最小像素大小和最大像素大小的范围；如果查看整个镶嵌数据集（完全缩小），则在查看具有最大 MinPS 和 MaxPS 值的影像；当放大时，影像的分辨率会增大而需要较小的像素大小。

（5）LowPS、HighPS：这些值从源栅格提取并且用于定义栅格数据集中包含的像素大小的范围。例如，包含金字塔（或内部概视图）的栅格数据集将具有一个像素大小范围：低值表示基础像素值，高值表示正在使用的顶级金字塔（Overview）像素值。对于不包含金字塔的栅格数据集，低像素大小和高像素大小可能为相同的值。

（6）Category：用于快速识别数据集的类型及其在镶嵌数据集中的状态，可能取值：

0：未知（Unknown）。

1：主要（基础）数据（Primary（base）data）。

2：概视图（Overview）。

3：未处理的概视图（Unprocessed overview）。

4：部分处理的概视图（Partially processed overview）。

253：已上传（Uploaded）。

254：未完成且需要同步（Incomplete and needs to be synchronized）。

255：自定义项目（Custom item）。

（7）Tag：用于识别将参与函数处理的栅格数据集。大多数情况下，该值由栅格类型定义。

（8）GroupName：组名。

（9）ProductName：在栅格类型中定义的名称或产品类型。

（10）CenterX、CenterY：用于识别栅格数据集的质心（Centroid）或像底点（Nadir）的 X、Y 坐标。当镶嵌方法为“最接近像底点（Closest To Nadir）”或“最接近视点（Closest To Viewpoint）”时，使用它们渲染镶嵌图像。

（11）ZOrder：使用“最接近中心（Closest To Center）”“西北（North-West）”“按属性（By Attribute）”“最接近像底点（Closest To Nadir）”或“最接近视点（Closest To Viewpoint）”镶嵌方法时，控制用于确定如何将栅格镶嵌在一起的顺序。通常情况下，较小的值会向前推，较大的值会向后推。例如，如果有三个值 10、0 和 -10，那么在创建镶嵌影像时，较大值（10）“较重”且具有较低的优先级，从而被较小的 ZOrder 值（0 或 -10）覆盖；而且值越小，会变得越重要且“越轻”，因此它将显示在较大的 ZOrder 值之上（因此，-10 在 0 上方）。对值的显示顺序的另一种理解是，首先显示较大的值，而其余栅格以降序显示在前面栅格的上方，因此数值最小的栅格将位于顶部。假定空值（Null）等于零。

#### D　镶嵌数据集的镶嵌方法与镶嵌运算符

镶嵌数据集中，对于重叠部分的输入栅格如何显示（显示顺序），由镶嵌方法来确定。镶嵌运算符用于定义镶嵌影像中重叠像元的解析方法。为了帮助理解不同的镶嵌方法，这里假设有一镶嵌数据集由 12 个栅格数据集镶嵌而成，这 12 个栅格数据集（Rasters）的内容及分布如图 3-42 所示。

镶嵌方法包括以下几种：

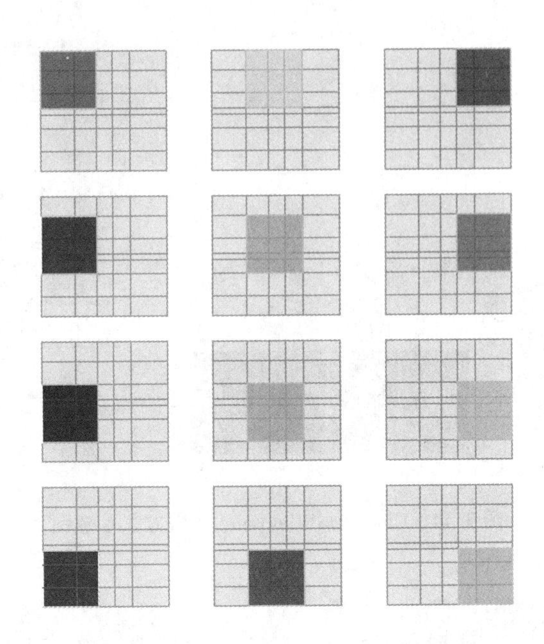

图 3-42 镶嵌数据集示例图

(1) 最接近中心 (Closest to Center): 依次根据 ZOrder、PixelSize 和栅格中心与视图中心的距离（与视图中心距离越小，栅格的默认次序越靠前）对栅格进行排序。图 3-43 中，使用“最接近中心”方法显示了 12 个栅格；可以看到，居中的栅格（粉色）被完全显示出来，镶嵌图像的剩余部分则由其他栅格构成。在向四周平移和缩放镶嵌图像时，随着显示范围内的其他栅格成为最接近中心的栅格，镶嵌图像也会发生改变。

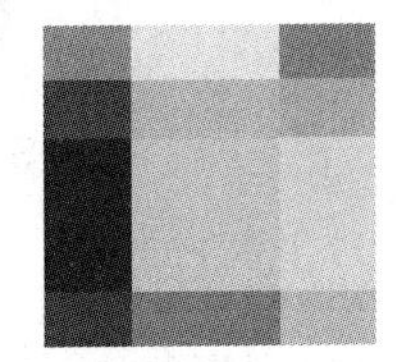

图 3-43 Closest to Center 镶嵌方法示意图

(2) 最接近像底点 (Closest to Nadir): 依次根据 ZOrder、PixelSize 和像底点位置与视图中心的距离对栅格进行排序。这与最接近中心方法类似，但它使用了栅格的像底点，像底点可以与中心点不同，尤其是在倾斜的影像中。

(3) 最接近视点 (Closest to Viewpoint): 使用视点工具，依次根据 ZOrder、PixelSize 以及用户定义的位置与栅格的像底点位置对栅格进行排序。图 3-44 中，将图像放大至红色箭头指示的区域，此位置包含六个重叠的栅格；使用“视点”工具，将获得显示在蓝色箭头下的栅格，蓝色箭头表示选择的视点。要创建采用“最接近视点”镶嵌方法的镶嵌数据集，需要有从各个视点处拍摄的覆盖了某一特定感兴趣区的多个栅格数据集。

(4) 按属性 (By Attribute): 依次根据 ZOrder、PixelSize 以及已定义的元数据属性及其与基值的差对栅格进行排序。图 3-45 中，所选的属性字段包含英文字母，并以升序排列。

(5) 北 - 西 (North - West): 依次根据 ZOrder、PixelSize 以及栅格中心与西北位置之间的最短距离对栅格进行排序。中心越靠近西北的栅格显示的位置越靠上。图 3-46 中，位于西北角的栅格完全用于创建镶嵌图像。

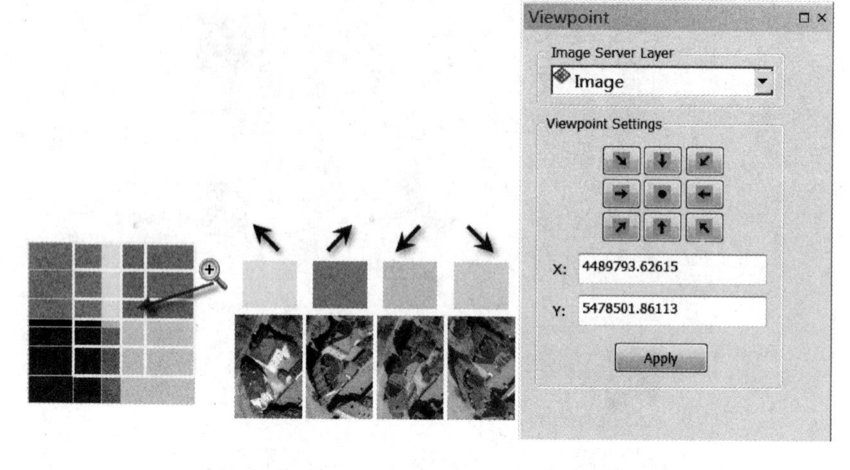


图 3-44　Closest to Viewpoint 镶嵌方法示意图

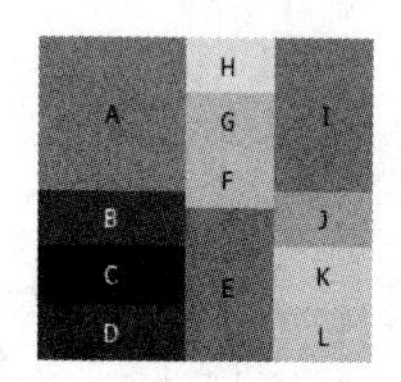


图 3-45　By Attribute 镶嵌方法示意图

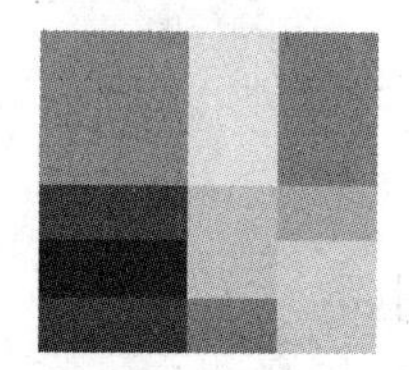

图 3-46　By Attribute 镶嵌方法示意图

（6）接缝线（Seamline）：使用每个栅格的预定义接边形状分割栅格（可以选择是否沿接边使用羽化功能），并依次根据 ZOrder 和属性表中的 SOrder 字段对影像进行排序。图 3-47 中，接缝线（蓝色）用来创建镶嵌方法，并且排序字段与上述“按属性”示例相同。

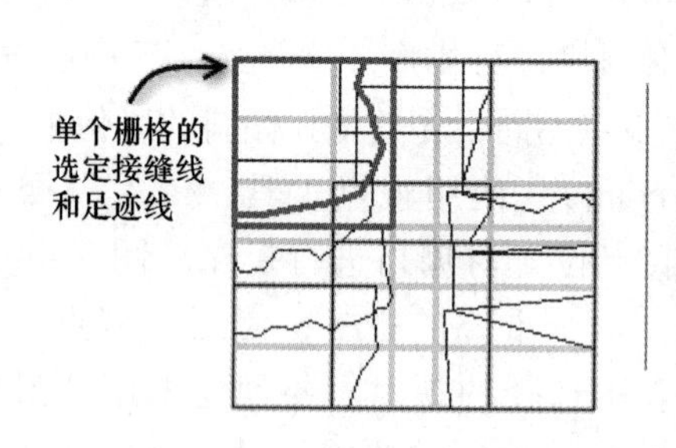


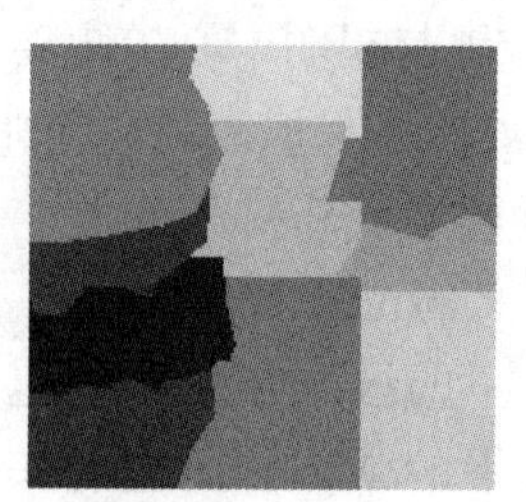

图 3-47　Seamline 镶嵌方法示意图（放大视图）

设置“接缝线”镶嵌方法时，应将镶嵌运算符设置为“混合”。这样便会沿着接缝线的边生成一些混合（羽化）。混合宽度是在接缝线属性表中定义的值。

（7）锁定栅格（Lock Raster）：允许用户根据 ObjectID 锁定单个或多个栅格数据的显示。图 3-48 中，选择了四个轮廓线；因此，仅通过四个栅格创建镶嵌图像。

（8）无（None）：根据镶嵌数据集属性表中的顺序（ObjectID）对栅格进行排序。图 3-49 中，基于属性表中栅格的排序生成镶嵌图像。

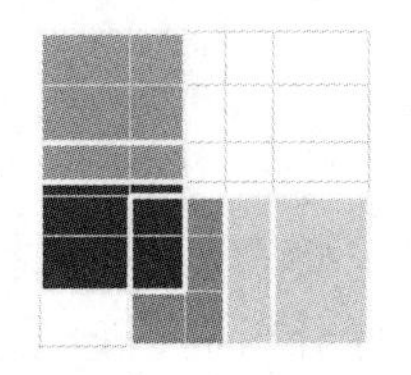

图 3-48 Lock Raster 镶嵌方法示意图

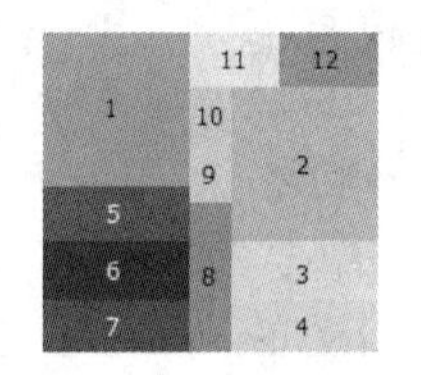


图 3-49 None 镶嵌方法示意图

E 镶嵌运算符（Mosaic operators）

镶嵌运算符用于定义镶嵌影像中重叠像元的解析方法。镶嵌运算符包括以下几种：

（1）第一个（First）：重叠区域将包含源中所列出的第一个栅格数据集中的像元。

（2）最后一个（Last）：重叠区域将包含源中所列出的最后一个栅格数据集中的像元。

（3）最小值（Min）：重叠区域将包含所有重叠像元中的最小像元值。

（4）最大值（Max）：重叠区域将包含所有重叠像元中的最大像元值。

（5）平均值（Mean）：重叠区域将包含所有重叠像元中的平均像元值。

（6）混合（Blend）：将通过对叠置的像元值进行混合来获得叠置区域；该混合值依据一种算法得出，该算法基于权重且与叠置区域内像元与边之间的距离相关。

（7）和（Sum）：重叠区域将包含所有重叠像元值的总和。

### 3.3.13 地理网络

在现实世界中，地理网络是由一系列相互连通的点和线组成，用来描述资源的流动情况。网络数据模型即是真实世界中地理网络（如交通网、通讯网、自来水管网、燃气管网等）的抽象表示。

地理网络有非定向网络（Undirected network）和定向网络（Directed network）。

典型的非定向网络主要有交通网络（Transportation Network），在交通网络中，汽车和火车都是可以自由移动的物体，具有主观选择方向的能力，流向不完全由系统控制；在 Geodatabase 中使用网络数据集（Network dataset）对非定向网络进行建模，由线、点、转弯（turns）要素创建网络数据集；ArcGIS Network Analyst 扩展模块，用于非定向网络分析，其功能包括：（1）最优路径分析（Finding the best route）；（2）查找最邻近设施（Finding the closest facility）；（3）服务区域分析（Finding service areas）；（4）创建起始-目的地成本矩阵（Creating an OD cost matrix）；（5）车辆线路问题（Vehicle routing problem）；（6）位置分配（Location-Allocation）——选址。

典型的定向网络主要有设施网络（Utility Network），如城市的水、电、气网络等。在设施网络中，水、电、气通过管道和线路输送给消费者，水、电、气被动地由高压向低压输送，不能主观选择方向。在 Geodatabase 中使用几何网络（Geometric Network）对定向网络进行建模；ArcGIS 提供的 Utility Network Analyst 工具，用于定向网络分析，其功能包括：（1）寻找连通的/不连通的管线；（2）上/下游追踪；（3）寻找环路；（4）寻找通路；（5）爆管分析。

#### 3.3.13.1　网络数据集

A　网络数据集概述

网络数据集由简单要素（线和点）和转弯要素的源要素创建而成，而且存储了源要素的连通性。使用 ArcGIS Network Analyst 扩展模块执行分析时，该分析始终在网络数据集中进行。

网络数据集是一种高级的连通性模型，可以模拟复杂的场景，如多模的交通网络，如包括地面交通和地下交通的交通网络等；也可以对复杂的网络属性进行处理，如阻碍强度、限制、网络等级等。

网络数据集是由网络元素组成的。网络元素是根据创建网络数据集时使用的源要素而生成的。源要素的几何有助于建立网络的连通性。此外，网络元素还包含用于控制网络导航的属性（转弯限制、单行线限制、立交桥或隧道净空限制等）。

网络元素的类型有三种：

（1）边线：连接到其他元素（交汇点），同时是资源流动时经过的连接线。

（2）交汇点：连接边线并使边线与边线之间的导航变得更容易。

（3）转弯：存储可影响两条或多条边线之间的移动的信息。

参与创建网络数据集的网络源有三种类型：

（1）边线要素源：线要素类可作为边线要素源。

（2）交汇点要素源：点要素类可作为交汇点要素源。

（3）转弯要素源：转弯要素类可作为网络中的转弯要素源。

每个以源形式参与到网络中的要素类都会基于自身指定的角色来生成网络元素。例如，线要素类可用作边线元素的源，而点要素类可用于生成交汇点元素。转弯元素可根据转弯要素类来创建。在简单的街道交通网络中，街道要素类可作为边线源，街道交叉点要素类、公交站点可作为交汇点源。生成的交汇点、边线和转弯元素将组成网络图。

在网络数据集中，边线的每个端点处都必须存在交汇点。因此，如果在边线的端点处没有交汇点源要素，则构建网络数据集时，将自动创建系统交汇点。系统交汇点作为源要素类中的点存储，在首次构建操作期间自动生成。源要素类命名为［网络名称］_Junctions，其中［网络名称］表示网络数据集名称。

B　网络数据集的连通性（Connectivity）

网络数据集中的连通性是基于线端点（Endpoints）、线顶点（Vertices）和点的几何重叠建立的，并遵循连通性规则。

a　连通组（Connectivity group）

建立连通性要从定义连通组开始。连通组是对点或线要素的逻辑分组，用来定义哪些网络元素是连通的；默认情况下，参与要素存在于一个连通组中。

一个网络数据集可以有多个连通组。边线数据源只能参与一个连通组，交汇点数据源可以参与多个连通组。交汇点是多个连通组的边线连通的唯一途径，如地铁入口连接城市地下与地面交通。

连通组用于模拟多模网络，如地下交通与公交网络等。

b　连通策略（Connectivity policy）

连通策略用来定义网络元素相互之间的连通方式。

（1）线要素（边线）连通策略。同一连通组内的边线有两种不同的连通策略：

“端点（Endpoints）”连通策略：边线只能在端点处与其他边线或交汇点连通，不能在中间节点处连通。如图 3-50 示例中，两个线要素在交点处并没有被打断，线要素 l1 变成了边线元素 e1，线要素 l2 变成了边线元素 e2；这种连通策略适合于立交桥路段建模，从桥下穿过的任何街道都不与桥相连通。

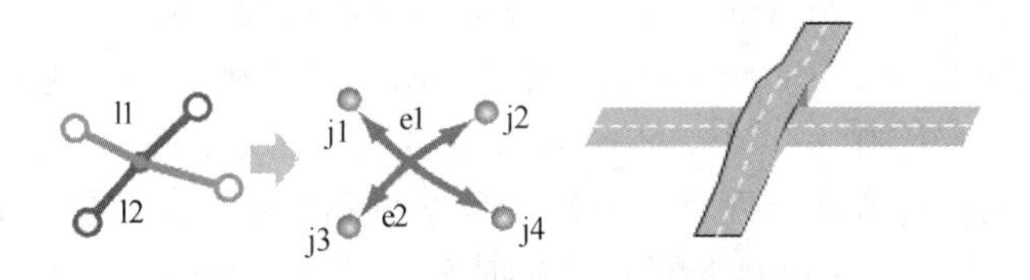


图 3-50 边线“端点”连通策略示意图

“任意节点（Any vertexes）”连通策略：一条边线可以与其他边线或交汇点在任意节点处连通。如果设置为任意节点连通，线要素会在重叠的节点处被打断，变成多个边线。如图 3-51 所示，两个线要素在重叠节点处被打断，并在该重叠节点处形成了交汇点；线要素 l1 在交汇点 j3 处分割为 e1 和 e3 两条边线；线要素 l2 在交汇点 j3 处分割为 e2 和 e4 两条边线。这种策略适合于平交路口建模。但这种策略也并不是把所有相交的线都在相交处打断，如果在相交处没有重叠的节点，那么它并不会自动创建节点把线打断，如图 3-52 所示，就像立交桥路段一样。

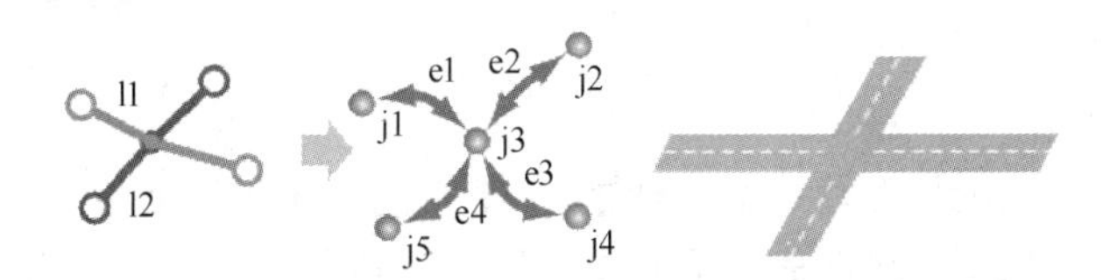


图 3-51 边线“任意节点”连通策略示意图

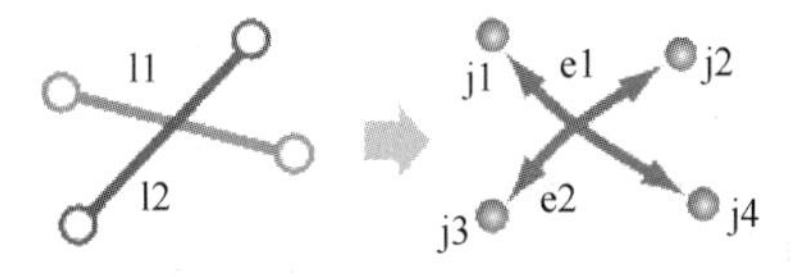


图 3-52 没有重合节点的相交线要素
不会在相交处打断

例如，街道数据源被指定了“Any vertex”连通性，以便街道要素可以与其他街道要素在重合节点处相连接。桥数据源被指定了端点连通性。这意味着桥只可在端点处与其他边要素相连接。因此，从桥下方穿过的任何街道都不与桥相连接。桥将在端点处与其他街道连接。如果要用于构建天桥（桥）和地下通道（隧道）模型的网络中仅包含一个源，则可以考虑在平面数据上使用高程字段。

（2）点要素（交汇点）连通策略。点要素（交汇点）可以参与到多个连通组中，可以将同一或不同连通组中的线要素相连。交汇点的连通策略有：

1）依边线连通（Honor）：由边线的连通策略决定交汇点是否与边线连通。

2）交汇点处连通（Override）：覆盖边线连通策略，交汇点与边线的连通策略为任意节点处连通，忽略边线的连通策略，在交汇点处一定要连通。

在公交网和街道网的多模式系统中，公交站点是从点源中添加的，并且同时处于两个连通性组（公交网、街道网）中；公交站的点位置在空间上必须与相连的公交线和街道线重合；这时，需要将公交站点的连通策略设置为交汇点处连通。

（3）依据高程字段（Elevation Field）或要素几何的 Z 坐标值连通策略。网络元素的连通性不仅可取决于它们在 X、Y 空间中是否重合，还可取决于它们是否共享相同的高程。构建高程模型的可选方式有两种：使用高程字段和使用几何对象的 Z 坐标值。

1）高程字段。当参与构建网络数据集数据源，只有一个要素类时，但有的边线需要任意节点连通策略，有的边线需要端点连通策略，这时可以考虑使用高程字段确定边线的连通性，即高程相同的边线在重合处连通，否则不连通。通过应用高程字段，使得网络数据集能够表达线要素的高低起伏关系。高程字段通常命名为 ZELEVation 或 ZLEVel。

2）几何的 Z 坐标值。如果源要素的几何中存储了 Z 值，则可以创建三维网络。室内人行道的模型通常就用 3D 网络构建。多层建筑中的走廊在 2D（X－Y）空间上都是无法区分的，但在 3D 空间中，却可以根据它们的 Z 坐标值对其加以区分。同样，电梯是靠垂直移动来连接各楼层的。在 X－Y 空间中电梯是点，但在 3D 空间中却完全可以将其作为线进行建模。

在 3D 网络数据集中，要想建立连通性，源要素（点、线端点和线节点）必须共享全部三个坐标值：X、Y 和 Z 值。

C　转弯（Turns）

转弯是网络中一条边线到另一条边线的过渡，它描述了两到多个边线元素的转向特征；用于模拟网络中流动资源的通行成本或者限制。转弯成本是完成转弯所需的时间。在每一个网络交汇点都有 $N^2$ 种转弯的可能，N 是和交汇点相连通的边线的数量。

转弯类型主要有直行、左转弯、右转弯、U 形转弯和多边转弯，如图 3-53 所示。

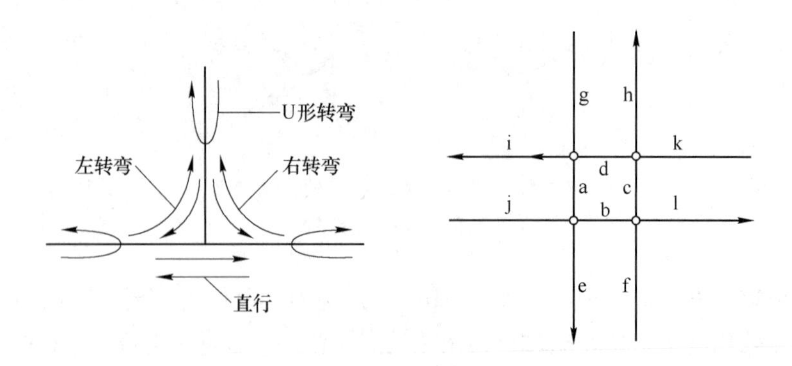


图 3-53　转弯类型

a　转弯要素

转弯要素类是基于线要素创建的特殊要素类。与全局转弯（Global turn）相比，转弯要素类支持复杂转向。可以通过两种方法生成：创建新的转弯要素，转弯表→线要素类。

创建转弯要素类时，可指定转弯所支持的最大边数。一个转弯至少要包含两条边。Network Analyst 支持最多含有 30 条边的转弯。默认的最大边数设置为 5。转弯要素类的模式如表 3-18 所示。

**表 3-18 转弯要素类模式**

| 字 段 | 描 述 |
| --- | --- |
| ObjectID | 转弯的内部要素编号 |
| Shape | 转弯要素的要素几何 |
| Edge1End | 指示转弯是否通过第一条边的末端（Y 表示转弯通过第一条边的末端，而 N 表示转弯通过第一条边的始端） |
| Edge1FCID | 表示转弯第一条边的线要素的要素类 ID |
| Edge1FID | 表示转弯第一条边的线要素的要素 ID |
| Edge1Pos | 表示转弯第一条边的线要素沿线的位置。对于表示多条边的线要素（可使用通过折点连接的多条线或具有覆盖策略的多个点创建），此位置将指明要素的哪个边元素是转弯的第一条边 |
| Edge2FCID | 表示转弯中第二条边的线要素的要素类 ID |
| Edge2FID | 表示转弯中第二条边的线要素的要素 ID |
| Edge2Pos | 表示转弯第二条边的线要素沿线的位置 |
| Edge3FCID | 表示多边转弯（具有三条或更多条边的多边转弯）中第三条边的线要素的要素类 ID |
| Edge3FID | 表示多边转弯（具有三条或更多条边的多边转弯）中第三条边的线要素的要素 ID |
| Edge3Pos | 表示多边转弯（具有三条或更多条边的多边转弯）中第三条边的线要素沿线的位置 |
| ⋮ | ⋮ |

b 全局转弯

创建网络时，不存在转弯要素的位置处，任意两个连通的边线处自动创建通用转弯或称全局转弯：右转弯，左转弯，U 转弯（调头），以及直行。通过为转弯元素的默认值指定通用转弯延迟赋值器，可为通用转弯指定属性值，如图 3-54 所示。

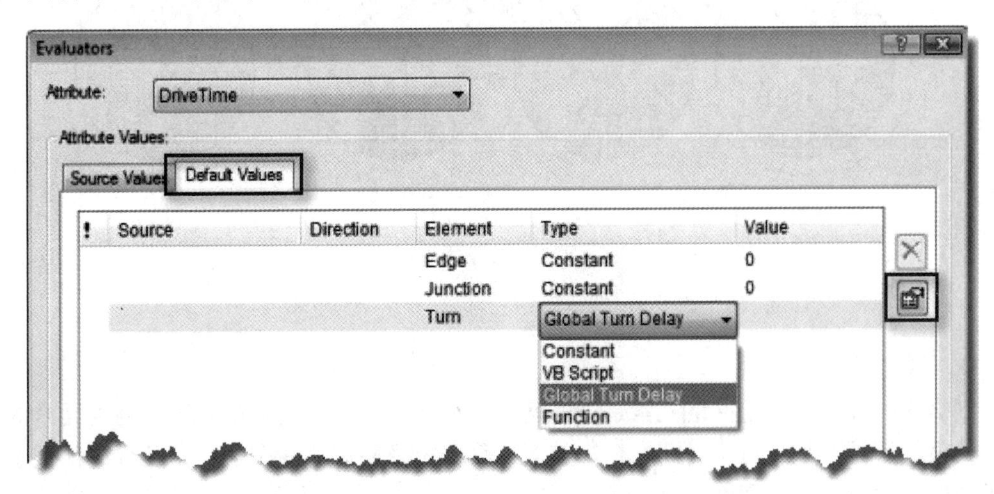


图 3-54 转弯元素的默认值指定通用转弯延迟赋值器

通用转弯延迟赋值器将两个边的过渡分类为四个通用转弯类型：左转弯、右转弯、反向转弯和直行，如图 3-55 所示。该赋值器提供转弯成本设置。例如，如果赋予通用左转弯的处罚时间为 2s，则通用转弯延迟赋值器会查找所有属于左转弯的相邻边，并且处罚这些边 2s 的时间。

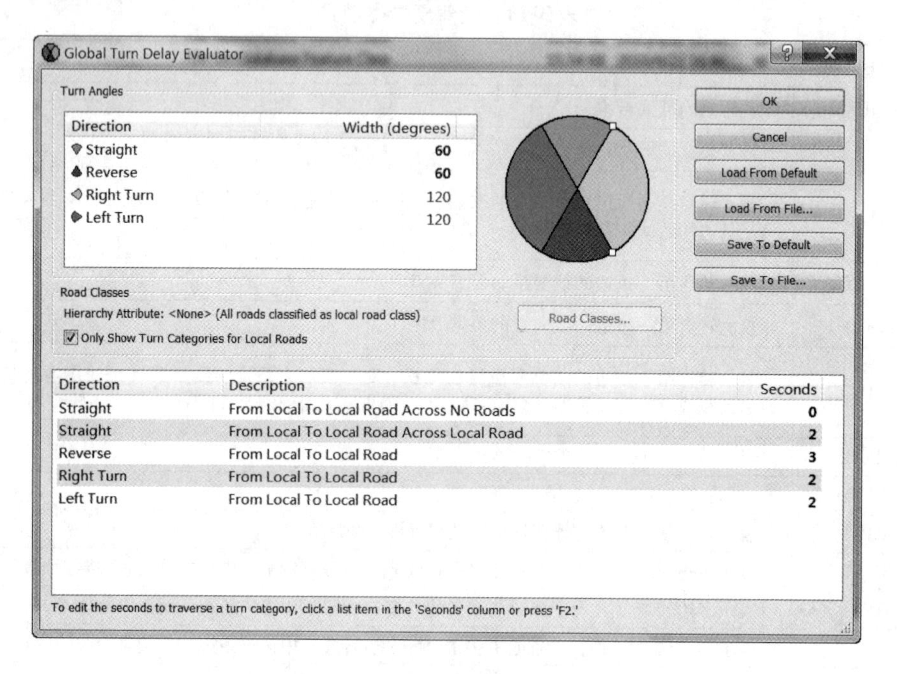


图 3-55　通用转弯延迟赋值器

可以修改默认情况下转弯类别（如图 3-56 所示）的转弯角。例如，可将直行的楔形变窄而将反向转弯的楔形加宽，这也会影响到左转弯和右转弯的判定楔形。

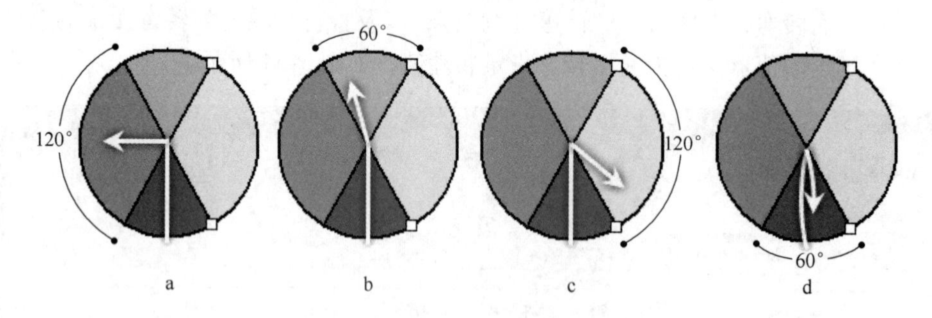


图 3-56　通用转弯类型

a—左转弯；b—直行；c—右转弯；d—反向转弯

D　网络数据集属性

网络连通性用于确定网络元素是否连通。网络属性用于控制网络遍历时网络元素的成本、约束等属性，如：行车时间、行车速度、哪些街道限制哪些车辆、以及哪些街道是单行道或禁止通行。网络属性包括成本（Cost）属性、约束（限制，Restriction）属性、等级（Hierarchy）属性和描述符（Descriptor）属性 4 种类型。另外还有带参数的网络属性。

网络属性有五个基本特性：名称（Name）、用途（Usage）、单位（Unit）、数据类型（Data type）和默认情况下使用（Use by default）。

（1）用途（Usage）指定在分析过程中使用属性的方式，属性可以标识为成本、描述符、约束或等级。

（2）成本属性的单位是距离或时间（例如 cm、m、min 和 s）等。描述符、等级和约束条件的单位是未知的。

（3）数据类型可以是布尔型、整型、浮点型或双精度型。成本属性不能是布尔型。约束条件始终为布尔型，而等级始终是整型。

（4）默认情况下使用将自动在新创建的网络分析图层上设置这些属性。如果成本、约束或等级属性设置为默认情况下使用，那么网络分析图层将被设置为自动使用这些属性。网络数据集中只有一个成本属性可以设置为默认情况下使用。描述符属性无法在默认情况下使用。

网络属性还可以带参数，如通过对卡车高度或重量、天气因素或当前速度之类的特征建模，这些参数可用于网络属性的动态分析。约束条件属性始终具有一个名为“约束条件用法”的参数。

a 成本（Cost）属性

成本属性用于测量阻抗和构建阻抗模型，如行车时间、步行时间、距离或任务量（街道上拾起的垃圾量）。成本属性可以沿边长进行分配，即可以将它们按长度比例进行划分。例如，如果将行车时间建模为成本属性，那么遍历半边所需时间为遍历整边所用时间的一半。

在查找最佳路径过程中，网络分析经常涉及成本（也称为阻抗）最小化。如查找最快路径（行程时间最小化）或最短路径（距离最小化）。

b 约束（Restriction）属性

约束（限制，Restriction）属性使用布尔数据类型来定义，表示网络遍历时对网络元素的约束或限制（true 或 false）。常用的约束或限制有：

（1）单行道或封禁的街道可以用字段标示在网络属性表中。字段值可显示单行道的交通方向，如 FT 表示允许从边线的始节点到终节点，TF 表示允许从边线的终节点到始节点，而 N 表示在任何方向都不能通行。

（2）车辆高度限制（立交桥路段或隧道的净空）。

（3）转弯限制。

（4）装载危险物品。腐蚀性物质的车辆只能在规定的道路上行驶。

从 ArcGIS 10.1 开始，创建约束属性时会自动为该属性添加一个“Restriction Usage（约束条件用法）”参数，并需要为该参数指定一个值（如图 3-57 所示）：Prohibit（禁止），Avoid：High（避免：高），Avoid：Medium（避免：中），Avoid：Low（避免：低），Prefer：Low（首选：低），Prefer：Medium（首选：中），Prefer：High（首选：高）。

（1）禁止（Prohibit）网络元素。约束属性的最常见用法是禁止遍历网络元素。例如，可通过约束属性对单行道（Oneway）建模，这样只可以从街道的一端遍历至另一端，但不可以反向遍历。同样，人行道上的约束属性可设为完全禁止遍历，这样标识为人行道的网络元素就被排除在为机动车生成的所有路径之外。

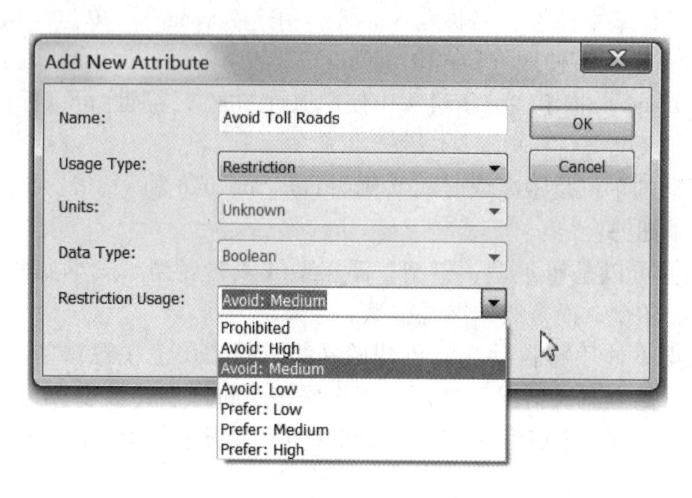


图 3-57　约束属性“Restriction Usage”参数

（2）避免（Avoid）网络元素。在网络分析中，可能需要局部放宽禁止约束条件而非完全禁止遍历某网络元素，求解程序可避免遍历该元素（除非遍历无法实现或成本过高）。例如，如果在安排商业配送车辆的路线时希望它们避免在收费道路上行驶，则可以使用一个约束条件属性并将其“Restriction Usage”参数设置为“Avoid”；这样选择路线时大多会避免收费道路，但如果配送恰好需要经过收费道路，该路线仍能够到达目的地。同样，如果在去往停靠点的途中避开收费道路的成本过高（即收费道路附近的绕行路线过长），则求解程序将允许此障碍并安排车辆通过收费道路。

（3）首选（Prefer）使用网络元素。约束属性的第三种类型是首选使用约束条件。尽管与其名称“约束”相矛盾，首选使用约束条件还是能够增加网络元素对求解程序的吸引力，这样它们便更有可能包含在分析结果中。

试想一辆载有危险材料（hazmat）的卡车，在某些道路上运送危险品是非法的，而某些道路则允许通过，还有一些道路属于首选使用的道路，因为在这些道路上发生事故最容易获得紧急响应和控制。

可以通过以下方法对这些规则进行建模：在运送危险材料为非法的道路上配置一个“Restriction Usage”参数值为“Prohibit”，而在非常适宜运送危险材料的道路上配置一个“Restriction Usage”参数值为“Prefer”。这样，车辆将决不会被安排在禁止的道路上行驶，而是可能被安排在首选使用的道路上行驶。

c　等级（Hierarchy）属性

等级是指分配给网络元素的次序或级别，通过整型值对边线元素进行等级划分。当使用支持等级的网络进行分析时，优先选择更高级别的道路，例如主要道路、次要道路以及地方干道优先级顺序。

路径求解程序启动后，同时从起始停靠点和目标停靠点出发，向对方行进。对地方干道进行搜索直至找到通往次要道路的最佳过渡，找到该位置后仅对次要和主要道路进行搜索。求解程序继续对次要道路进行搜索直至找到通往主要道路的最佳过渡。此后求解程序仅搜索主要道路，忽略低等级的道路，直到起始位置发出的路径与目标位置发出的路径汇合为止，从而起始点与目的地连通并找到一条路径。

求解程序的目标是，优先选择更高级别道路的同时最小化阻抗的值。

默认支持三个等级，如：

（1）1 = 主要道路（高速公路以及限行路），Primary roads（freeways and limited-access highways）。

（2）2 = 次要道路（主干道），Secondary roads（major and arterial roads）。

（3）3 = 地方干道（辅路以及地方街道），Local roads（collectors and local streets）。

d 描述符（Descriptor）属性

用于描述网络元素的整体特征。如：车道数、材质、速度限制等。

不同于成本属性，描述符属性是不可分配的。描述符数值不取决于边元素的长度。尽管描述符属性与成本属性不同，而且不能作为阻抗使用，但是它可以与距离结合使用来创建可作为阻抗使用的成本属性（例如行驶时间）。

e 带参数的网络属性

网络属性的取值有时随条件而定，条件不同取值也不一样。例如：车辆的高度能够确定一个立交桥路段或隧道是否可以通行；天气条件不同，车辆行驶的速度也不一样，进而影响网络的时间成本；这时，可以根据车辆高度建立边线通行的约束条件；根据不同的天气条件，设置不同的比例因子计算通行成本。可以使用带参数的网络属性来模拟这种情况。

在 ArcCatalog 中，参数被添加到网络属性，并由该属性的赋值器进行引用。网络分析时可以在 ArcMap 中指定参数值，以便能够在运行时使用表达式和当前参数值确定网络属性的值。

参数化的网络属性有一个 VBScript 类型或函数类型的计算器（Evaluator），计算器使用一个网络属性上的参数及另外一个网络属性来确定该参数化的网络属性的取值。由于参数会在运行时发生变化，它们的值不会写入数据库；相反，只在需要时进行计算。因此，在参数值发生变化时，不需要重新构建网络数据集。

（1）约束属性的参数。约束型网络属性（Restriction attributes）上的参数用来确定哪些网络元素可以用于网络分析。如：参数拥有车辆的一个属性（如车辆高度），和来自描述型属性（Descriptor attribute）的值（如边线或隧道的净空）进行比较，以确定网络元素是否能够通行。

一个参数化的约束型网络属性能够将车辆的高度与拥有立交桥或隧道净空的描述型属性进行比较，如果车辆的高度大于净空，则该边线受限制，不能通行。这可能导致不同的车辆有不同的行车路线。在这种情况下，可以创建两个属性：一个描述符属性和一个约束属性，可以将它们分别命名为 MaxHeight 和 HeightRestriction。MaxHeight 会引入源数据中的间距值，而 HeightRestriction 会读取来自 MaxHeight 的值，并将它们与具有当前车辆高度的参数进行比较。

为参数化的约束属性 HeightRestriction 指定了一个函数赋值器，该赋值器将车辆高度参数与描述符网络属性 MaxHeight 进行比较，MaxHeight 中包含了网络元素的间距测量值。只要函数赋值器返回真，网络元素就会受到约束。如果返回“假”，则网络元素可被穿越并可在解决方案中使用。如图 3-58 所示。

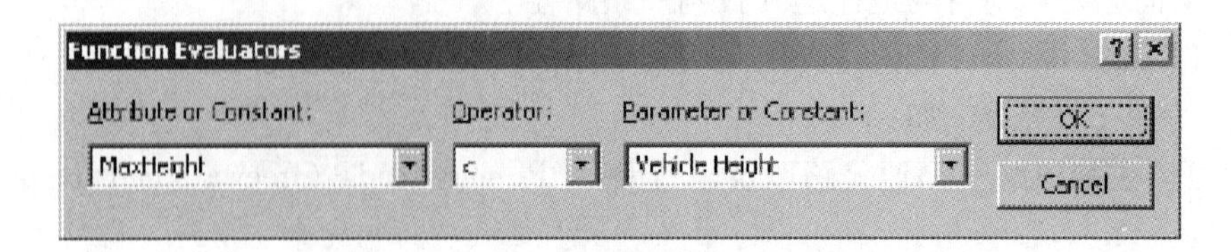


图 3-58　使用函数赋值器为约束属性赋值

(2) 默认的“Restriction Usage”参数。在创建的任何约束属性中都会自动添加一个参数：Restriction Usage，它指定了约束属性对使用约束条件的元素上的遍历是禁止、避免还是首选。如果避免或首选元素，可以进一步指定避免或首选这些元素的程度（High、Medium 或 Low）。具体来说，可以为“约束条件用法”指定以下任意值：

1）禁止（-1）：相关网络元素上的遍历被完全禁止。这是最常见的约束条件用法。

2）避免：高（5）：求解器极不可能使用与约束条件关联的网络元素。

3）避免：中（2）：求解器不可能使用与约束条件关联的网络元素。

4）避免：低（1.3）：求解器不太可能使用与约束条件关联的网络元素。

5）首选：低（0.8）：求解器略有可能使用与约束条件关联的网络元素。

6）首选：中（0.5）：求解器可能使用与约束条件关联的网络元素。

7）首选：高（0.2）：求解器极有可能使用与约束条件关联的网络元素。

说明：需要注意上述括号中的值对求解程序有哪些影响。通常，将有约束条件的元素的成本乘以这些数值可提高或降低成本，进而使这些元素在分析期间的优先级增加或减少。例如，首选元素乘以一个大于 0 且小于 1 的参数值可降低其成本，并使求解程序更有可能在结果中包含这些元素。值“首选：高”的值更接近于 0，而“首选：低”的值更接近于 1。（请注意，不允许输入值 0；这会在求解时引起错误。）对于想要避免的元素，“Restriction Usage”数值应设置为大于 1 的数，因为乘以这些值会提高成本。要禁止元素，“Restriction Usage”的值在内部设置为 -1，Network Analyst 将负成本值解释为不可遍历。用户也可输入自定义值。

(3) 成本属性的参数。参数化网络成本属性引用另外一个成本属性并对其进行缩放。这对于恶劣天气（冰雪、大雾、大雨）情况下的交通流分析非常有用。这时可以创建一个参数化网络成本属性——缩放比例因子，控制不同的天气情况，不同的行车速度——不同的行车时间。

对于网络元素的通行时间，可以创建 2 个网络属性：

DriveTime：正常行驶时间阻抗，存储在源数据字段中。

DriveTime_scaled：获取 DriveTime 属性值，并通过具有当前比例因子 DriveTime_scaled 属性的参数 DriveTimeFactor 进行换算。

创建完必要的网络属性后，可以设置参数化的属性，此过程包括两个主要步骤：

(1) 向网络属性添加参数。

(2) 设置网络属性的赋值器以使用该参数。

在 ArcCatalog 中使用网络数据集属性对话框的属性选项卡执行这些步骤。

图 3-59 显示的函数赋值器建立一个参数化的成本属性 DriveTime_scaled，该赋值器使

用了“DriveTimeFactor”参数。该赋值器从 DriveTime 成本属性读取行驶时间并乘以 DriveTimeFactor 的值，而该因子在运行时指定。可以在运行时更改参数的默认值 1。值 1.5 会将行驶时间减慢正常值的 50%。DriveTime 值为 5 分钟的网络元素所得到的 DriveTime_scaled 值为 7.5 分钟。

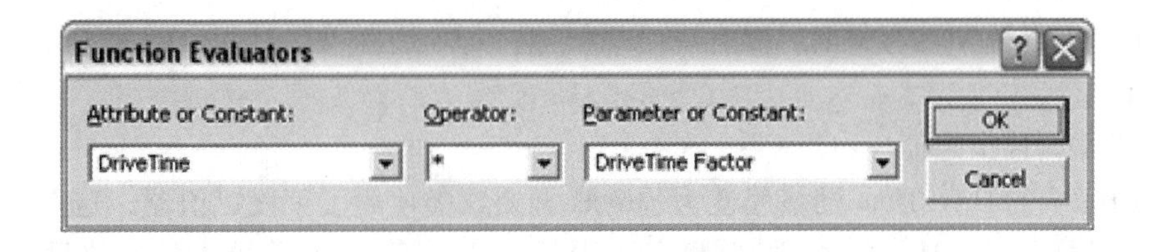


图 3-59 参数化的成本属性赋值

E 网络属性赋值

网络中定义的每个属性都必须具有与每个网络源相对应的值。赋值器为每个源的属性指定值。赋值器的类型：

（1）字段赋值器（Field evaluator）：网络属性的值来源于网络源的某个字段的取值，如 Streets 源的“From-To”方向的 DriveTime 网络属性值来源于 FT_Minutes 字段的取值。

（2）字段表达式赋值器（Field expression evaluator）：网络属性的值由字段和 VBScript 或 Python 表达式计算得到。例如，对于 Streets 源，PedestrianTime 为步行时间网络属性，假设行人的步行速度是 3km/h，则步行时间（分钟）PedestrianTime 应为［Meters］ * 60/3000，其中［Meters］是以米为单位的边长属性。

（3）常量赋值器（Constant evaluator）：可以为网络属性指定一个常数值。该值可以是表示成本、描述符和等级等属性的数字（0，1，2），也可以是表示约束属性的布尔数据类型“使用约束条件（Use Restriction）”或“忽略约束条件（Ignore Restriction）”。

（4）函数赋值器（Function evaluator）：函数赋值器通过执行关于另一属性值或参数值的倍乘函数或逻辑函数来计算属性值。对于数值属性类型，其值可以通过另一属性值乘以某值的表达式获得，例如，行驶时间 * 1.25。对于布尔属性类型，其值可以通过将另一属性值与一个参数值比较的表达式获得，例如：MaxHeight < VehicleHeight。

（5）通用转弯延迟赋值器（Global turn delay evaluator）：通用转弯延迟赋值器用于为两个边元素之间的过渡指定默认成本值。该成本取决于两条边之间的偏转角，以及所遍历的各条边的道路类别（主要道路、次要道路或地方道路）。可以将等级范围对话框和等级属性结合使用来指定道路类。例如，可以使用通用转弯延迟赋值器进行如下设定：由偏转角确定的所有左转弯在从地方道路左转到次要道路时所用的时间大于从地方道路左转到其他地方道路的时间。还可以指定增加其他过渡的成本，例如，在两条次要道路的交叉路口处继续直行时，增加 10 秒的延迟时间。

（6）脚本赋值器（Script evaluator）：可根据 VBScript 或 Python 脚本的执行结果指定属性。不同于其他赋值器，脚本赋值器不会在构建网络时指定值。相反，只有在特定的网络分析需要使用某属性时（可能发生在求解时），它才会为该属性指定值。如果某个属性的值不断变化，使用脚本赋值器可以确保每个网络分析的属性都得到更新。

（7）边交通流量赋值器（Edge traffic evaluator）：边流量赋值器专用于流量数据。该类赋值器可通过历史数据或实时数据为某一天的特定时刻和一周中的某一天提供行驶时间。它们包含回退成本属性，可以在一天中的特定时刻的行驶时间不可用时提供工作日及周末的行驶时间。边流量赋值器还具有时间中立成本属性，当路径分析中的排序停止或访问车辆配送时，Network Analyst 引用该属性。

每个交汇点源和转弯源都可以有一个赋值器。每个边源可以有两个赋值器，边的每个方向各有一个。

a　成本属性指定值

图 3-60 中的 DriveTime 网络属性为 Streets 源要素类使用了字段赋值器，这在类型列中指明。值列显示 FT_ Minutes 字段为 Streets 源的“From-To”方向提供的网络属性值。同样，街道源“To-From”方向的值由 TF_ Minutes 字段决定。

| Source | Direction | Element | Type | Value |
| --- | --- | --- | --- | --- |
| Metro_Lines | From-To | Edge | Constant | -1 |
| Metro_Lines | To-From | Edge | Constant | -1 |
| Streets | From-To | Edge | Field | FT_Minutes |
| Streets | To-From | Edge | Field | TF_Minutes |
| Transfer_Stations | From-To | Edge | Constant | -1 |
| Transfer_Stations | To-From | Edge | Constant | -1 |
| Transfer_Street_Station | From-To | Edge | Constant | -1 |
| Transfer_Street_Station | To-From | Edge | Constant | -1 |
| Metro_Entrances | | Junction | | |
| Metro_Stations | | Junction | | |
| ParisNet_Junctions | | Junction | | |

图 3-60　为成本属性赋值

在此例中，网络中的其他边源是过渡边，没有行驶时间。因此，可以为其指定常数值 -1，或常数值零更好，并指定禁止汽车和其他街道车辆的约束属性。

此外，成本属性也可以使用函数赋值器通过另一个成本属性获得。例如，对下雨天车辆行驶时间建模的属性可以由函数赋值器引用对常速车辆行驶时间建模的属性乘以减速系数获得，如图 3-61 所示。

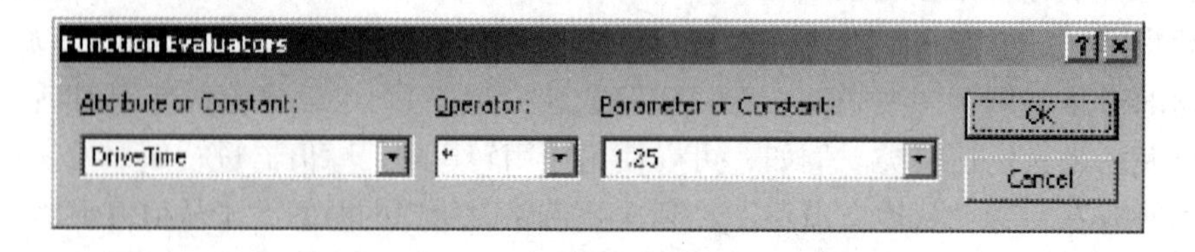


图 3-61　使用函数赋值器为成本属性赋值

b　约束条件指定值

约束属性为布尔数据类型。由于源元素可使用或忽略关联的约束条件，因此可为其指定常数值使用约束条件（Use Restriction）或忽略约束条件（Ignore Restriction）。

约束属性也可以使用函数赋值器通过将另一个属性与一个参数值比较获得。例如，对车辆高度限制建模的属性可以使用函数赋值器将道路的高度限制与车辆实际高度（存储在一个属性参数中）进行比较后获得。当该表达式计算结果为真时，该道路将使用约束条件（此道路受限制）；当该表达式计算结果为假时，则忽略约束条件（此道路可穿越），如图 3-58 所示。这项规则唯一例外的是，任何时候任意一个运算对象（MaxHeight 或 Vehicle Height）的值为零时，表达式的计算结果总为假。

约束属性也可以通过源要素类中的字段指定。例如，可以使用字段表达式赋值器生成布尔型结果：如果表达式为真，元素将使用约束条件，否则元素将忽略约束条件。当网络数据集创建后，ArcGIS Network Analyst 会搜索所有源查找常用字段，如“Oneway（单向）”字段。如果在任意源内找到“Oneway”字段，都会创建“Oneway”网络属性并根据字段表达式为相关源指定值。街道 Oneway 约束有 From-To 和 To-From 两个方向，图 3-62 为 From-To 方向的 Oneway 约束属性的 VBScript 表达式。

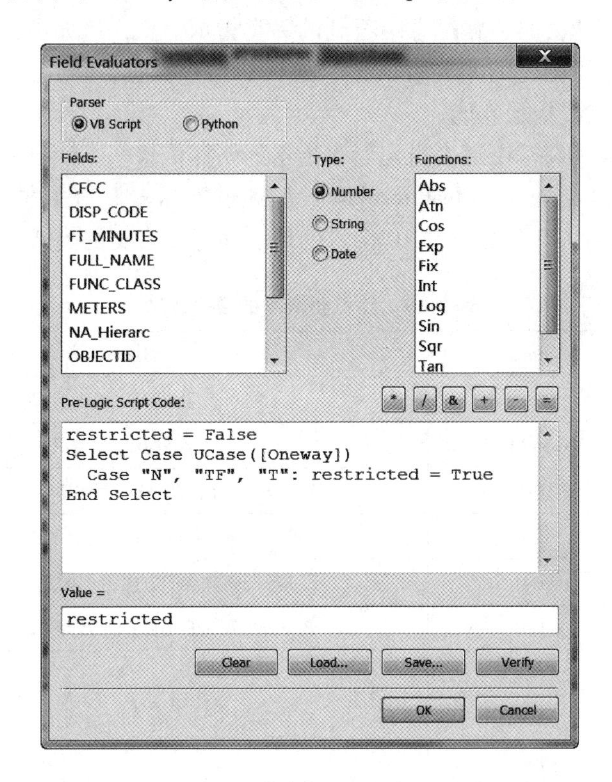


图 3-62 Oneway 约束属性的 VBScript 表达式

这些表达式根据“Oneway”字段中的文本值确定允许的行驶方向：

（1）FT 或 F：仅允许沿线要素的数字化方向行驶（“From-To”方向）。

（2）TF 或 T：仅允许与沿线要素数字化方向相反的方向行驶（“To-From”方向）。

（3）N：在这两个方向都不允许行驶。

（4）其他任意值：在这两个方向都允许行驶。

c 分配等级（Hierarchy）

通过为网络数据集分配等级，可以将边分为不同的等级分级，进而减少求解时间。但等级求解的结果可能不如非等级求解的结果理想。

等级分级以连续的整数定义，从 1 开始。最小的整数 1 代表最高等级分级。整数值越大，表明等级越低。

例如，如果将网络分为三个等级分级，应该为主要道路指定值 1、为次要道路指定值 2，并为三级道路指定值 3。

网络数据集中的等级通常用字段赋值器或字段表达式赋值器来指定。

通常会为等级属性指定三个、四个或五个等级分级，但也可以指定所需数量的分级，只要这些分级是由从 1 开始的连续整数表示即可。但是，应避免指定过多的等级分级。

如果源要素类的某个属性划分的道路组数大于等级中所需的分级数，可以使用字段表达式赋值器对这些组做进一步分类，从而获得所需的等级分级数。

F　使用路标（signpost）

路标提供可在高速公路道路标志中看到的一类指示信息，例如出口编号、所连接的道路以及沿连接的道路可到达的主要目的地。如果有路标数据，可用来增强由 ArcGIS Network Analyst 生成的路线指示功能。

使用路标要素类和路标街道表指定驾车指示的路标信息。

（1）路标要素类（Signpost feature class）描述道路标志上的文本，是一种线要素类。路标要素类最多可支持 10 条分支和 10 个目的地。路标要素类的模式定义如表 3-19 所示。

**表 3-19　路标要素类的模式定义**

<table>
<tr><th>Field</th><th>Format</th><th>Description</th></tr>
<tr><td>ObjectID</td><td>OID</td><td>路标 ID（OID 字段）</td></tr>
<tr><td>Shape</td><td>Geometry</td><td>路标几何（线几何）</td></tr>
<tr><td>ExitName</td><td>Text</td><td>出口编号；例如 242 出口</td></tr>
<tr><td>Branch0</td><td>Text</td><td>第一条分支街道或高速公路的名称；例如 I-80</td></tr>
<tr><td>Branch0Dir</td><td>Text</td><td>Branch0 分支的方向；例如北、南、东或西</td></tr>
<tr><td>Branch0Lng</td><td>Text</td><td>Branch0 分支的语言；例如英语、德语、法语等</td></tr>
<tr><td>Branch1</td><td>Text</td><td rowspan="3">与上类同</td></tr>
<tr><td>Branch1Dir</td><td>Text</td></tr>
<tr><td>Branch1Lng</td><td>Text</td></tr>
<tr><td>Toward0</td><td>Text</td><td>第一个目的地，例如 Brighton</td></tr>
<tr><td>Toward0Lng</td><td>Text</td><td>第一个目的地语言；例如英语、德语、法语等</td></tr>
<tr><td>Toward1</td><td>Text</td><td rowspan="4">与上类同</td></tr>
<tr><td>Toward1Lng</td><td>Text</td></tr>
<tr><td>Toward2</td><td>Text</td></tr>
<tr><td>Toward2Lng</td><td>Text</td></tr>
</table>

（2）路标街道表（Signpost streets table）标识遵循道路标志所示指示前行时所穿越的街段。路标街道表的模式定义如表 3-20 所示。

**表 3-20 路标街道表的模式定义**

| Field | Format | Description |
|---|---|---|
| ObjectID | OID | OID 字段 |
| SignpostID | Long | 路标要素类上 ObjectID 字段的外键 |
| Sequence | Long | 行进段的顺序标识符。对于 TrueSequence 行进策略，此标识符可为 1－K，此处 K 为行进策略中的最大边数。对于仅具有第一条/最后一条边的行进策略，1 表示第一条边，0 表示最后一条边 |
| EdgeFCID | Long | 与路标行进顺序中街道要素类对应的要素类 ID |
| EdgeFID | Long | 与路标行进顺序中街道要素对应的要素 ID |
| EdgeFrmPos | Double | 用于确定路标行进顺序起始位置的街道要素 |
| EdgeToPos | Double | 用于确定路标行进顺序结束位置的街道要素 |

G 基于交通流量的时间成本建模

交通流量会影响行驶途中所要花费的时间，道路越拥挤，途中所要花费的时间就越长。如果没有考虑交通流量问题，则所预计的行驶时间和抵达时间可能会与实际时间相差很远。并且，可能因此而错过更好的行驶路线。

同一时刻，不同线路的交通流量可能不同；不同时刻，同一线路的交通流量也可能不一样；从而行车成本也不一样。

a 交通流量的类型

ArcGIS 支持两种类型的交通流量：历史流量和实时流量。

（1）历史流量。历史流量是基于行驶速度遵循周期为一周的循环模式；在某周星期一的上午 8：00，给定路段的行驶速度与其他星期中星期一上午 8：00 的行驶速度相似；一周中不同天的同一时刻，同一路段上的拥挤程度和行驶速度可能相差悬殊；例如，星期日上午 8：30 主街道上的行驶速度，可能比星期一上午 8：30 主街道上的行驶速度快得多。

（2）实时流量。实时流量模型将当前交通状况也考虑在内，使用实时流量进行网络求解往往会改进分析结果。

b 历史流量建模

一周内某一天同一时间段，不同路段的交通流量不同，通行速度、通行时间也不同，可以选择不同的行车线路。一周内不同天同一时间段，同一路段的交通流量不同，通行速度、通行时间也不同，可以选择不同的行车时间。一周内某一天不同时间段，同一路段的交通流量不同，通行速度、通行时间也不同，可以选择不同的行车时间。对一天内不同时间段的行驶时间成本建模，可将一天分为多个离散时间间隔（如，时间间隔为一小时），然后存储每个间隔相对应的成本属性。

在一周的时间范围内，若时间间隔为 1h，则每条边均需 168 个成本属性来存储每小时的平均行驶时间，1h 内流量变化大，分辨率较为粗糙。若时间间隔缩短到五分钟，每条边需要 2016 个成本属性，会占用很大的空间。由于许多街道在一天中会产生相同的时间成本，所以存在许多的重复数据。这种建模方式是不可行的。

ArcGIS 使用规范化模型将流量数据最小化，而不是存储每个要素中的所有流量信息，不是存储每个要素（道路）的 168 或 2016 个成本属性，而是创建相关表来保存该信息。

该表中的每一行都包含一天中各时间间隔的行驶时间。一行对应一个流量剖面，表示行驶时间在一天之中的变化过程。例如，有很多道路，一天中的行驶速度变化一致，则可在流量剖面表中创建一行来表示这些动态变化，并使所有这些道路都指向该行的流量剖面。

为更好地理解上述流量模型，假设在一周中（从周一开始），需要使用该模型来记录和存储单向路段的行驶时间。首先，要确定自由流动的行驶时间，即在无任何阻碍的情况下，车辆穿过某条路段所花费的时间。例如：通过观测得到车辆平均速度，进而得到穿过某路段的行驶时间为10s。然后，按照相等的时间间隔（如1小时、5min等）进行全天观测，记录每一时间间隔内车辆穿过该路段所花费的时间（自由流动行驶时间的倍数）。假设选择以5min为时间间隔，在早晨8：00，观测到车辆花费26s穿过该路段，是自由流动行驶时间的2.6倍。在下午5：00，车辆的平均行驶时间为13s，是自由流动行驶时间的1.3倍。在夜里11：00，道路上几乎没有车辆，它们的平均行驶时间为10秒，与自由流动行驶时间相等，该倍数为1。图3-63为某一天某路段的流量剖面图。

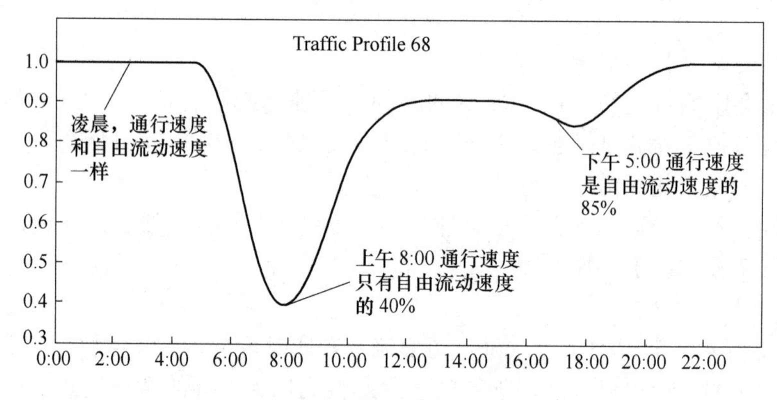


图3-63　某一天流量剖面图

c　历史流量数据存储

如果要创建一个包含历史流量数据的网络数据集，则在Geodatabase中需要一个或多个线要素类及两个表（流量剖面表、街道-流量剖面连接表）。

（1）街道要素类（Streets feature class）。各街道要素都有一个唯一标识符：ObjectID值。“街道流量剖面连接表”通过唯一标识符在街道与各种流量剖面之间建立关系，它必须存储在一个要素数据集中。街道要素类中其他可能字段见表3-21。

**表3-21　街道要素类中其他可能字段**

| 字　段 | 字段名称示例 | 描　　述 |
|---|---|---|
| 时间中立行驶时间 | FT_Minutes<br>TF_Minutes | 以下情况可使用该字段创建一个网络成本属性<br>（1）在使用流量的某个路径分析或多路径配送（VRP）分析中对位置进行排序时<br>（2）求解某个不支持历史流量时间的网络分析图层时 |
| 工作日行驶时间 | FT_WeekdayMinutes<br>TF_WeekdayMinutes | 当某街段不存在与某工作日相关联的流量剖面时，则可使用该字段创建一个网络成本属性（时间中立行驶时间也经常用作工作日特定的行驶时间） |
| 周末行驶时间 | FT_WeekendMinutes<br>TF_WeekendMinutes | 当某街段不存在与星期六或星期日相关联的流量剖面时，则可使用该字段创建一个网络成本属性 |
| 时区 | TimeZoneID | 当某网络覆盖多个时区时，则需要该字段来创建一个时区网络属性 |

（2）流量剖面表（Traffic Profiles table）。流量剖面表中的每条记录都包含唯一的标识符和多个用于在每天不同时间存储自由行驶时间倍数的字段。因为要将每天的时间分割为多个必须相等的时间间隔或时间段，因此将24h分割为等时间间隔。例如，如果某时间段的长度为5min，则有288个字段（12：00～12：05a.m.对应一个字段，12：05～12：10a.m.对应另一个，依此类推）。

在Network Analyst教程数据中，SanFrancisco.gdb中的流量剖面表DailyProfiles包含以5min为时间段的全天剖析，TimeFactor_0000字段包含午夜到12：05a.m.的自由行驶倍数，TimeFactor_1140字段包含11：40a.m.到11：45a.m.的倍数。当街道要素与该剖面相关时，即可获取全天任意时间的预期行驶时间。

（3）街道剖面连接表（Streets-Profiles join table）。街道剖面连接表可以标识一周中每天街道要素自由流动行驶时间及其相关的剖面。其必要字段见表3-22。

**表3-22 街道——剖面连接表必要字段**

| 字段 | 字段名称示例 | 数据类型 | 描述 |
|---|---|---|---|
| 边要素类标识符 | EdgeFCID | 长整型 | 标识用于存储街道要素的要素类 |
| 边要素标识符 | EdgeFID | 长整型 | 标识街道要素 |
| 边的起始位置 | EdgeFrmPos | 双精度 | 与EdgeToPos结合使用，标识行驶方向或街道某侧。零表明由线要素的数字化方向定义其起始位置。1表明其另一侧位置 |
| 边的终止位置 | EdgeToPos | 双精度 | 与EdgeFrmPos结合使用，标识行驶方向或街道某侧 |
| 基本行驶时间字段 | FreeflowMinutes<br>FreeflowSeconds | 浮点型或双精度 | 自由行驶时间 |
| 星期日ProfileID字段 | Profile_1<br>SundayProfile | 短整型或长整型 | 对于通过EdgeFCID、EdgeFID、EdgeFrmPos及EdgeToPos标识的街道部分，表示星期日流量模式的剖面ID |
| 星期一ProfileID字段 | Profile_2<br>MondayProfile | 短整型或长整型 | 星期一流量的剖面ID |
| ⋮ | | | |
| 星期六ProfileID字段 | Profile_7<br>SaturdayProfile | 短整型或长整型 | 星期六流量的剖面ID |

d 实时流量建模

对于实时流量模型，需要数据提供商提供实时的流量信息，如各路段实时的行车速度，可来源于车辆中的GPS接收器和道路上的速度传感器。

网络数据集从动态流量格式（Dynamic Traffic Format，DTF）文件中读取实时流量速度并使用流量消息通道（Traffic Message Channel，TMC）编码把速度和边关联起来，具体过程如图 3-64 所示。

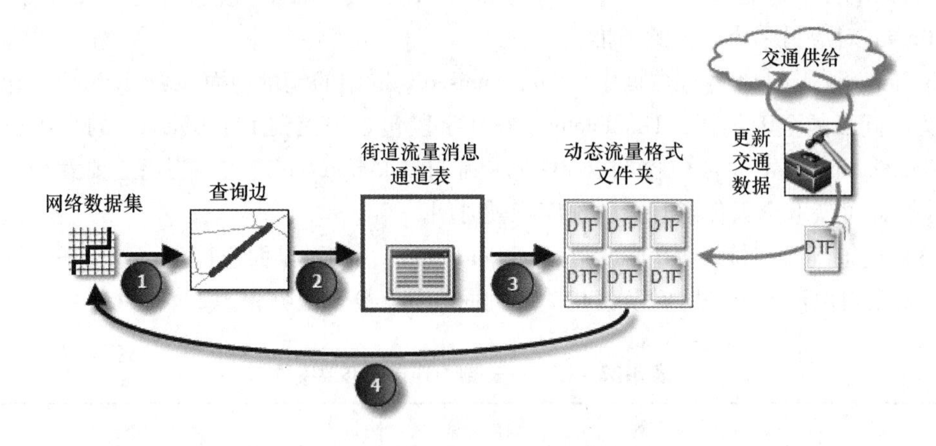


图 3-64　实时交通流量建模过程

（1）网络数据集查询边以获得当前行驶时间。当要求解网络分析图层或要在地图上绘制流量时，便会执行此查询。

（2）使用标识源要素信息（源要素类、源要素和“自 - 至”和“至 - 自”位置）来查找一个或多个 TMC 值。使用网络构建时的“街道 - TMC 连接表”中的信息执行查找。

（3）网络数据集查找 DTF 文件，DTF 文件是一种为网络数据集而设计的二进制文件，读取行驶速度信息。该文件存储在一个目录中，网络数据集利用本地路径或 UNC 路径指向这个目录。

（4）打开 DTF 文件后，TMC 和它关联的行驶速度会与查询边的长度结合以决定实际的行驶时间。

流量源（一种 Web 服务并且通常由数据供应商提供）通过利用“Update Traffic Data”地理处理工具来访问。此工具从流量源中读取数据并把信息转换并存储成 DTF 文件，DTF 文件然后被存入文件系统文件夹。

DTF 文件中的行驶速度是创建文件时的当前值。为确保最新流量数据可用，可频繁运行“Update Traffic Data”或使 DTF 文件自动生成。可以通过创建一个运行更新流量数据的 Python 脚本，然后使用“Windows 任务计划程序”按固定时间间隔运行该脚本，就可以以固定时间间隔（例如每 5min）自动生成新 DTF 文件。

存储 DTF 文件的文件夹可以通过 UNC 或本地路径进行本地共享和访问。

“街道 - TMC”连接表提供将边关联到存储于 DTF 文件的速度值所需的信息。通常，此表会和街道数据一起由数据供应商提供。

表 3-23 列出了“街道 - TMC”连接表中必填字段、字段名称示例、所允许的数据类型及简短描述。

表 3-23 “街道 - TMC”连接表中必填字段

| 字 段 | 字段名称示例 | 数据类型 | 描 述 |
|---|---|---|---|
| 边要素类标识符 | EdgeFCID | 长整型 | 标识用于存储街道要素的要素类 |
| 边要素标识符 | EdgeFID | 长整型 | 标识街道要素 |
| 边的起始位置 | EdgeFrmPos | 双精度 | 与 EdgeToPos 结合使用，识别行驶方向或街道某侧。0 表明由线要素的数字化方向定义其起始位置。1 表明其另一侧位置。例如，EdgeFrmPos 值为 0 同时 EdgeToPos 值为 1 标识了沿线要素的数字化方向行驶。在同一记录中列出的 TMC 值则仅表示了街道那侧 |
| 边的终止位置 | EdgeToPos | 双精度 | 与 EdgeFrmPos 结合使用，识别行驶方向或街道某侧 |
| TMC 编码 | TMC | 字符串 | 表示关联路段的 TMC 编码 |

e 在网络数据集中配置流量数据

在网络数据集中可以配置的交通流量有两种：历史流量（基于一周中的每一天，一天中不同时间间隔的平均行驶时间）和实时流量（基于当前行驶时间）。使用历史流量配置网络数据集时，无需配置实时流量；而配置实时流量时，必须与历史流量协同配置。

如果创建网络数据集的 Geodatabase 中不具有流量剖面表与街道 - 剖面连接表，流量页面将不会在向导中显示。

（1）配置历史流量数据。

在创建网络数据集过程中，考虑历史流量数据需要以下几个主要步骤：

1）配置两个历史流量表：历史流量剖析表，街道流量剖析表。

2）最多创建 4 个网络成本属性：

① 历史行驶时间成本属性。

② 工作日的备用行驶时间成本属性（Fallback travel time cost attribute for weekdays）。

③ 周末的备用行驶时间成本属性。

④ 时间中立成本属性。

3）为以上成本属性赋值。

4）如果网络覆盖多个时区，则创建一个时区属性。

新建网络数据集向导会询问用户是否要通过网络数据集来使用历史流量。单击是，即可指定与流量剖面表和街道流量剖面连接表有关的属性。

（2）配置实时流量数据。对于启用流量功能的网络数据集，设置实时流量是可选操作。要创建一个有效的实时流量网络数据集，需要以下各项：

1）街道 - TMC 表，此表必须与创建的网络数据集存储在相同的 Geodatabase 中。

2）ArcGIS Online 流量数据的订阅或第三方流量源的订阅。如果订阅了第三方流量源，需要通过更新流量数据（Update Traffic Data）地理处理工具对其进行访问。

3）时区表，此表必须与创建的网络数据集存储在相同的 Geodatabase 中。会创建时区网络属性，以从表中获取信息。

在新建网络数据集向导的流量页面中，需要设置三项属性：表、TMC 字段以及流量源。如果 Geodatabase 中没有“街道 - TMC”表，这些属性将为只读。

有关网络数据集的详细内容请参阅 ArcGIS 帮助文档中的 ArcGIS Network Analyst 部分。

### 3.3.13.2 几何网络（Geometric Network）

#### A 几何网络的基本概念

几何网络（Geometric Network）用于建模现实世界中的定向网络，主要包括设施网络（Utility Network），如城市的水、电、气网络等。在设施网络中，水、电、气通过管道和线路输送给消费者，水、电、气被动地由高压向低压输送，不能主观选择方向，即所谓的定向网络。

几何网络由一组相连的边线和交汇点以及连通性规则组成；它在 Geodatabase 的要素数据集内构建；要素数据集中的要素类被用作网络交汇点和边线的数据源；创建几何网络时，需要定义各种要素在几何网络中所起的作用，并定义用来说明资源如何流过几何网络的规则；网络连通性规则是基于要素相互间的几何重叠。

几何网络由两种主要元素组成：边线和交汇点。

边线是一种具有长度的线要素，它是基于要素数据集中的线要素类创建而成，如给水干管、电力传输线、天然气管道和电话线等。几何网络中有两种类型的边线：简单边线和复杂边线。

简单边线：简单边线允许资源从边线的一端流入，从边线的另一端流出。资源不能在简单边线中间的某处进出；它只能在简单边线的端点进出。简单边线的一个例子就是供水管网中的给水支管。给水支管的一端与配水干线上的某交汇点相连，而另一端与供水点交汇点（如水龙头或水泵）相连。水进入支管后，便只能在供水点流出支管。

要在几何网络中支持此行为，简单边线应始终连接到两个交汇点（两端各自连接一个交汇点）。简单边线不具有中跨连通性。如果在某条简单边线上的中跨处捕捉了新的交汇点，从而建立连通性，则该简单边线在实体上将分割为两个独立的要素。一条简单边线要素对应于逻辑网络中的一个边线元素。

复杂边线：与简单边线一样，复杂边线允许资源从一端流到另一端，但它们还允许在边线端点之间的某处抽取资源，而无需在实体上分割边线要素。复杂边线的一个例子就是供水管网中的供水干管，供水干管就是沿着延伸方向将多个支管线连接到各交汇点的复杂边线；供水干管并未在连接每个支管与干管的交汇点处分割，而是允许在每个支管上抽水。

复杂边线支持此行为是因为它们允许建立中跨连通性。与简单边线一样，复杂边线在其端点处始终至少连接两个交汇点，但它们也可以沿其延伸方向连接到其他交汇点。如果在复杂边线的中跨处捕捉了新的交汇点，则该复杂边线仍是单个要素。捕捉该交汇点会在逻辑上分割复杂边线。

复杂边线要素允许在沿着管道方向上的任何位置放置节点而不创建新的边线要素。有复杂边线要素的几何网络为每个边线要素创建很多的边元素。

复杂边线对应于逻辑网络中的一个或多个边线元素。

中跨连通性（midspan connectivity）：在中跨处将交汇点连接到边线，从而允许从边线抽取资源；但该边线仍以单个要素形式存在。只有复杂边线支持中跨连通性。

交汇点是连接两条边线或更多边线的点要素，便于在两条边线之间传输流或资源。交汇点基于要素数据集中的点要素类创建而成，如开关、水龙头、阀门、三通四通连接件等。

网络中的边线和交汇点以拓扑方式相互连接，边线必须在交汇点处与其他边线相连，而网络中来自边线的流通过交汇点传输到其他边。

几何网络中有两种类型的交汇点：用户定义的交汇点和孤立交汇点。

用户定义的交汇点：创建几何网络时，基于用户的源数据（点要素类）创建的交汇点。交汇点的例子有：供水点、保险丝、仪表或水龙头。交汇点对应于逻辑网络中的一个交汇点元素。

孤立交汇点：在创建几何网络期间，如果源数据中某个边线的端点处不存在几何重合的交汇点，则在该端点处会插入一个孤立交汇点。通过将孤立交汇点要素归入其他交汇点要素，可从几何网络中移除孤立交汇点要素。

孤立交汇点要素类的名称与几何网络的名称一致，但要加上_ Junctions 后缀；例如，名为 WaterNet 的几何网络会有一个名为 WaterNet_ Junctions 的对应孤立交汇点要素类。几何网络使用孤立交汇点要素类来保持网络完整性。

a 逻辑网络（Logic Network）

创建几何网络时，Geodatabase 还会创建一个对应的逻辑网络，用于表示要素间的连通性关系并为这种关系建模。逻辑网络是用于追踪操作和流式操作的连通图。边线和交汇点之间的所有连通性都在逻辑网络中进行维护。

逻辑网络是由一系列的表组成，并且由 ArcGIS 维护。在几何网络中编辑或更新边线和交汇点时，对应的 Logic Network 会自动更新。通过逻辑网络，能够在编辑和分析期间快速发现几何网络中相连的边线和交汇点之间的连通性关系。

图 3-65 显示了给水干管（在几何网络中由单个复杂边线表示）在逻辑网络中由多个元素构成的方式。逻辑网络中与给水干管对应的表由 ArcGIS 创建并维护。在对几何网络中的给水干管进行编辑时，ArcGIS 会自动更新逻辑网络中的对应元素，并且会保持几何网络中要素间的连通性。

b 源头（Source）和汇点（Sink）

在设施网络中，源和汇被用于确定物质流动的方向。任何交汇点要素类可以作为一个源或作为一个汇。一个源是指物质流开始时的交汇点，比如一个水源泵。一个汇是所有物质流的终点，比如一个废水处理厂。当建立一个几何网络时，可以指定交汇点要素是否具有这种附加属性。

几何网络中的交汇点可充当源头或汇点。在网络中创建新的交汇点要素类时，可以指定哪些交汇点要素类中的要素可以充当辅助角色（源头或汇点）或不充当任何辅助角色。如果指明这些要素可以充当源头或汇点，则会将一个“辅助角色（AncillaryRole）”字段添加到相应要素类，以记录该要素是要充当源头、汇点还是两者皆非。如果尚未存在名为 AncillaryRoleDomain 的域，则将创建此域并将其关联到充当源头或汇点的要素类。

例如，可能经报告得知排污管网中某处排水口有污水溢出，并想要找到溢出口上游的所有检修孔以隔离源头。通过将该排水口设置为汇点，系统会重新计算网络的流向，并且对网络的任何追踪都会受到该排水口状态造成的流向更改的影响，从而可以找到上游所有的检修孔。

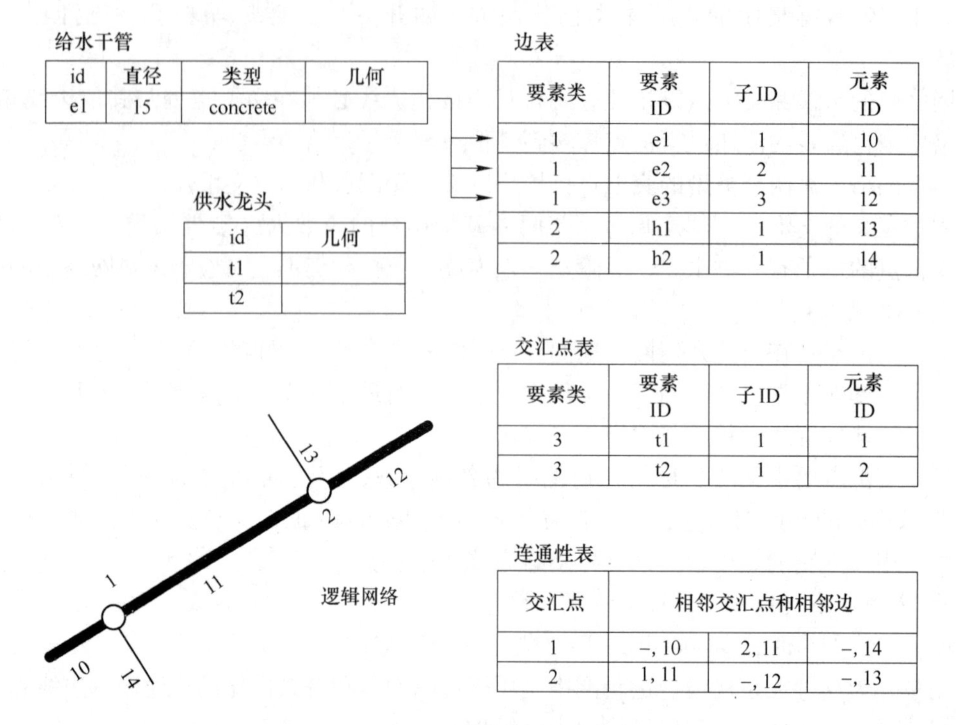

给水干管

| id | 直径 | 类型 | 几何 |
|---|---|---|---|
| e1 | 15 | concrete | |

供水龙头

| id | 几何 |
|---|---|
| t1 | |
| t2 | |

边表

| 要素类 | 要素 ID | 子 ID | 元素 ID |
|---|---|---|---|
| 1 | e1 | 1 | 10 |
| 1 | e2 | 2 | 11 |
| 1 | e3 | 3 | 12 |
| 2 | h1 | 1 | 13 |
| 2 | h2 | 1 | 14 |

交汇点表

| 要素类 | 要素 ID | 子 ID | 元素 ID |
|---|---|---|---|
| 3 | t1 | 1 | 1 |
| 3 | t2 | 1 | 2 |

连通性表

| 交汇点 | 相邻交汇点和相邻边 | | |
|---|---|---|---|
| 1 | –, 10 | 2, 11 | –, 14 |
| 2 | 1, 11 | –, 12 | –, 13 |



图 3-65　逻辑网络示意图

c　网络权重

网络边要素与交汇点要素，都可以包含若干权重参数，如道路的长度、车站运力等。权重作为网络要素的一个特性，主要是用于网络分析过程中计算费用和路径等。

在建立网络的过程中，可以确定边要素和交汇点要素的某一属性字段作为其权重，应用该权重便可以确定追踪分析结果所包含要素的费用。

一个网络可以有任意多个权重与之关联。对于交汇点要素来说，仅仅需要一个权重参数。对于边要素，可以应用两个权重参数：一个权重参数与边要素的数字化方向相同，称为 From-to 权重；另一个权重参数与边要素的数字化方向相反，称为 To-From 权重。

一个网络权重只能与要素类中的一个属性关联。权重也可以与多个要素类关联。例如，一个名为 Diameter 的权重可以与给水干管要素类中的 Diameter 属性关联，同时也可以与给水支管要素类中的 Pipe_dia 属性关联。

网络权重值 0 是保留值，系统会将其分配给所有孤立交汇点。网络权重值 –1 表示要素受到阻碍且无法参与追踪。此外，如果一个权重值未与要素类的任何属性关联，则对应于该要素类的所有网络元素的权重值都会为 0。

d　启用和禁用的要素

有时，可能希望在几何网络中阻止或禁用对某要素的持续追踪。当由于高架线被风暴击落而导致停电时，电力网络中可能会发生这种情况。这些电力线已不再可用，因此，希望在追踪操作期间将这些电力线排除在考虑范围之外。

追踪网络时，在网络中遇到任何屏障时（包括禁用的网络要素）都会停止。

网络要素的启用或禁用状态是由“启用（Enabled）”字段维护的一种属性。“启用”

字段有一个关联的域，即 EnabledDomain。EnabledDomain 以及“启用”字段有两个可用值：真或假。当基于简单要素类构建几何网络时，该字段会自动添加到输入要素类，并且会创建 EnabledDomain（如果尚未存在）并将其关联到“启用”字段。使用 ArcCatalog 创建网络要素类时，“启用”字段是要素类的必填字段。将新要素添加到网络时，默认情况下它们是启用状态。

e 逻辑网络如何处理权重字段、启用字段和辅助角色字段

从用户角度看，网络权重字段、辅助角色字段以及启用字段中存储的值是要素在逻辑网络中的状态。针对网络要素执行分析（如追踪和流向计算）时，并不直接参照该要素内这些字段的值来确定要素的启用状态、辅助角色状态或其权重。要素的这些状态将存储在逻辑网络中，在用户执行上述操作时将对逻辑网络进行查询。这样做是出于性能原因。

当编辑某个网络要素并更改启用字段、辅助角色字段或权重字段的值时，会修改该要素在内部拓扑表中的状态以保持与该要素的字段值的同步。

B 几何网络连通性规则

网络连通性规则用于限制可以相互连接的网络要素的类型以及连接数量。通过建立连通性规则，可以在数据库中保持网络数据的完整性。

几何网络有两种类型的连通性规则：边－交汇点规则和边－边规则。

（1）边线－交汇点规则（Edge-junction rule）。这个规则限定了对某一类边线可以与哪一类节点相连。如仪表只能与低压线路相连。此外，还有边线－交汇点连接基数（Edge-junction cardinality），即限定与一个交汇点相连的边线的数量（基数）。

（2）边线－边线规则（Edge-edge rule）。这个规则确定了什么样的两条边线可以通过一个给定的交汇点相连。如两种不同直径管道只能通过一个合理的减压阀进行连接。

当一个类型的边线与另一个类型的边线相连时，可以定义一个连接这两条边线的缺省交汇点类型（Default junction type）。如当一条 14.4kV 的电线连接到一条 28.8kV 的电线的末端交汇点时，需要在该点放置一个变压器。

可以在 ArcCatalog 中或使用地理处理工具创建几何网络。

C 几何网络追踪分析

几何网络追踪分析是借助于 ArcMap 网络分析（Utility Network Analysis）工具条完成的，其中集成了下列 9 种网络追踪分析操作：

（1）网络上游追踪分析（Trace Upstream）。

（2）网络下游追踪分析（Trace Downstream）。

（3）公共祖先追踪分析（Find Common ancestors）。

（4）网络上游路径追踪分析（Find Path Upstream）。

（5）网络连通性分析（Find Connected）。

（6）网络不连通要素分析（Find Disconnected）。

（7）网络环路分析（Find Loops）。

（8）网络路径分析（Find Paths）。

（9）网络上游累积追踪分析（Find Upstream Accumulation）。

### 3.3.14　地形数据集

#### 3.3.14.1　地形数据集概述

地形数据集（Terrain Dataset）是 Geodatabase 中的一种多分辨率的 TIN 表面（surface）数据结构，地形数据集引用源要素类，它并不实际将表面存储为栅格或 TIN，而是对数据进行有效组织，动态生成 TIN 表面。这种数据组织涉及创建地形金字塔，即多分辨率 TIN，它具有一系列 TIN，提供多种细节层次（LOD）以供在不同的比例尺下使用；每一个 TIN 都在特定的地图比例尺范围内使用，不同的显示比例调用相应金字塔等级的 TIN 表面。当地图范围较大时使用粗粒度 TIN（例如，将比例尺缩小到可以看见整个研究区域的程度）；当放大地图比例尺并将视线集中于特定的地图范围时，则使用较多的表面点并提高详细程度。

地形数据集存储在 Geodatabase 的要素数据集中，其中包含用于构建地形数据集的源要素类。地形数据集数据源有激光雷达（LiDar）、声纳（Sonar）和摄影测量等数据。

与拓扑类似，地形数据集也具有参与构建的源要素类和规则。地形数据集规则用于控制如何使用要素来定义表面。例如，道路边线要素类可以通过将其要素用作硬隔断线（hard breaklines）的规则来控制地形表面的生成，这样，就会在地形表面上产生线性不连续的预期效果。规则还可以指示在一系列比例尺下要素类的参与方式；如只有当地形数据集显示到大、中比例尺时才可能需要显示道路边线要素；可通过规则来指定在使用小比例尺时不显示这些要素，从而改善性能。

地形数据集与 TIN 的比较如下：

（1）TIN 和地形数据集都是用于显示表面数据的极佳方法，有各自的用途及优势。

（2）地形数据集能得到 Geodatabase 的支持，而 TIN 直接存储在磁盘上，无法存储在 Geodatabase 中。

（3）地形数据集能保持与其创建时所依据的源测量值之间的联系，然而 TIN 在创建时会失去与其源数据的联系。

（4）TIN 建议的大小限制为 500 万个点，而地形数据集则没有大小限制，可以容纳数十亿个点。

（5）使用 ArcScene 能够以 3D 形式显示 TIN，而这对地形数据集不适用。

（6）对地形数据集的编辑是通过修改源测量值实现的，对 TIN 的编辑是通过修改三角网构建实现的。

（7）地形数据集包含金字塔，而金字塔提供了多种细节层次以供在不同的比例下使用。根据感兴趣区域和精度要求，地形金字塔允许用户通过优化的数据库查询快速地检索相应子集。

（8）可以随时间推移对地形数据进行更新。可以在局部进行编辑，而无需重新构建整个模型。

（9）在 ArcSDE 中，可以对地形数据集进行版本管理。使用 ArcSDE 时，可以集中管理地形数据集并允许多名用户访问大型数据集合。

（10）地形数据集图层便于地形表面的交互式显示和查询。在显示范围内平移和缩放时，图层的表面表达会自动更新。根据 Geodatabase 中存储的测量值和详细程度（LOD）信息，会动态构建 TIN。

#### 3.3.14.2 地形数据集中要素类数据源的类型

要素类为构建地形数据集提供数据源。在地形数据集设计中，需要确定每个要素类将在地形表面中发挥的何种作用，这可通过设置表面要素类型（SFType）来控制要素所起的作用。

（1）离散多点（Mass Points）。离散多点 SFType 用于在一个数据库行中存储多个点。许多新型传感器（如激光雷达）都能够产生大量离散多点，这些离散多点可用于衍生出高分辨率地形数据集。通常，可将像 LAS 格式的数据文件加载到 Geodatabase 的多点要素类中，作为构建地形数据集所需的数据源。可以使用地理处理工具将 LAS 数据集加载到 Geodatabase 中。

（2）断裂线（Breaklines）。断裂线是用于定义和控制表面平滑度及连续性的线状要素。加入到表面模型中的断裂线对表面特性的描述表达具有重要作用。断裂线可以描述和强化表面特性的变化。断裂线上的 Z 值可以是常量，也可以是变量。

可用于描述表面特性的断裂线有以下两种类型：

1）软断裂线。软断裂线用于向 TIN 添加边，以捕获不会改变表面局部坡度的线状要素。通过强制将断裂线作为 TIN 边，软断裂线还可用于确保线状要素和面的边保留在 TIN 表面模型中。然而，软断裂线无法定义表面平滑度的中断。

图 3-66 为顾及软断裂线时 TIN 的构建示例，输入数据包括四个点和一条带有两个结点的断裂线，如图 3-66a 所示；在 TIN 构建过程中，首先，将点和结点作为离散多点生成初始的 TIN 如图 3-66b 所示；当这条线被强制作为软断裂线时，沿断裂线会添加额外节点从而确保将断裂线保留在 TIN 中，这些新结点的 Z 值获取自沿断裂线的线性插值，如图 3-66c 所示。

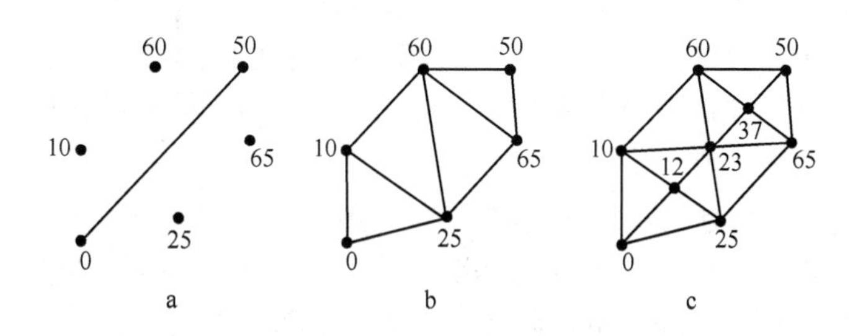


图 3-66 顾及软断裂线时 TIN 的构建示例

与所有断裂线相同，软断裂线的 Z 值也可以是常量或变量。例如，可以将具有常量高程的一段管道定义为软断裂线。相应地，也可以将具有高程变化的一段公路作为软断裂线加入到 TIN 表面模型中。

2）硬断裂线。硬断裂线用于表示表面坡度的不连续性，可以定义表面平滑度的中断。硬断裂线能够捕获表面的突变并能改进 TIN 的显示和分析质量。硬断裂线通常用于定义溪流、山脊、湖岸线、建筑物轮廓线、水坝以及其他表面突变的位置。湖岸线表示湖面的平面与周围地形的平滑表面之间的明显转变。对于使用硬断裂线定义溪流的情况，断裂线的 Z 值会沿长度方向发生变化；表面在溪流两侧均能显示为平滑行为，但是断裂线两侧的坡度法向量却完全不同。

(3) 裁剪多边形。裁剪多边形用于限定地形表面的边界。当数据区的形状不规则时，便需要使用裁剪多边形。

(4) 擦除多边形。擦除多边形定义地形中的空洞，它们用来呈现没有数据或不希望发生插值的区域。它们将显示为空白，在分析时会将它们按 NoData 区域处理。

(5) 替换多边形。替换多边形用于定义高度固定不变的区域，它们通常用来呈现水体或平坦的人造要素。

#### 3.3.14.3　地形金字塔

地形金字塔是根据不同比例尺条件下动态生成详细程度不同的 TIN 表面，即不同的显示比例生成相应金字塔等级的 TIN 表面。当地图显示范围较大、比例尺较小时，则使用较少的点构建粗粒度的 TIN 表面；当地图显示范围较小、比例尺较大时，则使用较多的点构建详细程度更高的 TIN 表面。

地形金字塔是通过点抽稀过程逐级生成的。对于每个相继的金字塔等级，会使用更少的点，并且显示表面的精度也相应降低。初始的源测量值仍在较粗糙的金字塔中使用，但它们的数量更少；金字塔不使用任何重采样、平均化或派生的数据。

点抽稀的方法有两种:(1) Z 容差抽稀；(2) 窗口大小抽稀。Z 容差抽稀的基本思想是根据 Z 容差值的大小，将位于 Z 容差范围内的所有点，用少量的原始点来表达。窗口大小抽稀的基本思想是将数据划分为相等的区域（窗口），而每个区域只选择一两个点作为代表，来抽稀每个金字塔等级的点。

根据点抽稀方法的不同，地形金字塔分为 Z 容差金字塔和窗口大小金字塔两种类型。

定义地形数据集时，必须为所需的金字塔类型指定其需要的金字塔等级数量。对每一个金字塔等级，需要提供参考比例尺和垂直容差或窗口大小。参考比例尺是一个阈值，金字塔图层用于表示介于其参考比例和下一粗糙等级参考比例尺之间的地形表面。创建金字塔的成本更多取决于所使用的最小垂直容差或窗口大小，而非金字塔的数目。

A　Z 容差金字塔类型

Z 容差金字塔类型控制相对于全分辨率数据的每个金字塔等级的垂直精度。金字塔等级的垂直精度始终与全分辨率数据源的精度相关。创建 Z 容差金字塔类型时，除了必须确定需要多少个金字塔等级外，还要确定每个金字塔等级的 Z 值容差。

通常使用等高线地图模型来定义地形金字塔的等级。具体做法是：

(1) 根据地形数据集需要生成哪些标准比例尺的等高线地图；

(2) 依据比例尺由大到小排序，确定上述每个标准比例尺等高线地图的等高距；

(3) 为上述每个标准比例尺等高线地图定义金字塔等级，将每个级别的比例尺阈值设为相应的地图比例尺。Z 容差应为该比例尺下使用的等高距的一半。

假设在某一应用中，地形金字塔全分辨率数据将用于大于 1∶5000 的显示比例，并确定该地形金字塔比例尺阈值分别为 1∶5000、1∶10000、1∶25000 和 1∶50000，各金字塔等级的 Z 容差为相应比例尺下等高距的一半，各比例尺等高线地图的等高距、Z 容差如表

3-24 所示。0.5mZ 容差金字塔等级将在 1∶5000 ~ 1∶10000 之间使用，1.0mZ 容差的等级将在 1∶10000 ~ 1∶25000 之间使用，2.5mZ 容差的等级将在 1∶25000 ~ 1∶50000 之间使用，5.0mZ 容差的等级将在小于 1∶50000 的比例尺范围内使用。

**表 3-24 不同比例尺等高距与 Z 容差关系**

| 地图比例尺 | 等高距/m | 比例尺阈值 | Z 容差/m |
|---|---|---|---|
| 1∶5000 | 1 | 1∶5000 | 0.5 |
| 1∶10000 | 2.5 | 1∶10000 | 1.0 |
| 1∶25000 | 5 | 1∶25000 | 2.5 |
| 1∶50000 | 10 | 1∶50000 | 5 |

B 窗口大小金字塔类型

窗口大小金字塔类型通过将数据划分为大小相等的区域（窗口），而每个区域只选择一两个点作为代表，来抽稀每个金字塔等级的点。

每个窗口的点选择基于以下条件之一：

（1）具有最小 Z 值的点，有利于捕获局部低处、河流或山谷；

（2）具有最大 Z 值的点，有利于捕获局部高处、山脊或山顶；

（3）捕获 Z 最小值和 Z 最大值的两个点，有利于捕获局部极值；

（4）最接近平均 Z 值的点，避免出现极值。

金字塔等级分辨率由窗口大小定义，不同级别的分辨率，窗口大小不一样；分辨率越高的金字塔等级使用越小的窗口，分辨率越低的金字塔等级使用越大的窗口。窗口一般为方形区域。由于只为每个区域（窗口）选择了一两个点，从而达到抽稀和泛化的效果。分辨率高的金字塔等级通过较小的窗口大小定义，较小的窗口意味着需要更多的区域（窗口），因此意味着保留更多点、较少抽稀和更多详细信息。窗口大小金字塔不同级别的点的抽稀过程如图 3-67 所示。

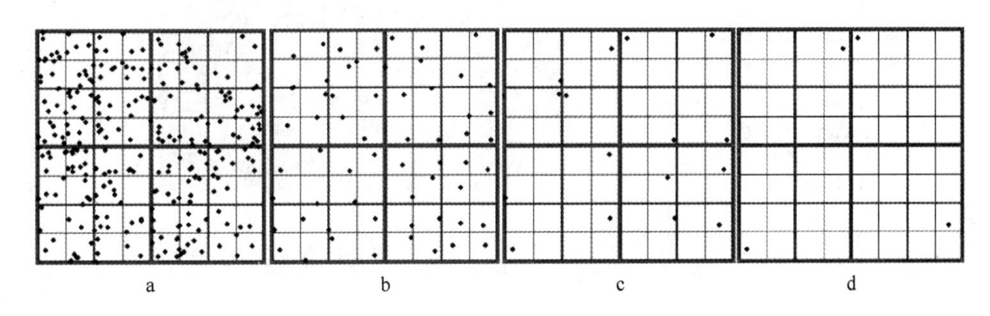


图 3-67 窗口大小金字塔不同级别的点抽稀示例
a—为全分辨率原始点数据；b—为金字塔级别 1 窗口大小（最小窗口），每一窗口中选择一点；c—金字塔级别 2 窗口大小（4 个最小窗口），每一窗口中选择一点；d—金字塔级别 3 窗口大小（16 个最小窗口），每一窗口中选择一点

窗口大小的选择通常与平均点间距有关，初始窗口大小一般为平均点间距的 2 倍，然

后按二次乘方的关系依次确定后续窗口的大小。如点数据的平均点间距为 1m，则以 2m 的窗口大小开始，然后按二次乘方增加：2、4、8、16、32…确定不同级别金字塔窗口大小。

C　概貌地形

概貌地形（Overview terrain）是地形数据集最粗略的表示，专门用于小比例尺下的快速绘制。概貌是在缩放到能够显示地形数据集整个范围时所绘制的内容，它是基于矢量的缩略图表示形式。

基于点的数据源始终在概貌地形中使用。可以在概貌中表现其他参与地形的要素类，在创建过程中将此属性设置为“真（TRUE）”即可。请仅将那些必须在概貌中表现的要素类设置为“真”。例如，可能不需要详细的断裂线，但可能需要一个裁剪多边形，尤其是在数据边界形状不规则时。如果边界很详细，则将其泛化，并在概貌中使用较粗略的表示形式。

图 3-68 描绘了地形数据集的概貌表示。所示内容表提供了显示此地形时使用的当前分辨率：概貌地形。随着显示比例放大到一定程度，概貌地形将消失，取而代之的是上一级的地形金字塔（分辨率比概貌地形更高）。

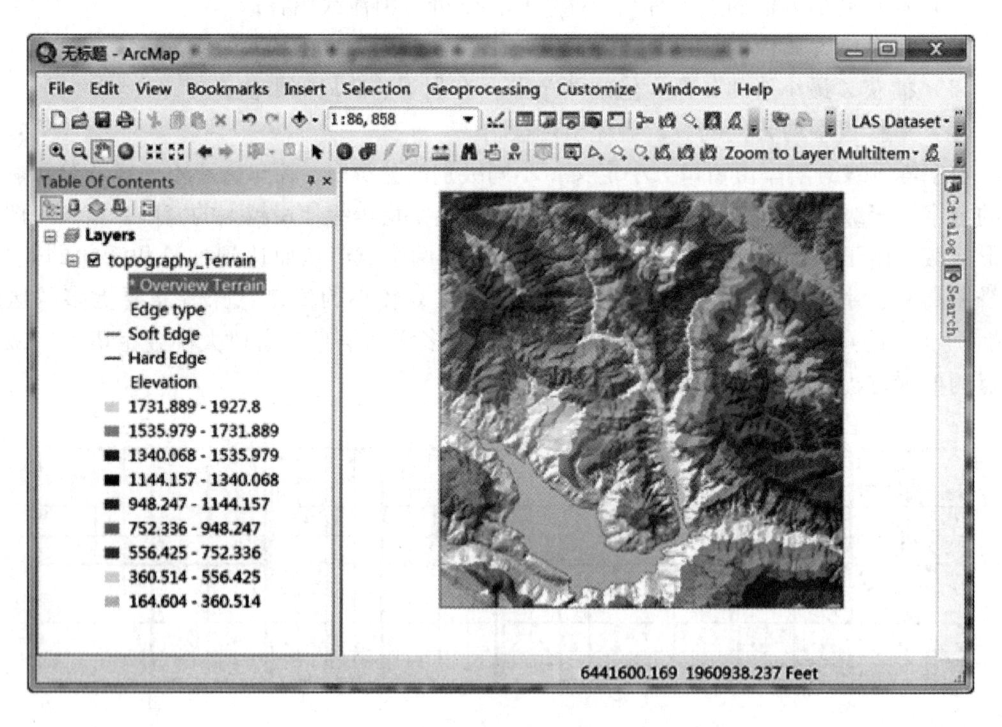


图 3-68　地形数据集的概貌示例

### 3.3.15　LAS 数据集

激光雷达 LiDAR（Light Detection and Ranging），也称 Laser Radar 或 LADAR（Laser Detection and Ranging），是激光探测及测距系统的简称，它向目标发射激光探测信号，然后将接收到的从目标反射回来的信号（目标回波）与发射信号进行比较，作适当处理后，就可获得目标的有关信息，如目标距离、方位、高度、速度、姿态甚至形状等参数。经过后处理的激光雷达数据被称为点云数据。初始点云是3D高程点的大数据集合，其包括X值、Y值、Z值以及GPS时间戳等其他属性。地面、建筑物、森林冠层、高速公路以及任何激光束在测量过程中遇到的物体构成了点云数据。

ArcGIS 支持以 ASCII 或 LAS 文件格式提供的激光雷达数据。LAS 文件格式是美国摄影测量与遥感协会（ASPRS）制定的一种用于激光雷达数据交换的标准文件格式（二进制文件格式）。

每个 LAS 文件都在文件头部分包含激光雷达测量的元数据，然后是所记录的每个激光雷达脉冲的所有记录。每个 LAS 文件的文件头部分都保留有激光雷达测量本身的属性信息：数据范围、飞行日期、飞行时间、点记录数、返回的点数、使用的所有数据偏移以及使用的所有比例因子。每个激光雷达脉冲保留的激光雷达点属性有：X，Y，Z 位置信息、GPS 时间戳、强度、回波编号、回波数目、点分类值、扫描角度、附加 RGB 值、扫描方向、飞行航线的边缘、用户数据、点源 ID 和波形信息。

LAS 数据集、镶嵌数据集和地形数据集均支持 LAS 格式的激光雷达数据。仅 LAS 数据集和镶嵌数据集直接使用 LAS 文件，地形数据集要求使用多点几何将 LAS 文件导入 Geodatabase。

LAS 数据集存储引用磁盘上一个或多个 LAS 文件以及其他表面约束要素，表面约束为隔断线、水域多边形、区域边界或 LAS 数据集中强化的任何其他类型的表面要素。LAS 数据集允许以本原格式方便快捷地使用 LAS 文件。LAS 数据集不属于 Geodatabase 中的数据集，而只是磁盘上的一个文件，该文件存储了对 LAS 文件以及其他表面约束要素的引用。

通过 LAS 数据集，可以：

（1）针对特定项目存储对多个 LAS 文件和表面数据的引用。

（2）在 2D 和 3D 模式下将激光雷达数据快速显示为点云或三角面。

（3）直观比较激光雷达点与现有 GIS 数据，以对建筑物数据等进行数据验证。

（4）对 LAS 文件和激光雷达点快速执行统计分析。

（5）对新获取的激光雷达数据执行初始 QA（Quality Assurance，质量保证）/QC（Quality Control，质量控制），例如评估数据覆盖范围和点采样密度。

（6）编辑 LAS 点的分类。

（7）将其他隔断线或表面要素与激光雷达数据合并。

（8）创建其他表面，例如，DEM 和 DSM（“LAS Dataset To Raster”地理处理工具）或 TIN（“LAS Dataset To TIN”地理处理工具）。

（9）使用“LAS Dataset To Raster”地理处理工具创建强度图像。

（10）将 LAS 数据集用作点并使用 ArcGIS 编辑工具来交互式数字化新要素。

（11）使用新获取的 LAS 或表面数据进行更新。

（12）使用镶嵌数据集共享 LAS 数据集数据。

（13）使用“LAS Point Statistics As Raster”地理处理工具检查各种激光雷达点度量的空间分布。

在 ArcMap 和 ArcScene 中，LAS 数据集默认显示为点云，当比例尺放大到一定程度时，会显示所有激光雷达点。可以将 LAS 数据集视图快速更改为基于 TIN 的表面。

与 LAS 数据集相关联的文件类型有：

（1）LAS 数据集文件（. lasd）。在 ArcGIS 中创建 LAS 数据集时，将在磁盘上创建并存储 . lasd 文件。此 LAS 数据集文件存储了构建该数据集的引用的 LAS 文件或表面约束要素。LAS 数据集文件不会将激光雷达点数据从 LAS 文件导入至 LAS 数据集文件，它仅存储对 LAS 文件和表面约束的引用。

（2）LAS 辅助文件（. lasx）。在 LAS 数据集上计算统计数据时，将为每个 LAS 文件创建一个 LAS 辅助文件（. lasx）。LAS 辅助文件中包含每个 LAS 文件的统计信息和空间索引。新建 LAS 辅助文件的名称与源 LAS 文件名称相同，并存储在磁盘的同一位置上。

（3）投影文件（. prj）。如果 LAS 文件没有空间参考或在 LAS 文件的文件头部分定义的空间参考是错误的，可以为 LAS 文件定义一个坐标系文件 - 投影文件（. prj）。可以使用“Define LAS Projection”为每个 LAS 文件创建一个相应的投影文件（. prj）。

# 4　空间数据库设计

本章主要介绍 Geodatabase 设计的主要内容、要素类建模、使用工具设计 Geodatabase 数据库、创建 Geodatabase 数据库的方法。

## 4.1　Geodatabase 设计概述

### 4.1.1　Geodatabase 设计的主要内容

Geodatabase 设计的主要内容为：确定使用哪些数据专题指定每个专题的内容和表达方式。具体包括：

（1）为每个专题确定地理要素如何表达（如点、线、多边形或栅格数据集），及它们的属性。

（2）数据如何被组织为数据集，如要素类、属性表、栅格数据集等。

（3）为了实现完整性规则、丰富 GIS 行为（如拓扑、网络和栅格目录）及定义数据集之间空间和属性的关系，还需要哪些其他的空间和数据库元素。

#### 4.1.1.1　确定地理实体表达方式

每个 GIS 数据库设计都始于为每个数据集确定地理表达方法。地理实体可以表达为以下几种形式：（1）要素类（Feature classes）。（2）影像和栅格（Imagery and rasters）。（3）连续表面（Continuous surfaces）：可以使用要素（如等高线）、栅格（数字高程模型 DEM），或不规则三角网（TINs）或地形数据集来表达。（4）属性表：描述性数据。

预期用途和现有数据源均会影响 GIS 中的地理实体表达。设计 GIS 数据库时，应根据用户的应用需求，确定各个专题的表达方式及表达内容。例如，表示表面高程有多种备选方法：表示为等值线和点高程位置（例如，山顶、坡度变换点等）、连续地形表面（TIN）或晕渲地貌。数据的预期用途将有助于确定需要其中哪种表达方式。

通常，专题的可用数据源已在某种程度上预先决定了将使用哪种地理表达。

#### 4.1.1.2　确定数据专题

地理实体的表达被组织为一系列的数据专题（有时称为专题图层）。一个数据专题就是相关地理要素的集合，如道路网络、宗地边界的集合、土壤类型、高程模型、某一日期的卫星遥感影像、井位置等等。

地理数据在 GIS 数据库中可以表达为要素类或栅格数据集。

许多专题被表达为同类要素的单个集合，如土壤类型多边形要素类、水井点要素类；其他专题，如交通网络，被表达为多个数据集（如交通网络表达为空间上相关联的要素类的集合，街道、交叉点、桥、高速公路匝道等）。

栅格数据集用于表达连续的表面，如高程、坡度、坡向，也用于容纳遥感影像、航空像片及其他格网数据。

数据库设计时，要针对特定的应用和信息需求，确定所需要的专题图层；如对于城市基础地理数据库的设计，我国国家标准《基础地理信息要素分类与代码（GB/T 13923—2006)》依据要素类型的从属关系将基础地理信息划分为四级：大类、中类、小类、子类。其中大类包括：(1）定位基础，(2）水系，(3）居民地及设施，(4）交通，(5）管线，(6）境界及政区，(7）地貌，(8）植被与土质。对于交通大类划分为铁路、城际公路、城市道路、乡村道路、道路构造物及附属设施、水运设施、航道、空运设施、其他交通设施9个中类。

在设计城市基础地理数据库时，为了便于管理，可以在大类上建立要素数据集，在中类上建立要素类（即要素层)，每个要素类可能为点、线或面类型。

一旦已经确定了关键的专题图层，接下来就要在物理数据库中描述每个专题的内容。

(1）列出需要处理的地图比例尺和范围。

(2）描述在每个地图比例尺和范围下地理要素如何表达（例如，表示为点、线、多边形、栅格数据、表面（如数字高程模型）或属性表等)。

(3）如何将数据组织成要素类、表和关系?

(4）如何使用空间的和数据库的完整性规则实现GIS行为?

#### 4.1.1.3　数据集的采集应与其他数据层协调一致

尽管每个GIS数据集都可以不依赖于其他GIS数据而单独使用，但数据集的采集应该与其他数据层协调一致，使得相关联的GIS数据层之间的基本空间行为和空间关系能够维持和一致。如以下示例：

(1）流域水文信息的采集应该与排水网络协调一致，排水线应与盆地、山谷相适应，所有数据层应与地形表面表达相适应。

(2）宗地构造（Parcel fabric）中不同数据层的采集应与其他地籍图层一致，并与底层测量信息一致，使宗地要素适应测量控制框架。其他要素集，如（公路等穿越私人土地的）公用路线穿越用地、附属设施、地块分区，需要编辑，以适应宗地构造。

(3）高程、地貌、土壤类型、坡度、植被、地表地质和其他地形属性之间的空间关系通常以统一的方式进行编辑，以便表达环境资源单元。了解这些空间关系背后的原理有助于构建逻辑一致的数据库，从而保证每个数据图层的要素空间上彼此一致。

(4）地形底图信息与水文地理、交通、结构、行政边界等一起集成编辑，以保空间上协调一致。

在上述情况下，均将通过数据模型定义合适的整体信息框架下的相关数据专题的集合；每个框架实质上是以最佳方式共同采集的相关数据专题的集合；数据采集的准则遵循有关空间行为和关系的完整性原则；各专题在特定景观的综合性表达中起着重要作用。例如：

(1）地形景观。地形图、高程、水系网、交通网、地图要素等。

(2）城市景观。建筑物和主要基础设施等。

(3）影像景观。卫星和航空影像，本地、区域及国有资产等。

（4）人文景观。人口统计状况（人口特征）、文化中心、市民、行政区划等。

（5）劳动力景观。流动劳动力追踪、服务中心、交通状况和仓库等。

### 4.1.2 Geodatabase 设计步骤

Geodatabase 设计的十一个步骤：

（1）确定要使用 GIS 创建和管理的信息产品。考虑需要编辑和维护的地图产品目录、分析模型、web 地图应用、数据流、数据库报表、关键职责、3D 视图和其他需求。列出当前使用的数据源。利用这些资源开始数据设计。定义基本的 2D、3D 数字底图，确定应用所需要的一系列地图比例尺。

（2）基于信息需求确定关键的数据专题。较全面地定义每个数据专题的某些关键方面。

1）决定如何使用每个数据集：编辑、GIS 建模和分析、表示业务工作流，以及制图和 3D 显示。

2）针对每个特定的地图比例指定地图用途、数据源和空间表示；针对每个地图视图和 3D 视图指定数据精度和采集指导原则；指定专题的显示方式，即符号系统、文本标注和注记。

3）考虑每个地图图层如何与其他图层集成显示。对于建模和分析，考虑空间信息如何与其他数据集一起使用，这有助于确定一些关键的空间关系和数据完整性规则。

4）确保将 2D 和 3D 地图显示及分析属性看作是数据库设计的一部分。

（3）指定比例尺范围以及每个数据专题在每个比例尺下的空间表达。数据编辑是在一个具体的地图比例尺范围内进行的，应该为地图比例尺关联一个恰当的地理表达。地理数据表达会经常在不同比例尺之间变化（如从多边形到线或点）。在许多情况下，需要对要素表示进行泛化，才能在更小的比例尺下使用。可以使用影像金字塔对栅格数据进行重采样。

（4）将各种表达形式分解为一个或多个地理数据集。将离散要素建模为点、线和面要素类。可以考虑用高级数据类型（如拓扑、网络和地形）来建模图层中以及数据集间各元素之间的关系。对于栅格数据集，可以选择镶嵌集（mosaic）和目录集（catalog）来管理非常大的栅格集合。可使用要素（如等高线）以及栅格数据和地形数据来对表面进行建模。

（5）为描述性的属性定义数据库表结构和行为。表结构定义首先需要标识属性字段和列类型。表还可能包括属性域、关系和子类型。定义所有的有效值、属性范围和分类（以用作域）。使用子类型来控制相关行为。确定关系类的表格关系和关联。

（6）定义数据集的空间行为、空间关系和完整性规则。可以为要素添加空间行为和功能，也可以使用拓扑、地址定位器、网络、地形等突出相关要素中固有空间关系的特征来达到各种目的。例如，使用拓扑对共享几何的空间关系进行建模并强制执行完整性规则。使用地址定位器来支持地理编码。使用网络进行追踪和路径查找。对于栅格数据，可以确定是否需要栅格数据集或栅格目录。

（7）提出 Geodatabase 设计方案。为每个数据专题定义所需要的 Geodatabase 元素集。研究现存的设计，开始自己的设计工作。效仿现有 ArcGIS 数据模型中的模式和最佳做法。

（8）设计编辑工作流程和地图显示属性。定义编辑流程和完整性规则（例如，所有街道都在与其他街道的相交处分开，街段在端点相连）。设计有助于满足数据的这些完整性规则的编辑工作流程。定义地图和3D视图的显示属性。为每个地图比例尺确定地图显示属性。这些属性将用于定义地图图层属性。

（9）为创建和维护数据层分派职责。确定组织内负责数据维护工作的人员，或者将该工作指派给其他组织。需要设计数据如何变换和转换，用于和伙伴组织进行数据导入和导出工作。

（10）构建数据库原型，审查并优化设计。测试原型设计。使用 File、Personal 或 ArcSDE Geodatabase 对已提出的数据库设计创建一个实例 Geodatabase。通过创建地图，运行关键的应用程序，进行编辑操作来测试设计的功能。根据原型测试结果对设计进行修正和优化。一旦有了可用的数据库模式后，可加载更大的数据集（例如，将其加载到 ArcSDE Geodatabase 中）以检验其生产、性能、可伸缩性以及数据管理工作流程。

（11）将 Geodatabase 设计文档化。有多种方法可用于描述数据库设计和结果。可以使用绘图、地图图层示例、模式图、简单的报告和元数据文档。

某些用户喜欢使用 UML，但只使用 UML 是不够的。UML 无法表示所有地理属性以及要做的决策，而且 UML 不能传达主要的 GIS 设计理念，例如，专题组织、拓扑规则和网络连通性，是 UML 无法以空间形式表现设计。

许多用户使用 Visio 来创建地理数据库架构的图形表示，例如，使用 ArcGIS 数据模型发布的图形表示。ESRI 工具可用于帮助您使用 Visio 捕获数据模型元素的这些图形类型。

### 4.1.3　使用 ArcGIS 数据模型

ESRI 及其用户社区投入了大量时间开发出一系列的 Geodatabase 数据模型的模板，这些模板提供了一个快速开始的 Geodatabase 设计，这些设计已经详细描述和文档化，详见 https：//support. esri. com/datamodels. 在该网站上，可以找到现有的 Geodatabase 模板，以及针对众多行业和应用的 Geodatabase 设计的有用文档。这些模型通常是设计的良好开端。大部分用户都可从这些设计模板入手，然后再对这些设计模板进行优化和扩展以满足特定的需要和要求。

一旦找到需要的数据模型，可以从官网下载一个 Geodatabase 模板，用于快速开始设计。可以构建一个测试的 Geodatabase，加载一些数据，然后测试和完善设计。

使用 ArcGIS 数据模型所涉及的步骤类似于导入和修改任意现有 Geodatabase 设计的过程：

（1）从 ESRI 官网下载合适的数据模型。

（2）创建一个空的测试的 File Geodatabase。

（3）导入 schema，建立合适的空间参考。

（4）加载一些现存的数据集到空的新 Geodatabase 中。

（5）测试并完善设计。

## 4.2　要素类建模

构建要素类模型时，应考虑以下方面的内容：

（1）设计简单的要素类。

（2）组织相关要素类为要素数据集。

（3）添加 Geodatabase 元素便于数据编辑和维护数据完整性。

（4）为高级数据使用、分析模型（如网络分析和地理编码）和高级制图添加功能。

### 4.2.1 设计简单的要素类

所有 Geodatabase 都包含要素类，几乎无一例外。有时可能只需要仅仅包含一个要素类集合的简单 Geodatabase 设计。但是，大多数用户需要开发一种可添加高级 Geodatabase 元素的更为全面的数据模型。用户将根据系统需求和目标来决定是否扩展简单要素类设计；用户将扩展其设计以支持基本的 GIS 功能和行为。

要素类是具有相同几何类型（例如，点、线或多边形）、一组通用属性列和相同坐标系的地理要素的集合。

对于要素类建模首先根据需求调查，确定数据库包含哪些要素类。确定要素类列表后，尝试为每个要素类定义以下内容：

（1）选择一个几何类型（或称要素类型），如点、线、多边形或注记。

（2）确定属性字段和类型。

（3）确定几何属性：是否含有 Z 值？M 值？用何种坐标分辨率？对于线和多边形要素类使用何种线段类型？

（4）定义要素类的坐标系统。

（5）是否需要该数据集在多级比例尺下使用？在每个地图比例尺下这些地理表达是如何变化的？

### 4.2.2 组织相关要素类为要素数据集

使用要素数据集将空间相关要素类组织成通用要素数据集。执行以下操作时，使用要素数据集是必需的。（1）添加拓扑。（2）添加宗地结构数据集。（3）添加网络数据集。（4）添加几何网络。（5）添加地形数据集。（6）组织主题上相关的要素类。（7）基于数据库的权限组织数据存取。（8）为数据共享组织要素类。

有关使用要素数据集，详见本书第 3 章相关内容。

### 4.2.3 添加 Geodatabase 高级元素

Geodatabase 包括一些可向 GIS 添加完整性规则和编辑行为的可选数据建模功能。这些功能可帮助用户自动执行许多数据管理工作和完整性检查。在具体 GIS 工程项目中，应根据问题的需要确定必要的 Geodatabase 高级元素。

（1）需要管理属性值的完整性吗？可以使用 domains，它是描述字段类型的合法值的规则。

（2）需要使用子类型（subtypes）来帮助管理一个要素类中要素子集吗？可使用子类型来设置默认属性值、连通性规则、关联规则、拓扑规则等。

（3）确定是否存在相关表以及是否需要关系类（relationship classes）。利用关系类，可在多个相关表中选择要素，然后在一个表中处理这些要素，便于数据的操作和维护。

（4）确定要素类内部要素之间、两个要素类中要素之间是否存在空间关系？如 Topology。例如，相邻多边形（如宗地）是否具有共享边、街道中心线和人口普查区块是否共享几何；线要素是否共享端点等。必须将参与拓扑的要素类组织到同一要素数据集中。

### 4.2.4　为高级数据使用、分析模型和高级制图添加功能

对每个数据集，可以考虑添加附加的 Geodatabase 功能。用户可通过以下方式向 Geodatabase 添加高级功能。

（1）是否要构建拓扑关系模型并使用拓扑关系在拓扑的节点、边和多边形中导航？共享的要素几何是否会帮助用户更逼真地构建要素模型？例如，多个地形数据图层（如植被、坡度、坡向、土壤类型、地质、水体、流域、生态区及其他环境图层的要素类）的多边形和线边界彼此相互嵌套。通过使用拓扑集成它们的公共边界，能够构建更加稳健和一致的属性组合。拓扑也可以帮助用户集成宗地系统、人口普查单位、行政边界以及许多其他信息集。GIS 用户有时会将其视为 GIS 数据图层的垂直集成。

（2）是否要构建交通网络模型？Geodatabase 使用网络数据集（Network Dataset）对这些情况建模。网络数据集是边、转弯和交汇点的集合。网络数据集中的连通性是基于线端点（endpoints）、线顶点（vertices）和点的几何重叠建立的，并遵循连通性规则。网络属性用于控制网络遍历时网络元素的成本、约束等属性，如：行车时间、行车速度、哪些街道限制哪些车辆，以及哪些街道是单行道或禁止通行。网络属性包括成本（Cost）属性、约束（限制，Restriction）属性、等级（Hierarchy）属性和描述符（Descriptor）属性 4 种类型。必须将参与某个网络的要素类组织到同一要素数据集中。

（3）是否要构建公共设施网络模型？电力公共设施以及城市给水、排水系统的模型是使用 Geodatabase 的几何网络（Geometric Network）构建的。在公共设施网络中，水、电、气通过管道和线路输送给消费者，水、电、气被动地由高压向低压输送，不能主观选择方向，即所谓的定向网络。几何网络由一组相连的边线和交汇点以及连通性规则组成；它在 Geodatabase 的要素数据集内构建；要素数据集中的要素类被用作网络交汇点和边线的数据源；创建几何网络时，需要定义各种要素在几何网络中所起的作用，并定义用来说明资源如何流过几何网络的规则；网络连通性规则是基于要素相互间的几何重叠。

（4）是否要使用地理编码？要进行地址地理编码，请将地址定位器添加到 Geodatabase 中。地址定位器基于特定的地址定位器样式和参考数据（引用数据）创建。使用地址定位器可以搜索单个地址、地名或基于位置的信息。还可使用地址定位器对一组地址进行地理编码。

（5）是否要使用线性参考沿线要素定位事件或设施？线状要素顶点包含 m 值。线性参考是一种沿线要素（具有度量值 M）的相对位置存储地理位置的方法。使用距离度量值定位沿线的事件，如公路沿线的休息区、加油站、指示牌、路面材料、速度限制等。对沿着线性测量系统发生的事件进行地理定位的过程称为动态分段。

（6）是否要使用不规则三角网（TIN）构建高程模型？或者是否需要管理激光雷达点云？Geodatabase 具有地形数据集，可使用 TIN 构建表面模型，还可管理大型激光雷达点云数据。地形用于管理海量 3D 点云数据和其他 3D 要素，以及派生地形数据集（多分辨

率 TIN)。

(7) 是否要管理宗地结构数据？宗地结构是相互连接的宗地数据集。在地籍结构中，宗地由宗地线要素、宗地点要素和宗地多边形要素组成。

(8) 是否要在要素类中包含制图表达和规则？可向要素类添加制图表达以存放绘制规则或要素地图显示的替代图形表达。制图表达允许用户应用特殊覆盖、规则和图形，以确保地图表达清晰明了。

## 4.3 使用工具设计 Geodatabase 数据库

可以使用 Microsoft Visio 或 ArcGIS Diagrammer 等工具进行 Geodatabase 设计，使用 ArcGIS Diagrammer 或 Geodatabase Diagrammer 快速完成 Geodatabase 设计文档化。

另外，可以使用 Enterprise Architect 进行 Geodatabase 设计。Enterprise Architect 是一个完全的 UML 分析和设计工具，它能完成从需求收集经步骤分析、模型设计到测试和维护的整个软件开发过程。

### 4.3.1 使用 Microsoft Visio 设计 Geodatabase

使用 Microsoft Visio 构建 UML 对象模型图，并输出为 XMI 格式，然后在 ArcCatalog 中使用 CASE 工具 (Schema Wizard) 生成 geodatabase 模式。

(1) ArcGIS 对 Visio 的支持。

1) 将 Visio 的 UML 模型输出为 ESRI 的 XML 格式：ESRI XMI Export. vsl、uml. dtd。

2) ESRI 提供的 Visio 模版：ArcInfo UML Model (Visio 2003、Visio 2007). vst。

3) UML 模型输出的 XML 文档→Geodatabase 模式：ArcCatalog Schema Wizard。

(2) 下载 XMIEXPRT. DLL 文件。正常安装了 VISIO 2003 后并没有输出 XMI 文件这个功能，需要到网上下载相应的程序进行扩充。

(3) 使用前的相关设置。

1) 将 XMIExprt. dll 拷贝到 VISIO 安装目录下 C:\ Program Files\ Microsoft Office\ Visio11\ DLL 下（或其他目录）。

2) 在 ArcGIS 安装目录 C:\ Program Files\ ArcGIS\ CaseTools\ Utilities 下找到 ESRI XMI Export. vsl 文件，并将其拷贝到 C:\ Program Files\ Microsoft Office\ Visio11\ 2052 下。

3) 启动 VISIO 2003，在菜单工具→选项→高级→文件路径中设置加载项，选择 C:\ Program Files\ Microsoft Office\ Visio11\ 2052 目录；（有时候要在安全性设置中的宏安全性设置为稍低级别）。

4) 此时就可以设计 UML 图并输出为 XMI 文件了（工具→加载项→ESRI XMI EXPORT）;

5) 将在 C:\ Program Files\ ArcGIS\ CaseTools\ Utilities 文件夹下面的 uml. dtd 拷贝到你输出 XMI 的文件所在目录;

6) 最后就是在 Catalog 中利用 schema wizard 将模型导入到 Geodatabase 中。

ESRI 提供的 Visio 模板中，包含了 Geodatabase 数据库 UML 模型设计的相关元素，其 UML 模型中有以下 4 个包：Logical View，ESRI Classes，ESRI Interfaces，Workspace。

每个包可以包含任意数目的 UML 元素，如其他包、类、接口、图。Workspace 包代表 Geodatabase，用户创建的 Geodatabase 元素必须位于 Workspace 包中。

这些 UML 包在整个对象模型的不同部分被维护的地方充当目录。Logical View 包是根级别，并且包含其他三个包。数据库设计人员和开发人员可用 Workspace 包来创建自己的对象和数据库设计。可以根据模型的复杂性需求创建更多的包。

ESRI Classes 包包含创建对象模型所必须的地学访问组件的一部分。这个包中的类代表被用于访问空间数据源的组件，包括 Geodatabases。要素类和对象模型中的对象类将从这些类中继承。ESRI Interfaces 包包含由 ESRI Classes 包中所示的组件所实现的接口的定义。接口仅用于当创建自定义对象时的代码生成。

使用 Microsoft Visio 设计 Geodatabase 的一般步骤：

步骤一：创建要素数据集

（1）在模型资源管理器（Model Explorer）中，双击 Workspace 图，打开它；

（2）从“UML 静态结构（UML Static Structure stencil）”中拖放“包（Package）”到 Workspace 图中；

（3）双击刚创建的包，打开包属性对话框；

（4）给包命名，并设置包的构造型（Stereotype）为 FeatureDataset；

（5）点击确定，关闭包属性对话框，即创建了一个要素数据集（即在模型资源管理器中创建了一个包和一张图）。

步骤二：创建要素类

分为如下两种：

①在 Workspace 中创建单独的要素类：在 Workspace 的设计图中创建；

②在某个要素数据集中创建要素类：在要素数据集的设计图中创建。

步骤：

（1）在模型资源管理器（Model Explorer）中“ESRI Classes”下，将所需的父类（Object、Feature）拖放到设计图中；

（2）从“UML 静态结构（UML Static Structure stencil）”中拖放“类（Class）”到设计图中，该类即为要创建的要素类；

（3）双击刚创建的类，打开类属性对话框；

（4）给类命名；

（5）使用 GeometryType 标记设置要素类的几何类型，可能取值为：esriGeometryPoint、esriGeometryMultipoint、esriGeometryPolyline、esriGeometryPolygon；

（6）点击确定，关闭类属性对话框；

（7）点击并拖放“UML 静态结构”中的“泛化（Generalization）”到设计图中，拖曳泛化箭头端并连接到该要素类的父类；

（8）为要素类定义所需的字段。

步骤三：创建无属性关系类

（1）从“UML 静态结构（UML Static Structure stencil）”中拖放“二元关系（Binary Association）”到设计图中；

（2）并将要创建关系的 2 个类连接起来，关系的左端源类（origin class），右端为目标类（destination class）；

（3）双击刚创建的二元关系，在弹出的对话框中给该关系命名，并更改关系两端的名字（end name），设置关系两端的基数（multiplicity）；

（4）使用标记值（Tagged Values）设置关系类创建时所需的关键字，在关系类的属性对话框中设置以下标记值：

（1）OriginClass（如设为：Parcels）；

（2）OriginPrimaryKey（如设为：ParcelID，源类中的字段）；

（3）OriginForeignKey（如设为：ParcelID，目标类中的字段）；

（4）Notification（如设为：esriRelNotificationBoth）。

步骤四：创建属性关系类

注意：创建带属性的关系类时，一方面要创建一个关系类，另一方面还要创建一个与该关系类同名的类（存储关系的相关属性，简称属性表，其构造型为：RelationshipClass）。

假设关系类的源为 Buildings 要素类，目标为 Owners 属性表。关系类的名字为：BuildingsOwners；类的名字也为：BuildingsOwners。创建带属性的关系类时，需要设置以下标记值：

（1）OriginClass；

（2）OriginPrimaryKey（OriginClass 中的一字段）；

（3）OriginForeignKey（属性表中的一字段）；

（4）DestinationPrimaryKey（DestinationClass 中的一字段）；

（5）DestinationForeignKey（属性表中的一字段）。

步骤五：创建域

（1）创建一个范围域；

（2）创建一个编码值域；

（3）右键点击 Workspace 包下的 TemplateRangeDomain 或 TemplateCodedValueDomain，然后选择“重复（duplicate）”，通过复制创建一个属性域，然后拖放到 Workspace 的设计图中，并进行相关属性设置。

步骤六：创建子类型

步骤：

先将定义子类型的字段的构造型设置为 SubtypeField，定义 Subtype 的字段类型必须是 esriFieldTypeInteger，在创建子类型时，应将该字段的构造型设置为 SubtypeField。

通过复制、粘贴，创建用于子类型的类，删除与子类型无关的字段，设置与子类型相关的字段的缺省值、属性域及子类型代码；

在父类（要创建子类型的类）、子类（通过复制粘贴产生的类）之间建立二元关系，并将其构造型设置为 Subtype，还可通过“Shape Display Optons…”设置二元关系显示哪些属性。

### 4.3.2 使用 ArcGIS Diagrammer 设计 Geodatabase

ArcGIS Diagrammer 是为 GIS 专业人员创建、编辑或分析 Geodatabase 模式的一个高效工具。在 ArcGIS Diagrammer 环境中，模式表现为可编辑的图形，ArcGIS Diagrammer 本质上是 ESRI 的 XML Workspace Document 可视化编辑器。

说明：ArcGIS Diagrammer 可以从 ESRI 资源中心网站上下载（https://www.arcgis.com/home/item.html? id = 5af1723bab4e413bae63dd89daa87984），然后解压、安装即可。

在 ArcGIS Diagrammer 出现之前，设计人员可以使用 ArcCatalog 或第三方 CASE 工具 IBM 的 Rational Rose 或 Microsoft 的 Visio 完成数据库的设计。ArcCatalog 在空间数据库模式创建方面非常专业，但缺少 CASE 工具的那种图形化设计，例如，对于复杂的设计，ArcCatalog 的模式创建非常费时。CASE 工具允许设计人员创建标准化的 UML 图形，但对于复杂的设计，也存在性能问题，且不支持较复杂的 Geodatabase 对象，如拓扑、annotation 要素类等。

ArcGIS Diagrammer 的作用主要有以下六项：

（1）创建新的 Geodatabase 模式（XML Workspace Document 格式）(File > New)。

（2）由 XML Workspace Document 产生数据库设计图表（File > Open)。

（3）由 XML Workspace Document 生成模式的说明文档（Tools > Schema Report)。

（4）数据统计报告（Tools > Data Report)。

（5）模式校验（Tools > Validate)。

（6）Geodatabase 设计文档化。

Geodatabase 创建过程：

（1）创建新的 Geodatabase 模式，File > New：

1）将所需的 Geodatabase 数据集拖放到设计图中，然后设置数据集的相关属性。

2）建立数据集间 Link Mode。

3）将设计图导出为 Geodatabase XML Workspace Document（File > Publish)。

4）最后，在 ArcCatalog 中，将设计好的 Geodatabase 模式 - - XML Workspace Document 导入 Geodatabase 中。

（2）创建要素数据集。

从 Palette 面板中拖放“Feature Dataset”到设计图中，并命名要素数据集，默认的空间参考系为“WGS84”。

（3）创建要素类。从 Palette 面板中拖放某种类型的要素类到设计图中，添加字段，设置相关属性；建立要素数据集与要素类之间的关系。

（4）创建关系类。从 Palette 面板中拖放 RelationshipClass 到设计图中，设置其源类、目标类及其他相关属性即可；建立 FeatureDataset 与该关系类的连接。

（5）创建子类型。

1）创建一要素类，并将该要素类的 SubtypeFieldName 属性设置为用于定义子类型的字段；

2）从 Pallete 面板中拖放 Subtype 到设计图中，创建所需的子类型，设置相应的子类型名和代码；

3）连接父要素类与子类。

### 4.3.3 文档化 Geodatabase 设计

Geodatabase 设计文档，应详细阐述空间数据库的设计。可以使用 ArcGIS Diagrammer 或 Geodatabase Diagrammer 将 Geodatabase 模式设计输出为 Visio 文档，从而快速完成 Geodatabase 设计文档化。

使用 Geodatabase Diagrammer 前的设置：

（1）将 Geodatabase Diagrammer 提供的 Visio 模具文件（VSS）和模板文件（VST）拷贝到合适位置或进行相关设置。

对于 Visio 2002，将 VSS、VST 文件拷贝到目录 c：\ Program Files \ Microsoft Office \ Visio10 \ 1033 \ Solutions \ Visio Extras。

对于 Visio 2003 及以后版本：打开 Visio，选择“工具（Tools）”菜单中再选择“选项（Options）”菜单，在弹出的对话框中选择“高级（Advanced）”标签，再点击“文件路径（File Paths）”按钮，将模具、模板的文件路径设置为 Geodatabase Diagrammer 提供的模具、模板文件的路径，设置完毕后，关闭 Visio。

（2）安装 GeodatabaseDiagrammer. esriAddIn，然后在 ArcCatalog 中，通过“Customize”对话框，将“Geodatabase Diagrammer”命令拖放到任意工具条上，即可使用。

在 Geodatabase 设计中有 6 个关键的元素来表达设计的内容，具体包括：

（1）数据集。详细描述数据集的定义，包括要素类、栅格数据和属性表以及每个表中列集的定义和描述。对于空间表达，会显示某些几何属性（例如点、线、多边形以及坐标类型）。通常，还可以看到对子类型的说明。

（2）关系类。详细描述关系类的定义。关系类定义了一个表中的行如何与另外一个表中的行相关联。关联是具有方向和其他一些属性（如，这是一个一对一，一对多还是多对多的关联）。

（3）属性域。详细描述属性域的定义。它们表达了属性列的有效值范围。这些规则控制系统如何维持某些属性列的数据完整性。

（4）空间关系和空间规则。空间关系和空间规则为 Geodatabase 提供了大量高级数据建模功能。例如，数据元素（如拓扑及其属性）用于为要素之间几何的共享方式建模。拓扑与网络数据集、地址定位器、地形、制图表达、几何网络和许多其他高级 Geodatabase 类型一起，共同构成了至关重要且广泛使用的 GIS 机制，这套机制用于在 GIS 数据库中启用空间行为并巩固完整性。

（5）地图图层。GIS 包括交互式地图和其他视图。每个数据集的关键部分是其如何在地图中符号化和渲染的规范。ArcMap 中通常使用图层属性定义这些规范，它们指定了为要素分配地图符号系统（颜色、填充模式、线和点符号）以及文本标注的方式。在 Geodatabase 中不能管理图层，但是对于在 Geodatabase 模式中定义某些关键的数据集属性而言，图层十分有用。

（6）2D and 3D 底图。定义基础底图显示并确定该数据专题是否将在这些交互地图显示中使用。如果是这种情况，则定义底图的地图比例集和各地图比例的地图显示属性是很重要的。用户需要针对每个地图比例定义不同的地图规范，并针对每个比例定义地图图层。

## 4.4　创建 Geodatabase 数据库

### 4.4.1　创建何种类型的 Geodatabase

创建 Geodatabase 之前，必须确定需要使用的 Geodatabase 类型：

File Geodatabase 以文件系统中的文件夹存储，支持跨平台。每个数据集以一个文件的形式存储，该文件大小最多可扩展至 1TB。多数情况下，ESRI 推荐使用 File Geodatabase 以实现数据库大小的可扩展性，可大幅度提高性能并可跨平台使用，在不需要使用 DBMS 的情况下能够进行很好的扩展以存储大量数据。File Geodatabase 非常适合个人使用以及在小型工作组中使用。

Personal Geodatabase 将数据集以 Microsoft Access. mdb 文件的形式存储在磁盘上。整个 Personal Geodatabase 的存储大小被有效地限制为介于 250～500MB 之间，并且只在 Windows 上提供支持。用户的数据集经常需要更大的存储空间，因此他们会选择 File Geodatabase 或企业级地理数据库。

ArcSDE Geodatabase，有时也称作多用户 Geodatabase，可以将数据集存储在下列多种可选的 DBMS 中：Oracle、Microsoft SQL Server、PostgreSQL、IBM DB2、IBM Informix。如果想要在 Geodatabase 中使用历史归档、复制数据、使用 SQL 访问简单数据或在不锁定的情况下同时编辑数据，则需要使用 ArcSDE Geodatabase。

### 4.4.2　创建 Geodatabase 数据库的方法

在 ArcGIS 中有三种基本方法创建 Geodatabase：

（1）设计和创建一个新的 Geodatabase（接着定义模式，加载数据集到新的 Geodatabase）。

（2）复制和修改一个已存在的 Geodatabase 的模式（接着加载数据集到复制的 Geodatabase）。

（3）对已经存在的 Geodatabase 复制模式和数据。

创建一个新的 File 或 Personal Geodatabase 比较简单，在 ArcCatalog 环境中，仅需在要创建 Geodatabase 的目录上点击鼠标右键，然后选择 New→File Geodatabase 或 Personal Geodatabase 后，即可创建一个新的空的 File 或 Personal Geodatabase，然后可在其中创建各种类型的数据集，导入相关数据。

#### 4.4.2.1　创建一个 ArcSDE Geodatabase

A　创建 ArcSDE Personal 或 Workgroup Geodatabase

创建 ArcSDE Personal 或 Workgroup Geodatabase，需要安装 SQL Server Express。

（1）在 Catalog 目录树，展开 Database Servers 目录内容。

（2）双击 Add Database Server。

（3）在 Add Database Server 对话框中，指定需要添加到 ArcCatalog 的 ArcSDE database。

（4）server（SQL Server Express instance 的路径和名称）的路径和名称。

(5) 例如：TIVO2 \ SQLEXPRESS，TIVO2 是服务器名称，SQLEXPRESS 是 instance 名称，如图 4-1 所示。

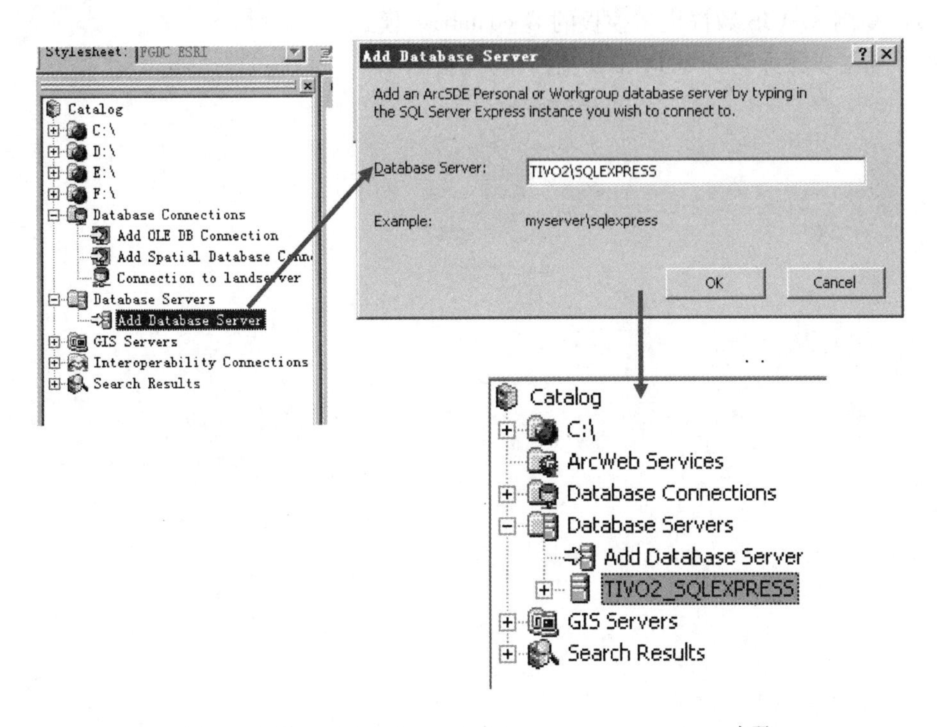


图 4-1 创建 ArcSDE Personal 或 Workgroup Geodatabase 步骤

B 创建一个 ArcSDE Enterprise Geodatabase

可以使用“Create Enterprise Geodatabase（创建企业级地理数据库）”地理处理工具或 Python 脚本在 Microsoft SQL Server 或 PostgreSQL 数据库管理系统中创建数据库、Geodatabase 管理员和 EnterpriseGeodatabase。还可以使用“Create Enterprise Geodatabase”工具在 Oracle 数据库中创建默认表空间、Geodatabase 管理员和 EnterpriseGeodatabase。

要在预先创建和已配置的 IBM DB2 或 IBM Informix 数据库中创建地理数据库，使用“Enable Enterprise Geodatabase（启用企业级地理数据库）”地理处理工具或 Python 脚本。

创建 ArcSDE Enterprise Geodatabase 一般步骤：（1）安装 DBMS（oracle、SQL Server 等）。（2）配置数据库。（3）安装 ArcSDE。（4）配置 ArcSDE。（5）在 ArcCatalog 中连接 ArcSDE Geodatabase。（6）拷贝或新建 Geodatabase。

#### 4.4.2.2 复制 Geodatabase 的模式

模式（Schema）定义 Geodatabase 的物理结构，以及 Geodatabase 中每个数据集的规则、关系和属性等。可以通过以下方式之一快速构建一个新的 Geodatabase 模式。

（1）使用 XML 工作空间文档共享 Geodatabase 模式。

1）将 Geodatabase 模式导出到 XML 工作空间文档。

2）将 XML 工作空间文档导入为 Geodatabase 模式。

（2）使用 ArcMap 中的“Extract Data Wizard（提取数据向导）”复制 Geodatabase 模式。

（3）复制 ArcGIS 数据模型模板的 Geodatabase 模式。

具体复制步骤详见 ArcGIS 帮助文档相关内容。

# 5 空间数据库事务模型

本章主要介绍空间数据编辑与维护策略、非版本化数据编辑、版本化数据编辑、Geodatabase 复制/同步、Geodatabase 历史数据归档等相关内容。

## 5.1 空间数据编辑与维护概述

### 5.1.1 事务与并发控制

ArcSDE Geodatabase 的典型生命周期包括 Geodatabase 设计、Geodatabase 创建、初始数据加载、数据编辑与维护。

对数据库的操作是以事务为单位进行的。

#### 5.1.1.1 事务的基本概念

事务（Transaction）是一个数据库操作序列，是一个不可分割的工作单元，具体流程：启动事务，对数据库进行编辑，事务被提交或回滚。一旦提交事务，则由该事务对数据库修改的变化将对其他用户和应用可见。事务中的操作要么全做，要么全不做；事务是数据库恢复和并发控制的基本单位。在关系数据库中，一个事务可以是一条或多条 SQL 语句，也可以包含一个或多个程序。

事务具有的特性（ACID 特性）是：

（1）原子性（Atomicity）：事务中包括的诸操作，要么都做，要么都不做。

（2）一致性（Consistency）：事务执行的结果必须是使数据库从一个一致性状态变到另一个一致性状态。

（3）隔离性（Isolation）：一个事务的执行不能被其他事务干扰；一个事务内部的操作及使用的数据对其他并发事务是隔离的；并发执行的各个事务之间不能互相干扰。

（4）持久性（Durability）：一个事务一旦提交，它对数据库中数据的改变就应该是永久性的。

为了实现以上的目标，DBMS 采用一系列的 Locking 机制以保证多个并发的事务能够相互独立。

定义事务有显式和隐式两种方式。

显式定义方式：

```
BEGIN TRANSACTION          BEGIN TRANSACTION
SQL 语句 1                    SQL 语句 1
SQL 语句 2                    SQL 语句 2
…………                        …………
COMMIT                       ROLLBACK
```

隐式方式：当用户没有显式地定义事务时，DBMS 按缺省规定自动划分事务。

事务的结束有两种情况：正常结束和异常终止。

COMMIT：事务正常结束。

（1）提交事务的所有操作（读 + 更新）。

（2）事务中所有对数据库的更新永久生效。

ROLLBACK：事务异常终止，数据库回滚到该事务之前的状态。

（1）事务运行的过程中发生了故障，不能继续执行。

（2）回滚事务的所有更新操作。

（3）事务滚回到开始时的状态。

#### 5.1.1.2　并发控制概述

DBMS 为了有效利用计算机的硬件资源和数据库中的数据，允许多个事务并发执行，但事务的并发执行可能会出现诸如丢失修改、读脏数据或不可重复读等问题，使数据库处于不一致性状态。为了防止并发执行产生的问题，DBMS 需要具备并发控制的功能。

并发控制机制的任务是对并发操作进行正确调度，保证事务的隔离性和数据库的一致性。对多用户并发存取同一数据的操作不加控制可能会存取和存储不正确的数据，破坏数据库的一致性。DBMS 必须提供并发控制机制，并发控制机制是衡量一个 DBMS 性能的重要标志之一。并发操作带来数据的不一致性实例：飞机订票系统中的一个活动序列。假设：

（1）甲售票员读出某航班的机票余额 A，设 A = 16。

（2）乙售票员读出同一航班的机票余额 A，也为 16。

（3）甲售票点卖出一张机票，修改机票余额 A←A − 1，所以 A = 15，把 A 写回数据库。

（4）乙售票点也卖出一张机票，修改机票余额 A←A − 1，所以 A = 15，把 A 写回数据库。

结果：卖出两张机票，但数据库中机票余额只减少 1。

这种情况称为数据库的不一致性。产生原因：

（1）由甲乙两个售票员并发操作引起；

（2）在并发操作情况下，对甲、乙两个事务的操作序列的调度是随机的；

（3）若按上面的调度序列执行，甲事务的修改就被丢失。因为第(4)步中乙事务修改 A 并写回后覆盖了甲事务的修改。

造成并发操作数据不一致的主要原因有：

（1）丢失修改（Lost Update）：两个事务 T1 和 T2 读入同一数据并修改，T2 的提交结果破坏了 T1 提交的结果，导致 T1 的修改被丢失。

（2）不可重复读（Non-repeatable Read）：事务 T1 读取数据后，事务 T2 执行更新操作，使 T1 无法再现前一次读取结果。

（3）读“脏”数据（Dirty Read）：事务 T1 修改某一数据，并将其写回磁盘；事务 T2 读取同一数据后，T1 由于某种原因被撤销；这时 T1 已修改过的数据恢复原值，T2 读到的数据就与数据库中的数据不一致；T2 读到的数据就为“脏”数据，即不正确的数据。

并发控制一般都采用封锁法。

#### 5.1.1.3　封锁机制

并发控制就是要用正确的方式调度并发操作，使一个用户事务的执行不受其他事务的干扰，从而避免造成数据的不一致性。DBMS 一般都采用封锁方法来实现并发控制。封锁就是事务 T 在对某个数据对象（例如表、记录等）操作之前，先向系统发出请求，对其加锁；加锁后事务 T 就对该数据对象有了一定的控制，在事务 T 释放它的锁之前，其他的事务不能更新此数据对象。

A 封锁类型

一个事务对某个数据对象加锁后究竟拥有什么样的控制由封锁的类型决定。基本封锁类型：

（1）排它锁（Exclusive Locks，简记为 X 锁）：又称为写锁，若事务 T 对数据对象 A 加上 X 锁，则只允许 T 读取和修改 A，其他任何事务都不能再对 A 加任何类型的锁，直到 T 释放 A 上的锁；保证其他事务在 T 释放 A 上的锁之前不能再读取和修改 A。

（2）共享锁（Share Locks，简记为 S 锁）：又称为读锁，若事务 T 对数据对象 A 加上 S 锁，则其他事务只能再对 A 加 S 锁，而不能加 X 锁，直到 T 释放 A 上的 S 锁；保证其他事务可以读 A，但在 T 释放 A 上的 S 锁之前不能对 A 做任何修改。

B 封锁粒度

封锁对象的大小称为封锁粒度。在实际的数据库系统中，封锁对象可以是逻辑单位，这时的粒度可以是数据库、表、元组或属性。封锁对象也可以是物理单位，这时的封锁对象可以是数据块或物理记录。

不同的粒度会影响事务的并发度。例如，考虑转账事务，由于转账事务要改变账户的余额，假设，所有的账户余额保存在一个关系中，由于事务要改变余额，所以要加排它锁。如果封锁关系表，则一次只能处理一个事务，也就是说一次只能允许一个用户存取款。如果对物理数据块加排它锁，则除了存取款数据被系统放在一个数据块上的用户外，其他用户可以同时存取款。如果封锁粒度是行记录，则所有用户可以同时存取款。可见粒度越小，并发度越高，但封锁表就会很大，用于加锁解锁的开销也会增大，所以要在封锁度粒度和系统性能之间做出合理的平衡。

#### 5.1.1.4 事务与空间数据

在大多数应用中，每个事务包括少量的操作在一秒或几秒内完成，或者最多一至两分钟完成。

空间数据的编辑，有些可以在短时间内完成；但通常情况下，可能需要一个或两个小时移动、修改和添加数据来完成一个工作流。还有一些情况是一个事务需要几天甚至几个月来完成全部的编辑，如一个工程设计。尽管做了大量的修改，最后仍然需要作为一个单一的长事务提交。

传统 DBMS 的封锁机制不适合空间数据的长事务处理。ArcSDE Geodatabase 数据模型提供的版本机制允许多用户在长事务处理环境中同时编辑空间和属性数据，用户无须预先复制数据和锁定要素就可以直接编辑。这一数据模型提供了以下的功能：创建和管理版本、注册和反注册要素类、检测各个版本之间的差异、协调及提交版本变化。ArcSDE Geodatabase 采用版本机制来管理空间数据的长事务处理。

## 5.1.2　空间数据维护策略

ArcSDE Geodatabase 支持两种数据维护策略：版本化维护和非版本化维护。

### 5.1.2.1　非版本化数据维护

这是一种最简单的策略，它使用 DBMS 基本的事务模型。非版本化编辑与标准数据库事务等效。

为了编辑数据，启动一个编辑会话，执行所需的操作，如添加、删除或者移动要素和更新属性。编辑会话中的第一个编辑操作开始一个事务，当保存时，所执行的编辑操作以单个事务提交到数据库；保存后，下一个编辑操作开始一个新的事务。

在编辑会话中，一次可以保存少量几个或很多个编辑操作的结果；可以避免长时间锁定编辑的数据。一旦保存，所有变化将对访问该数据的其他所有用户和应用可用。如果不想提交编辑到数据库，则可以停止编辑，放弃保存。

用户编辑时，应用 DBMS 中定义在数据上的任何约束和触发器，并使用 DBMS 的锁定机制。ArcGIS 并没有修改底层的 DBMS 事务环境。因此，对访问或修改同一个数据的用户或应用有可能相互阻碍。

非版本化适合于简单要素的编辑，不支持 Archiving 和 Replication 等功能。这种方式不需要版本，因此 GIS 和 Non-GIS 用户都可以访问一个相同的数据库。

这种维护策略的局限性：

（1）只能编辑简单数据（点、线、多边形、注记和关系），不能编辑参与构建拓扑、几何网络或地形的要素类。

（2）对数据源直接编辑，在误操作时，无法撤销 Undo 或恢复 Redo 单次编辑。撤销 Undo 编辑的唯一方法是放弃所有的编辑，通过停止编辑会话，放弃保存。

（3）每个事务必须在单个编辑会话中启动并完成，单个编辑会话只能持续有限时间，通常在一天工作结束时结束一个编辑会话。

（4）非版本化编辑没有冲突检测功能，后续的编辑保存将覆盖前面的编辑保存。

（5）不支持 Replication 等高级功能。

### 5.1.2.2　版本化数据维护

Geodatabase 通过版本来扩展标准 DBMS 事务。每个版本可以表示一个工程或某个工作阶段，一个版本中的编辑可以跨多个数据库连接，并且如果需要的话可以延迟几个星期或几个月。

为了支持多版本功能，ArcGIS 并不复制数据，而是将每个要素类和表以 original/base table 存储，而变化的记录存储在增量表（delta tables）中。delta tables 由一个用于插入和更新的 adds table 和一个用于删除的 deletes table 组成。每次更新或删除任何版本中的一条记录，在其中一个表或这两个表中添加一行。当在一个版本中查询或显示一个要素类或表，ArcGIS 从 delta tables 和 original table 组装相关的行来显示一个无缝数据视图。

版本化的表（Versioned tables）需要数据库管理员定期维护。随着一个 Geodatabase 不断地被编辑，增量表 delta tables 的大小将会逐渐增大，降低了显示和查询性能。为了保持性能，数据库管理员应定期压缩一个版本化的数据库，即去除 delta tables 表中冗余的信息。当一个大的数据库活动结束时，版本化的数据库应该被压缩，例如，在修改或加载新数据结束时。压缩过程可以在其他用户连接和使用数据库时进行。

ArcGIS 可以使用以下两种方法中之一来管理 delta tables：

（1）不管什么版本，保存所有变化到增量表，被设计为专门支持 ArcGIS 应用。

（2）将所有非 DEFAULT 版本编辑内容保存到增量表，将所有 DEFAULT 版本的编辑内容保存到基表。主要用在 ArcGIS 和第三方应用中来维护数据。

#### 5.1.2.3 使用 ArcGIS 应用程序维护数据

如果一个应用环境中，仅用 ArcGIS 应用程序来维护数据，管理版本的最好方法就是保存所有的变化到 delta tables。这允许最大程度地利用 Geodatabase 的功能，包括 archiving、replication，以及编辑几何网络和拓扑等功能。

为了在一个要素类或表上实现这种行为，可以注册数据为版本化，不含移动编辑到 base table 的选项。无论何时保存编辑变化到按这种方式注册的一个数据集中，变化将保存到 delta tables。采用这种方法时，用户无法直接访问基表，而是始终访问数据的一个版本。

这种方法具有以下优点：

（1）支持 Undo/Redo 编辑。

（2）由于不具有锁，可对冲突进行编辑。ArcGIS 允许用户轻松地检测、协调和解决冲突。

（3）支持数据归档功能，并可查询数据库在特定时间点的状态。

（4）支持在几何网络或拓扑等中编辑要素。

（5）支持复制/同步功能。

（6）支持离线复制/同步功能，支持野外数据采集，更新 Geodatabase。

#### 5.1.2.4 使用 ArcGIS 和其他应用程序维护数据

在一个异构的应用环境中，有许多不同部门的应用访问相同的数据库，可能需要支持 ArcGIS 和第三方应用的能力。如：如果有一个部门使用 ArcGIS 维护数据库中的地理数据，另一部门使用一个自定义的应用维护相同数据库中的客户记录。当进行事务处理时，这个自定义的应用需要应用 DBMS 的约束和触发器，可能不识别版本化的表。

当有这些需求时，ArcGIS 允许在要素类或表上执行版本编辑，同时保留与其他应用共享编辑的功能。为了在要素类或表上利用这种功能，注册数据为版本，并且含移动编辑到基表（base table）的选项。

当编辑按这种方法注册数据时：

（1）所有非 DEFAULT 版本编辑变化保存到增量表；

（2）DEFAULT 版本的编辑变化保存到基表，无论是直接编辑还是通过合并另一版本中的更改，编辑内容都会保存在基表中，而不再保留在增量表中。

这种方法允许所有的应用程序操作同一个数据库。

（1）不是用 ESRI 软件编写的应用程序可以继续使用标准事务来访问和修改数据。

（2）当 ArcGIS 或使用 ArcObjects 编写的应用程序将编辑变化保存到 DEFAULT 版本或

将编辑变化合并到 DEFAULT 版本时，DBMS 在数据上定义的约束和触发器均适用。

（3）当一个应用程序修改数据时，这些变化对访问该数据的其他应用程序立即可用。由于对 DEFAULT 版本的更改不保存在增量表中，因此不需要将第三方应用程序调整为适合于版本化视图来使其可以读取这些表。

使用“将编辑内容移动到基表（Move edits to base）”选项将数据集注册为版本后，会在处理版本的方式上受到以下限制。

（1）只能编辑简单数据（点、线、多边形、注记和关系）。不能编辑拓扑、几何网络或地形数据集等中的要素类。

（2）不能存档对数据集的修改。

（3）不能复制数据集。

（4）编辑 DEFAULT 版本或将版本编辑变化提交到 DEFAULT 时，没有解决冲突的能力，因此可能会覆盖其他用户的编辑内容。

#### 5.1.2.5 确定如何注册数据

当确定如何注册用于编辑的数据时，首先要考虑的是高级数据模型和工作流：要编辑拓扑、几何网络或地形数据集中的要素类，对数据进行存档或通过复制对数据进行管理时，必须将数据注册为版本但不将编辑变化移动到基表选项。

如果与第三方应用程序容易共享数据能力是优先考虑的：保持数据不注册或者注册为版本含 move edits to base 的选项。如果既需要版本化带来的优势，又需要与除 ArcGIS 以外的应用程序共享更新内容，则将数据注册为版本并将编辑内容移动到基表非常有用。

作为最后一个考虑，对于关系类两边的数据集，保证用相同的方法在关系两边注册数据。

表 5-1 列出了不同注册类型性能比较。

**表 5-1 不同注册类型性能比较**

| 项　目 | 非版本化 | 版本化并将编辑内容移动到基表 | 版本化不将编辑内容移动到基表 |
|---|---|---|---|
| 支持的数据类型 | 除拓扑、几何网络或地形中的要素类以外的所有数据类型 | 除拓扑、几何网络或地形中的要素类以外的所有数据类型 | 所有数据类型 |
| 支持的工作流 | 简单工作流 | 带有版本的简单和高级工作流，不支持：存档和复制 | 包括版本、复制和存档的简单和高级工作流 |
| 事务 | 限制为单一编辑会话 | 可跨越多个编辑会话 | 可跨越多个编辑会话 |
| 支持撤销/恢复 | 否 | 是 | 是 |
| 支持 DBMS 数据完整性功能 | 是 | 编辑 DEFAULT 版本时：是，但仅在保存时支持；编辑其他版本时：否 | 否 |
| 可由非 ArcObjects 创建的客户端应用程序（第三方应用程序）读取 | 是 | DEFAULT 版本：是；其他版本中的要素类：否；其他版本中的表：是，通过多版本化视图 | 要素类：否；表：是，通过多版本化视图 |

## 5.2　非版本化数据编辑

### 5.2.1　非版本化数据编辑概述

非版本化数据编辑相当于执行标准的数据库事务。可在 ArcMap 编辑会话中执行事务，每个事务可包括的操作数量可视需要而定，前提是操作应处于一个编辑会话中。

在 ArcMap 编辑会话中编辑非版本化数据时，是对数据源直接编辑，非版本化编辑会话并不会像版本化编辑会话那样将更改内容存储在其他表中。这便避免了管理这些附加表的开销，而且可轻松地调整第三方应用程序，使其可以读取及编辑数据。但这样做的缺点是，因为直接对数据源进行编辑，所以在出错时无法撤销或恢复单次编辑。撤销编辑的唯一方法是退出编辑会话而不保存，从而撤销所有的编辑内容。

非版本化编辑仅可编辑简单数据－点、线、多边形、注记以及关系，无法编辑拓扑或几何网络中的要素类。这是因为编辑网络或拓扑中的要素时，网络或拓扑中的要素并未全部锁定，这就意味着，其他编辑者对网络或拓扑中的其他部分进行编辑的方式可能与你的编辑相冲突。

在 ArcSDE Geodatabase 中编辑非版本化数据时，必须考虑到 DBMS 行为，如锁定、隔离级别以及用于强制保持数据完整性的 DBMS 约束和触发器。

非版本化编辑仅适用于单用户编辑。如果多个用户要编辑同一个数据集，则建议使用版本化编辑。由于数据库使用锁定、隔离级别和 DBMS 约束及触发器来强制保持数据完整性，因此多个用户对非版本化数据执行编辑会导致问题。

### 5.2.2　并发与锁定

为了保证数据完整性，所有 DBMS 都采用了数据锁定机制。例如，当一个用户开始更新行记录时，这些行被锁定防止其他用户修改它们。一旦事务完成，这个锁就被释放。

每个 DBMS 锁定和解释隔离级别的方式都各不相同，而且 ArcGIS 处理所有 DBMS 的方式也不尽相同。因此，在不同的 DBMS 间，执行非版本化编辑时出现并发问题的可能性会略有不同。

#### 5.2.2.1　ArcGIS 与隔离级别

当在非版本化的编辑会话中编辑 Oracle、DB2 或 Informix Geodatabase 中的数据时，ArcGIS 使用底层 DBMS 锁定机制，不会自行设置隔离级别，而是使用在 DBMS 中设置的当前隔离级别。因此，在非版本化的编辑会话中进行编辑时，可以将隔离设置为任何级别并进行使用。

假设一个应用程序的事务要更新 ArcSDE Geodatabase 中的数据，但在该事务提交之前，另一个应用程序要读取相同的数据。那么第二个应用程序是读取新的没有提交的数据还是读取老的数据，这取决于事务的隔离级别。

如果允许其他应用程序读取未提交的数据，那么第二个应用程序将读取未提交的新的数据；这将改善系统的性能，因为第二个应用程序不需要等待事务结束就可以读取数据，但是这其中也有一个妥协：如果第二个应用程序读取最终尚未提交的数据，可能导致它将读取不正确或不存在的数据。

隔离级别定义了事务与事务之间的隔离程度。隔离级别与并发性是互为矛盾的：隔离程度越高，数据库的并发性越差；隔离程度越低，数据库的并发性越好。

ANSI/ISO SQL92 标准定义了数据库操作的隔离级别：

（1）未提交读（read uncommitted）：事务可以读取并发事务已更改但尚未提交的数据。

（2）提交读（read committed）：事务只会读取其他并发事务已提交的数据，不会读取未提交的数据。

（3）重复读（repeatable read）：事务过程中多次读取相同的行时，保持不变。

（4）序列化（serializable）：事务中的所有读取操作只能看到事务开始之前提交的数据，而不会看到在事务执行期间提交的并发事务更改。一个事务执行不允许别的事务并发执行。

通过一些现象，可以反映出隔离级别的效果。这些现象有：

（1）脏读（dirty read）：当一个事务读取另一个事务尚未提交的修改时，产生脏读。

（2）非重复读（nonrepeatable read）：同一查询在同一事务中多次进行，由于其他提交事务所做的修改或删除，每次返回不同的结果集，此时发生非重复读。

（3）幻像读（phantom read）：同一查询在同一事务中多次进行，由于其他提交事务所做的插入操作，每次返回不同的结果集，产生幻像读。

A　Oracle

Oracle 提供了 SQL92 标准中的 read committed 和 serializable，同时提供了非 SQL92 标准的 read-only。read only 是 serializable 的子集。它们都避免了非重复读和幻象读。区别是在 read only 中是只读；而在 serializable 中可以进行 DML 操作。

设置事务的隔离级别：

SET TRANSACTION ISOLATION LEVEL READ COMMITTED；

SET TRANSACTION ISOLATION LEVEL SERIALIZABLE；

SET TRANSACTION READ ONLY。

设置会话的隔离级别：

ALTER SESSION SET ISOLATION_ LEVEL SERIALIZABLE；

ALTER SESSION SET ISOLATION_ LEVEL READ COMMITTED；

以下假设 DBMS 的隔离级别为 COMMITTED READ。

（1）写入者阻止写入者（Writers block writers）。对某个要素或一组要素执行编辑操作（例如，移动要素或修改其属性）时，DBMS 会将行锁定。要素将一直处于锁定状态，直到进行了保存或停止编辑且未保存。

当两个用户试图同时编辑同一要素时，该要素会在第一个用户完成某个操作后锁定。锁定状态会继续保持，即使该用户去处理其他要素。要素会保持锁定状态，直到该用户执行保存操作，或停止该编辑会话并放弃保存。

当要素处于锁定状态时，第二个用户试图修改该要素，该用户的 ArcMap 状态处于等待状态（鼠标形状为沙漏），这个 hourglass 会持续显示，直到这个锁被释放或者锁的请求中止，即直到第一个用户保存更改（将更改提交到数据库）或结束编辑会话并放弃保存（回滚编辑）。此时，第二个用户屏幕上的沙漏消失，并且可以开始编辑操作。

（2）写入者不阻止读取者（Writers do not block readers）。无论隔离级别如何设置，将数据写入到数据库的用户都不会阻止其他用户读取同一数据。对于读取被锁定数据的用户，数据将显示为在当前事务开始前的状态。

（3）读取者不阻止写入者（Readers do not block writers）。在任何隔离级别上，读取数据库的用户都不会阻止其他用户修改同一数据。

B SQL Server

当在非版本化的编辑会话中编辑 SQL Server Geodatabase 时，ArcGIS 会在每个事务开始前自动将隔离级别设置为“UNCOMMITTED READ（未提交读取）”。从 ArcGIS10.4 开始，SQL Server Geodatabase 必须将 SQL Server 数据库选项 READ_ COMMITTED_ SNAPSHOT 和 ALLOW_ SNAPSHOT_ ISOLATION 设置为 ON，且 ArcGIS 将使用事务的“读取已提交”隔离级别。

（1）写入者阻止写入者：与 Oracle 类似。

（2）写入者不阻止读取者：在语句或事务开始时，读取者将检索已存在的行的已提交版本。

（3）读取者不阻止写入者：当事务（在基于行版本的隔离下运行）读取数据时，读取操作不能获取被读取数据的共享锁，因此也不会阻止编辑者修改数据。这还可以减少获取的锁的数量，并使锁定资源的开销达到最小化。使用行版本读取已提交隔离以及为隔离拍摄快照，旨在为版本化数据提供语句级别和事务级别的读取一致性。

C DB2 和 Informix

（1）写入者阻止写入者：与 Oracle 类似。

（2）写入者阻止读取者：在 DB2 和 Informix 中，在位于“未提交读取”之上的任何隔离级别，写入者都将阻止其他用户读取同一数据。在这些更高的隔离级别上，在保存或回滚编辑之前一直锁定数据可能会导致并发问题，也就是说，当处理编辑会话时，其他人将无法读取正在编辑的数据。这可能会导致出现以下情况：

1）如果另一用户向 ArcMap 中添加相同的图层，会出现沙漏，且只有锁定被解除后才能绘制图层。

2）如果另一用户试图平移到正被编辑的数据，ArcMap 会等待锁定解除，之后才会更新显示。

3）如果另一用户标识一个锁定的要素，则会出现沙漏，并且直到锁定解除之后才会返回信息。

（3）读取者阻止写入者：在 DB2 和 Informix 中，在位于“未提交读取”之上的任何隔离级别，读取者都将阻止其他用户修改同一数据。不过，实际上在 ArcGIS 中却很少见到这种情况，这是因为读取行锁定的持续时间很短，而当数据出现时锁定就已经被解除了。只有在以下应用中，读取者才能真正地阻止写入者：在 DBMS 中打开游标、每次提取一行并在其处理数据时遍历整个结果集。此时，DB2 和 Informix 会在处理结果集时开始获取并保持锁定状态。

D　PostgreSQL

(1) SQL Server 写入者阻止写入者：在 PostgreSQL 中，直到对行进行了更改的首个事务已提交到数据库或回滚时，才能更新行。当两个用户试图同时编辑同一要素时，第一个用户会阻止另一个用户对该行进行更新。在该用户执行保存操作（从而将更改提交到数据库），或停止编辑会话并放弃保存（从而回滚在该编辑会话中执行的所有编辑）之后，其他用户才能编辑该行。

当要素处于锁定状态时，第二个用户试图修改同一要素。第二个用户的 ArcMap 会话会等待锁定解除，并会显示熟悉的沙漏。沙漏会一直显示，即直到第一个用户保存更改（将更改提交到数据库）或结束编辑会话并放弃保存（回滚编辑）。此时，第二个用户屏幕上的沙漏消失，并且可以开始编辑操作（请注意，这意味着第二个用户的编辑将覆盖第一个用户的编辑）。

(2) 写入者不阻止读取者：如果使用 PostgreSQL 的多版本并发控制（MVCC）(此为数据库的默认和推荐行为)，则写入到数据库的用户事务不会阻止读取者查询数据库。无论您是在数据库中使用默认的隔离级别“读取已提交”，还是将隔离级别设置为“序列化”，都不会阻止。

(3) 读取者不阻止写入者：无论在数据库中设置何种隔离级别，读取者都不会锁定数据。

5.2.2.2　避免并发性问题

降低并发性问题主要有以下几种方法：

(1) 设计应用和工作流时兼顾考虑锁定机制：等待锁定解除的请求常常由应用或工作流的设计欠佳所导致。开发应用或工作流时，应确保锁定请求有序进行。可以通过标准化所有表的更新顺序来实现这一目的，并且能够避免死锁。要缩短锁定的持续时间，最好在执行事务的应用逻辑或工作流单元完成后发出所有数据修改请求。

(2) 设置适当的隔离级别（Oracle、DB2、Informix）：隔离级别会影响事务锁定数据的时间长短。隔离级别越高，事务锁定的持续时间越长。事务锁定的持续时间越长，数据的完整性就越好，但这样就会减少并发。只要在可接受范围内，可以通过降低隔离级别来改善并发性能。

(3) 将数据注册为版本：通过将数据注册为版本从而可以将编辑内容移到基表，进而改善并发。这样，用户可在不使用 ArcGIS 的应用程序中维护数据，从而增强 ArcGIS 和 ArcObjects 应用程序用户编辑和管理多版本数据的能力，否则这些用户可能会导致并发问题或受到其影响。当用户编辑某个版本的数据时，不使用锁定机制，从而使数据在与其他用户完全隔离的情况下进行编辑。

数据库锁定是一个复杂的课题。而且，每个 DBMS 执行锁定的方式各不相同。因此，需要通过研究所使用的 DBMS 的行为来确定设置何种锁定级别、如何设置隔离级别以及如何处理锁定超时及死锁情况。

### 5.2.3　使用数据完整性功能

为了有助于确保数据的完整性，Geodatabase 提供了“允许空值”字段的属性、属性域、子类型、关系类、默认值和拓扑关系等措施。同样，DBMS 本身也提供了数据完整性功能，其中包括空值约束、唯一约束、引用约束、检查约束和触发器。ESRI 建议使用 Geodatabase 功能来代替 DBMS 约束和触发器，从而确保数据完整性。

但是，如果使用第三方应用程序来访问 Geodatabase 中的数据，则该应用程序只能访问 DBMS 级的数据，实施 DBMS 约束和触发器等功能。

在非版本化编辑会话中编辑数据时，编辑内容将会受到该数据上所建立的任何 DBMS 约束的影响。当在 ArcMap 中或者在用 ArcObjects 编写的应用程序中执行单个编辑操作，而该操作与某个约束相冲突时，DBMS 都会发出一条消息，通知用户该错误。同样，在非版本化编辑会话中进行编辑也会激活触发器（如果有的话）。

## 5.3 版本化数据编辑

### 5.3.1 版本与版本化编辑概述

#### 5.3.1.1 版本的概念

版本是整个 Geodatabase 在某个时刻的快照，其中包含 Geodatabase 中所有数据集。版本允许多用户编辑 ArcSDE Geodatabase 中的同一数据，而不需要应用锁定及复制数据。

一个 Geodatabase 可以拥有任意数量的版本。用户总是通过一个版本来访问 ArcSDE Geodatabase。当在 ArcMap 或者 ArcCatalog 中连接一个多用户的 Geodatabase 时，需要指定连接的版本。

每个 ArcSDE Geodatabase 有一个默认的版本称为 DEFAULT。不同于其他版本，DEFAULT 版本总是存在的，不能被删除。在大多数工作流中，它是 Geodatabase 的发布版本，代表了系统的当前状态。随着时间的推移，通过提交其他版本的变化来维护和更新 DEFAULT 版本。可以和其他版本一样，也可以直接编辑 DEFAULT 版本。DEFAULT 版本是根版本，因此，它是其他所有的版本的祖先。

#### 5.3.1.2 版本创建及版本权限

可以在 DEFAULT 版本基础上创建新版本。当新的版本刚建立时，它与 DEFAULT 版本是相同的。随着时间的推移，当 DEFAULT 版本和新版本变化，这两个版本将出现不同。

可以建立任何数量的版本，同时有多个用户编辑它们；多个用户也可以同时编辑同一个版本。

版本的所有者（创建该版本的人）可以设置版本的权限来限制哪些用户可以查看和编辑该版本中的数据。版本的权限选项：

（1）私有（Private）：只有所有者可以查看和编辑版本中的数据集。

（2）受保护（Protected）：任何用户都可以查看版本中的数据集，但只有所有者可以对其进行编辑。

（3）公共（Public）：任何被授予数据集权限的用户都可以查看和编辑数据集。

版本化的空间数据编辑，需要同时获得版本权限和数据集的权限。

对各版本所进行的编辑仅适用于该版本本身。模式（schema）变化除外，在版本中修改模式时（如，向表添加新字段），该变更适用于其他所有版本。

编辑完成后，需利用祖先版本对修改变化进行协调，并将修改变化提交到祖先版本。

#### 5.3.1.3　版本化编辑的工作原理

在开始执行版本化编辑之前，必须将要编辑的数据集注册为版本。版本信息由系统表 SDE. VERSIONS 进行管理。

注册数据集为版本化与创建一个版本不是一回事。

创建版本是创建 Geodatabase 的一种视图，这种视图允许用户编辑版本化的数据，并能立即看到编辑结果。连接到同一版本的其他用户，当他们刷新时，将看到编辑结果。然而，连接到其他版本的用户，在协调、提交编辑变化之前，是看不到这些编辑结果的。一旦编辑变化提交到了 DEFAULT 版本，这一编辑变化对任何用户（不管连接到任何版本）都是可见的。

相反，注册数据集（要素类、要素数据集或表）为版本化，是为版本化编辑作准备。当注册一数据集为版本化时，将产生 2 个 delta 表：用于插入和更新的 A（Adds：a < registration_ id >）表，及用于删除的 D（Deletes：d < registration_ id >）表。每次更新或删除数据集中的一条记录，都将会在一个或 2 个 delta 表中加入新记录。所以，版本化的数据集由原始表（或称基表）和存储于 delta 表中的变化组成。当用户进行编辑并填充 delta 表时，Geodatabase 跟踪用户连接的是哪一个版本；当查询或者显示版本中的一个数据集，ArcGIS 从 base 表和 delta 表中组装相关的行记录呈现数据的一个无缝视图。registration_ id 是对应于版本化表在 TABLE_ REGISTRY 表中 REGISTRATION_ ID 字段的值。

A 表继承了 Base 表的所有字段，但增加了一个 SDE_ State_ ID，记录增加数据的一个状态值，版本就是通过该值来记录相关的编辑状态的。A 表结构形如表 5-2 所示。

**表 5-2　A 表结构**

| OBJECTED | PROPERTY_ I | …… | RES | SHAPE | SDE_ STATE_ ID |
|---|---|---|---|---|---|
| 3505 | 4698 | | 1 | | 14 |

所有表注册后，D 表的结构都是一模一样的。Deleted_ AT 是代表编辑删除的状态，SDE_ State_ ID 是代表删除某个要素对应的状态。如果 SDE_ State_ ID = 0 代表删除的是 Base 表的数据，如果 SDE_ State_ ID > 0 代表是删除的编辑增加的数据。D 表结构形如表 5-3 所示。

**表 5-3　D 表结构**

| DELETED_ AT | SDE_ DELETES_ ROW_ ID | SDE_ STATE_ ID |
|---|---|---|
| 1 | 3250 | 0 |
| 16 | 3505 | 14 |

除了增量表，ArcSDE 还提供了多个系统表来追踪版本化表和编辑内容。这些系统表为 STATES 表、STATE_ LINEAGES 表、VERSIONS 表和 MVTABLES_ MODIFIED 表。

在创建版本时，会在 Versions 表中创建一条新记录，包括版本名称、版本描述、版本创建时间等信息，最需要注意的是一个 Status 和 State_ID。Status：默认为 1，表明该版本正在进行版本事务状态；State_ID：获得最新的编辑状态 ID。

与状态相关的所有信息均在 STATES 表中进行管理，其结构如表 5-4 所示，LINEAGE_NAME 相同的值表示同一版本中的数据。通过查询 VERSIONS 和 STATE_LINEAGES 可识别每个版本引用的数据库状态。SDE. STATE_LINEAGES 系统表，版本协调、提交变化之后，开始新的 LINEAGE_NAME。

**表 5-4 SDE. STATES 系统表结构**

| STATE_ID | OWNER | CREATION_TIME | CLOSING_TIME | PARENT_STATE_ID | LINEAGE_NAME |
|---|---|---|---|---|---|
| 0 | SDE | 2011 -11 -21 21：30：18.0 | 2011 -11 -21 21：30：18.0 | 0 | 0 |
| 1 | ADMIN | 2011 -11 -22 15：31：09.0 | 2011 -11 -22 15：31：27.0 | 0 | 1 |
| 2 | ADMIN | 2011 -11 -22 15：37：42.0 | 2011 -11 -22 15：39：31.0 | 1 | 1 |
| 6 | ADMIN | 2011 -11 -22 15：55：24.0 | 2011 -11 -22 15：55：29.0 | 2 | 1 |
| 8 | ADMIN | 2011 -11 -22 15：59：15.0 | 2011 -11 -22 15：59：19.0 | 6 | 1 |
| 12 | ADMIN | 2011 -11 -22 17：10：05.0 | 2011 -11 -22 17：10：10.0 | 8 | 1 |
| 3 | LANDADMIN | 2011 -11 -22 15：46：42.0 | 2011 -11 -22 15：46：48.0 | 0 | 3 |
| 4 | LANDADMIN | 2011 -11 -22 15：53：29.0 | 2011 -11 -22 15：53：34.0 | 3 | 3 |
| 5 | LANDADMIN | 2011 -11 -22 15：54：33.0 | 2011 -11 -22 15：54：36.0 | 4 | 3 |
| 10 | LANDADMIN | 2011 -11 -22 16：00：20.0 | 2011 -11 -22 16：00：25.0 | 5 | 3 |

对要素类或表的所有编辑，不管是编辑哪个版本，都被记录到相同的 delta 表中。基表、A 表和 D 表中的所有记录代表了要素类或表的所有版本。这意味着：任何一个版本仅涉及这三个表中记录的一个子集。ArcGIS 是如何记住 delta 表中的哪些行记录属于哪一个版本？

当添加一条行记录到表中时，A 表和 D 表中的每行记录都用一个整数标识符（称为 State ID）来标识。每次编辑版本时，一个新的 State 被创建，一条新的行记录被添加到一个或两个 delta 表中。States 可以被认为是一个树状结构的一部分，每个分支记录一个版本如何变化；记录从 base 表到一个版本的当前状态变化过程的 states 序列被称为一个世系。当显示或查询一个版本时，ArcGIS 查询一个版本的世系获得 State IDs，然后从 A 和 D 表中检索正确的记录。

随着时间推移，一个 Geodatabase 不断被编辑，delta 表的大小不断增大，States 的数量也在增加。表越大，States 越多，每次显示或查询一个版本时，ArcGIS 必须处理的数据就越多。为了维护数据库的性能，ArcSDE 管理员必须定期地运行 ArcCatalog Compress 命令来移除无用的数据，然后利用 ArcCatalog Analyze 命令来更新数据库的统计信息。

### 5.3.2 将数据集注册为版本或取消版本注册

默认情况下，在 ArcSDE Geodatabase 中添加或创建数据集时，不将数据注册为版本。

#### 5.3.2.1 注册为版本但不将编辑内容移动到基表

不含 move edits to base 选项注册数据为版本，允许利用版本化编辑的所有功能：

（1）Undo 和 redo 编辑。

（2）执行长事务编辑。

（3）为设计和工程使用命名版本。

（4）使用 Geodatabase 存档（archiving）功能。

（5）使用复制（replication）。

（6）在要素类的基表上施加唯一性约束。

注意：压缩数据库时，如果从增量表写入基表的编辑变化使约束失效，压缩将会失败，必须移除约束或判断哪行使约束无效并修复错误。

在注册数据前，应该考虑有一些 ArcGIS 操作不能在注册为版本的数据上执行，这些操作包括：

（1）创建拓扑及修改拓扑属性。

（2）创建几何网络。

（3）从几何网络添加或删除要素类。

（4）创建网络数据集。

（5）从网络数据集添加或删除要素类或进行其他模式修改。

（6）当导入大量数据时，如果导入没有被注册为版本要素类或者表，将获得更高的性能。

如果决定将要素数据集、独立要素类或表注册为版本，在 Catalog 目录树中右键单击相应项，然后单击“注册版本（Register As Versoned）”，则打开“注册版本”对话框。保留“注册所选对象并将编辑内容移动到基表（Register the selected objects with the option to move edits to base）”选项未选中，单击“确定”，如图 5-1 所示。不选中此选项时，对所有版本进行的编辑（包括 DEFAULT）将保留在增量表中。

#### 5.3.2.2 注册为版本并将编辑内容移动到基表

将数据注册为版本并将编辑内容移动到基表，可以对数据执行版本化编辑。以这种方式注册数据集的目的是支持第三方应用程序使用空间数据。

除了不含 move edits to base 选项注册数据集为版本不能执行的操作外，该注册方式还有以下操作不能执行：

（1）编辑参与拓扑、网络数据集或几何网络的要素类。

（2）使用 Geodatabase 数据归档（Archiving）功能。

（3）使用 Geodatabase 复制（Replication）。

如果决定将要素数据集、独立要素类或表注册为版本并将编辑内容移动到基表，可在 Catalog 目录树中右键单击相应项，然后单击“注册版本”以打开“注册版本”对话框。选中“注册所选对象并将编辑内容移动到基表”。选中此选项可将已经保存到 DEFAULT 版本的编辑内容（不管是直接编辑还是从其他版本合并的）保存到基表中。保存时，对其他版本进行的编辑将保留在增量表中。

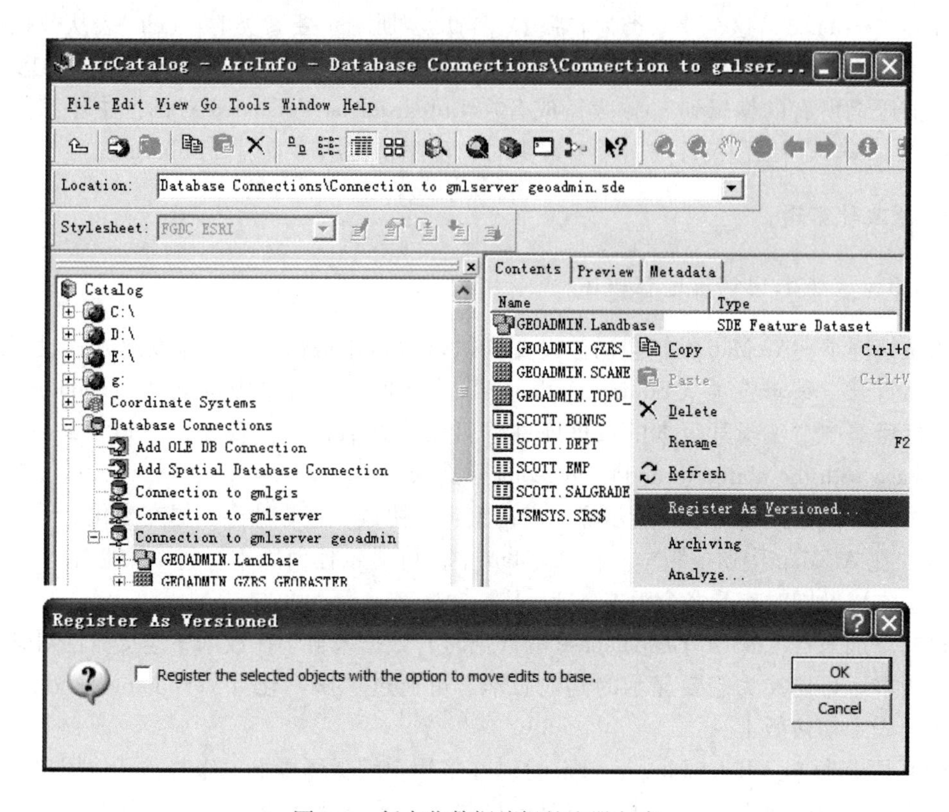


图 5-1 版本化数据编辑的注册方式

此选项仅对简单要素类可用，即那些未参与拓扑或几何网络等的要素类。因此，如果打开 Register As Versioned 对话框，会看到“Register the selected objects with the option to move edits to base”复选框不可用，如图 5-2 所示。这意味着：数据集中包含拓扑、网络数据集或几何网络等。

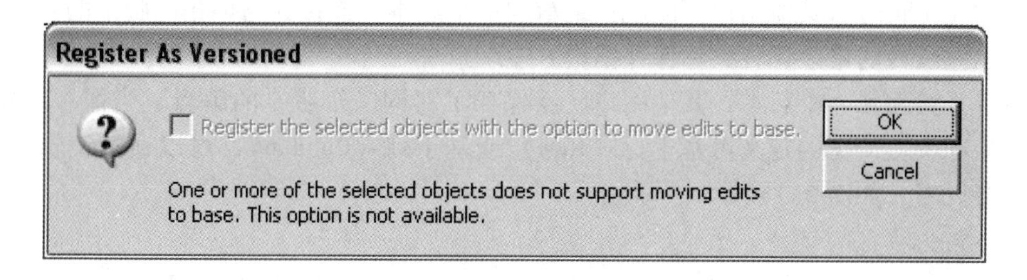


图 5-2 “移动到基表”被禁用

### 5.3.2.3 未注册为版本或取消将数据集注册为版本

正如上面提到的，数据集起初并没有被注册为版本。如果它继续保持这个状态，可以在这些数据集上执行非版本化编辑，可以建立或者修改拓扑，建立或者修改网络数据集、几何网络等。

如果已经注册一个要素类为版本，需要执行非版本化编辑功能，则需要反注册（Unregister as Versioned）这个要素类为非版本。当反注册一个要素类时，delta 表从数据库中被删除，这意味着所有未提交的版本化编辑将丢失。为了防止这些编辑被丢失，在反注册数据集前压缩所有的编辑到 base 表，或者在 Unregister as Versioned 对话框中压缩它们到 DEFAULT 版本。当试图反注册一个要素类时，程序将提示压缩编辑到 base 表。

## 5.3.3 版本化编辑

### 5.3.3.1 版本化编辑过程概述

默认情况下，ArcMap 编辑会话被设置为执行版本化编辑。要确保以此方式设置编辑会话，请打开“编辑选项（Editing Options）”对话框，单击“版本化（Versioning）”选项卡，然后选中“编辑某版本的数据库并且可以执行撤销和恢复操作（Edit a version of the database with the ability to undo and redo）”选项。

版本化空间数据编辑的一般步骤：启动编辑，协调，查看冲突，提交变化。

（1）在 ArcMap 中切换版本。在 ArcMap 中，可显示任何版本，将一个版本切换为另外一个版本以及同时查看多个版本。

最初添加来自 ArcSDE Geodatabase 的数据时，数据来自于在数据库连接属性对话框中指定的版本。可切换为想要显示的其他版本。可通过“版本化（Versioning）”工具条或在内容列表中切换版本。

（2）刷新版本（Refreshing a version）。在多用户编辑环境下工作时，其他用户可能会修改你正在查看的要素类。因此，ArcMap 中显示的要素类可能已过时。要更新这些要素类，请通过单击版本化（Versioning）工具栏上的刷新按钮来刷新当前的一个或全部版本工作空间。

注意：如果正在编辑数据，则刷新按钮不可用。

### 5.3.3.2 将编辑变化保存到版本

当你在编辑时，其他用户可能也在编辑同一个版本；连接到与你相同版本的其他用户无法看见你所做的修改，直到你保存编辑。

假定开始编辑一个版本，其他用户已经保存了对同一个版本的编辑。当保存编辑时，可能产生冲突。冲突的定义可基于行（Row）或基于列（Column），可以通过编辑选项对话框进行设置，如图 5-3 所示。

A　定义冲突的级别

基于行：另一用户与你编辑同一行、同一要素，或是在拓扑结构上相关的要素。即使你们编辑不同的属性也会产生冲突。这是默认设置。

基于列：另一用户编辑某一要素或某条记录的同一属性。

B　解决冲突的方式

希望 ArcGIS 最初解决冲突的方式：是编辑会话优先，还是数据库表达优先。

（1）若解决冲突时，编辑会话优先，编辑会话中的冲突要素代替数据库中的要素。

（2）若解决冲突时，数据库表达优先，编辑会话中的所有冲突要素被数据库中的要素所代替。如果多个用户编辑同一个版本，发现冲突，所有冲突的要素会用先保存的编辑

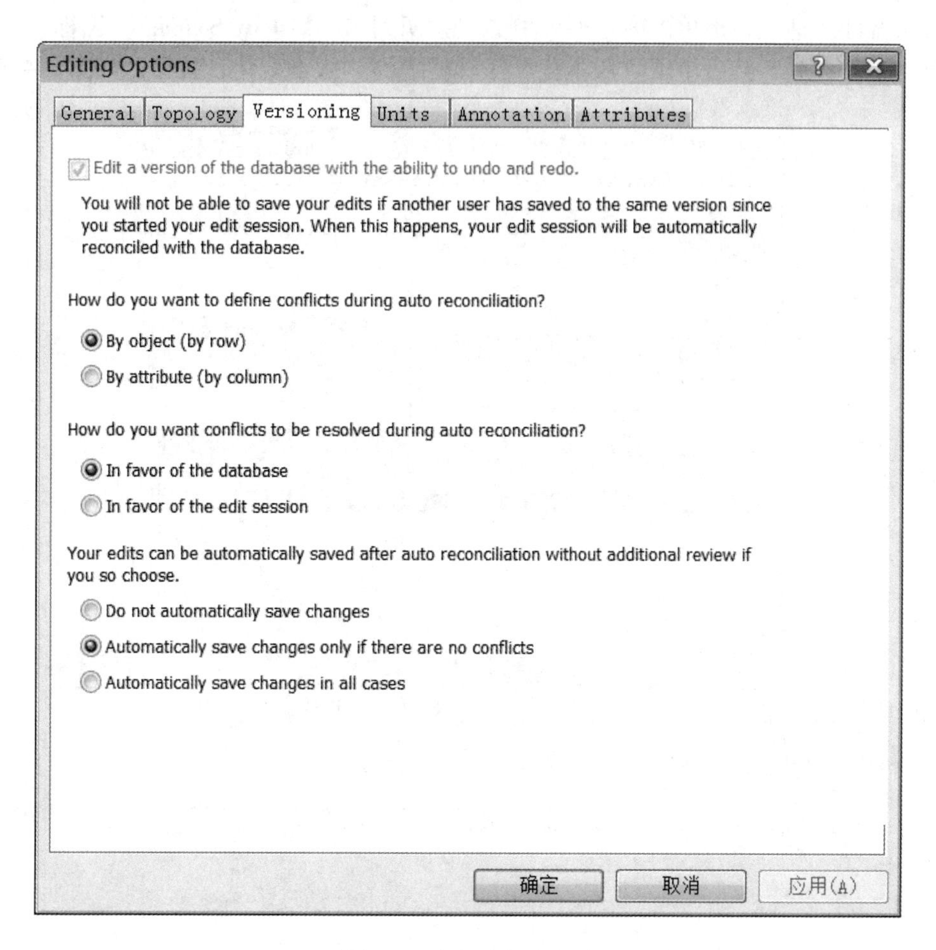


图 5-3 定义冲突的选项

要素来代替。

当保存编辑时，是否想要系统通知你，其他用户的编辑内容：

（1）不自动保存变化。如果选择此选项，系统将通知你其他用户的编辑内容，但不保存。这允许你能够先检查合并结果，然后再尝试保存。

（2）在没有冲突的情况下自动保存。如果选择此选项，只有在存在冲突时才通知你其他用户的编辑内容；如果不存在冲突，则合并版本的两种表示。

（3）在任何情况下自动保存。如果选择此选项，则不会通知你其他用户的编辑内容，始终合并版本的两种表示，并按照冲突解决规则解决冲突（冲突解决规则指明了在解决冲突时是优先使用编辑会话还是优先使用数据库）。

C 使用版本变化命令

通过“版本变化（Version Changes）”对话框可查看某一版本自创建或上次与原始版本进行协调以来对该版本所进行的修改。该对话框将列出所有已修改的类（插入、更新和删除），并允许查看这些类。此对话框还可查看在当前编辑会话过程中所做的修改。

不必处于编辑会话即可打开“版本变化”对话框，并且可在协调版本之前查看修改。

要打开此对话框，请单击内容列表中的“按源列出（List By Source）”图标，右键单击某版本工作空间，然后单击“版本化”工具栏上的“版本变化”按钮，如图5-4所示。

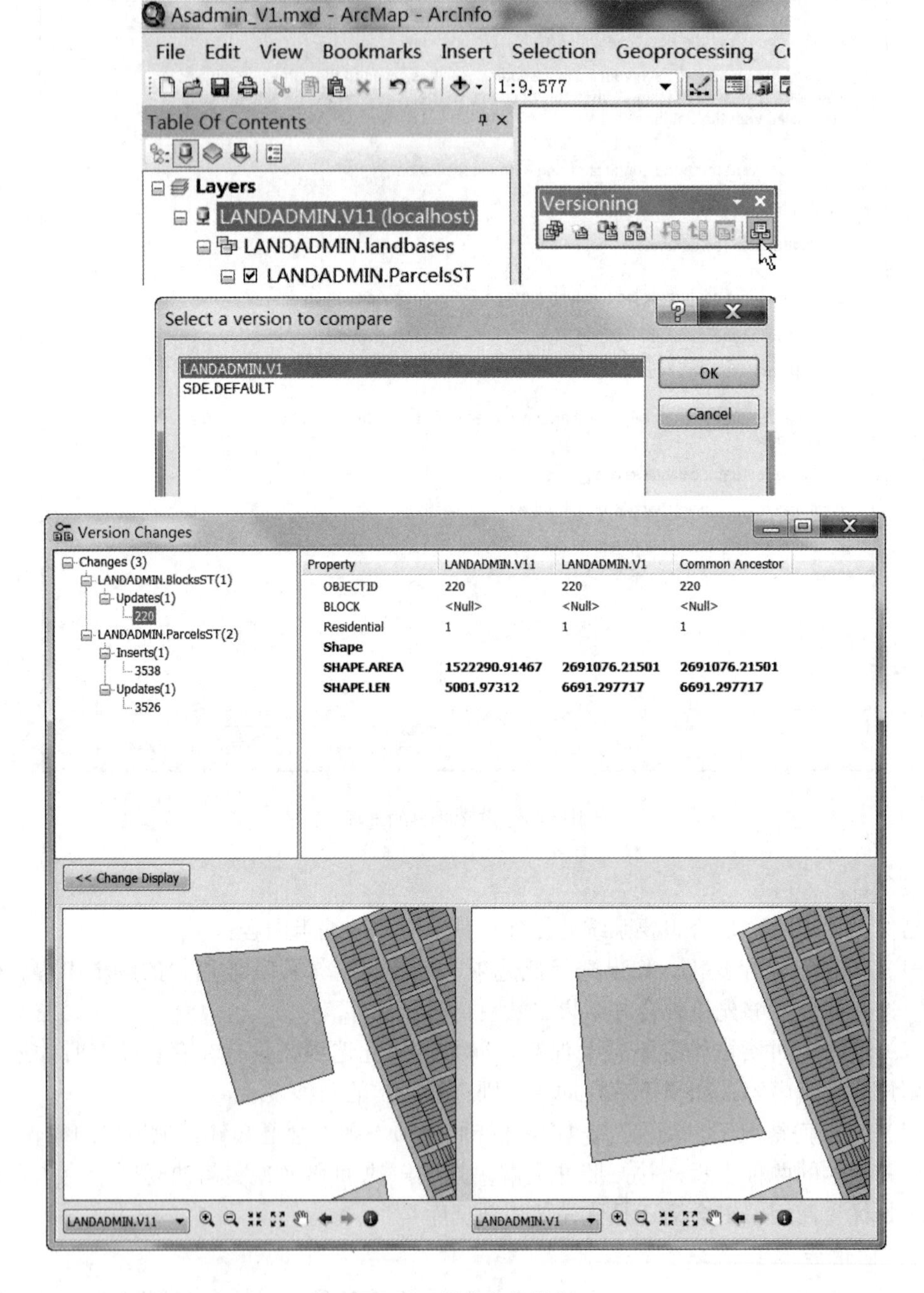


图5-4　版本变化操作

#### 5.3.3.3　协调版本（Reconciling a version）

一旦完成编辑版本操作，可以协调变化到任何直系祖先版本（即目标版本）中，如父版本或者 DEFAULT 版本。为了协调变化，必须协调冲突，解决所有的冲突，然后提交变化。

当协调时，如果有冲突存在，ArcGIS 按最初设置解决这些冲突，要么支持当前编辑的版本，要么支持目标版本表示，这取决于用户优先选择。一旦冲突最初被解决，就可以一次一个地再检查它们，如果需要，还可以做修改。例如，如果一个冲突是选择支持编辑版本，可以选择代替它来支持目标版本或者使用编辑工具来修改它。

A 产生冲突

（1）多用户编辑同一版本。

1）相同要素在两个不同编辑会话都被更新。

2）相同要素在一个编辑会话中被更新，在另一个中被删除。

3）拓扑相关的要素、几何网络中的要素或者关系类在两个不同编辑会话中都被修改时，也会发生冲突。

（2）多用户编辑不同版本（子版本、祖先版本 - 目标版本）。

1）相同要素在当前的编辑版本和目标版本中都被更新。

2）相同要素在一个版本中被更新，在另一个版本中被删除。

3）拓扑相关的要素、几何网络中的要素或者关系类在当前编辑版本和目标版本都被修改时，也会发生冲突。

B 协调方法

保存对版本的编辑时出现的冲突——隐式协调过程。对于第一种类型的冲突，不同的编辑者在不同的编辑会话中更改了同一版本中的同一要素，或同一个要素在一个编辑会话中被删除，而在另一个编辑会话中发生更改。保存编辑内容时，ArcGIS 会检测该版本中编辑会话之间的所有冲突并根据“编辑选项”对话框中“版本化”选项卡上的保存首选项设置来解决这些冲突。由于这一协调过程是以预先确定的设置为基础的，因此它是一个隐式过程。这一冲突也会弹出冲突对话框。

协调子版本和目标版本时所产生的冲突——显式协调过程。

（1）单击“版本化”工具栏上的“协调”按钮，显式协调子版本与目标版本时，会产生第二类冲突。

（2）执行协调时，将弹出一个对话框询问你解决冲突的方式，即优先使用所编辑的版本还是优先使用目标版本。

C 协调条件

为了能够执行协调过程，必须满足以下条件：

（1）你必须是当前所协调的编辑版本的唯一用户。

（2）任何其他用户都不能编辑目标版本。一个例外情况是目标版本为 DEFAULT，即使在其他用户正在编辑 DEFAULT 时，你也可以针对该目标版本进行协调。

（3）必须能够查看目标版本，这意味着目标版本可以是公开的，也可以是受保护的。如果目标版本是私有的，你必须是所有者或 ArcSDE 管理员（缺省为 SDE）。

（4）如果工作流分工是一个用户编辑，另一个用户协调，必须确保协调用户对处于此版本中已经修改的所有要素类和表的足够权限；否则，将不能进行协调。

协调用户必须具有修改的任何关系类两边的权限，包括简单或者复合关系。

在这种类型的工作流中，协调用户还必须具有足够的版本权限。他必须可以修改协调版本，这意味：它必须是 public 类型。并且，用户必须可以查看目标版本，意味着他必须拥有此版本，或者版本必须是 public 或者 protected 类型。

D　协调过程

单击 Versioning 工具条上的 Reconcile 按钮，打开 Reconcile 对话框，如图 5-5 所示，然后按以下指定的步骤来协调。

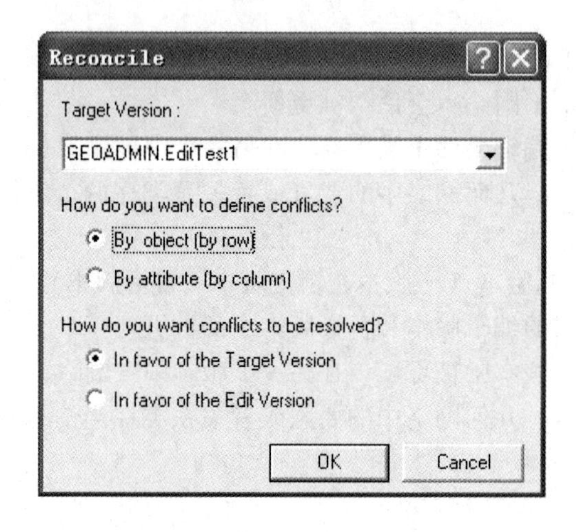


图 5-5　Reconcile 对话框

（1）选择目标版本。

（2）冲突如何被定义（row or column）。

（3）需要 ArcGIS 如何解决冲突：支持当前的编辑会话，还是支持目标版本。

1）如果按支持目标版本解决冲突，当前编辑会话中的所有冲突要素被目标版本中的要素代替。如果多个用户编辑同一个版本，发现冲突，所有冲突的要素会用初次保存的编辑要素来代替。

2）如果选择支持编辑版本，当前编辑版本中的要素将代替目标版本中冲突要素。

一旦冲突最初被解决，可以选择用交互式冲突解决编辑对话框来检查冲突，如果必要，还可以做出任何修改。

协调只会更新编辑版本，以便 ArcGIS 能够检测冲突；协调不会将变化合并到目标版本中。完成协调和查看任何冲突后，通过提交变化到目标版本完成合并过程。

E　查看冲突（Reviewing conflicts）

如果在协调时，编辑版本与目标版本之间存在冲突，可以在冲突（Conflicts）对话框（如图 5-6 所示）中以交互方式解决这些冲突。只有将编辑选项设置为“仅在不存在冲突时自动保存变化（Automatically save changes only if there are no conflicts）”，才会显示冲突对话框。此对话框中包含了所有冲突类及其处于冲突状态的要素或行。此外，该对话框还可用于：查看冲突（冲突的行或字段），解决冲突。

“冲突”对话框的上部显示冲突要素的基本信息，左上角的列表框显示所有冲突类和要素。

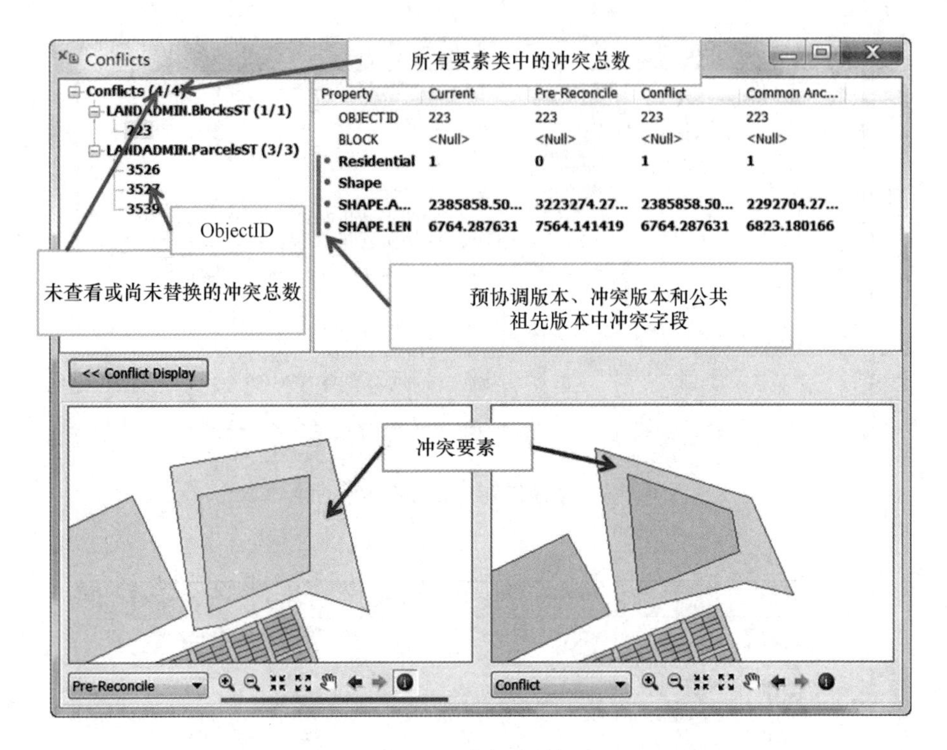


图 5-6 冲突对话框

在列表中选择单个要素时，“冲突”对话框的右侧列表会显示要素的预协调版本、冲突版本和公共祖先版本中的列和属性。

(1) 预协调版本代表你编辑的版本。

(2) 冲突版本代表由其他用户编辑和协调的版本。

(3) 公共祖先版本是以上两个版本的共同祖先。

(4) 位于字段名左侧的红色圆点用于标识冲突。

“冲突”对话框的下部显示冲突要素的几何形状。

F 解决冲突 (Resolving conflicts)

解决冲突时，需要决定保留哪个版本中的要素或属性。

可以在多个不同级别中解决冲突：属性级别替换，要素级别替换，类级别替换，完全替换（根级别），合并几何。

(1) 字段级别（属性）。选择要使用哪种表达来替换编辑版本的数据中的特定属性值。这些更改将应用于特定的某一字段或多个字段。如图 5-7 所示。

(2) 行级别（单个要素）。表中的每一行表示一个要素；这些要素使用各自的 ObjectID 显示在“冲突”列表中。

如果在行级别中解决冲突，所选的表达将应用于该要素中的所有冲突字段。如图 5-8 所示。

(3) 类级别（整个要素类）。要素类位于“冲突”对话框的“冲突”列表中。可以在此列表中查看要素类的名称。

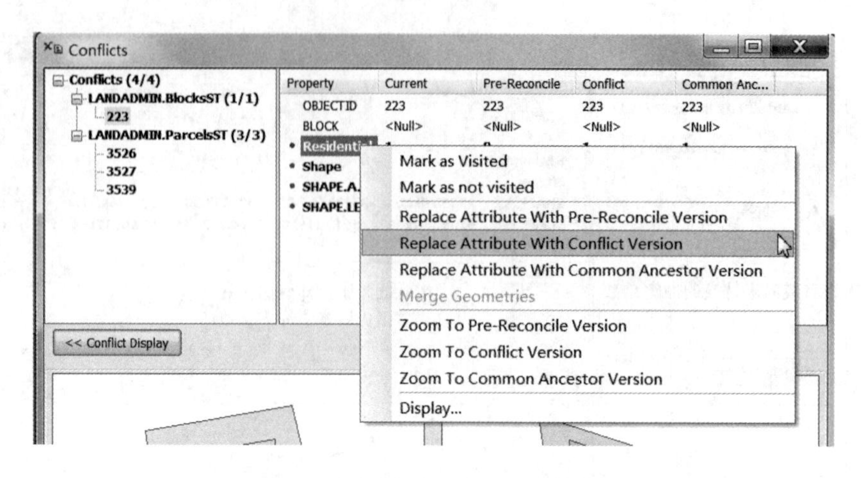


图 5-7　字段级别（属性）解决冲突

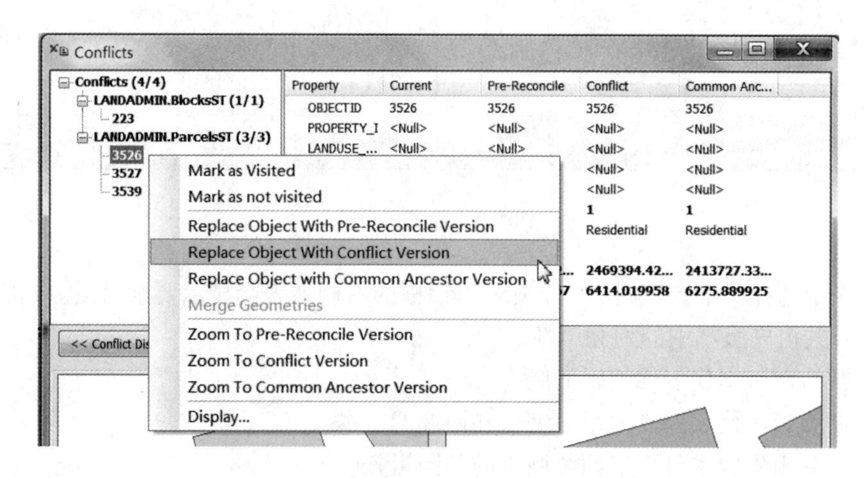


图 5-8　行级别解决冲突

如果在类级别中解决冲突，用于替换数据编辑版本的数据表达将应用于该要素类中的所有冲突要素和属性，如图 5-9 所示。例如，如果选择使用冲突版本的要素类替换编辑版本的要素类，则所有要素中的所有冲突属性都将被替换为冲突版本中的属性值。

（4）根级别。包括特定协调操作中所有要素类和要素中的所有冲突，是“冲突”列表的最高级别。

如果在根级别中解决冲突，将使用相同的表达解决在协调过程中检测到的所有冲突，如图 5-10 所示。例如，如果选择在根级别中替换为预协调版本，则列表中所有要素类和要素中的所有冲突都将以编辑内容中的方式得到解决。

（5）合并几何。如果两个编辑用户对同一要素的几何进行编辑，但并非编辑该要素的同一区域，则这两个编辑器可用合并几何来解决冲突。

#### 5.3.3.4　提交变化（Posting changes）

一旦完成编辑一个版本，可以协调并提交变化到任何一个祖先版本（即目标版本），

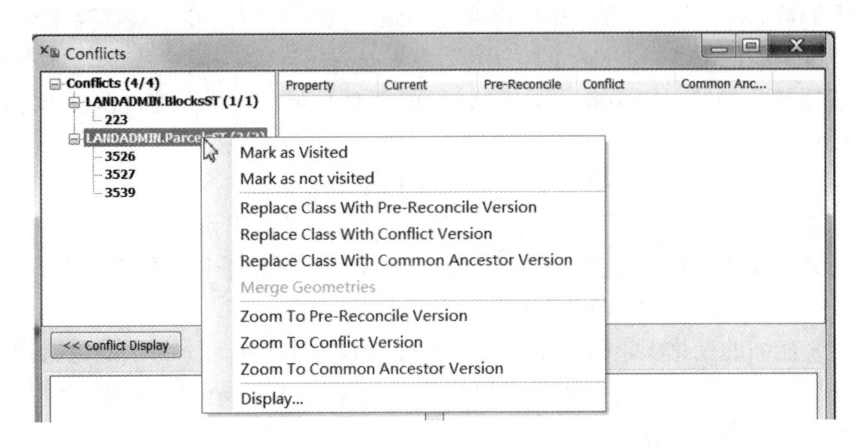


图 5-9 类级别（整个要素类）解决冲突

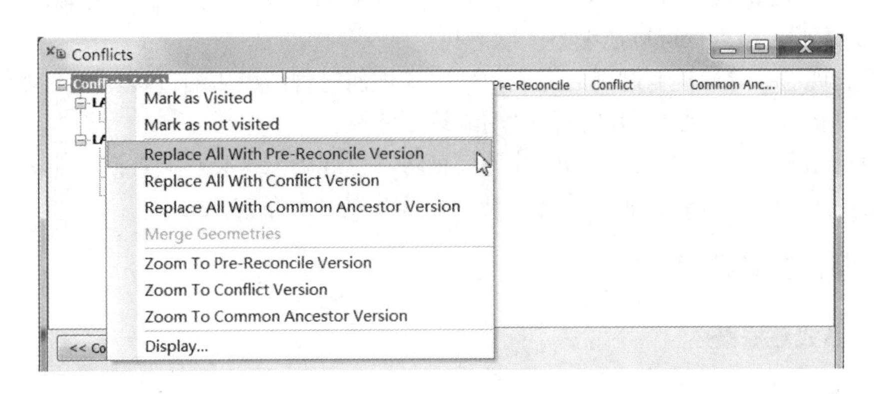


图 5-10 根级别解决冲突

如父版本或者 DEFAULT 版本。为了集成变化，必须协调冲突，然后提交变化。进行协调时，会将正在编辑的版本中的修改与目标版本进行对比。

在版本中修改数据时，不会对数据应用任何锁。两个编辑用户在同一版本或不同版本中对同一数据进行操作可能会产生冲突。当比较两个版本中的同一行时，若发现不相同，则产生冲突。协调冲突过程为用户显示每个冲突，并允许用户选择哪一行的表达被保存。

一旦完成了协调和检查冲突，通过单击 Versioning 工具条上的 Post 按钮来提交变化。其他正在查看刚刚提交的目标版本的用户并不能看见提交的结果，除非它们刷新版本工作空间。提交是不能被撤销的，这是由于应用变化到不是当前编辑的版本中。

提交操作只有在目标版本没有被修改，且协调操作已经完成时才能完成。如果在这期间目标版本被修改，在提交前必须再次协调。

### 5.3.4 Geodatabase 的压缩操作

随着 Geodatabase 不断被编辑，增量表（delta tables）会逐渐增大，并且状态的数量也会增加。表越大且状态越多，每次显示或查询版本时 ArcGIS 必须处理的数据就越多。因此，对数据库性能的最大影响不是版本的数量，而是包含在增量表中的变化的数量。

为了维护数据库的性能，ArcSDE 管理员必须定期运行压缩操作来移除未使用的状态和数据。可以定期使用 ArcCatalog 的“压缩（Compress）”命令或“压缩”地理处理工具或 Python 脚本来压缩 Geodatabase。只有 ArcSDE 管理员可以运行压缩操作。压缩过程执行以下关键任务：

（1）移除未引用的状态及其关联的增量表中的行；

（2）状态谱系（STATE_LINEAGES）的压缩；

（3）移动增量表中的对象到基表中，减少 DBMS 为查询每个版本需要遍历的数据量，从而提高查询性能并减少系统响应时间。

当大量未压缩的变化积累时，压缩数据库可能需要几个小时。为了避免这种情况，应定期压缩数据库。比较理想的做法是在每天工作结束时或在高强度的数据库活动（例如数据加载）后执行压缩操作。

在压缩过程中，用户可以保持 Geodatabase 连接。如果某个用户正在编辑一个版本，这个版本的分支被锁定，将不参与压缩。因此，最好在开始压缩前断开所有用户与 Geodatabase 的连接，以确保可以压缩整个状态树。

如果发现需要等待压缩过程的完成，可以在任何时刻结束压缩过程。这不会导致数据库的不一致状态。可以在稍后的任何时刻继续压缩。

在编辑和数据库压缩后，数据库统计信息将不再准确。这会影响查询性能。所以压缩后，需要使用 ArcCatalog Analyze 命令来更新数据库的统计信息。

## 5.4　管理分布式数据

### 5.4.1　分布式数据概述

#### 5.4.1.1　了解分布式数据

数据分布（Data Distribution）需要创建多份数据副本并在两个或多个 Geodatabase 之间分配这些数据副本。这使人们可在位于不同位置的两个或多个办公地点处理相同的数据。

通过数据分布可以缓解对中央服务器的争用以及网络访问速度慢的问题，从而提高数据可用性与性能。这有助于编辑用户与只读用户之间实现 Geodatabase 负载均衡。

某些移动用户或数据维护承包商需要将其 Geodatabase 的部分数据带到野外进行编辑，要与网络完全断开连接的多长时间尚不确定，这时也需要执行数据分布。

可通过多种方式在多个 Geodatabase 之间分布数据。

数据中心可将 Geodatabase 的副本保存在 CD、DVD 或其他存储设备上，然后发送给其他办公机构；这些办公机构便可处理数据、编辑数据并将更新后的 Geodatabase 的副本发送回数据中心。

这种复制和粘贴很难保持两个 Geodatabase 中的数据同步，且很多情况下更新内容可能会丢失。

（1）Geodatabase 复制（Replication）。使用 Geodatabase 复制，可通过复制所有或部分数据集在两个或多个 Geodatabase 之间分布数据。复制数据集后，会创建一个复本对；一个复本位于原始 Geodatabase，另一个相关复本被分布到一个不同的 Geodatabase。每个复本可以使用不同的 DBMS。每个复本可以独立工作，然后同步各复本中的变化，以确保数据一致。

Geodatabase 复制是建立在版本化基础上的，支持所有的 Geodatabase 数据模型，包括拓扑、网络、地形、关系等。Geodatabase 复制支持跨 DBMS，如一个 Geodatabase 复制可以是建立在 SQL Server 基础上，另一个建立在 Oracle 之上。

Geodatabase 复制既适用于在线环境也适用于离线环境。

（2）DBMS 复制。DBMS 同样具有自己的复制机制，可用于创建 Geodatabase 数据副本并对其进行同步。

DBMS 复制是 DBMS 所提供的内置复制机制。DBMS 复制并不具有 Geodatabase 感知能力，它并不知道 Geodatabase 构造，例如关系类和几何网络等。

DBMS 复制和 Geodatabase 复制的比较：

（1）Geodatabase 复制将同步来自特定 ArcSDE Geodatabase 版本的变化。DBMS 复制与 ArcSDE Geodatabase 结合使用时，会将变化应用于 Geodatabase 中的所有版本。

（2）Geodatabase 复制支持拓扑、关系和几何网络等所有高级 Geodatabase 对象。DBMS 复制不知道如何正确复制高级 Geodatabase 对象。

（3）Geodatabase 复制支持跨 DBMS 的复制。DBMS 复制要求所有的 Geodatabases 必须建立在同一个 DBMS 基础之上。

#### 5.4.1.2　使用分布式数据的情形

Geodatabase 复制支持建立在版本基础之上的多种工作流。以下是一些可以应用 Geodatabase 复制的情况：

（1）复制树。Geodatabase 复制可以用于建立复制树，与版本树相似，允许政府部门、企业在层次结构中分发数据。例如，在一个国家－省－市－县四级联动的自然资源管理应用系统中，Geodatabase 可以在一对多的上下层级之间进行数据复制，实现双向传递数据变化。

（2）中央集线器。可将 ArcSDE Geodatabase 用作中央集线器，以便为读取者和编辑者提供服务。为保持较快的连接速度，编辑者可创建一个复本将中央集线器的数据检出（Check Out），然后在执行编辑后，通过与 Geodatabase 同步的方式将编辑变化重新检入（Check In）。

中央集线器还可用于在多个子复本之间传递数据变化。要将数据变化从一个复本传递到另一个复本，应首先将一个复本中的数据变化与父（或集线器）复本同步。随后，另一个子复本即可与父复本进行同步，以获得这些数据变化。

（3）移动用户。在一个组织中的移动用户，如一个数据维护工作人员，需要在野外编辑 ArcSDE Geodatabase 部分数据的功能。他们通常需要长时间与组织基础设施的连接完全断开。在为特定的工作或项目做准备时，相关数据会被复制并传输到便携设备上（如便携式计算机）。然后此设备会断开网络连接，在复制数据的基础上进行野外数据采集。当重新连接到网络时，对数据所做的所有编辑都将传回并与 ArcSDE Geodatabase 中维护的数据进行同步。

（4）数据维护承包商。某些组织需要将 Geodatabase 的部分维护工作承包出去，让承包商每月提供更新。组织需要能够将承包商的变更合并进来，而不必完全重新加载数据。此外，还需要一种简单方式来只查看每月的更新部分，而不用对整个数据集执行 QA 测试。

通过向承包商发送一份用于更新的相应数据的复本，可以满足上述要求。当承包商将变更发回组织后，可将这些变更与 ArcSDE Geodatabase 中维护的数据进行同步。

（5）生产 Geodatabase 与发布 Geodatabase。组织需要为一组编辑者提供支持，同时也要支持具有只读访问权限的用户对系统的访问。为满足这两组用户的需求，组织建立了两个 ArcSDE Geodatabases。一个是可由编辑者直接编辑的生产 Geodatabase，另一个是可由读取者访问的此 Geodatabase 的复本，读取者可通过任一方式访问此复本。

在这种情况下，发布 Geodatabase 中的复本是生产 Geodatabase 的只读副本。发布 Geodatabase 中的数据无需进行版本化。可将复制限制为只在一个方向上发送数据。在生产 Geodatabase 中进行所需的编辑，然后将编辑内容从生产 Geodatabase 发送到发布 Geodatabase。这些编辑内容会被传输到发布 Geodatabase 并与其中的数据进行同步，然后供读取者查看。

（6）多组数据管理。在一个组织内部，可将数据管理任务划分给多个不同的组。例如，一个组可以负责管理公共事业网络，而另一个组可以负责管理同一区域的土地利用基础数据。

可使用 Geodatabase 复制将数据分发到各个组，从而将数据划分到相应的项目中。每个项目团队都会从中央 ArcSDE Geodatabase 接收到所需数据的复本。随后，各个团队便可相互独立地编辑各自的复本（也可能是在单独的地理位置），然后将这些编辑内容传输到中央 ArcSDE Geodatabase。反过来，对中央 ArcSDE Geodatabase 所做的任何编辑也会被传输到各个项目团队的相应复本。

（7）汇集来自多个源的数据。另一个常见的复制实践就是建立一个收集数据的集中位置。采用这种建立方式的组织拥有一个中央 ArcSDE Geodatabase，用于存储来自其他办事处的数据的集合。

各省自然资源厅和国家自然资源部之间的数据分发就是这种情况的一个示例。每个省自然资源厅独立运作，管理着各自的数据集并定期将更新发送到国家自然资源部。来自每个省的编辑内容将被同步到国家中央 ArcSDE Geodatabase 的一个综合数据集中。在这种“子－父”单向复制配置中，国家中央 ArcSDE Geodatabase 被指定为父角色，而各省 Geodatabase 被指定为子角色。

### 5.4.2 Geodatabase 复制

#### 5.4.2.1 Geodatabase 的类型与复制

通过 Geodatabase 复制，可以跨越两个或多个 Geodatabase 来创建数据副本，以便可以将数据变化进行同步。

创建复本时，需要用户定义要从源 Geodatabase 复制的数据，然后执行一个过程来创建复本。该过程将数据从源 Geodatabase 复制到目标 Geodatabase，并在每个 Geodatabase 中都创建一个复本。这些复本说明了已复制哪些数据并包含同步变化所需的信息。

源 Geodatabase 中的复本是父复本，目标 Geodatabase 中的复本是子复本。子复本与父复本的每个组合都是一个复本对（replica pair）。相对复本（relative replica）是复本对中的另一个复本。

源 Geodatabase 必须是 ArcSDE Geodatabase，因此父复本只能是 ArcSDE Geodatabase 类型。可以从单个源 Geodatabase 创建多个复本。例如，可从全省范围的企业级 Geodatabase 为每个市创建一个复本。每个复本中包含的数据也可能会有重叠。图 5-11 说明了从单一的源 Geodatabase 建立了多个复制。

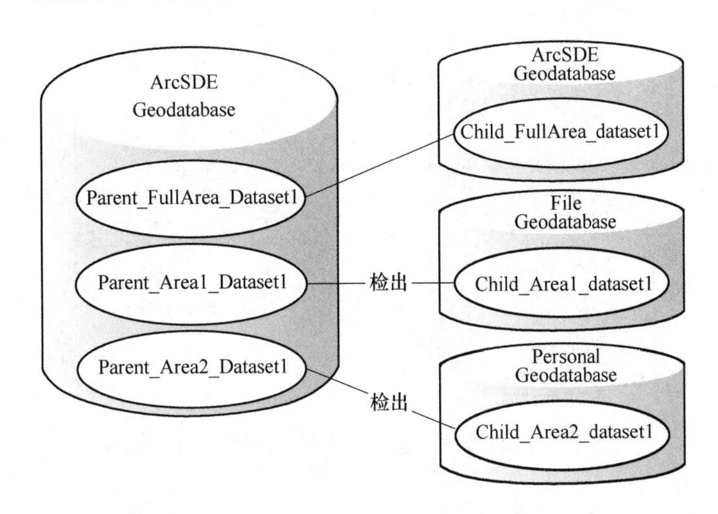


图 5-11 单一 Geodatabase 创建多个复制

ArcSDE Geodatabase 既可以用作子复本，也可以用作父复本。这使数据能够在多个 Geodatabases 之间进行复制。图 5-12 显示了参与复制的三个 ArcSDE Geodatabases。

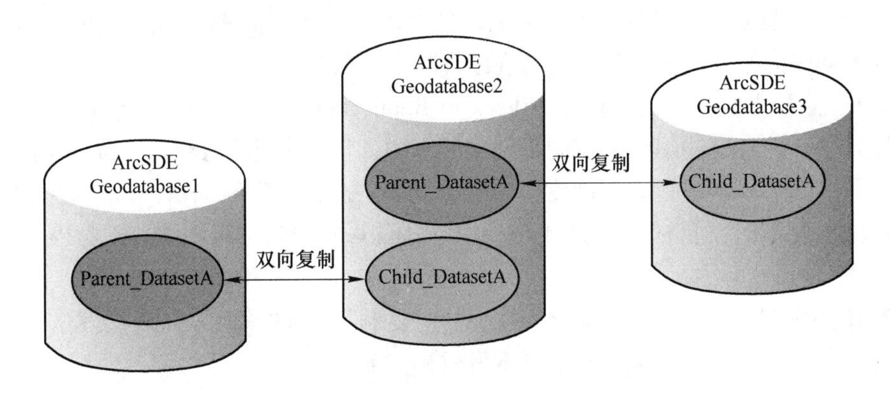


图 5-12 Geodatabase 的多级复制

最初 datasetA 是在 Geodatabase1 中。然后，将 Geodatabase1 用作源 Geodatabase，将 Geodatabase2 用作目标 Geodatabase，为 datasetA 创建了一个双向复本。

接下来，将 Geodatabase2 用作源 Geodatabase，将 Geodatabase3 用作目标 Geodatabase，为 datasetA 创建了第二个双向复本。

在这些复本创建完毕之后，对 Geodatabase3 中 datasetA 的更改便可以应用于 Geodatabase2，而 Geodatabase2 随后可将该更改应用于 Geodatabase1。由于使用了双向复制，在 Geodatabase1 中所做的更改可以按相同方式回传给 Geodatabase3。

单个 ArcSDE Geodatabase 也可以承载多个子复本。但在这种情况下，每个子复本所涉及的数据集必须各不相同。例如，如果某个子复本涉及一个名为 parcels 的要素类，在该 Geodatabase 内的其他子复本不能再涉及此要素类。图 5-13 显示了承载多个子复本的单个 ArcSDE Geodatabase（其中，每个子复本都引用不同的数据集）。

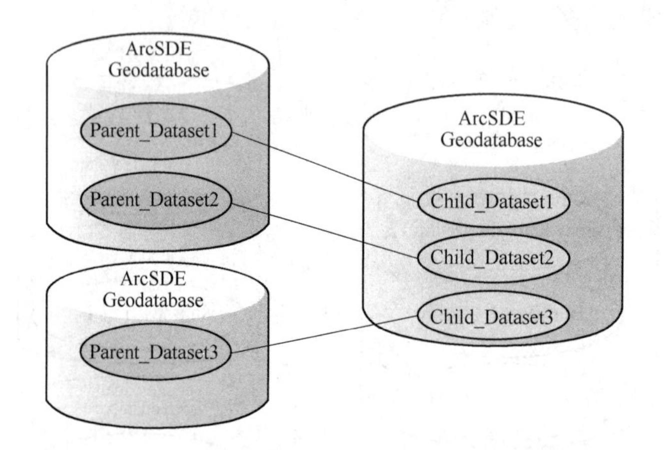


图 5-13　承载多个子复本的单个 ArcSDE Geodatabase

可将 Personal Geodatabase 或 File Geodatabase 用作检出或单向复制的目标 Geodatabase。而 Personal Geodatabase 和 File Geodatabase 每次也只能承载单个检出复本或单向复本。

#### 5.4.2.2　复制类型

Geodatabase 复制共有三种类型，无论何种类型，都必须将 ArcSDE Geodatabase 中的数据用作复本创建的源。所有类型均支持在线环境和离线环境。

（1）检出/检入复制（Check out/Check in Replication）。检出/检入复制可用于在子复本中编辑数据，并将这些编辑内容同步到父复本中，但是只能同步一次。如果需要其他的编辑再次同步到父复本中，必须创建新的检出复本。适合于离线编辑、野外数据采集。

创建检出复本时，目标可以是 ArcSDE Geodatabase、File Geodatabase 或 Personal Geodatabase。

（2）单向复制（One way replication）。单向复制用于向一个方向多次发送数据变化，可从父复本发送到子复本，也可从子复本发送到父复本。

在“父－子”单向复制中，父复本中的数据是可编辑的，而子复本中的数据则视为只读。对子复本中的数据进行编辑后，如果编辑内容与同步过程中应用的编辑发生冲突，编辑内容将被覆盖。

创建“父－子”单向复本时，目标可以是 ArcSDE Geodatabase、File Geodatabase 或 Personal Geodatabase。

对于“子－父”单向复制，子复本中的数据是可编辑的，而父复本中的数据则视为只读。对父复本中的数据进行编辑后，如果编辑内容与同步过程中应用的编辑发生冲突，编辑内容将被覆盖。

创建“子－父”单向复本时，子复本和父复本必须都宿主在 ArcSDE Geodatabase 中。

同步后单向复本会保留，以便用户继续发送数据变化。

（3）双向复制（Two Way Replication）。双向复制允许数据变化从父复制多次发送到子复制或者从子复制多次发送到父复制。如果在两个复本 Geodatabase 中编辑同一行，同步复本时会检测到冲突。协调策略可用于定义冲突的处理方式。

同步后双向复本会继续存在，以便用户继续编辑和同步复本。创建双向复本时，目标必须是 ArcSDE Geodatabase。

创建双向或单向“父－子”复制之前，必须将 GlobalID 列添加到要复制的数据集。这会为数据集中的行赋予在 Geodatabase 中保持不变的唯一值。

决定使用的复本类型时，请考虑以下几方面：

如果需要在 Personal 或 File Geodatabase 中创建复本，则必须使用 check out/check 或“父－子”型单向复制。然而，如果在使用 ArcEditor 许可编辑子复本的数据，请考虑使用 Personal ArcSDE 作为目标 Geodatabase。使用 Personal ArcSDE 可创建双向复本，而使用 Personal 或 File Geodatabase 则不能。利用双向复制，不必重新创建复本即可多次进行同步。

对于要将变化从产品服务器发布到发布服务器的情况，单向复制是理想的选择。单向复制能强制进行单向同步，而且在使用简单模型时不要求子复本数据已经版本化。

如果要实现父、子复本数据的双向传递，应使用双向复制。因为单向复制假定某一复本中的数据是只读的，同步可能会覆盖该复本的编辑变化。双向复制的冲突检测逻辑会将这些差异标记为冲突，以便由用户决定如何处理这些差异。双向复制允许进行双向数据交换，但也可以只单向发送变化。

### 5.4.2.3 复本创建与版本管理

Geodatabase 复制是建立在版本基础之上的。在创建复制过程中，来自源 Geodatabase 和目标 Geodatabase 的版本设置为复本版本。这些复本版本中的变化在同步过程中相互交换。由于复本版本相互连接，可以认为复制是跨多个 Geodatabase 扩展版本树的一种方法。

可将默认版本或任何命名的版本用作父复本或子复本的复本版本。多个复本还可以共用同一复本版本。

图 5-14 显示了单向复制和双向复制中的复本版本。对于双向复制，父复本将命名的版本 RV1 用作复本版本。单向复制示例中的父复本则将命名的版本 RV2 用作两个单向示例的复本版本。

对于 ArcSDE Geodatabase 类型的两个子复本，默认版本即为复本版本。由于 File Geodatabase 和 Personal Geodatabase 类型不支持版本，因此在第二个单向复制中，不会为子复本创建任何复本版本。

检出复制既能够复制版本化数据，又能够复制非版本化数据。对于涉及版本化数据的检出复本，将创建一个新的命名版本作为子复本的版本。

检出复制同样允许 Personal Geodatabase 或 File Geodatabase 用作子复本。由于这些 Geodatabase 类型不支持版本，因此不会为子复本创建任何复本版本。对于此类情况，同

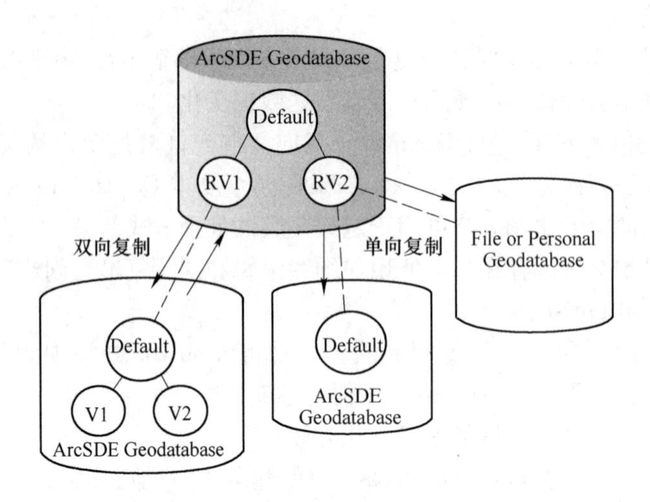


图 5-14　Geodatabase 双向/单向复制中的版本

步期间将使用附加逻辑来确定要发送的变化。

对于检出复本，创建期间会将一个同步版本添加到父复本的 Geodatabase。该同步版本是复本版本的子版本，它只在同步期间使用。

图 5-15 显示了检出复本及其复本版本的两个示例。一个父复本将版本 RV1 用作复本版本，而另一个父复本则将版本 RV2 用作复本版本。一个子复本存储在 File Geodatabase（也可以是 Personal Geodatabase）中；而另一个子复本存储在 ArcSDE Geodatabase 中，创建期间会自动创建 RV2 并将其设置为复本版本。该复本版本的名称 RV2 取自创建它时所使用的父复本的复本版本名称。

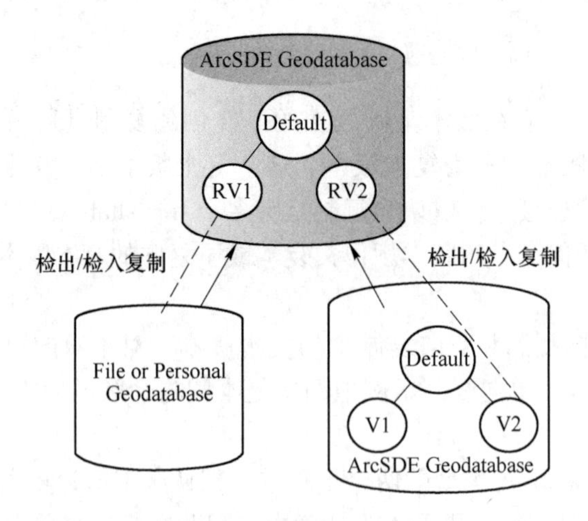


图 5-15　Geodatabase 检出复制中的版本

如果只进行单向复制，则无需使用版本管理功能而只需使用存档功能来追踪复本的修改变化。此时要求源复本版本必须是默认版本。

以这种方式管理复制的优点是，它可以使协调过程、提交过程以及压缩过程与同步过程分开。使用版本管理功能追踪变化时，会创建系统版本。由于存在这些系统版本，需要进行定期同步才能实现有效的压缩。

而使用存档功能追踪复本变化时，不会创建任何系统版本。这样，协调过程、提交过程以及压缩过程就不会受到影响，从而使版本管理和复制管理成为独立的过程。这还可以提高同步计划的灵活性。

由于存档需要将数据进行版本化，因此，源复本必须位于 ArcSDE Geodatabase 中。源复本版本也必须是默认版本。

图 5-16 展现了 ArcSDE Geodatabase 之间的“父 - 子”单向复制，其中将默认版本用作父复本和子复本的复本版本。由于 File Geodatabase 和 Personal Geodatabase 类型不支持版本管理，因此在另一个单向复制中没有创建子复本的复本版本。

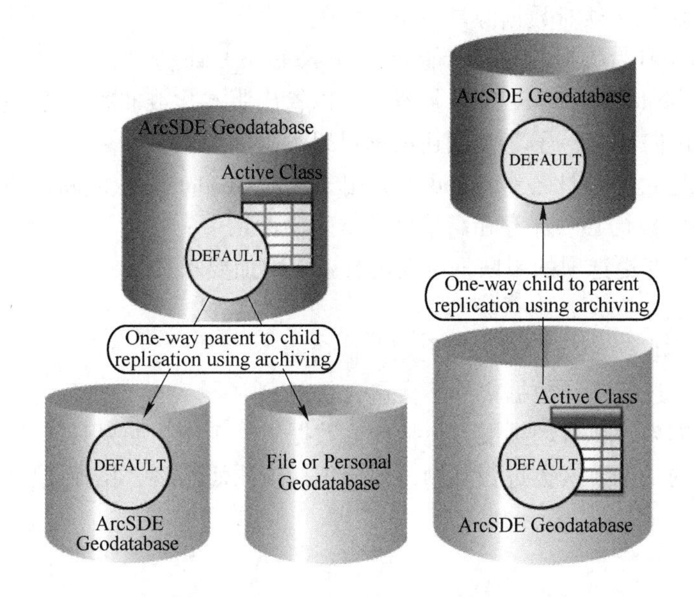


图 5-16 使用存档功能追踪复本变化

当两个 Geodatabase 都是 ArcSDE Geodatabase 时，还可以使用“子 - 父”单向复制。这种情况下，子复本版本必须是默认版本。

#### 5.4.2.4 在线复制与离线复制

在线环境和离线环境中均可使用 Geodatabase 复制功能。对于在线复制，将通过计算机网络（有线或无线）来连接复本 Geodatabase。可以使用以下形式中的任一种：

（1）始终在线：在网络上始终可以访问复本 Geodatabase。

（2）间歇在线：在这类情况下，只能于某些时候在同一网络上访问复本 Geodatabase。当两个复本 Geodatabase 均位于网络中时，可以执行复本创建和复本同步操作。

当未通过计算机网络连接复本 Geodatabase 时，将进行离线复制。在线或离线环境中均可执行复本创建过程、同步过程以及应用架构更改过程。

### 5.4.3 数据复制操作

使用“创建复本（Create Replica）”向导来定义应复制的数据、要创建的复本种类以及将数据复制到哪个 Geodatabase 中。

“创建复本”向导支持本地 Geodatabase 和远程 Geodatabase。远程 Geodatabase 通过发布在 ArcGIS Server 上的地理数据服务进行访问。

#### 5.4.3.1　复制数据准备

在准备要复制的数据时，应该考虑以下几个步骤。

A　确定要复制的数据集

Geodatabase 复制允许复制 Geodatabase 中的整个数据集或者数据集的某个子集。为了复制，这些数据集必须满足以下要求：

（1）数据库用户必须对数据源具备读写权限。

（2）数据集注册为版本化时，不能含 move edits to base 选项。

对于检出复本和单向“子－父”复本，可以检出版本化或非版本化数据。

双向复制和单向“父－子”复制还需满足以下附加要求：

（1）每个数据集必须具备 Globalid 列，用于维护 Geodatabase 之间行的唯一性。

（2）所有空间数据必须保存在高精度的空间参考系中。

使用存档追踪变更选项的单向复制需具有以下附加要求：

（1）父复本版本必须是默认版本。

（2）创建复本前，必须针对数据启用存档功能。

任何未满足上述要求的数据集都不会包含在复本中。

要复制的数据列表将自动扩展为包括相关数据集。例如，如果只选择几何网络、拓扑或要素数据集中的一个要素类进行复制，则会包括该几何网络、拓扑或要素数据集中的所有要素类。

B　定义要复制的数据

对于每个数据集，可以选择复制所有数据，或行记录的子集或甚至仅复制模式（schema）。根据需要，确保复制所需数据。

创建复本时，通过以下两种机制来确定要复制的数据：过滤器和关系类。

存在三种类型的过滤器：

（1）空间（Spatial）：使用几何来确定要复制的区域。

（2）选择内容（Selections）：根据各个要素类和表的选择集来复制数据。

（3）Querydef：对各个要素类和表应用定义查询。

在 ArcMap 中进行复制时，空间过滤器由 ArcMap 文档的当前视图范围或当前所选图形的边界或整个范围来确定。与此过滤器相交的要素将包括在复本内。此外，还会应用各个图层和表中的定义查询和选择内容。如果使用多个过滤器，则应用所有过滤器的交集。

数据被添加到复本后，还将应用关系类逻辑。此时，对于关系类中包含的每个数据集来说，会额外添加一些行，前提是它们与复本中的现有数据相关。

C　为所复制的数据集命名

通过“创建复本”向导复制数据时，可以选择为所复制的数据集更改名称。此操作可在向导的高级创建复本选项对话框中完成。

如果只复制数据或模式，则可使用数据集的命名选项保留现有名称或者为数据集输入新名称。例如，对于全国自然资源数据库，父复本中各省三调数据保存在名为 Province 的要素数据集中，但只想复制江西省的数据，则可以在子复本中将名称更改为 Jiangxi.

5.4.3.2 复制与关系类（复制关系类相关联的数据）

在创建复制的过程中，满足过滤条件的对象和要素被添加到复制中。一旦完成，关系类被处理，并添加相关的对象。

每个关系类只沿一个方向处理。默认的方向为前向（forward），但是也可以使用 backward 方向。Forward 方向是根据源类中被复制的要素或对象，从目标类找到相关对象，并添加到复制中。在复本创建过程中还可以关闭特定关系类的关系类处理。

以下的例子说明了关系类相关对象的复制行为，示例中所用的数据模型为地产（Property）、建筑物（Building）及其相关注记（Annotation）之间的简单关系。如图 5-17a 所示。

**【例 5-1】** 这个例子说明了复制区域覆盖 8 个地块 6 个建筑物。当建立复制时，两个额外的建筑物被添加，由于它们与地块相关。关系类处理也添加相关联的 annotation 到复制。如图 5-17b 所示。

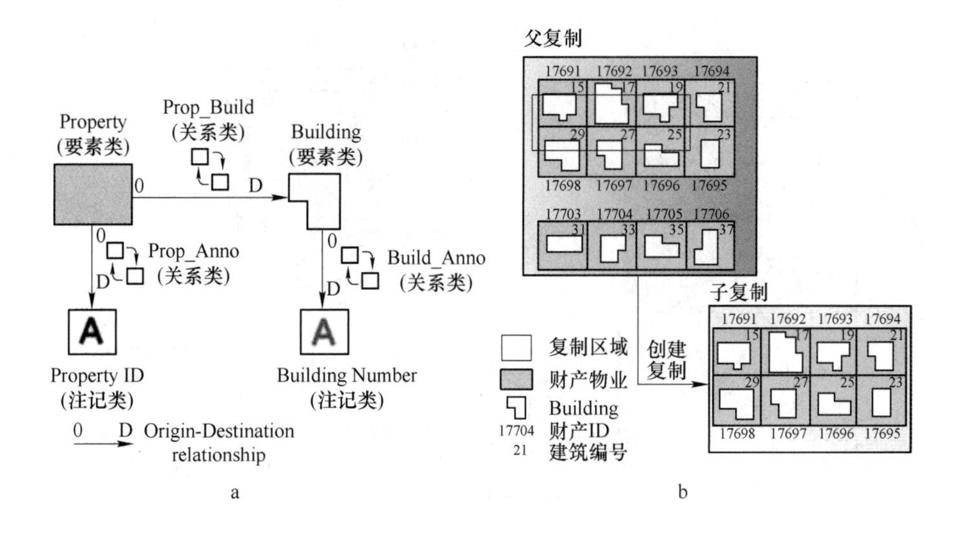


图 5-17 关系类复制示例 5-1

**【例 5-2】** 这个例子说明通过 forward 复制关系类。通过在父复制中选择两个建筑物用于复制，使用默认的 forward 处理方向来复制相关的记录，与这两个建筑物相关的注记也复制到子复制中。如图 5-18a 所示。

图 5-18b 说明选择相同的两个建筑物，但特别指明使用 backwards 处理方向复制 prop_build 关系类（其他关系类按缺省的 forward 方向处理）。子复本中包括相关的建筑物注记，与这些建筑物相关的地块以及地块的注记。

**【例 5-3】** 在这个例子中，在复制区域选择了建筑物和地块，由于没有选择复制相关联的记录，因此与地块和建筑物相关的注记都不会被复制。如图 5-19a 所示。

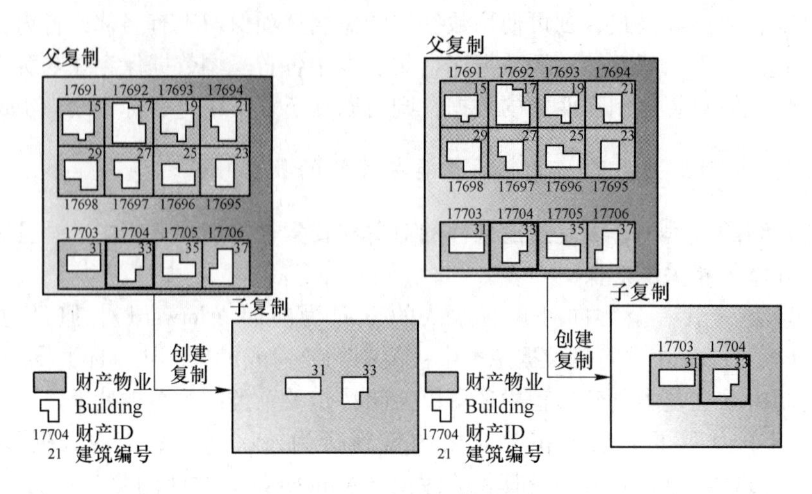


图 5-18　关系类复制示例 5-2

**【例 5-4】**　在这个例子中，尽管复制区域包括含相关建筑物的四个地块（17691，17692，17698，17697），四个建筑物已明确不会被复制。但是，对于其他要素类，默认 global 行为仍然有效，地块的属性将再次被复制。如图 5-19b 所示。

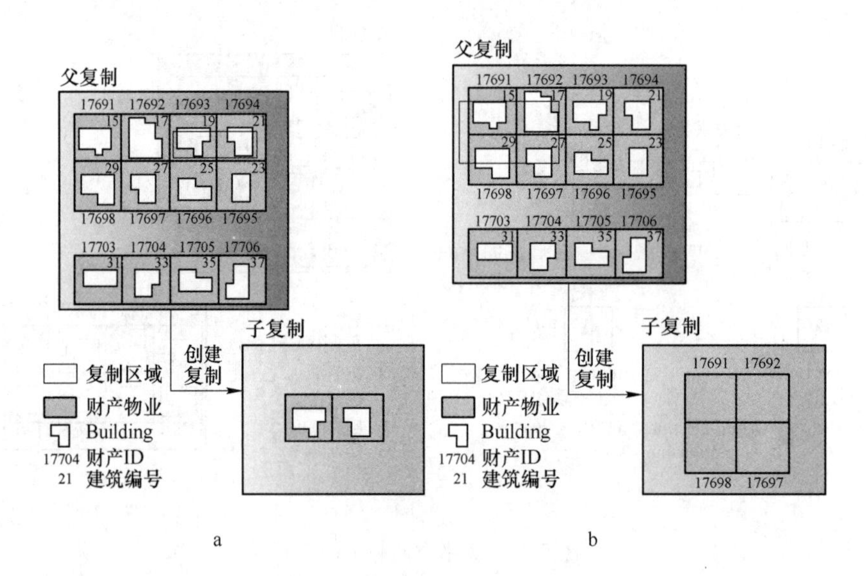


图 5-19　关系类复制示例 5-3、示例 5-4

### 5.4.3.3　拓扑复制

参与一个拓扑的所有要素类被一起复制。单个拓扑要素类不能排除在复制之外。

复制拓扑要素类时，子复本中的整个拓扑范围将被标记为脏区。要找出现有错误，必须先验证拓扑。

如果一个要素被标识为拓扑规则异常，这个在子复本中也将作为一个异常出现和被维护。

#### 5.4.3.4 几何网络复制

参与几何网络的所有要素类会同时进行复制，以在子复本中保持网络的连通性。不能将单独的网络类排除在复制范围之外。在复制边界与网络相交时，复本中将自动包含网络中的下一个交汇点。

#### 5.4.3.5 复制地形数据集、网络数据集、宗地结构及制图表现

当复制地形数据集（terrain）和网络数据集（network Dataset）时，只有用于构建这些数据结构的要素类可以被复制。它们自己的实际数据结构不能被复制。为了使这些要素类被复制，它们必须注册为版本，满足复制的数据要求。可以在复制创建后选择在子复制的 Geodatabase 中重建地形数据集或者网络数据集。

复制支持宗地结构。如果在复本创建之前数据已具有制图表现，则会复制这些制图表现。如果对一个复本中的要素应用符号并进行同步，则该符号也将应用于关系复本中的要素。但不支持对制图表现进行修改。

### 5.4.4 同步

#### 5.4.4.1 同步概述

同步涉及一个发送数据变化的复本和一个接收变化的相对复本。数据变化包括在复本版本中执行的插入、更新和删除。要执行同步，必须以与创建复本相同的数据库用户身份或 ArcSDE 管理员身份进行连接。

对于双向和单向复制，在创建复本时应用的过滤器和关系类规则用来确定要进行同步的变化。在过滤器和关系类规则范围之外的变化不会进行同步。此外，还将使用逻辑来避免不必要重新发送那些已发送的变化。对于检出复本，将同步对检出复本所做的所有编辑。

数据传递是基于交换复制消息的。一方发送消息到另一端，另一端接受消息，并处理。在某个时刻只有一个复本发送变化。

同步期间，将对变化进行协调并将其提交至复本版本。协调期间，可能会发生冲突。可以选择协调策略以定义如何处理这些冲突。对于协调，还可以在列级别和行级别冲突检测中进行选择。同步可以在在线或离线的环境中执行。

（1）在一个在线的环境中，信息交换是由系统处理的；

（2）在离线的环境中，用户需要管理消息交换。

#### 5.4.4.2 在线同步

要在在线环境中同步复本，可以使用 ArcGIS Desktop 中的“同步变化（Synchronize Changes）”向导。对于在联网环境中复制、同步过程较简单，信息交换由系统自动处理。

A 同步方向

在线同步允许用户选择变化发送的方向。例如，对于双向复本，可以向相对复本发送变化，从相对复本获取变化，或者向两个方向移动变化。如果选择两个方向，则在一次操

作中先向一个方向发送变化，然后向相反方向发送变化。对于检出复本，仅可以使用从子复本向父复本发送变化的选项。对于单向复本，仅可以使用向一个方向发送变化的选项，即从父到子或者从子到父。

B　协调选项

在同步过程中，可能需要在同步版本和复本版本之间进行协调和提交变化。在协调过程中，可能会发生冲突。可以选择协调策略以定义如何处理这些冲突。协调策略有以下种类：

（1）手动：使用此策略时，如果发生冲突，则中止协调操作，并将复本标记为冲突状态。随后可以手动或通过运行自定义协调代码来执行协调操作。应用协调并将变化提交给复本版本后，复本将不再处于冲突状态。尽管复本处于冲突状态，它仍可以继续接收更改但不能发送变化。

（2）优先使用 Geodatabase 1：这种情况下，如果存在冲突，则自动优先使用 Geodatabase 1 中的表达，而后才会考虑 Geodatabase 2 中的表达。由于冲突会自动得到解决，因此使用此策略进行同步后，复本就不会处于冲突状态。

（3）优先使用 Geodatabase 2：这种情况下，如果存在冲突，则自动优先使用 Geodatabase 2 中的表达，而后才会考虑 Geodatabase 1 中的表达。由于冲突会自动得到解决，因此使用此策略进行同步后，复本就不会处于冲突状态。

默认策略是使用父复本的表达。可能优先使用 Geodatabase 1，也可能优先使用 Geodatabase 2，具体取决于哪一个 Geodatabase 包含父复本。

对于双向复制，如果选择在两个方向上同步，则不能选择手动协调策略。

对于协调，还可以在列级别和行级别冲突检测中进行选择。

C　错误处理

如果在同步过程中发生错误，将回滚该操作。已应用的所有更改都将被移除，系统将恢复到执行同步之前的状态。

进行双向同步时，可能会出现此规则的例外情况。即，如果在完成应用某一方向上的变化后，发生错误，则将提交这些更改。但是，系统仍然处于一致状态，且不会影响进一步同步。

#### 5.4.4.3　离线同步

对于离线环境中的复本，通过在复本间手动交换消息而实现同步。

可以交换两类消息：数据变化消息和确认消息。数据变化消息包含数据变化，而确认消息确认收到数据变化消息。作为数据发送方的复本发送数据变化消息，而作为数据接收方的复本发送确认消息。

任何时候一个复本不是数据发送方就是数据接收方。数据发送方会将数据变化消息导出到增量文件中，增量文件包含要应用于相对复本的变化。数据接收方将确认消息导出到确认文件来确认它所收到的内容。

下面的例子说明了父复制发送变化到子复制，然后从子复制收到一个确认消息。这里父复制是数据发送方，子复制是数据接收方（见图 5-20）。

在双向复本中，数据发送方和数据接收方也可以切换角色。当数据发送方发送最后一

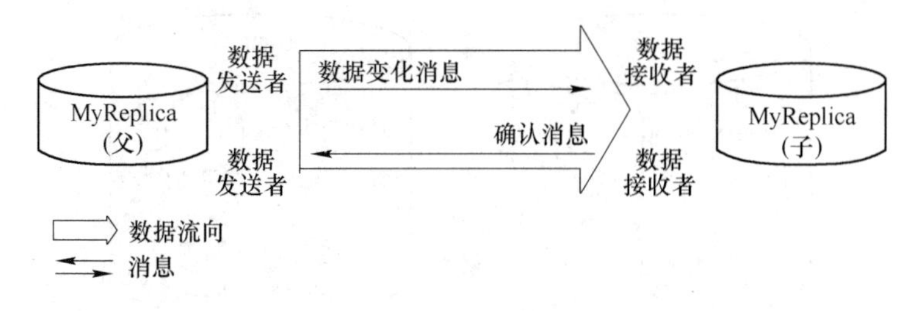


图 5-20 父复制发送变化到子复制

条包含切换角色指令的数据变化消息时就会启动角色切换。数据接收方导入消息后，就会切换角色，系统即会准备好以相反方向发送数据。

图 5-21 显示了发送数据变化消息的父复本以及角色切换指令。当父复本导出消息后，它就会变成数据接收方。当子复本收到消息后，它就会变成数据发送方。随后，子复本会向父复本发送数据变化消息。

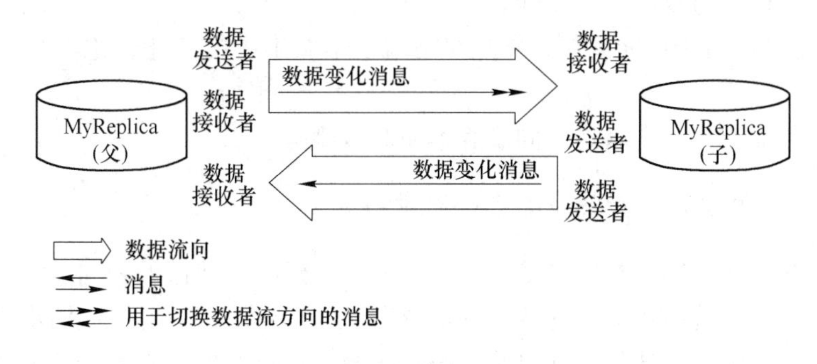


图 5-21 双向复本中的角色切换

### 5.4.4.4 同步与版本化

对于 ArcSDE Geodatabase 中的复本，在同步过程中使用版本化。使用存档追踪单向复制中的变化是个例外。版本化用于确定要发送的变化，并在接收变化时使用。

(1) 发送变化。复本发送变化时，ArcSDE 通过分析复本版本（在复本创建过程中定义）和某些系统版本确定哪些编辑内容需要发送。此分析可以过滤出在早期同步中已经发送的编辑内容或确定需要重新发送的一些变化。

对于 File 或 Personal Geodatabase 中的检出复本，将分析包含所有编辑内容的内部表。

对于使用存档的单向复制，将分析存档类以确定要发送的变化。

(2) 接收变化。复本接收变化时，会发生以下情况：

首先，变化将作用于同步版本。同步版本是复本版本的子版本，用于临时保存这些变化直到对它们进行协调并提交到复本版本。对于双向和单向复本，直到同步时才创建同步版本，而对于检出复本，会在创建复制时创建版本。图 5-22 中，复本版本可能是 DEFAULT 或命名的版本。

接下来，将针对复本版本协调同步版本。此步骤中的行为取决于复制类型：

1) 双向复制：对于双向复制，协调过程中可能存在冲突。如果存在冲突，可使用协

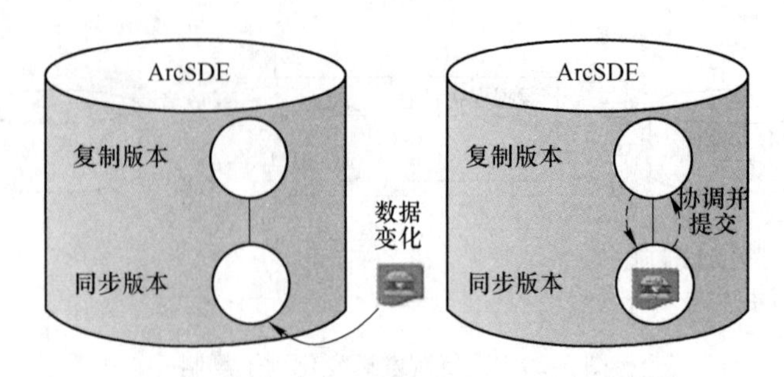


图 5-22　同步版本与复本版本交互作用

调策略确定如何处理冲突。如果没有冲突，或冲突已被自动协调策略解决，同步版本提交变化到复本版本。

2）检出复制：对于检出复制，协调和提交是可选的，默认情况下不会执行。如果选择不执行协调和提交，变化将保留在同步版本中，以后可以手动协调和提交。如果决定执行协调和提交，行为与双向复本相同。

3）单向复制：对于单向复制，将始终覆盖复本版本中的变化，绝不会存在未解决的冲突。

一旦将变化提交到复本版本，同步版本便会被删除。

#### 5.4.4.5　使用过滤器和关系类进行同步

对于双向和单向复制，在同步期间会应用复本创建时所使用的相同过滤器和关系类规则，但不会应用基于选择集的过滤器。确定要发送的变化时，将对上次同步之后各个复本数据集中的所有编辑进行评估。如果某一编辑符合复本过滤器，则同步该编辑。

对于检出/检入复本，将同步针对子复本所做的所有编辑。因此，下述规则中除维护关系规则外，其他规则不适用于检出/检入复本。

在编辑会话中移动要素时，如何在同步期间应用复本区域过滤器。同步期间，以下编辑将被发送到相对复本，如图 5-23 所示。

（1）一个要素被移动到复制区域的一个新的位置。

（2）一个要素从复制区域内移出。这个要素的新位置将在同步时在相对复制中被更新，即使它位于相对复制区域的外部。

（3）一个要素从复制区域外部移动到复制区域内部。

（4）当一个不在复制区域的要素被移动，在同步时它不能在相对复制中得到更新。

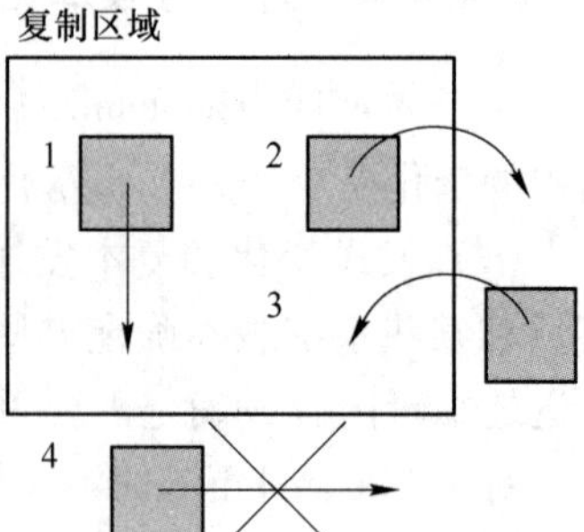

图 5-23　同步过程中空间范围过滤条件的使用

基于选择集的过滤器在复本创建期间应用，但在同步时将被忽略。同步过程将选择集过滤器视为所有行。例如，如果在创建复本时仅使用一个选择集来定义要从表中复制的行，则在同步期间对该表所做的全部更改都将得到应用。如果在创建复本时使用选择集和其他过滤器定义要从表中复制的行，则在同步期间仅应用其他过滤器。例如，在创建复本时使用了选择集和定义查询，则在同步期间仅应用定义查询。

如果复制的数据包括关系类，它就会对同步过程产生影响，同步维护关系，例如，如果一个新的关系被添加到相关复制，当对象被同步时，它也就被维护。如果源关键字是ObjectID字段，维护关系可能需要修改收到变化的复制的外关键字值。

### 5.4.4.6　同步拓扑

同步拓扑后，所有更改（插入、更新和删除）都将标记为脏区。协调和提交同步期间将应用标准拓扑和版本协调规则。

图5-24描述同步时拓扑的行为。创建复本后，整个区域将显示为脏区。进行验证后，错误要素仍然会存在。之后进行了三种编辑：

（1）修复一错误，但未验证。（2）删除一建筑物，但未验证。（3）创建错误并验证。

当子复本与父复本进行同步时，上述所有编辑内容在父复本中都显示为脏区且需要验证。

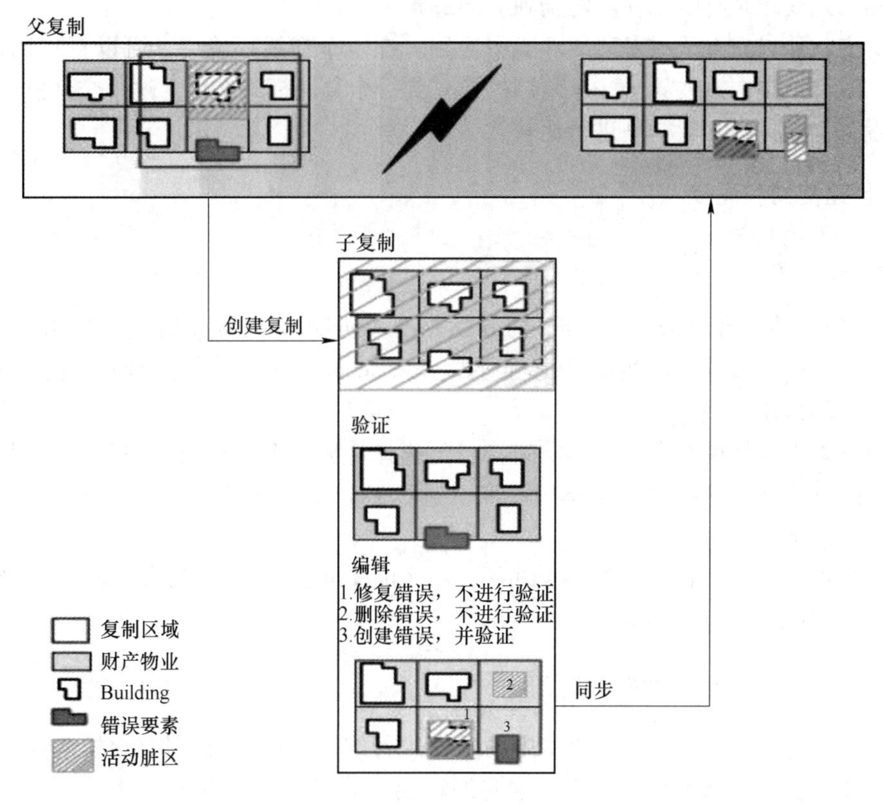


图5-24　拓扑同步示意图

### 5.4.4.7　同步几何网络

同步几何网络过程会将数据变化传递到相对复本并在网络修改过的所有部分中重新构建连通性。未受同步变化影响的网络区域将不会重新构建。

复本创建可能会添加复本过滤器之外的交汇点以维护数据完整性。如果这些交汇点已移动，同步时将在相对复本中的原来位置上自动添加新的交汇点。如果交汇点已删除，同步时也会在相对复本中的原来位置上添加新的交汇点。通过这种方式，连通性将得以维护。

#### 5.4.4.8　使用模式变化（schema changes）

当建立一个复制时，数据和模式从父 Geodatabase 被拷贝到子 Geodatabase。模式由字段、属性域、子类型等组成。

初始时，模式在两个复制中是相同的，但是随着时间的推移，变化可能应用于每个复制的模式中。

Geodatabase 复制设计为支持大多数模式变化。即使每个复制的模式变化，数据同步将仍能成功执行。

应用模式变化，提供了跨复制应用模式变化的工具。这个过程包括比较每个复制的模式，找到不同之处。对于其中的一些不同，可以选择修改一个复制的模式以匹配相对复制。应用模式变化是与数据同步完全独立的过程。

模式变化可以在在线或者离线环境中应用。在一个在线环境中，可以直接比较模式。在一个离线环境中，需要导出一个复制的模式到一个复制模式文件。这个文件然后可以通过存储设备传递，与相对复制进行比较。

### 5.4.5　创建复制和同步

#### 5.4.5.1　创建复制

在 ArcMap 中使用 Create Replica 向导从一个 Geodatabase 复制数据。使用这个向导，可以定义复制哪些数据，这些数据复制到哪一个 Geodatabase 中。这个向导支持一系列默认的和高级的复制选项。

如果在地图文档中有多个工作空间，需要选择从哪一个工作空间中建立复制。Create Replica 向导支持本地和远程的 Geodatabase，远程 Geodatabase 通过在 ArcGIS Server 上发布的地理数据服务来访问。

需要选择建立哪一种复制类型：Check out/Check in，one way 或者 two way。按 Create Replica 向导完成复制创建即可。

#### 5.4.5.2　同步复本数据变化

创建复制之后，我们可以对复本中的数据进行编辑修改。对于检出/检入复制，可以对子复本中的数据进行编辑，然后将这些编辑变化同步到父复本中。对于“父－子”单向复制中，可以对父复本中的数据进行编辑，然后将这些编辑变化同步到子复本中；对于“子－父”单向复制，可以对子复本中的数据进行编辑，然后将这些编辑变化同步到父复本中。对于双向复制，可以对父复本、子复本中的数据进行编辑，然后将这些编辑变化双向同步到相对复本中。

以下以双向复制为例，简述复本数据编辑、同步过程。

创建双向复制之后，数据编辑之前，父复本、子复本中的数据是相同的。在 ArcMap 中加载父复本、子复本中的数据，如图 5-25 和图 5-26 所示。

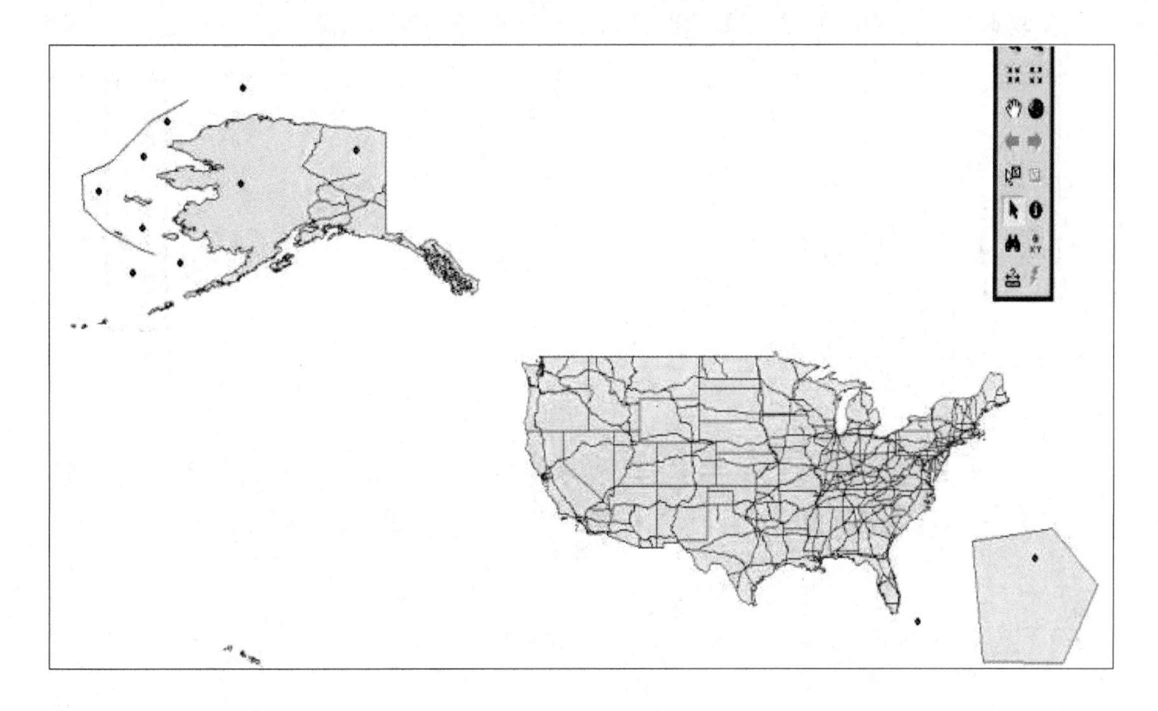

图 5-25 父复本中数据的初始状态

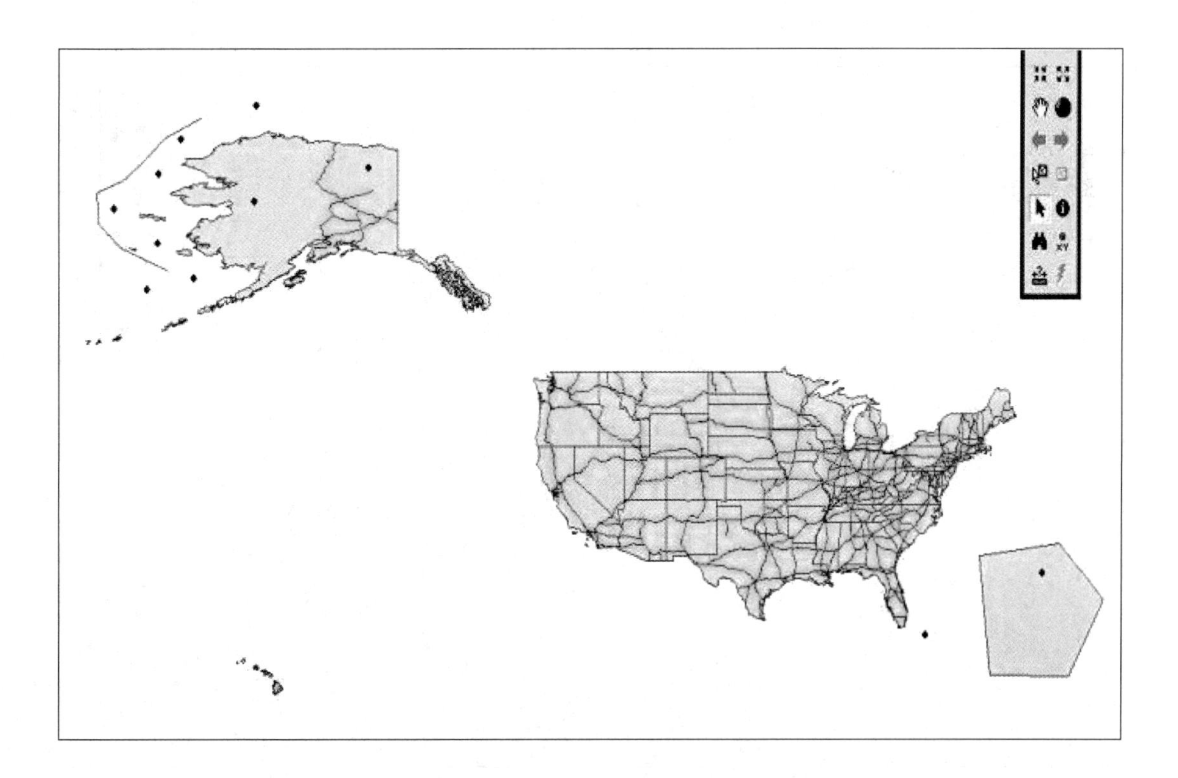

图 5-26 子复本中数据的初始状态

父复本、子复本中的数据编辑状况，如图 5-27 和图 5-28 所示。

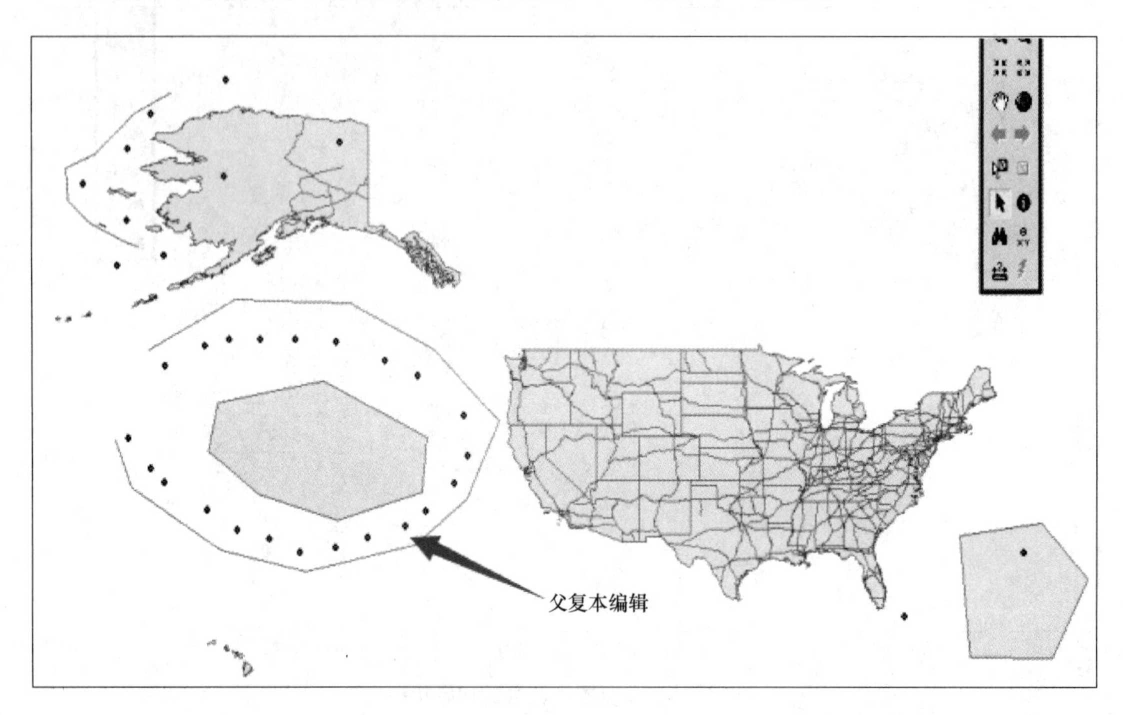


图 5-27　父复本中数据编辑状况

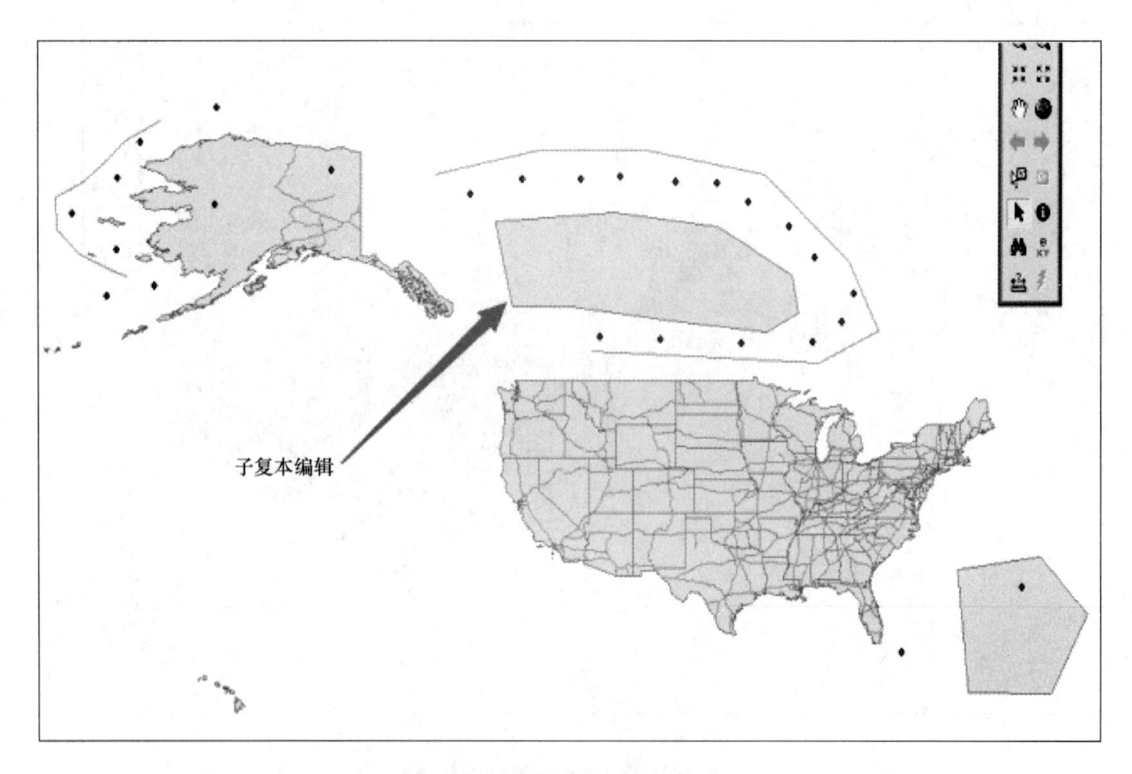


图 5-28　子复本中数据编辑状况

双向同步之后，父复本、子复本中的数据如图 5-29 和图 5-30 所示。

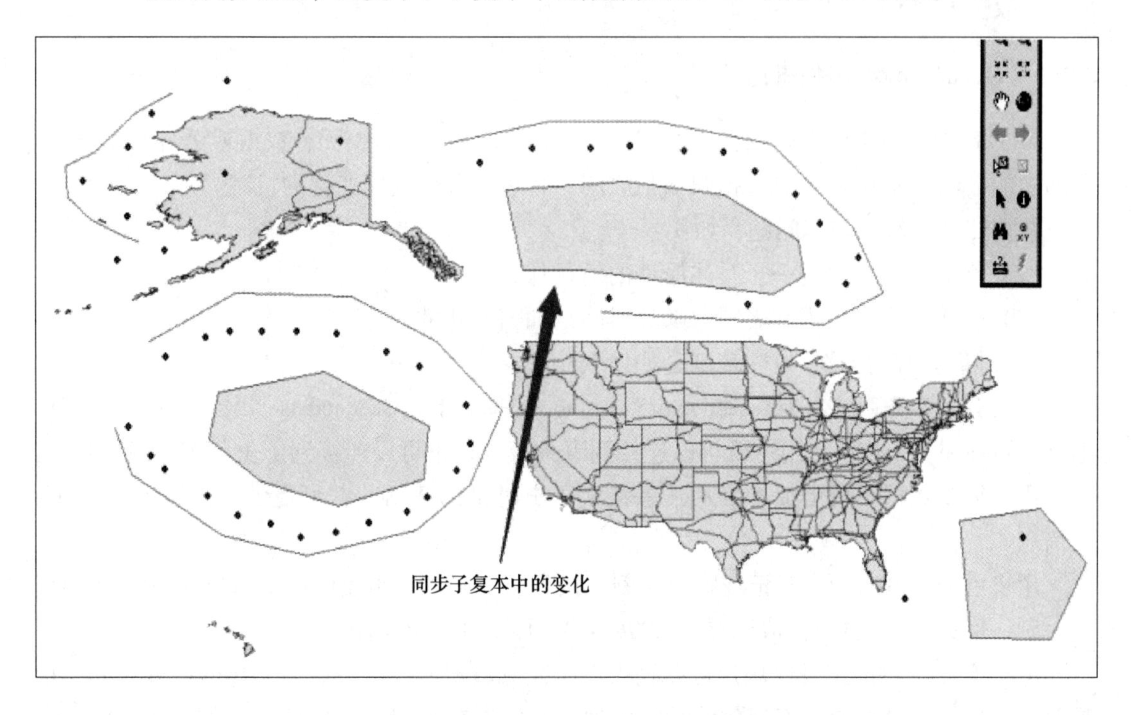


图 5-29 双向同步之后父复本中数据状况

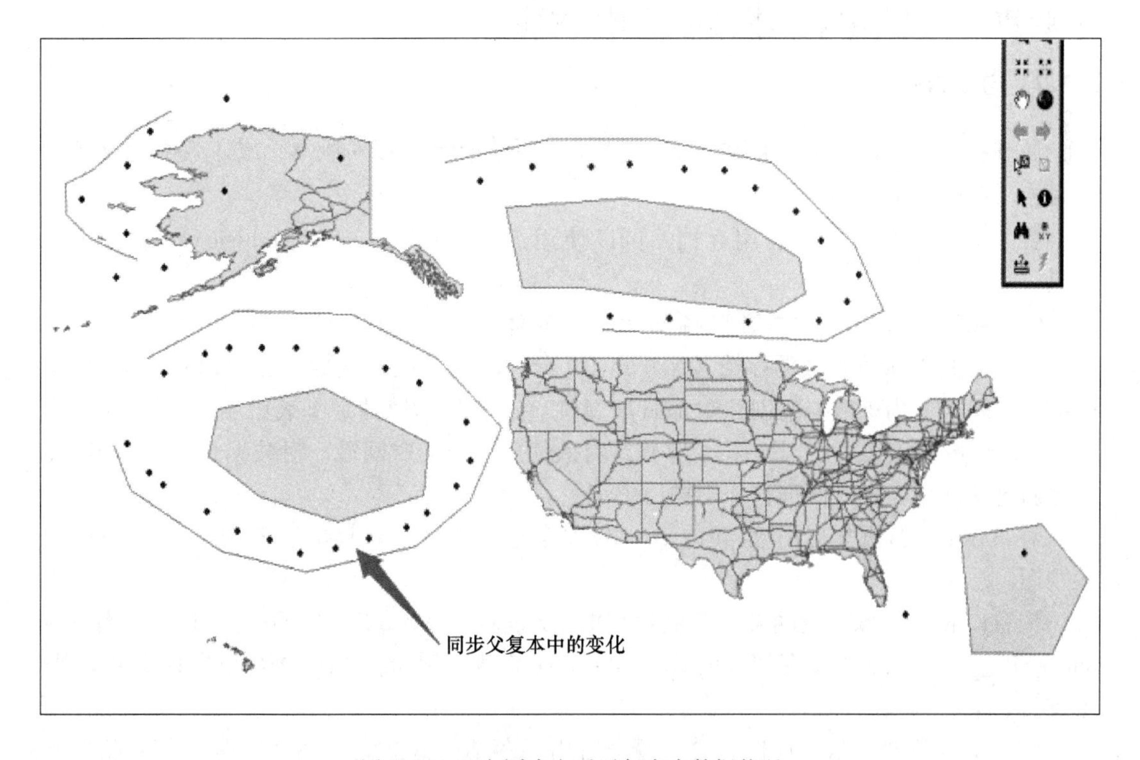


图 5-30 双向同步之后子复本中数据状况

## 5.5 数据存档

### 5.5.1 Geodatabase 归档概述

ArcGIS 中的历史数据归档提供了记录和访问 Geodatabase 中所有数据或者部分数据变化的功能。Geodatabase 历史数据归档是应用、管理和分析数据变化的机制。

数据归档可解决诸多问题，如：

（1）在某个特定时刻一个具体属性的值是什么？

（2）一个特定的要素或者对象随着时间是如何变化的？

（3）随着时间推移，空间范围是如何变化的？

在已有的事务版本（Transactional Version）的基础上，Geodatabase 归档增加了历史版本（Historical Version）。用户既可以连接到事务版本，也可以连接到历史版本。事务版本允许用户编辑数据。历史版本表示某一特定历史时刻的数据，它可提供 Geodatabase 的只读信息。

用户可通过现有历史标记或特定时刻连接到历史版本。历史标记是用户创建的一个特定时刻，例如，“体育馆完成”是指 2008 年 10 月 1 日 3：00 PM。

ArcGIS 中提供的工具使用户可以轻松地研究对数据所做的更改。“History Viewer”工具允许用户快速浏览数据库变化的时间序列中某一时刻的状况。此外，向 ArcMap 中直接添加归档类可使用户执行查询以探究数据如何随时间变化；例如，查看在 2006 年 1 月 1 日到 2016 年 1 月 1 日之间对特定道路所做的编辑。

### 5.5.2 启用归档

通过右键单击目录树中的数据集，并单击启用存档，可以对版本化或非版本化数据启用存档，如图 5-31 所示。

要一次对多个数据集启用存档，可以使用启用存档（Enable Archiving）地理处理工具。

Geodatabase 以不同方式管理数据集存档，具体取决于数据集是否已版本化。

（1）启用非版本化数据存档（New in 10.2）。启用非版本化数据的存档时，Geodatabase 会在基表中为该数据集创建附加日期属性。这些日期属性是基表中名为 gdb_from_date 和 gdb_to_date 的列，用于记录存档行有效使用期限的时间戳。对数据集进行编辑时，将更新这些属性，随时间推移来维护历史记录。

对非版本化数据集启用存档时，ArcGIS 会创建一个名为 <数据集名称>_evw 的数据集视图。

注意：表以及 SQL 空间类型（例如 SQL Server Geometry、ST_GEOMETRY 和 SDO_geometry 等）支持非版本化存档，但是较早的几何类型（例如 SDEBINARY 或 SDELOB）则不支持。

（2）启用版本化数据存档。对于每个启用了存档的数据集，都会创建一个新存档类（dataset name_H）。

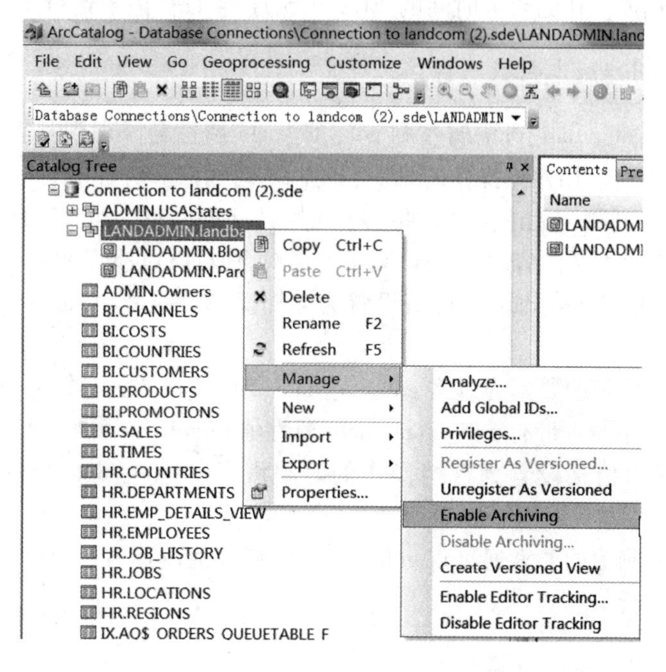


图 5-31 启用归档功能

启用存档时，数据集或对象类的 DEFAULT 版本中的所有属性和所有行都会被复制到存档类中。

完成存档类创建所需的时间取决于启用存档的数据集的大小。

存档类与原始数据集具有相同的模式，但还包括三个额外的属性，即用于记录存档行的有效使用期限时间戳的日期属性 gdb_from_date 和 gdb_to_date，以及用于唯一标识每一行的 gdb_archive_oid 属性。只有数据集的主人才能 Enabling archiving。

### 5.5.3 存档过程

在版本化数据集上启用存档将创建存档类，并用 DEFAULT 版本中存在的当前数据填充存档类。存档类使用 gdb_from_date 和 gdb_to_date 来保存存档更改的时间。启用非版本化数据存档以在类的基表内直接创建 gdb_from_date 和 gdb_to_date 字段。

#### 5.5.3.1 表示时间

可以用有效时间或事务时间记录历史。

有效时间是真实世界中变化发生的时间，通常是由使用变化的用户记录的。

事务时间是一个事件被记录到数据库的时间。事务时间是由系统自动生成的。事务时间是基于当前服务器的时间。当变化被保存或提交到 DEFAULT 版本时，ArcGIS 使用事务时间来记录数据的变化。

事务时间和有效时间很少是同一个时间。真实世界中一个事件发生和事件被记录到数据库之间是有一个时间延滞的。

例如，一个地块是在 2011 年 4 月 14 日被卖掉的，但是，这个变化直到 2011 年 5 月

14 日才记录到数据库。作为事务时间的 2011 年 5 月 14 日被记录到归档类。

#### 5.5.3.2　启用非版本化数据存档

启用存档时，gdb_ from_ date 属性和 gdb_ to_ date 属性会添加到基表。所有行的 gdb_ from_ date 属性都带有启用存档操作的日期和时间的时间戳。所有行的 gdb_ to_ date 属性都带有 12/31/9999 时间戳。无论何时只要一个属性具有 gdb_ to_ date 12/31/9999，它都是对象的当前表示。保存编辑内容时，Geodatabase 会对更改进行自动存档，如下所示：

新建要素的 gdb_ from_ date 属性值设置为存档操作时间戳，gdb_ to_ date 属性值设置为 12/31/9999。

在编辑会话中更新的要素通过将 gdb_ to_ date 属性值设置为存档操作的时间戳来更新基表中的关联行，并插入带有 gdb_ from_ date 属性值和 gdb_ to_ date 属性值的新行，其中 gdb_ from_ date 属性值被设置为存档操作的时间戳，gdb_ to_ date 属性值被设置为 12/31/9999。

在编辑会话中删除的要素通过将 gdb_ to_ date 属性值设置为等于存档操作的时间戳来更新基表中的关联行。

#### 5.5.3.3　启用版本化数据存档

一旦开始归档，DEFAULT 版本中的所有行都被拷贝到归档类中，并且所有来自原始数据的行都用相同的时间戳标记。

（1）Gdb_ from_ date 字段是用开始执行归档操作的时间来记录的，而 gdb_ to_ date 字段是记录为 12/31/9999。

（2）无论何时只要属性 gdb_ to_ date 为 12/31/9999，它都是 DEFAULT 版本中对象的当前表示。

历史版本的查询是基于归档类。事务版本的查询是基于 Base 表和 Delta 表的。

当编辑保存或提交到 DEFAULT 版本时，Geodatabase 自动归档变化到归档类中。

A　新建要素

当创建新要素时，在归档类中添加新的一行，其 gdb_ from_ date 属性设置为归档操作的时间戳，而其 gdb_ to_ date 属性设置为 12/31/9999。

在地籍数据库中的要素显示宗地号 116 及其在存档类中的对应行。Gdb_ from_ date 显示创建时间和日期，而 gdb_ to_ date 显示 12/31/9999，因为自从启用存档以来还没有修改或删除要素。如图 5-32 所示。

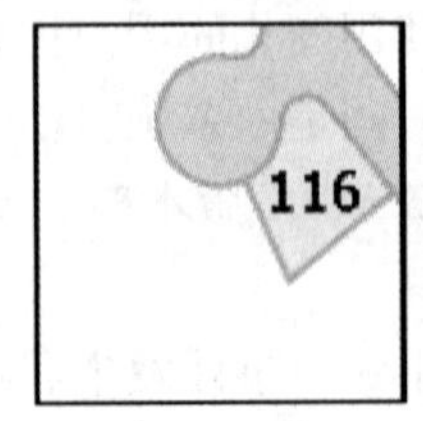

| PIN | GDB_FROM_DATE | GDB_TO_DATE |
| --- | --- | --- |
| 116 | 7/5/2005 11:27:39 AM | 12/31/9999 |

图 5-32　启用归档后的归档类

当插入要素（宗地 117）并将编辑内容提交到 DEFAULT 版本时，会在存档类中插入新行，同时 gdb_ from_ date 通过此提交操作的时间戳进行更新。新行的 gdb_ to_ date 属性显示 12/31/9999，因为还没有更新或删除该要素。如图 5-33 所示。

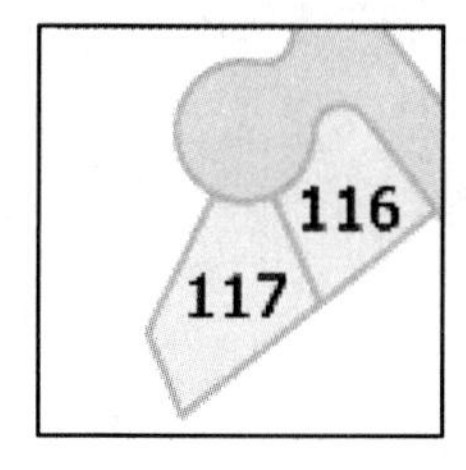


| PIN | GDB_FROM_DATE | GDB_TO_DATE |
|---|---|---|
| 116 | 7/5/2005 11:27:39 AM | 12/31/9999 |
| 117 | 7/9/2005 2:23:43 PM | 12/31/9999 |

图 5-33 插入新要素后的归档类

B 更新要素

当更新要素时，在归档类中相应要素的 gdb_ to_ date 属性设置为归档操作的时间戳，并插入一条新记录，其 gdb_ from_ date 属性设置为归档操作的时间戳，而其 gdb_ to_ date 属性设置为 12/31/9999。

图 5-33 显示执行更新操作前的两块宗地 116 和 117，它们相应的 gdb_ from_ date 和 gdb_ to_ date 属性都位于存档类中。

如果扩展了宗地 117 的宗地边界，并将这些编辑内容提交到 DEFAULT 版本，则 gdb _to_ date 将通过存档操作的时间戳进行更新，并创建一个新行。该新行的 gdb_ from_ date 属性将通过存档操作的时间和日期进行设置。如图 5-34 所示。

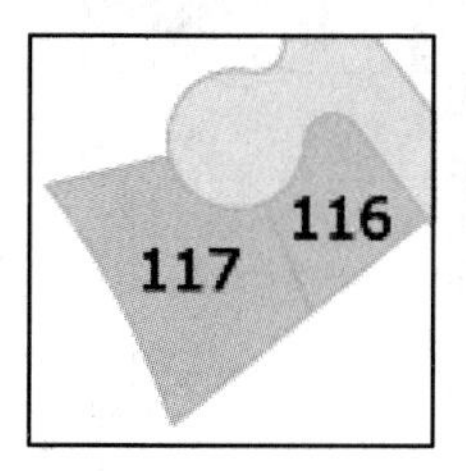


| PIN | GDB_FROM_DATE | GDB_TO_DATE |
|---|---|---|
| 116 | 7/5/2005 11:27:39 AM | 12/31/9999 |
| 117 | 7/9/2005 2:23:43 PM | 7/12/2005 5:34:22 PM |
| 117 | 7/12/2005 5:34:22 PM | 12/31/9999 |

图 5-34 更新要素后的归档类

例如，更新时刻（7/14/2005 5：34：22 PM）之前的查询将显示宗地 117，因为它在更新前就已经存在。7/9/2005 2：33：43 PM 时刻之前的查询将不显示宗地 117，因为这时它还尚未创建。更新时刻（7/14/2005 3：45：23 AM）之后的任何查询将显示带扩展边界的宗地 117 的当前表示。

C 删除要素

当删除要素时，gdb_ to_ date 将通过存档操作的时间戳进行更新。图 5-33 显示宗地 116 和 117，它们相应的 gdb_ from_ date 和 gdb_ to_ date 属性都位于存档类中。

如果现在删除宗地 117，并将这些编辑内容提交到 DEFAULT 版本，则 gdb_ to_ date 属性将通过存档操作的时间戳进行更新。如图 5-35 所示。

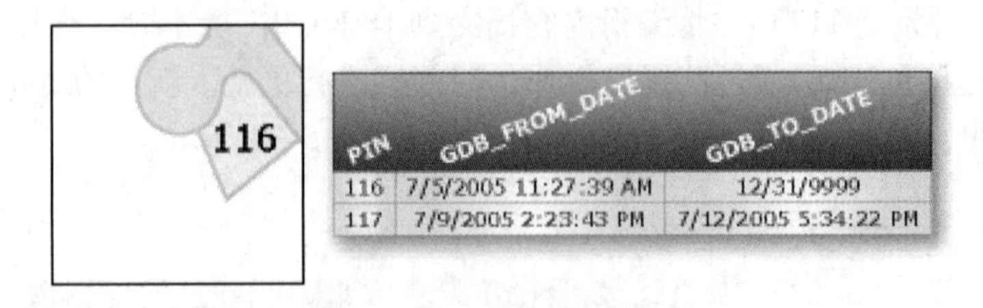


图 5-35　删除要素后的归档类

### 5.5.4　使用历史版本和历史标记

要查看已归档的信息，必须通过历史版本来访问数据。ArcGIS 通过历史标记（historical markers）来定义历史版本。

#### 5.5.4.1　使用历史标记

历史标记是在 ArcMap 中建立的命名时刻，它记录了数据库的历史（当时）状态。一旦建立了历史标记，这些标记在 ArcCatalog 中的 Geodatabase Connection Properties 和 ArcMap 的 Change Version、Geodatabase History Viewer 对话框中可用。当在以上这些对话框中任意选择一个历史标记，将连接到该历史标记定义的历史版本。可以基于重要的日期和时间，使用 Geodatabase History 工具条上的 Historical Marker Manager 命令创建历史标记，如图 5-36 所示。为了激活这一命令，必须在目录表的 source 标签上选择一个工作空间。

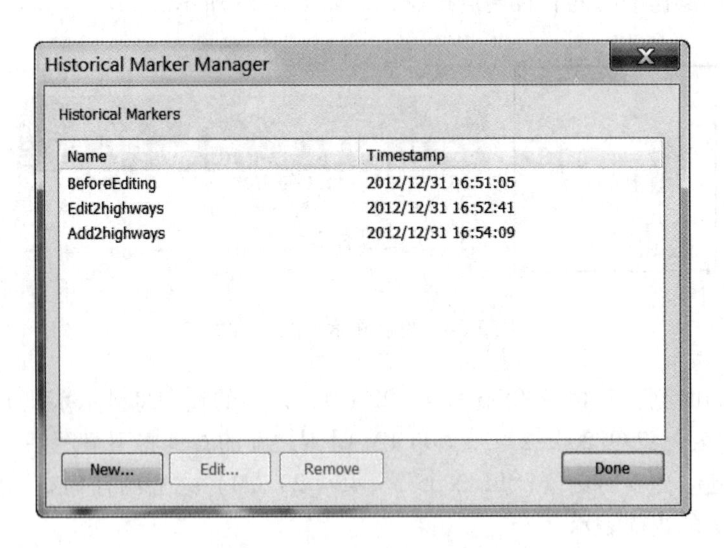


图 5-36　历史标记管理器

利用历史标记管理器可以新建、编辑历史标记，如图 5-37 和图 5-38 所示。

使用历史标记可以连接到一个历史版本，如图 5-39 所示。

在 ArcMap 中，可以使用“Change Version”命令浏览一个历史版本，但不能编辑历史版本中的空间数据。

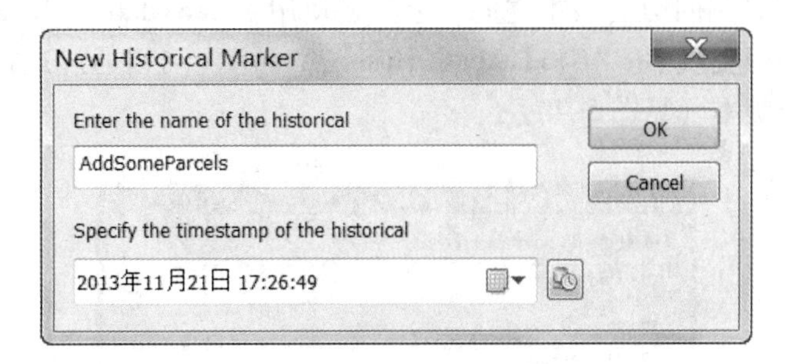


图 5-37 新建历史标记

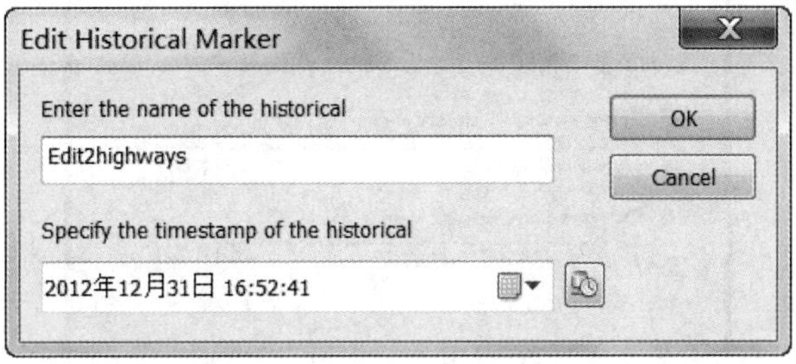

图 5-38 编辑已有的历史标记

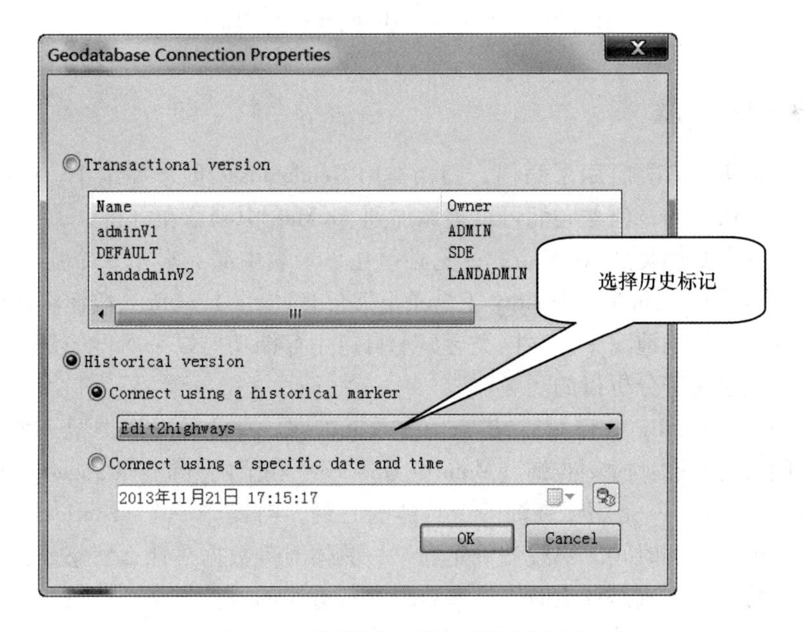


图 5-39 使用历史标记连接历史版本

#### 5.5.4.2 使用 Geodatabase 历史查看器（History Viewer）

一旦使用了历史版本，可以使用 Geodatabase History Viewer（位于 Geodatabase History

工具条上）在不同时刻的历史版本之间导航。要使用“Geodatabase History Viewer”的功能，必须先连接到历史版本。“Geodatabase History Viewer”可以通过选择历史标记或日期和时间来选择历史版本（见图5-40）。

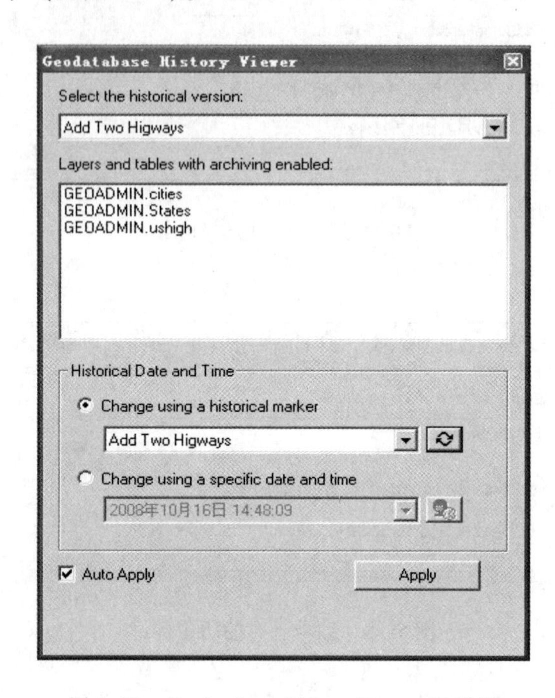


图5-40　Geodatabase History Viewer 对话框

### 5.5.5　直接使用归档类

当一个数据集或者类启用了归档，归档类由 Geodatabase 创建和维护。归档类在数据浏览器中是不可访问的，但是它们可以被添加到 ArcMap 中浏览和分析。

为了添加一个归档类到 ArcMap，首先必须在目录表中高亮显示一个启用了归档的数据层或者表，然后 Geodatabase History 工具条上 Add Historical Archive 按钮将被激活。单击这个按钮添加归档类到地图中。存档类会显示自启用存档功能以来所做的每次修改。归档类不能编辑，仅是用于分析目的。

可以使用“Select By Attribute”进行历史数据查询。有两种查询类型，将满足大多数关于一个类的历史问题：时刻查询（Moment Queries）和范围查询（Range Queries）。

（1）Moment queries 是用于查询一个具体的时刻，与操作一个 historical version 一样，连接到感兴趣的日期和时间。当设法确定在某一具体时刻数据是什么状态或者在一个给定的时刻，一个特定的位置是什么时，这些查询是很有用的。

（2）Range queries 操作两个时刻之间跨一段时间的数据，有 starting moment 和 ending moment。这些查询允许浏览一个要素或者位置随着时间是如何变化的。

### 5.5.6　禁用存档（Disabling archiving）

当编辑被保存或者提交到 DEFAULT 版本中，禁用或取消归档将停止归档类的自动更新。当取消归档时，可以选择不删除相关的归档类。

当 disable archiving 时，将被提示保存或者放弃数据集中每个归档类。

可以在 ArcCatalog 中，在对象类或者数据集上，单击右键，从 Archiving 下级弹出式菜单中，选择 Disable Archiving 命令，完成 Disable Archiving。

当 Disable Archiving，将显示以下的消息（见图 5-41）。

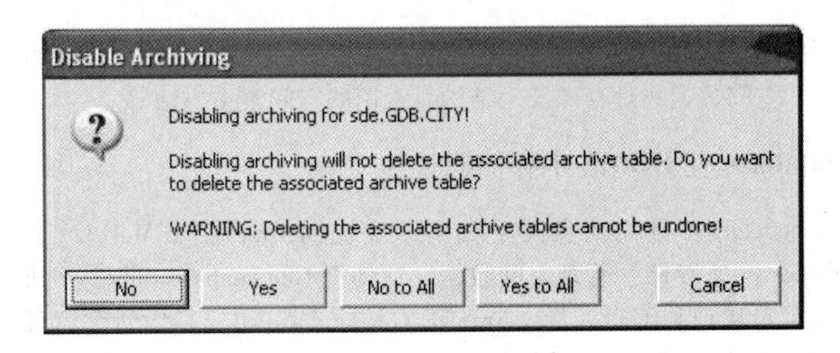


图 5-41 禁用归档对话框

单击 Yes 将删除归档类，单击 No 将保存归档类为一个含 gdb_from_date 和 gdb_to_date 字段的临时表，它将仍可以在 ArcMap 中查询和浏览。单击 Yes to All 将在下一个对话框中响应 Yes，将删除归档类。单击 No to All 将在下一个提示中响应 No，保存归档类为一个临时表。单击 Cancel 将退出 disable archiving 操作。

# 6　空间数据存储与索引

本章主要阐述 ArcSDE Geodatabase 存储的基本概念、要素几何图形及栅格存储、空间数据类型定义、空间数据物理存储及表结构、常用的空间索引方法等。

## 6.1　Geodatabase 在 DBMS 中存储概述

ArcSDE Geodatabase 利用对象关系数据库系统如 Oracle，IBM DB2，PostgreSQL 或 Microsoft SQL Server 来存储、管理空间数据。这使得 Geodatabase 可以达到非常大的存储容量，并支持大量用户和编辑人员。ArcSDE Geodatabase 也支持大量关键的数据管理工作流，如版本、复制和历史数据归档。本节阐述了 ArcSDE Geodatabase 存储的基本概念。

### 6.1.1　Geodatabase 的两层体系结构

Geodatabase 采用两层结构：数据存储层和应用逻辑层。数据存储层将空间数据存储为 File、XML、DBMS 等多种格式，而应用逻辑层则维护空间数据的高级逻辑和行为，例如 Feature Classes、Raster Dataset、Topology、Network、Address Locators 等。

分离的应用逻辑层位于数据存储层之上，允许相同的逻辑被应用于 DBMS、文件、XML 或其他的数据存储格式，这使得这种体系结构更开放。如在 ArcGIS 中 Geodatabase 的应用逻辑层，除了用于读取各种类型的 Geodatabase 中的数据外，还可以用于读取和操作所有的地理数据源——CAD 数据、shapefiles、MapInfo 数据、Intergraph GeoMedia 文件、GML 文件等。

Geodatabase 管理地理数据集的功能由 ArcGIS 软件和 DBMS 共同实现。DBMS 用于持久化（存储）地理数据集，但是 DBMS 并没有完全定义地理数据的语义，需要应用逻辑层解析和维护 Geodatabase 的高级行为和约束规则。ArcSDE 软件提供了 ArcGIS 和 DBMS 之间的一个通用网关。

### 6.1.2　Geodatabase 存储概述

Geodatabase 存储包含两类表：数据集表（Dataset tables，即用户定义的表）和系统表（System tables，在数据库中实现 Geodatabase 的高级功能）。

数据集表：Geodatabase 中的每个数据集都存储在一个或多个表中。这些数据集表使用系统表进行维护管理。

系统表：Geodatabase 系统表用于追踪每个 Geodatabase 的内容，它们描述了 Geodatabase 的模式，包括所有数据集定义、规则和关系。这些系统表包含并管理实现 Geodatabase 的属性、数据验证规则和行为所需的元数据信息。

数据集表或者以文件的形式存储到磁盘上，或者直接存储到 DBMS 中。

数据集表和系统表共同用于显示和管理 Geodatabase 的内容。例如，以基础存储格式进行查看时，要素类是一个包含空间列的表。但通过 ArcGIS 访问时，存储在系统表中的所有规则将与基础数据相结合，呈现要素类定义的高级行为和规则。

Geodatabase 系统表很多（具体查阅帮助文档），常用系统表有：

（1）GDB_Items：包含 Geodatabase 中的所有项（例如要素类、拓扑和属性域）的列表。

（2）GDB_ItemTypes：包含识别的项类型（例如表）的预定义列表。

（3）GDB_ItemRelationships：包含各个项之间的模式关联，例如要素数据集中包含哪些要素类。

（4）GDB_ItemRelationshipTypes：包含识别的关系类型（例如 Dataset In FeatureDataset）的预定义列表。

（5）LAYERS：用于要素表等注册的系统表。

（6）GDB_REPLICALOG：用于 Geodatabase 复制的系统表。

（7）TABLE_REGISTRY：用于数据集注册为版本化的系统表。添加表（A_ <registration_id>）、删除表（D_ <registration_id>）中的 <registration_id> 为注册为版本化的数据集在系统表 TABLE_REGISTRY 中的值。

（8）STATES、STATE_LINEAGES、MVTABLES_MODIFIED 和 VERSIONS：用于版本化编辑的系统表。

（9）ST_COORDINATE_SYSTEMS、ST_GEOMETRY_COLUMNS、ST_GEOMETRY_INDEX、ST_SPATIAL_REFERENCES：用于维护 ST_GEOMETRY 的系统表。

例如，在 Oracle 数据库中存储要素类的方式取决于空间列所使用的空间数据类型。如果要素类使用 ST_Geometry 或 SDO_Geometry 空间数据存储，则要素类将是一个包含空间列的表。ST_Geometry 或 SDO_Geometry 的存储需要相关的系统表进行维护。如果要素类使用压缩二进制存储，则要素类将由以下三个表组成：基表（又称业务表）、要素表和空间索引表。基表的名称由该要素类的创建者进行定义。要素表和空间索引表的名称分别为 F_ <layer_ID> 和 S_ <layer_ID>。layer_ID 与 LAYERS 系统表中基表的图层 ID 相对应。

每个 DBMS 中用于存储和管理 Geodatabase 的一组表和列都会稍有不同。用于存储 Geodatabase 的 DBMS 类型会影响物理存储模式。

Geodatabase 还使用 DBMS 中的触发器、函数、存储过程和用户定义的类型来维护数据的一致性。

## 6.2 要素几何图形和栅格数据存储

### 6.2.1 要素几何图形和栅格数据存储概述

用户定义数据类型（UDT）是程序员为满足应用程序的需要而定义的数据存储对象。由于这些数据类型是由程序员定义的，因此 UDT 由数据库管理系统（DBMS）读取，然后使用 DBMS 原有的数据类型存储在数据库中。

Geodatabase 使用的所有 UDT 都可存储空间数据（矢量数据或栅格数据）。支持的

UDT 为：ST_ Geometry，ST_ Raster（新版本已不支持），PostGIS Geometry、PostGIS Geography，SDO_ Geometry（Oracle）、SDO_ GeoRaster（Oracle），Microsoft SQL Server Geometry、Microsoft SQL Server Geography。

Geodatabase 中要素和栅格数据的物理存储使用每个 DBMS 中的标准数据类型或扩展数据类型。Geodatabase 的存储随着 DBMS 的不同而有所不同。

对于要素几何特征的存储，一些 DBMS 有自己的空间列类型，其他一些提供了 standard binary 或者 binary large object（BLOB）列类型。对于栅格数据的存储，大多数支持的 DBMS 仅使用一种存储类型。

以下描述几何形状和栅格数据的存储类型。

#### 6.2.1.1　要素几何存储

表 6-1 列出了各 DBMS 或通过 ArcSDE 提供的要素几何存储类型。

**表 6-1　各 DBMS 提供的要素几何存储类型**

| DBMS | 要素几何存储 | 列　类　型 | 说　　明 |
|---|---|---|---|
| Oracle | ArcSDE Compressed Binary 或 Well-Known Binary（OGC-WKB） | number（38） | 压缩二进制或熟知二进制（仅 Geodatabase 支持）<br>ESRI 压缩二进制存储类型使用二进制存储机制存储要素几何。压缩二进制几何存储仅可用在 Geodatabase 中。压缩二进制要素类由三个表组成：业务表、要素表和空间索引表 |
| | ArcSDE Spatial Type | ST_ Geometry | ST_ Geometry 数据类型遵循用户定义数据类型（UDT）的 SQL 3 规范 |
| | Oracle Spatial Geometry Type | SDO_ Geometry | Oracle 自定义几何对象类型 |
| PostgreSQL | ArcSDE Spatial Type | ST_ Geometry | 有关特定于 PostgreSQL 实施的信息，请参阅 PostgreSQL 中的 ST_ Geometry |
| | Geometry（PostGIS） | PostGIS EWKB 或 EWKT | 平面坐标表达的几何形状 |
| | Geography（PostGIS） | PostGIS EWKB 或 EWKT | 地理坐标（经纬度）表达的几何形状 |
| SQL Server | ArcSDE Compressed Binary | int | ESRI 压缩二进制存储类型使用二进制存储机制存储要素几何。压缩二进制几何存储仅可用在 Geodatabase 中。压缩二进制要素类由三个表组成：业务表、要素表和空间索引表 |
| | Microsoft SQL Server geometry type | Geometry | 平面坐标表达的几何形状 |
| | Microsoft SQL Server geography type | Geography | 地理坐标（经纬度）表达的几何形状 |
| DB2 | Spatial Extender-Geometry Object | ST_ Geometry | |
| Informix | Spatial DataBlade-Geometry Object | ST_ Geometry | |

为了设置默认的几何存储类型，将在 SDE. DBTUNE 表中 DEFAULTS configuration keyword 下修改 GEOMETRY_STORAGE 参数值。也可以创建独立的 geometry storage configuration keywords，指定不同的几何存储类型。当建立或导入数据到 Geodatabase 时可以使用这些 keywords，然后使用不同于 DEFAULTS 中指定的一种存储类型来存储。

Geodatabase 支持使用 SQL 访问以下 DBMS 中的要素几何：

（1）Oracle（ArcSDE SQL 类型 ST_Geometry 或 Oracle Spatial 的 SDO_Geometry）。

（2）IBM DB2（ST_Geometry）。

（3）IBM Informix（ST_Geometry）。

（4）Microsoft SQL Server（Geometry 或 Geography）。

（5）PostgreSQL（使用 ArcSDE SQL 类型 ST_Geometry 或 PostGIS 的 Geometry 或 Geography）。

ArcSDE 的 SQL API 以 ISO SQL/MM Spatial 和 OGC 简单要素访问 SQL 规范为基础，对 SQL 在几何类型方面进行了扩充。

#### 6.2.1.2 ArcSDE Geodatabase 中栅格数据存储类型

对于 ArcSDE 支持的每个数据库管理系统（DBMS），用于栅格列的数据存储类型有所不同。表 6-2 列出了各 DBMS 可用的栅格数据类型。

**表 6-2 各 DBMS 可用的栅格数据类型**

| DBMS | 栅格列类型 | 说明 |
|---|---|---|
| Oracle | ST_Raster | 用户定义的数据类型。从 ArcGIS 10.6 版本起，ST_RASTER 存储格式不再受支持 |
| | BLOB or number（38） | 仅 Geodatabase 支持栅格。栅格字段所使用的数据类型取决于创建镶嵌数据集或栅格数据集时指定的配置关键字 |
| | SDO_Georaster | Oracle 栅格数据类型 |
| PostgreSQL | BYTEA | 仅在 Geodatabase 中支持栅格 |
| SQL Server | BLOB，int | 仅 Geodatabase 支持栅格数据类型。<br>在桌面和工作组级地理数据库中，通常将栅格作为 BLOB 数据类型来创建。<br>在企业级 Geodatabase 中，创建的 SQL Server 数据类型取决于创建栅格数据集或镶嵌数据集时使用的配置关键字。如果关键字的 RASTER_STORAGE 参数设置为 RASTERBLOB，则会创建 BLOB 列；如果该参数设置为 BINARY，则会创建 int 列 |
| DB2 | BLOB | 仅 Geodatabase 支持 |
| Informix | BLOB | 仅 Geodatabase 支持 |

ST_Raster 是用户定义的数据类型。该数据类型存储在用户定义表内对象类型 ST_Raster 的单独一行和单独一列中。ST_Raster 提供完全的 Geodatabase 支持以及对栅格数据的 SQL 访问。这样便可编写可以访问和使用栅格操作和查询的 SQL 应用程序。Oracle、Microsoft SQL Server 和 PostgreSQL 数据库中支持 ST_Raster。

```
CREATE TYPE ST_Raster AS OBJECT(
  raster_id          INTEGER,
  type               INTEGER,
  extent             SE_EXTENT,
  properties         SE_RASTERPROPERTY_LIST,
  rasterband_list    ST_RASTERBAND_LIST
  data               ST_PIXELDATA);
```

从 ArcGIS 10.6 版本起，ST_RASTER 存储格式不再受支持。

Oracle 存储要素几何及栅格数据的配置关键字如表 6-3 所示。

**表 6-3　Oracle 存储要素几何及栅格数据的主要配置关键字**

| 关　键　字 | PARAMETER_NAME | CONFIG_STRING |
|---|---|---|
| DEFAULTS | GEOMETRY_STORAGE | ST_GEOMETRY |
| DEFAULTS | RASTER_STORAGE | RASTERBLOB |
| SDO_GEOMETRY | GEOMETRY_STORAGE | SDO_GEOMETRY |
| SDEBINARY | GEOMETRY_STORAGE | SDELOB |
| WKB_GEOMETRY | GEOMETRY_STORAGE | OGCWKB |
| RASTERBLOB | RASTER_STORAGE | RASTERBLOB |
| SDELOB | RASTER_STORAGE | BLOB |
| SDO_GEOMETRY | RASTER_STORAGE | SDO_GEORASTER |

自 ArcGIS Desktop 10.5 版本开始，在 Oracle、PostgreSQL 或 SQL Server Geodatabase 中创建的镶嵌数据集都将使用名为 RASTERBLOB 的新关键字 RASTER_STORAGE。RASTERBLOB 关键字可以有效地将镶嵌数据集目录项转移至 DBMS。

软件的早期版本无法打开利用 RASTERBLOB 创建的镶嵌数据集。如果要创建与早期版本兼容的镶嵌数据集，需要为 RASTER_STORAGE 更改配置关键字，使其变为以下任一兼容的关键字：PostgreSQL 和 SQL Server 为 BINARY，Oracle 为 BLOB。

### 6.2.2　要素几何二进制存储

要素类可以二进制格式（ArcSDE Compressed binary 或 OGC Well-known binary）存储在 ArcSDE Geodatabase 中，是 ArcSDE Geodatabase 在 Oracle 和 SQL Server 中主要的存储类型。要素几何二进制存储，不能通过 SQL API 访问，但可通过 ArcSDE 和 ArcGIS 来访问。

ArcSDE 压缩二进制存储（ArcSDE Compressed Binary storage）由于其低存储高性能被广泛地用于大量的 ArcSDE Geodatabase 实现。ArcSDE 压缩二进制存储类型通过减小几何图形的大小，提供了有效的空间数据的存储和检索，存储空间大概可减小 40%。

二进制存储的要素类由三个表组成：业务表（Business table，与二进制存储的要素类同名），要素表（Feature table）和空间索引表（Spatial index table）。业务表中的空间列包含一个要素 ID（FID），它唯一地引用空间数据，也就是说要素几何不是存储在业务表中，而是以二进制的格式存储在要素表中。要素 ID 将业务表和其他两个表（Feature table 和 Spatial index table）连接起来。要素表（F<layer_id>）存储每个要素的几何形状，F<layer_id>通过 LAYERS 系统表的 layer_id 列的数值来标识。FID 由 ArcSDE 维护，并且是唯一的。Oracle ArcSDE Geodatabase 中要素表（F<layer_id>）结构定义如表 6-4 所示。

**表 6-4 要素几何二进制存储中要素表的定义**

| 字 段 名 | 字 段 类 型 | 说 明 |
| --- | --- | --- |
| FID | NUMBER（38） | 要素 ID，FID 联系业务表和空间索引表 |
| NUMOFPTS | NUMBER（38） | 定义要素几何的点数 |
| ENTITY | NUMBER（38） | 存储在空间列中的要素几何类型（linestring，multilinestring，multipoint，multipolygon，point，or polygon） |
| EMINX | FLOAT（64） | 几何对象的空间外包矩形 |
| EMINY | FLOAT（64） | |
| EMAXX | FLOAT（64） | |
| EMAXY | FLOAT（64） | |
| EMINZ | FLOAT（64） | |
| EMAXZ | FLOAT（64） | |
| MIN_MEASURE | FLOAT（64） | |
| MAX_MEASURE | FLOAT（64） | |
| AREA | FLOAT（64） | 几何对象的面积 |
| LEN | FLOAT（64） | 几何对象的长度 |
| POINTS | BLOB 或其他二进制类型 | 包含定义几何的点坐标的字节流 |

空间索引表（S<layer_id>）结构定义如表 6-5 所示。

**表 6-5 空间索引表结构定义**

| 字 段 名 | 字 段 类 型 | 说 明 |
| --- | --- | --- |
| SP_FID | NUMBER（38） | 要素 ID |
| GX | NUMBER（38） | 格网索引的 X、Y 索引值 |
| GY | NUMBER（38） | |
| EMINX | NUMBER（38） | 整个要素覆盖的格网范围 |
| EMINY | NUMBER（38） | |
| EMAXX | NUMBER（38） | |
| EMAXY | NUMBER（38） | |

在 SQL Server 数据库中，ArcSDE 压缩二进制是默认的几何存储类型，它作为 BLOB 数据类型被存储。

对于存储在 Oracle 中的 Geodatabase，可以使用二进制（BLOB）数据类型存储 ArcSDE

压缩二进制几何。默认情况下，Oracle 中的 ArcSDE Geodatabase 使用 ST_ Geometry 存储，因此，如果想要采用 ArcSDE 压缩二进制格式存储大部分几何，则需要将 DEFAULTS GEOMETRY_ STORAGE 参数更改为 SDELOB，这样将以 BLOB 形式存储 ArcSDE 压缩几何。

如果想要在 Oracle ArcSDE Geodatabase 混用多种几何存储类型，那么可以保持 DEFAULTS GEOMETRY_ STORAGE 参数设置为 ST_ GEOMETRY，然后指定要在创建特定要素类时使用的其他配置关键字。可用的关键字包括 SDELOB、SDO_ GEOMETRY 和 WKB_ GEOMETRY。

### 6.2.3　ST_Geometry 存储类型

存储在 Oracle、DB2、Informix 和 PostgreSQL 中的 ArcSDE Geodatabase 使用一种 SQL 数据类型：ST_ Geometry，它提供完全的 Geodatabase 支持和访问，以及使用 SQL 访问要素几何图形。

ST_ Geometry 数据类型是一种用户定义数据类型（UDT），使用该数据类型可定义存储空间数据的列。ST_ Geometry 数据类型本身是一个抽象、不能实例化的超类，它的子类可以被实例化。一个列可以被定义为类型 ST_ Geometry，仅有子类型的值可以被插入到这一列。

ST_ Geometry 的子类分为两类：基础几何子类和同类集合子类。基础几何包括 ST_ Point、ST_ LineString 和 ST_ Polygon，而同类集合包括 ST_ MultiPoint、ST_ MultiLineString 和 ST_ MultiPolygon。与名称的含义一致，同类集合是基础几何的集合。除了共享基础几何属性之外，同类集合还具有某些自身的属性。

从 ArcGIS 9.3 开始，Oracle ArcSDE Geodatabases 默认使用 ST_ Geometry 方式来存储空间数据。ST_ Geometry 类型和元数据表归 SDE 用户模式所有，ST_ Geometry 主要元数据表包括：ST_ COORDINATE_ SYSTEMS，ST_ GEOMETRY_ COLUMNS，ST_ GEOMETRY_ INDEX，ST_SPATIAL_ REFERENCES。

使用 ST_ Geometry 类型存储的要素类由业务表（与要素类同名）和空间索引组成。对于 ST_ Geometry 要素类，ST_ Geometry 空间列将在 ST_ LineString、ST_ MultiPoint 或 ST_ Polygon 等子类中存储要素类的几何。几何值直接存储在该空间列中。

ST_ Geometry 要素类还包含一个附属的空间索引表（S）。在创建要素类的空间索引时，空间索引表命名约定与 ST_ GEOMETRY_ INDEX 表中生成的标识符相关联。例如，在 ST_ GEOMETRY_ INDEX 表中，INDEX_ ID 的值为 16 的空间索引的名称应为 S16_ IDX $ 。

注意：二进制要素类的空间索引表与 LAYERS 表中的 LAYER_ID 值相关联，而 ST_ Geometry 要素类的空间索引表与 ST_ GEOMETRY_ INDEX 表中生成的 INDEX_ ID 相关联。

在表中创建空间索引时，会在 ST_ GEOMETRY_ COLUMNS 和 ST_ GEOMETRY_ INDEX 系统表中为该表创建一个条目。ST_ GEOMETRY_ COLUMNS 用于执行选择和 DML 元数据操作。使用存储过程向 ST_ GEOMETRY_ COLUMNS 表中插入条目或从其删除条目。

使用 ST_ Geometry 存储通过 ArcGIS 创建要素类时，将在所有者的模式中创建带 ST_

Geometry 列的业务表。此外，记录还将添加到 sde 用户模式中的 LAYERS、TABLE_REGISTRY、GEOMETRY_COLUMNS、COLUMN_REGISTRY、sde_spatial_references（如果定义了空间参考）和 GDB_ITEMS 表中以追踪要素类信息。sde 用户模式中的 GDB_ITEMTYPES 表定义数据类型，此例中为要素类。

ST_Geometry 数据类型是一种用户定义数据类型，Oracle 中的 ST_Geometry 定义如表 6-6 所示。

**表 6-6 ST_Geometry 类型定义**

| 名　称 | 类　型 |
|---|---|
| ENTITY | NUMBER (38) |
| NUMPTS | NUMBER (38) |
| MINX | FLOAT (64) |
| MINY | FLOAT (64) |
| MAXX | FLOAT (64) |
| MAXY | FLOAT (64) |
| MINZ | FLOAT (64) |
| MAXZ | FLOAT (64) |
| MINM | FLOAT (64) |
| MAXM | FLOAT (64) |
| AREA | FLOAT (64) |
| LEN | FLOAT (64) |
| SRID | NUMBER (38) |
| POINTS | BLOB |

ST_Geometry 的属性表示以下信息：

(1) Entity。存储在空间列中的几何要素类型（线串、多线串、多点、多面、点或面），其值为从 st_geom_util 存储过程获得的位掩码。

(2) Numpts。定义几何的点数；对于多部分（multipart）几何，该属性包含各个部分之间的分隔符，每个分隔符对应一个点。

(3) Minx、miny、maxx 和 maxy。几何的空间包络矩形。

(4) Area。几何的面积。

(5) Len。几何的周长。

(6) SRID。空间参考系 ID，它将此几何与在 ST_Spatial_References 表中的相关空间参考（坐标系）记录进行关联。

(7) Points。包含定义几何的点坐标的字节流。

比较表 6-4 与表 6-6 可以看出，要素几何二进制存储的要素表结构与 ST_Geometry 的定义基本相同。也就是说，不管哪一种几何存储方式，要素几何点集（POINTS）最终都是以 DBMS 提供二进制类型存储，如这里的 BLOB。

使用ST_ Geometry 类型存储空间数据，具有以下优势：(1) 通过 SQL 函数 (ISO SQL/MM 标准) 直接访问空间数据。(2) 使用 SQL 语句存储、检索操纵空间数据，就像其他类型数据一样。(3) 通过存储过程来进行复杂的空间数据检索和分析。(4) 其他应用程序可以通过 SQL 语句来访问存储在 Geodatabase 中的数据。

### 6.2.4　Oracle Spatial 的几何类型

#### 6.2.4.1　SDO_ GEOMETRY 的定义

Oracle Spatial 使用一种空间几何类型 MDSYS. SDO_ GEOMETRY 存储要素的几何形状。使用该方式存储的要素类的业务表，具有一个 SDO_ Geometry 类型的空间列，直接存储存储要素的几何形状。

向业务表中添加 SDO_ GEOMETRY 列时，通常会为此几何列创建一个空间索引。默认情况下，ArcSDE 会为 SDO_ GEOMETRY 列创建 R 树索引。

Oracle Spatial 定义的 SDO_ GEOMETRY 类型为：

```
CREATE TYPE SDO_GEOMETRY AS OBJECT
  (
  SDO_GTYPE NUMBER,
  SDO_SRID NUMBER,
  SDO_POINT SDO_POINT_TYPE,
  SDO_ELEM_INFO SDO_ELEM_INFO_ARRAY,
  SDO_ORDINATES SDO_ORDINATE_ARRAY,
  MEMBER FUNCTION GET_GTYPE RETURN NUMBER DETERMINISTIC,
  MEMBER FUNCTION GET_DIMS RETURN NUMBER DETERMINISTIC,
  MEMBER FUNCTION GET_LRS_DIM RETURN NUMBER DETERMINISTIC,
  MEMBER FUNCTION GET_WKB RETURN BLOB,
  MEMBER FUNCTION GET_WKT RETURN CLOB,
  MEMBER FUNCTION ST_COORDDIM RETURN SMALLINT,
  MEMBER FUNCTION ST_ISVALID RETURN INTEGER
  );
```

其中包括 5 个属性和 7 个成员函数。5 个属性解释如下所述。

(1) SDO_ GTYPE。SDO_ GTYPE 用于定义 SDO_ GEOMETRY 的类型，由四位数字 (假设用 DLTT 表示) 组成：

第一位 (D) 代表了坐标的维数，D 可以是二维、三维、四维；

第二位 (L) 标识线性参考系统 (Linear Referencing System：LRS) M 值的维度，其值一般为 3 (即 X，Y，M) 或 4 (即 X，Y，Z，M)，若默认 LRS 几何对象坐标维度的最后一维为 M 值，该值为 0；对于非 LRS 几何对象，此值也为 0；

第三、四位 (TT) 代表形状类型，从 00 ~ 09 共有 10 种类型，10 ~ 99 预留未来使用。有效的 SDO_ GTYPE 值列表如表 6-7 所示。

表 6-7 有效的 SDO_GTYPE 值列表

| SDO_GTYPE 值 | 几何类型 | 描述 |
|---|---|---|
| DL00 | UNKNOWN_GEOMETRY | Spatial 忽略该几何类型 |
| DL01 | POINT | 点 |
| DL02 | LINE or CURVE | 线，如 LineString、ArcLineString、CompoundLineString |
| DL03 | POLYGON or SURFACE | 多边形或面 |
| DL04 | COLLECTION | 集合类型 |
| DL05 | MULTIPOINT | 多点 |
| DL06 | MULTILINE or MULTICURVE | 多线，如 MultiLineString、MultiArcLineString、MultiCompound-LineString |
| DL07 | MULTIPOLYGON or MULTISURFACE | MULTIPOLYGON，MULTISURFACE |
| DL08 | SOLID | 三维体 |
| DL09 | MULTISOLID | 三维体集合 |

注：D = 2 或 3 或 4，如 SDO_GTYPE 的值为 2003，表明该几何对象类型为二维空间中的多边形，D 为坐标的维数。

（2）SDO_SRID。坐标系统的 ID，可在 MDSYS. SDO_COORD_REF_SYS 表中找到坐标信息。

（3）SDO_POINT。如果 SDO_ELE_INFO 与 SDO_ORDINATES 属性为空，此属性不为空，表示几何形状为“点”。

如果 SDO_ELE_INFO 与 SDO_ORDINATES 属性不为空，即使给出了 SDO_POINT 的值也将会被忽略。SDO_POINT_TYPE 类型由 x，y，z 定义一个点的坐标，如果是二维点，z 值为 null。

```
CREATE TYPE SDO_POINT_TYPE AS OBJECT
  (
    X NUMBER,//x 坐标值
    Y NUMBER,//y 坐标值
    Z NUMBER,//z 坐标值
    );
```

（4）SDO_ORDINATES。SDO_ORDINATES 存储的是空间对象的几何节点坐标序列（一个数组），用逗号将 X、Y、Z 以及不同点之间隔开。如果几何为二维坐标的情况，存储的序列为 {Y1，X2，Y2，X3，Y3，X4，Y4……} 格式；几何为三维坐标的话，如三维坐标的多边形，它的存储的序列为 {X1，Y1，Z1，X2，Y2，Z2，X3，Y3，Z3，X4，Y4，Z4，X1，Y1，Z1} 格式。坐标序列中的数据必须都合法且不为空。具体坐标的组合成几何元素，应结合 SDO_ELEM_INFO 来理解。SDO_ORDINATES 数据类型为 SDO_ORDINATE_ARRAY，其定义如下：

```
CREATE TYPE sdo_ordinate_array AS VARRAY (1048576) of NUMBER;
```

（5）SDO_ELEM_INFO。SDO_ELEM_INFO 代表几何形状包含的元素信息，定义了如何理解 SDO_ORDINATES 中的坐标组成的几何元素信息。最基本的元素是点。比如，一个立方体包含多个面元素。元素还可以包含自己的子元素。SDO_ELEM_INFO 的数据类型为 SDO_ELEM_INFO_ARRAY，该类型定义如下：

```
CREATE TYPE sdo_elem_info_array AS VARRAY (1048576) of NUMBER;
```

SDO_ELEM_INFO 中每三个值（SDO_STARTING_OFFSET，SDO_ETYPE，SDO_INTERPRETATION）（三元组）描述一个元素。

第一个值：元素的第一个节点在 SDO_ORDINATES_ARRAY 开始位置，坐标序号是从 1 开始起算的而非从 0 开始。

第二个值：元素类型 SDO_ETYPE。

第三个值：有多种含义，具体见表 6-8。

SDO_ETYPE 值 = 1，2，1003 或 2003，说明几何为简单的几何类型。可以全部按 SDO_ELEM_INFO 属性单元（即上述的三元组）来理解 SDO_ORDINATES_ARRAY 的坐标序列。需要说明的是：SDO_ETYPE 值 = 1003，几何类型为面，表示为多边形的外环（坐标必须以逆时针顺序排列）；SDO_ETYPE 值 = 2003，几何类型为面，表示为多边形的内环（坐标必须以顺时针顺序排列）。

SDO_ETYPE 值 = 4，1005，2005，1006 或 2006，说明几何为复合元素，往往第一个三元组不是 SDO_ELEM_INFO 属性单元，而是为了说明复合元素的信息。SDO_ETYPE 值 = 1005，表示多边形的外环（坐标必须以逆时针顺序排列）；SDO_ETYPE 值 = 2005，表示多边形的内环（坐标必须以顺时针顺序排列）。SDO_ETYPE 值 = 1006，表示由一到多个多边形环组成外部面（exterior surface）；SDO_ETYPE 值 = 2006，表示体（Solid）元素的内部面。SDO_ETYPE 值 = 1007，表示体元素。

SDO_INTERPRETATION：有多种含义，具体见表 6-8。如果 SDO_ETYPE 值 = 4，1005 或 2005，SDO_INTERPRETATION 表示复合元素的子元素数目。如果 SDO_ETYPE 值 = 1，2，1003 或 2003，SDO_INTERPRETATION 表示元素坐标点间连接的方式：直线连接或圆弧连接。

SDO_ETYPE 与 SDO_INTERPRETATION 组合含义如表 6-8 所示。

**表 6-8　SDO_ELEM_INFO 的值及语义表**

| SDO_ETYPE | SDO_INTERPRETATION | 组合的具体含义 |
|---|---|---|
| 0 | 任何数 | 用于描述 Oracle Spatial 不支持的几何类型 |
| 1 | 1 | 普通单点 |
| 1 | 0 | 用于描述定向点（oriented point）的方向 |
| 1 | n >1 | 多点 |
| 2 | 1 | 由直线段组成的线串 LineString |
| 2 | 2 | 由圆弧线段组成圆弧线串 ArcLineString，每一圆弧线段由三个点来描述：起点，圆弧上任意一点，终点，且前一线段的终点是下一线段的起点。在坐标数组中，点不重复存储；如由 5 个点来描述两个相连的圆弧组成的线串，点 1、2、3 定义第 1 个圆弧线段，点 3、4、5 定义第 2 个圆弧线段，点 3 只存储一次 |
| 1003 或 2003 | 1 | 由直线段组成的自封闭的多边形 Polygon，最后一个点要与第一个点坐标相同，如 4 条边的多边形要指定 5 个点，第 5 个点与第 1 个点相同 |

续表 6-8

| SDO_ETYPE | SDO_INTERPRETATION | 组合的具体含义 |
|---|---|---|
| 1003 或 2003 | 2 | 由圆弧线段组成的自封闭的多边形 ArcPolygon，该多边形前一线段的终点是下一线段的起点，但坐标不重复存储 |
| 1003 或 2003 | 3 | 矩形 Rectangle，用左下角、右上角两点描述的矩形 |
| 1003 或 2003 | 4 | 圆 Circle，用三个非共线的点描述 |
| 4 | n>1 | 由一系列直线段、圆弧线段组成的复合线串 CompoundLineString，其中 n 为线段数目，坐标也不重复存储 |
| 1005 或 2005 | n>1 | 由一系列直线段、圆弧线段组成的复合多边形 CompoundPolygon，其中 n 为相连的子元素的数目，坐标也不重复存储 |
| 1006 或 2006 | n>1 | 由多边形组成的面（Surface），n 为多边形的数目 |
| 1007 | n=1 或 3 | 由多个面组成封闭的三维几何体（Solid），Solid 可以有一个外部面（1006）和 0 到多个内部边界（2006）。SDO_INTERPRETATION 的值必须为 1 或 3，当取值为 3 时，该 Solid 为长方体，仅需 X、Y、Z 坐标最小和最大的两点定义 |

7 个成员函数解释如下：

GET_GTYPE（）：获取几何对象的类型，即 SDO_GTYPE 的值。

GET_DIMS（）、ST_COORDDIM（）：都是获取几何对象的坐标维数，即 SDO_GTYPE 值“DLTT”中的 D（取值为 2、3 或 4）。

说明：坐标维数是指定义几何对象特征点的坐标维数，如特征点用（X，Y，Z）或（X，Y，M）定义，那么它们的坐标维数是 3；特征点用（X，Y，Z，M）定义，则其坐标维数是 4。几何对象的维数总不可能大于坐标维数。Point、Multipoint 不管其坐标维数是多少，它们的几何维数总是 0；Linestring、Multilinestring 几何维数是 1；Polygon、Multipolygon 几何维数是 2；Solid 的几何维数是 3。

GET_LRS_DIM（）：线性参考几何对象 M 坐标的维度，0 表明该几何对象是标准的几何对象，不是线性参考几何对象，或默认 LRS 几何对象坐标维度的最后一维为 M 值；3 表示几何对象的第三维坐标包含 M 值信息；4 表示几何对象的第四维坐标包含 M 值信息。

GET_WKB（）：返回几何对象的 WKB 表达（BLOB）。

GET_WKT（）：返回几何对象的 WKT 表达（CLOB）。

ST_ISVALID（）：返回 0 表明几何对象无效，返回 1 表明几何对象有效。

#### 6.2.4.2 SDO_GEOMETRY 参考例子

##### A 点（Point）

使用 SDO_GEOMETRY 定义点（12，14）如下：

SDO_GTYPE=2001，2 表示二维坐标数据，1 表示单点。

SDO_SRID=NULL

SDO_POINT=SDO_POINT_TYPE（12，14，NULL）

SDO_ELEM_INFO、SDO_ORDINATES 都为 NULL

用 SQL 命令插入一个点：

```
INSERT INTO markers VALUES
  (
    90,'point_only',
    SDO_GEOMETRY
      (
      2001,
      NULL,
      SDO_POINT_TYPE(12,14,NULL),
      NULL,
      NULL
      )
  );
```

B　矩形（Rectangle）

矩形的具体几何形状和坐标，如图 6-1 所示。

用 SDO_GEOMETRY 定义该矩形，如何确定 sdo_geometry（）构造方法中的各个参数值，解释如下：

SDO_GTYPE = 2003，2003 中的 2 表示二维坐标数据，2003 中的 03 表示多边形。

SDO_SRID = NULL;

SDO_POINT = NULL;

SDO_ELEM_INFO =（1，1003，3）；在属性单元 SDO_ELEM_INFO（1，1003，3）中的最后一个 3 表示该几何为矩形。矩形由（左下坐标，右上坐标）定义。

SDO_ORDINATES =（1，1，5，7）定义了具体的左下坐标和右上坐标的坐标序列。

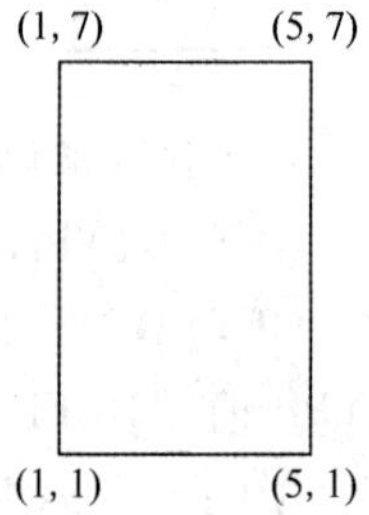

(1, 7)　(5, 7)

(1, 1)　(5, 1)

图 6-1　矩形示例图

【例 6-1】　用 SQL 命令插入一个矩形：

```
INSERT INTO Buildings VALUES
(
  1,
  'Office',
  MDSYS.SDO_GEOMETRY
    (
    2003,//二维多边形
    NULL,//SDO_SRID
    NULL,//SDO_POINT
    MDSYS.SDO_ELEM_INFO_ARRAY(1,1003,3),//一个矩形(1003 为逆时针方向)
    MDSYS.SDO_ORDINATE_ARRAY(1,1,5,7)//只需要两点
    )
);
```

C　带岛的多边形（Polygon with a Hole）

有岛多边形的具体几何形状和坐标，如图 6-2 所示。

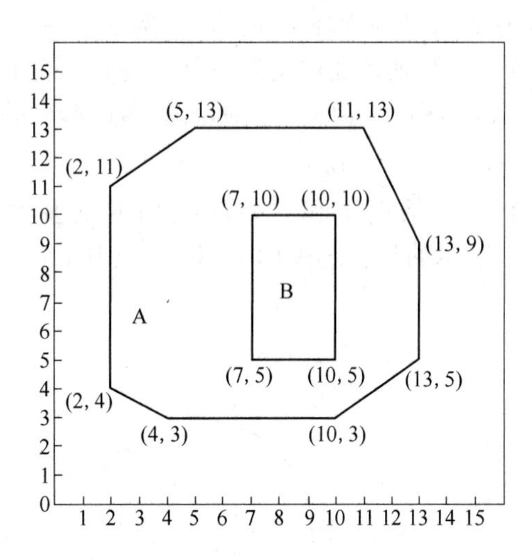


图 6-2 带岛多边形示例图

用 SDO_GEOMETRY 定义该多边形，如何确定 sdo_geometry（）构造方法中的各个参数值，解释如下：

SDO_GTYPE = 2003，2003 中的 2 表示二维数据，2003 中的 03 表示多边形。

SDO_SRID = NULL;

SDO_POINT = NULL;

SDO_ELEM_INFO = （1，1003，1，19，2003，1），有两个三元组，其中 1003 表明对应的坐标序列组成的几何 A 为多边形的外环（逆时针）；而 2003 表明对应的坐标序列组成的几何 B 为多边形的内环（顺时针）。19 表示几何 B 坐标序列开始的位置，也就是说从 19 开始的几何坐标组成几何 B，而 1 到 18 组成几何 A。

SDO_ORDINATES = （2，4，4，3，10，3，13，5，13，9，11，13，5，13，2，11，2，4，7，5，7，10，10，10，10，5，7，5）

**【例 6-2】** 用 SQL 命令插入一个有岛的多边形：

```
INSERT INTO Land VALUES
  (
    10,
    'Residential',
    MDSYS. SDO_GEOMETRY
      (
      2003,
      NULL,
      NULL,
      MDSYS. SDO_ELEM_INFO_ARRAY(1,1003,1,19,2003,1),
      MDSYS. SDO_ORDINATE_ARRAY(2,4,4,3,10,3,13,5,13,9,11,13,5,13,2,11,2,4,7,5,7,10,
  10,10,10,5,7,5)
      )
  );
```

在 SDO_GEOMETRY 中，外环与内环不能嵌套；例如，一个区域 A 内有一个湖泊 L，而湖泊内有一个岛 I；这个岛 I 必须单独定义为一个多边形，而不能定义为 A 的内环 L 的内环。在这一点上，不如 ArcGIS 的多边形，ArcGIS 的多边形可以环内套环。

D　复合线串（Compound Line String）

图 6-3 描述的是一个由一条直线和一条曲线构成的复合线串。图中有 4 个点，（10，10）和（10，14）点表示的是直线；（10，14），（10，6）和（14，10）描述的是圆弧曲线。

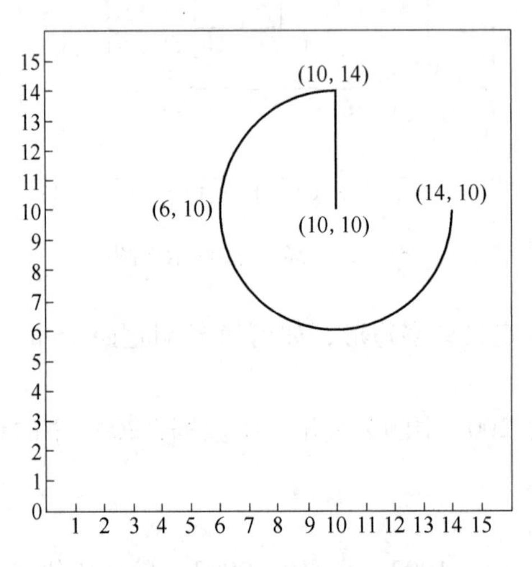


图 6-3　复合线串示例图

用 SDO_GEOMETRY 定义该复合线串，如何确定 sdo_geometry（）构造方法中的各个参数值，解释如下：

SDO_GTYPE = 2002，2002 中的 2 表示二维坐标数据，02 表示线几何。

SDO_SRID = NULL；

SDO_POINT = NULL；

SDO_ELEM_INFO =（1，4，2，1，2，1，3，2，2），有三个三元组，其中后两个是 SDO_ELEM_INFO 属性元素三元组，前一个为表述复合元素。第一个三元组（1，4，2），根据 4 可知该几何是复合线串，2 表示该复合线串由两个几何元素组成。第二个三元组（1，2，1），描述该复合线串的第一个元素，“2，1”表示该元素是由直线段组成的线串 LineString，这里为一条直线段，且该直线段的最后一个节点还是下一个几何元素的开始点。第三个三元组（3，2，2），描述该复合线串的第二个元素，“2，2”表示该元素是由圆弧线段组成圆弧线串 ArcLineString，这里仅为一条圆弧线段。

用 SDO_GEOMETRY 定义该复合线串，如何确定 sdo_geometry（）构造方法中的各个参数值，解释如下：

SDO_GTYPE = 2002，2002 中的 2 表示二维坐标数据，02 表示线几何。

SDO_SRID = NULL；

SDO_POINT = NULL；

SDO_ELEM_INFO =（1，4，2，1，2，1，3，2，2），有三个三元组，其中后两个是

SDO_ELEM_INFO 属性元素三元组，前一个为表述复合元素。第一个三元组（1，4，2），根据 4 可知该几何是复合线串，2 表示该复合线串由两个几何元素组成。第二个三元组（1，2，1），描述该复合线串的第一个元素，“2，1”表示该元素是由直线段组成的线串 LineString，这里为一条直线段，且该直线段的最后一个节点还是下一个几何元素的开始点。第三个三元组（3，2，2），描述该复合线串的第二个元素，“2，2”表示该元素是由圆弧线段组成圆弧线串 ArcLineString，这里仅为一条圆弧线段。

SDO_ORDINATES =（10，10，10，14，6，10，14，10）;

用 SQL 命令插入一个复合多义线：

```
INSERT INTO Roads VALUES
  (
    11,
    'RoadA',
    MDSYS.SDO_GEOMETRY
      (
        2002,
        NULL,
        NULL,
        MDSYS.SDO_ELEM_INFO_ARRAY(1,4,2,1,2,1,3,2,2),
        MDSYS.SDO_ORDINATE_ARRAY(10,10,10,14,6,10,14,10)
      )
);
```

E　复合多边形（Compound Polygon）

图 6-4 描述的是一个由一条直线和一条圆弧线段构成的复合多边形，表达该多边形需要 5 个点，点（6，10），（10，1）和（14，10）描述尖角形的线串，点（14，10），（10，14）和（6，10）描述圆弧部分。线串的起点与圆弧的终点为同一个点（6，10）。SDO_ELEM_INFO 数组由三个三元组｛（1，1005，2），（1，2，1），（5，2，2）｝构成。

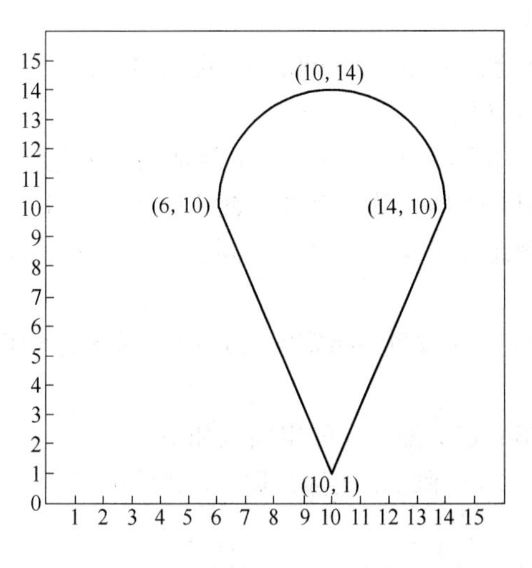


图 6-4　复合多边形示例图

使用 SDO_GEOMETRY 定义该复合多边形如下：

SDO_GTYPE = 2003，2 表示二维坐标数据，3 表示多边形。

SDO_SRID = NULL，设置空间参考系。

SDO_POINT = NULL，不是点。

SDO_ELEM_INFO = (1，1005，2，1，2，1，5，2，2)，包含 3 个三元组 (1，1005，2)、(1，2，1) 和 (5，2，2)。

第一个三元组 (1，1005，2) 表明该元素是一个复合多边形，由 2 个线串子元素组成，由接下来的 2 个三元组描述。第二个三元组 (1，2，1) 表明第一个子元素线串由直线段组成，且该线串起点坐标偏移为 1。第三个三元组 (5，2，2) 表明第一个子元素线串由圆弧线段组成，且该线串起点坐标偏移为 5。

SDO_ORDINATES = (6，10，10，1，14，10，10，14，6，10).

用 SQL 命令插入一个复杂多边形：

```
INSERT INTO Land VALUES
  (
    12,'compound_polygon',
    SDO_GEOMETRY
    (
      2003, --two-dimensional polygon
      NULL,NULL,
      SDO_ELEM_INFO_ARRAY(1,1005,2,1,2,1,5,2,2), --compound polygon
      SDO_ORDINATE_ARRAY(6,10,10,1,14,10,10,14,6,10)
    )
);
```

F　定向点 (Oriented Point)

定向点是一种特殊的点几何类型，它由一个定位点和一个指示方向的虚拟点（形成一个方向向量，可以是二、三或四维）来定义，可用于在一个点上旋转一个符号或用于从一个点延伸标注。

要使用定向点，需要：

(1) SDO_GTYPE 指定为 point 或 multipoint 几何类型；

(2) SDO_POINT = NULL；

(3) 在 SDO_ELEM_INFO 数组中指定一个附加的三元组，其第二、三个值 (SDO_ETYPE，SDO_INTERPRETATION) 为 1 和 0，如三元组 (3，1，0) 指明该点为一定向点，且在 SDO_ORDINATES 数组中的第三个值为指示方向的虚拟点的 X 坐标（相对于定位点的相对坐标）。

(4) 在 SDO_ORDINATES 数组中指定定位点的绝对坐标和虚拟点的相对坐标（坐标值介于 -1 到 1 之间）。

使用 SDO_GEOMETRY 定义图 6-5 的定向点如下：

SDO_GTYPE = 2001，2 表示二维坐标数据，1 表示单点。

SDO_SRID = NULL.

SDO_POINT = NULL.

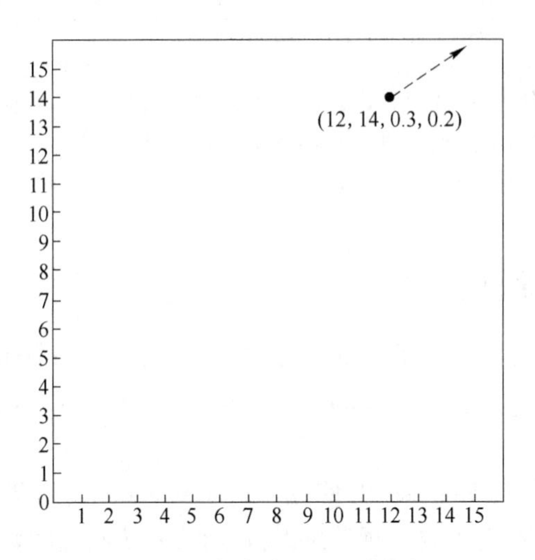


图6-5 复合多边形示例图

SDO_ELEM_INFO =（1，1，1，3，1，0），第一个三元组（1，1，1）描述定位点，第二个三元组（3，1，0）中的1，0指明这是一个定向点，且SDO_ORDINATES数组中的第三个值为指示方向的虚拟点的X坐标。

SDO_ORDINATES =（12，14，0.3，0.2），（12，14）为定位点，（0.3，0.2）为虚拟点的相对坐标。

用SQL语句插入一个定向点：

```
INSERT INTO orientedPoints VALUES
  (
    91,'oriented_point',
    SDO_GEOMETRY
      (
      2001,
      NULL,
      NULL,
      SDO_ELEM_INFO_ARRAY(1,1,1,3,1,0),
      SDO_ORDINATE_ARRAY(12,14,0.3,0.2)
      )
  );
```

多点定向是根据multipoint中的不同点设定不同的方向向量，如一multipoint包含2个点:（12，14）和（12，10），因此可以有2个不同的方向向量。

用SQL语句插入一个定向多点：

```
INSERT INTO orientedPoints VALUES
  (
    92,'oriented_multipoint',
    SDO_GEOMETRY
      (
      2005, --Multipoint
```

```
        NULL,
        NULL,
        SDO_ELEM_INFO_ARRAY(1,1,1,3,1,0,5,1,1,7,1,0),
        SDO_ORDINATE_ARRAY(12,14,0.3,0.2,12,10,-1,-1)
        )
    );
```

### 6.2.5　PostGIS 的几何类型

PostGIS 是 PostgreSQL 数据库的空间操作扩展产品。PostgreSQL ArcSDE Geodatabase 支持的几何存储类型包括 ESRI ST_Geometry、PostGIS 几何（PostGIS Geometry）和 PostGIS 地理（PostGIS Geography）。

在 PostgreSQL 中的 Geodatabase 内使用 ST_Geometry 空间类型，便可使用遵循 ISO SQL/MM 空间标准和 OGC 简单要素规范的 SQL 函数来访问空间数据。可以使用 SQL 命令像处理任何其他类型的数据那样存储、检索及操作空间要素。

PostGIS 具有两个空间类型选项：几何类型和地理类型。要使用它们，必须在 PostgreSQL 数据库集群中安装 PostGIS，并使用 PostGIS 模板数据库创建。PostGIS 遵循 SQL 的 OGC 简单要素规范。它使用 OGC WKB 和 WKT 表示几何。

使用 ArcGIS 创建的要素类所使用的几何存储类型由 sde_dbtune 表中的参数 GEOMETRY_STORAGE 设置控制。在 PostgreSQL 中的 Geodatabase 中，此参数可设置为 ST_GEOMETRY 或 PG_GEOMETRY 或 PG_GEOGRAPHY。因此，当要使用 ArcGIS 创建使用 PostGIS 几何类型的要素类时，指定 GEOMETRY_STORAGE 参数设置为 PG_GEOMETRY 的配置关键字。

默认情况下，PostgreSQL 中 ArcSDE Geodatabase 内的新要素类的几何存储类型使用 ST_Geometry 存储。如果要以 PostGIS 几何存储类型存储大部分数据，则将 sde_dbtune 表中 DEFAULTS 关键字下的 GEOMETRY_STORAGE 参数值更改为 PG_GEOMETRY。或者，如果仅要以 PostGIS 几何存储类型存储部分要素类，则可使用 PG_GEOMETRY 配置关键字，然后在创建要素类时指定该关键字。在 dbtune.sde 文件中，PG_GEOMETRY 关键字如下所示：

```
##PG_GEOMETRY
GEOMETRY_STORAGE "PG_GEOMETRY"
……
END
```

### 6.2.6　Microsoft SQL Server 空间数据类型

ArcGIS 可在 SQL Server 中创建并使用 4 种几何数据类型：压缩二进制（ArcSDE Compressed Binary，SDEBINARY）、OGCWKB、SQL Server 几何（Geometry）和 SQL Server 地理（Geography）。

SQL Server 几何：Microsoft 几何类型支持所有 X/Y 平面坐标系。符合 OGC 简单要素 SFA 及 ISO 标准 SQL/MM。

SQL Server 地理：地理类型支持许多标准地理坐标系，例如 GPS 经度和纬度。Microsoft 要求使用 SQL Server 数据字典中定义的 SRID 和地理坐标系。

栅格数据类型：SQL Server 地理数据库中使用的栅格类型默认为 BLOB 类型（raster-blob）。

默认情况下，SQL Server 中的 ArcSDE Geodatabase 使用几何（Geometry）存储类型。如果多数时候都使用几何或地理类型存储数据，则只应更改 DEFAULTS 关键字下的 GEOMETRY_ STORAGE 参数为 GEOMETRY 或 GEOGRAPHY；如果只有部分数据将以几何或地理类型进行存储，则应在创建要素类时指定 GEOMETRY 或 GEOGRAPHY 关键字。

### 6.2.7　Oracle Geodatabases 中的 BLOB 数据存储

BLOB 是数据库管理系统（DBMS）中大二进制对象的缩写。几年前，Oracle 公司开始用 BLOB 取代 LONG RAW 存储二进制数据。BLOB 数据类型的结构分为三个基本部分：BLOB 列（BLOB column）、LOB 段（LOB segment）和 LOB 索引（LOB index）。

BLOB 列在一行中存储了 LOB 的位置（36 字节）和二进制数据。如果二进制数据超过了 3964 个字节，BLOB 列中不能分配行内存储空间，LOB locator 引用 LOB segment 中的二进制数据来存储。

所以，BLOB column 中存储的值包括行内能够存储的值至少能够有 36 字节（分配给 LOB locator 的空间），也有可能是 4000 字节（分配给 LOB locator 的空间和最大的空间被组合成可以分配一连串二进制数据的存储）。

LOB segment 又被分成若干块。每一块又是由多个 Oracle 数据块所组成的。例如：如果数据块的大小为 8K，LOB segment 可以创建存储空间为 8K 的最小块。如果在 LOB segment 中数据的存储长度为 5000 字节，超过了 3964 字节和块的大小为 8K 或 8192 字节。在这种情况下，LOB segment 中 3192 个字节仍未被使用。从 LONG RAW 到 BLOB 数据转移的结果可能会导致更多的空间需求——也许会多达 30% 的空间在 LOB segment 中未被使用。

8K chunk 大小具有最理想的 I/O 性能，同时最节约空间。16K 块的存储空间比 8K 浪费更多的空间。所以，未避免损失空间，可以为它们重新创建数据库。如果不行，在已经建立的一个 8K 块大小的表空间中创建 LOB segment. 要这样做，就需要分配一个 8K 的高速缓存给 Oracle 系统全局区（SGA）。

4K 和 2K 的块区大小已发现浪费空间较少，但增加的 I/O 开销不保证使用它们。

LOB locator 所处理的块的数量超过了 12，LOB index 才会被使用；否则，第一个 12 块由 LOB locator 定址。

下面三幅图阐述了二进制数据在 BLOB column 中的存储情况。在第一幅图（图 6-6）中，3000 字节的数据被存储在一行中，因为它的大小少于 3965 个字节。如果 BLOB column 能够使用行来存储，LOB segment 和 LOB index 就不会被使用。通常情况下，这种结果会降低 I/O 操作的性能来快速地得到 BLOB 数据，因为 Oracle 不需要访问 LOB segment 和 LOB index。

图 6-7 说明了二进制数据大于 3964 个字节（本例中，数据为 81920 字节），并且一行不够存储。因此，LOB locator 引用了存储在 LOB segment 中存储的二进制数据。由于 LOB

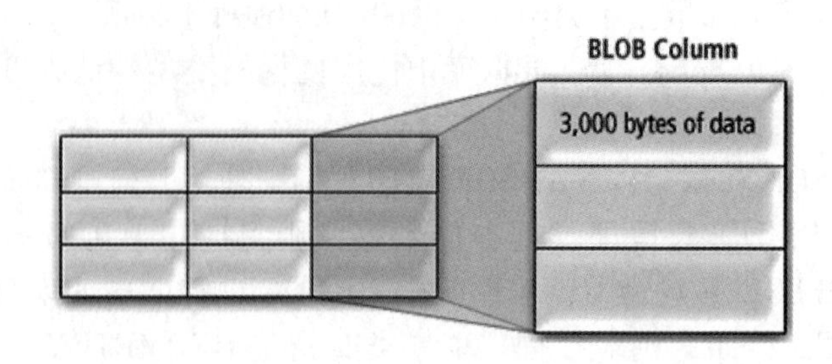


图 6-6　二进制数据量少于 3965 个字节存储示意图

segment 中二进制数据不占用超过 12 块，LOB locator 存储它的地址。这种情况下不需要使用 LOB index。

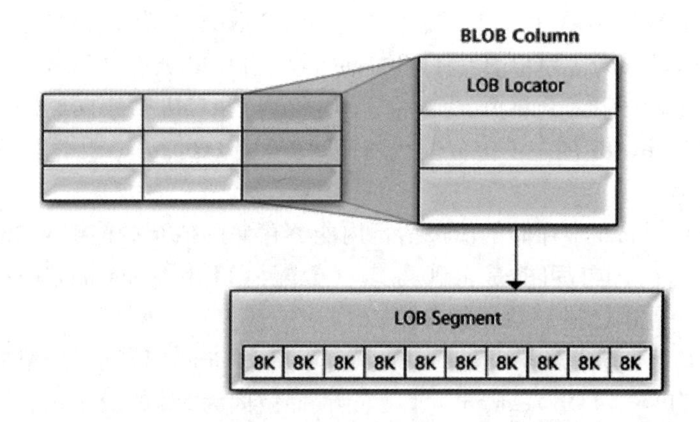


图 6-7　二进制数据量大于 3964 个字节但不超过 12 块的存储示意图

图 6-8 说明了二进制数据之大（106496 字节）以至于需要用到 LOB index。在这种情况下，它超过了行的存储范围，另外，它还超过了 LOB segment 中 12 块的存储范围。由于数据量之大，LOB locator 引用 LOB index 获得 LOB segment 中块的位置。这种情况下罕见的矢量数据和栅格数据就可以被避免。

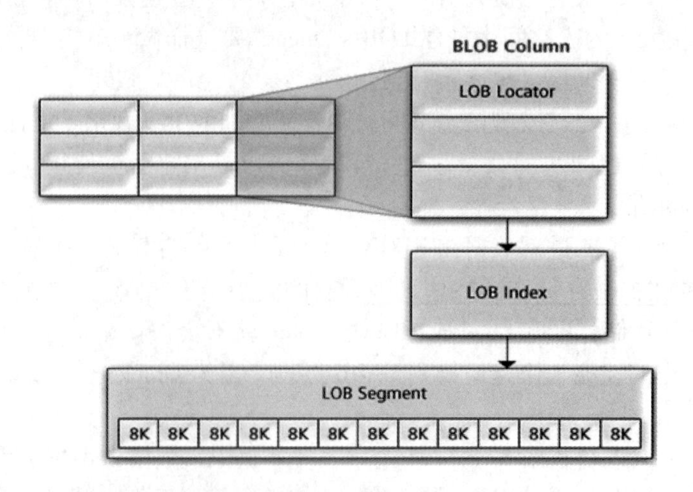


图 6-8　二进制数据需要用到 LOB index 的存储示意图

# 6.3 空间索引

## 6.3.1 概述

### 6.3.1.1 空间索引的提出

和传统关系数据库一样，在空间数据库中进行快速的查询操作需要借助高效索引结构。空间索引技术是提高 GIS 中的空间数据检索、查询以及各种空间分析操作等方面效率的关键技术。空间索引是指依据空间对象的位置、形状以及空间对象之间的某种空间关系，按一定顺序排列的一种数据结构。其中包括空间对象的概要信息，如对象的标识、外接矩形及指向空间对象实体的指针。作为一种辅助性的空间数据结构，空间索引介于空间操作算法和空间对象之间，它通过筛选作用，大量与特定空间操作无关的空间对象被排除，从而提高了空间操作的速度和效率。空间索引性能的优劣直接影响空间数据库和地理信息系统的整体性能。

空间索引的提出是由两方面决定的：其一是由于计算机的体系结构将存贮器分为内存、外存两种，访问这两种存储器一次所花费的时间一般为 30 ~ 40ns，8 ~ 10ms，可以看出两者相差十万倍以上，空间数据一般存储在外部存储器，如果对外存上数据的位置不加以记录和组织，每查询一个数据项就要扫描整个数据文件，这种访问磁盘的代价就会严重影响系统的效率，因此系统的设计者必须将数据在磁盘上的位置加以记录和组织，通过在内存中的一些计算来取代对磁盘漫无目的的访问，才能提高系统的效率，尤其是 GIS 涉及的是各种海量的复杂数据，索引对于处理的效率是至关重要的。其二是由于多维空间数据不存在自然排序，使得传统的 B 树索引并不适用，因为 B 树所针对的字符、数字等传统数据类型都是在一个维度上，集合中任给两个元素，都可以在这个维度上确定其关系只可能是大于、小于、等于三种，若对多个字段进行索引，必须指定各个字段的优先级形成一个组合字段。而地理数据的多维性，在任何方向上并不存在优先级问题，因此 B 树并不能对地理数据进行有效的索引，所以需要研究特殊的能适应多维持性的空间索引方式。

### 6.3.1.2 空间索引的概念

空间索引，也叫空间访问方法（Spatial Access Method，SAM），是指根据空间要素的地理位置、形状或空间对象之间的某种空间关系，按一定的顺序排列的一种数据结构，一般包括空间要素标识，外包络矩形以及指向空间要素的指针。这里，外包络矩形是指空间要素的封装边界，它是每一种空间索引必不可少的要素。

空间索引的目的是为了在 GIS 系统中快速定位到所选中的空间要素，从而提高空间操作的速度和效率。空间索引的技术和方法是 GIS 关键技术之一，是快速、高效地查询、检索和显示地理空间数据的重要指标，它的优劣直接影响空间数据库和 GIS 系统的整体性能。

空间索引性能的优劣直接影响空间数据库和地理信息系统的整体性能。常用的空间索引方法有：格网索引、四叉树索引和 R-Tree 索引。

#### 6.3.1.3　空间索引的分类

国内外学者对空间数据索引进行了大量的研究，已经提出了大量的索引结构，如格网文件、BSP 树、K－D 树、K－D－B 树、四叉树系列、R-Tree 系列等。根据这些索引结构的特点分类如下：

（1）根据处理数据的类型，可以分为点数据类和空间数据类。点数据类是指那些只能处理点数据的索引结构，如 k-d-Tree、TV-Tree 等；空间数据类指既能处理点数据，又可以处理线、矩形等具有一定形状的数据的索引结构，如 R-Tree、R＊-Tree 等。

（2）根据索引创建时数据组织形式，可以分为静态结构类和动态结构类。静态结构类是指用批处理的方式将全部数据构建成索引，不能支持动态的插入和删除，如 Packed R-Tree；而动态结构类指数据依次插入而生成的索引结构，如动态 R-Tree、动态 R＊-Tree 等。

（3）根据划分方法的不同，可以分为数据划分方法类、空间划分方法类以及混合型划分方法类。数据划分方法是根据数据所在的位置进行层次划分，如 R-Tree 等；空间划分方法则是将整个数据空间逐渐划分为互相邻接的子空间，如 k-d-Tree、四叉树等。混合型是指既根据空间进行划分又根据数据进行划分，如 Hybrid-Tree 等。

（4）根据索引的组织形式，可以分为树形结构类和非树形结构类。树形结构类指索引结构是按照树的形式组织的，如 k-d-Tree、R-Tree 等；非树形结构类是指索引结构不是按照树的形式组织的，如 VA-File 等。

（5）根据目录节点的形状，可以分为矩形、球形和混合形。在构造索引结构的时候，目录节点形状的选择直接影响检索的效率，选择为矩形的有 k-d-Tree、R-Tree、R＊-Tree 等；选择为球形的有 SS-Tree、TV-Tree 等；将矩形和球形结合起来的称为混合形，如 SR-Tree 等。

### 6.3.2　格网索引

格网空间索引的基本思想是将研究区域按一定规则划分为大小相等或不等的网格，记录每一个网格所包含的地理对象。当用户进行空间查询时，首先计算出用户查询对象所在的格网，然后通过该格网快速查询所选的地理对象。

#### 6.3.2.1　格网文件

格网文件是一种典型的基于哈希的存取方式，它通过规则矩形或正方形将索引区域划分为不重叠的许多网格单元，属于同一网格单元的空间对象映射到一个数据桶中，一般一个数据桶为硬盘上一个磁盘页，每个网格单元只对应着一个数据桶，而一个数据桶往往可以包含着几个相邻的网格单元。查询时通过简单的地址计算，直接访问空间区域覆盖的和与空间区域相交的网格单元索引页。格网索引该索引具有原理简单、操作简洁和直接访问等优点，一直有着广泛的应用。格网索引中最大的难点在于确定格网划分的精细程度，格网划分的好坏将对索引数据量和检索效率产生直接影响。格网划分的精细程度在很大程度上取决于空间对象的大小、数量、分布等。图 6-9 就是一个网格文件的例子。

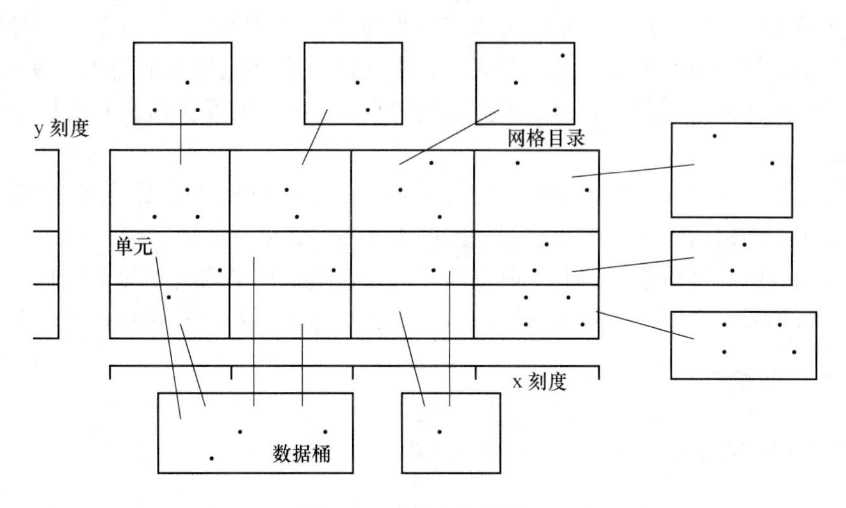


图 6-9 网格文件的例子

### 6.3.2.2 其他几种格网类索引结构

与格网文件类似的还有 Excell、两层网格文件以及 twin 网格文件等：

Excell 与网格文件不同之处在于其所有的网格单元是相同大小的，因此它的每次分裂都将导致目录大小的成倍增长。

两层网格文件的基本思想是再增加一个网格文件，形成两层网格来管理目录，其中第一层被称为根目录，它是第二层目录的一个大致描述，它具有指向第二层目录的指针，而第二层才是真正的目录，它包含有指向数据页的指针。这种结构的好处是，当发生分裂的时候，所产生的影响被限制在第二层目录的范围内，从而没有过多影响其他数据。

twin 网格文件也是引入了另外一个网格文件，不过与两层网格文件不同的是，这两个文件的关系是对等的，而且每个文件都覆盖了整个空间，数据在这两个文件中的分布是动态的，当在插入过程中某个文件的单元所指向的页出现溢出的时候，将在这两个网格文件之间重新分配数据。

### 6.3.2.3 网格单元大小的影响

格网索引是一种多对多的关系，即一个网格单元可以包含多个空间要素，且一个空间要素可以跨越多个网格单元。在这种多对多的关系下，网格的大小是影响索引效率的最主要因素。

与空间要素的外包络矩形大小相比，网格单元很大时，将导致每个网格单元内包含有很多空间要素。第一阶段选择的网格虽少，但导致第二阶段将不得不处理大量网格内的空间要素的边界比较，潜在地增加了查询的时间。

如果网格单元太小，小于空间要素外包络矩形的平均大小，将会导致空间索引表产生大量的网格单元，并且很多网格单元都索引出相同的空间要素。当大量的空间要素外包络矩形被网格单元切割时，空间索引表变大，因而查询网格单元时间增长。

网格单元的大小不是一个确定性的问题，需要多次尝试和努力才会得到好的结果。有一些确定网格初始值的原则，用它们可以进一步确定最佳网格大小，可在任何时候重新计算网格的大小，使 DBMS 重建空间索引表。如果空间要素外包络矩形的大小变化比较大，可以选择多种网格大小，但在空间索引搜索的过程中 DBMS 必须搜索所有网格单元级，这将消耗大量时间。

最佳网格的大小可能受图层平均查询的影响，如果用户经常对图层执行相同的查询，经验数据表明，网格的大小为查寻空间范围的 1.5 倍时，效率较高。

经验数据表明，网格单元的大小取空间要素外包络矩形平均大小的 3 倍时，可极大地减少每个网格单元包含多个空间要素外包络矩形的可能性，获得较好的查询效率。

## 6.3.3 k-d-Tree 索引

### 6.3.3.1 k-d-Tree

k-d-Tree 是一种在 k 维空间中的二叉查找树，它主要存储的是点数据，在每一个内部节点中，它用一个 k-1 维的超平面将节点所表示的 k 维空间分成两个部分，这些超平面在 k 个可能的方向上交替出现，而且在每一个超平面中至少要包括一个点数据，图 6-10 就是一个 k-d-Tree 的例子。

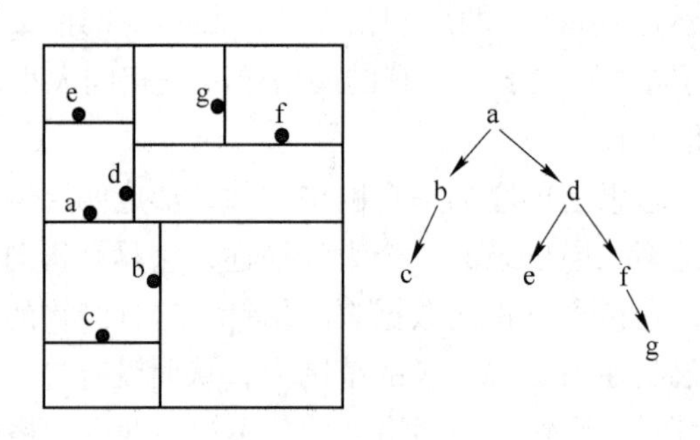


图 6-10 KD 树结构

### 6.3.3.2 其他几种 k-d-Tree 类索引结构

(1) Adaptive k-d-Tree。Adaptive k-d-Tree 对 k-d-Tree 的结构做了少许改变，在分裂的时候选择合适的超平面使分裂后的两部分包含相同数量的数据，而且在这些超平面上不一定非要包含数据以及它们的方向也不一定严格的在这 k 个可能的方向上交替出现。在这种结构里，内部节点表示的是分裂的超平面，所有的数据都出现在叶节点中，每个叶子只能包含一定量的数据，当超过这个数量的时候要发生分裂。

(2) k-d-B-Tree。k-d-B-Tree 是 Adaptive k-d-Tree 与 B-Tree 的结合，是 B 树向多维空间发展的一种形式。KDB 树对空间无重叠划分，根节点就是整个数据区域，同层的节点各自所包含的区域之间没有重叠。若一个区域节点的子节点仍然是区域节点，则此节点所代表的空间区域为它的所有子区域节点的区域之和；若子节点为点节点，则点节点中所有的数据点都在此区域内，如图 6-11 所示。

它对于多维空间中的点进行索引，具有较好的动态特性，删除和增加地理要素可以很方便地实现。其缺点是不直接支持占据一定空间范围的地理要素，如 2 维空间中的线和面。当然可以通过空间映射或变换的方法部分地解决这个问题，空间映射或变换是将 d 维空间中的区域变换到 2d 维空间中的点，这样便可利用点索引结构来对区域进行索引，那么原始空间中的区域查询就转变为高维空间中的点查询。但这种方法存在的问题是高维空间的点查询要比原始空间的点查询困难得多；另外，经过变换后，原始空间中相邻的区域有可能在点空间中距离变得相当遥远，这些都将影响空间索引的性能。

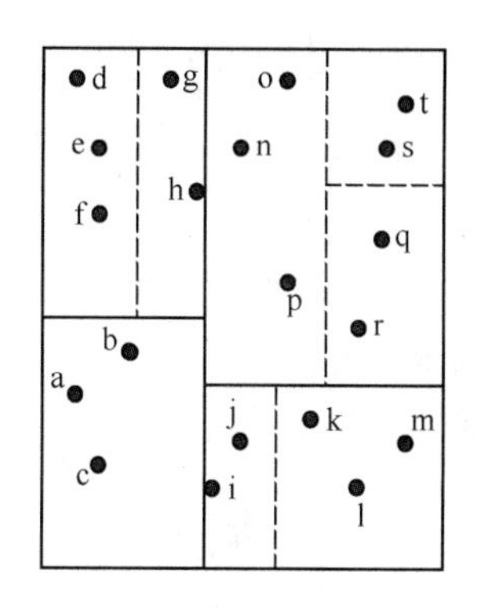

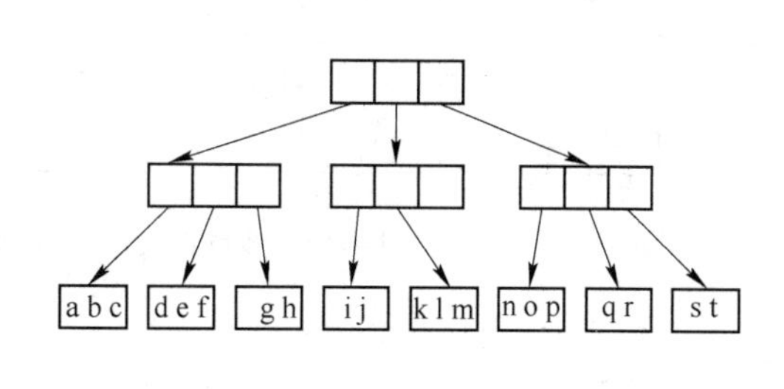


图 6-11 k-d-B-Tree 的例子

KDB 树适用于大量高维点数据的动态索引。KDB 树的分裂方式类似于 KD 树。KDB 树上的删除算法效率较低，往往会导致空间浪费，所以一般采取节点重组的方法来提高空间利用率。首先，它采用了 Adaptive k-d-Tree 树中的用超平面来划分节点中的空间的方法，不过对于一个内部节点所表示的空间，可以用多于一个的超平面来划分，形成了几个相邻的子空间，每个子空间对应着一个内部节点，所有的数据均存储在相应的叶节点中。

### 6.3.4 四叉树索引

四叉树是一种对空间进行规则递归分解的空间索引结构，将已知范围的空间划成四个相等的子空间。如果需要可以将每个或其中几个子空间继续划分下去，这样就形成了一个基于四叉树的空间划分。四叉树有两种，一种是线性四叉树，一种是层次四叉树，这两种四叉树都可以用来进行空间索引。

对于线性四叉树而言，先采用编码（Peano 键），然后，根据空间对象覆盖的范围，进行四叉树的分割。如图 6-7 所示，空间对象 E，它的最大最小范围，涉及由叶节点 0 开始的 4×4 个节点，所以索引表的第一行，Peano Keys = 0，边长 side length = 4，空间对象的标识为 E。空间对象 D 也有一条直线，它虽然仅通过 0，2 两个格网，但对线性四叉树来说，它涉及 0，1，2，3 四个节点是不可再细分的，即它需要覆盖一个 2 * 2 的节点表达。同理，面状地物 C 也需要一个 2 * 2 的节点表达。对于点状地物，A、F、G 一般可以用最末一级的节点进行索引。这样就建立了 Peano Keys 与空间目标的索引关系。当进行空间数据检索时，根据 Peano Keys 和边长就可以检索得到某一范围内的空间对象。

层次四叉树的空间索引与线性四叉树基本类似。只是它需要记录中间节点和父节点到子节点之间的指针。除此之外，如果某个地物覆盖了哪一个中间节点，还要记录该空间对象的标识。如图 6-13 所示是图 6-12 的空间对象的层次四叉树索引。其中第一层根节点 0 涉及空间对象 E，第二层的中间节点 0 涉及空间对象 D，节点 8 涉及 C，而 A，F，G，B

处于第三级叶节点。在这种索引中要注意，每个根节点、中间节点和叶节点都可能含有多个空间对象。这种四叉树索引方法实现和维护比较麻烦。

| Pcano 键集 | 边长 | 空间对象 |
|---|---|---|
| 0 | 4 | E |
| 0 | 2 | D |
| 1 | 1 | A |
| 4 | 1 | F |
| 8 | 2 | C |
| 15 | 1 | B, G |

图 6-12　线性四叉树空间索引示例

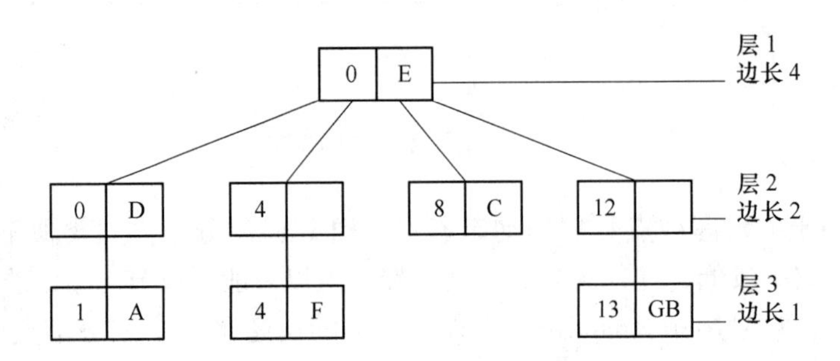


图 6-13　层次四叉树空间索引示例

### 6.3.5　R-Tree 类索引

#### 6.3.5.1　R-Tree

R-Tree 最早是由 Guttman 于 1984 年提出，是 B + 树在 K 维空间的自然扩展。R-Tree 是一个高度上平衡的树形结构索引。由于 R-Tree 作为空间索引结构所具的高效性，从而已引起人们广泛的关注和研究，其后又有了许多变形，形成一个 R-Tree 系列空间索引家族。其中，典型的变种有：

（1）R * -Tree，其采用比 R-Tree 更为复杂的插入和结点分裂算法，从而提高检索效率；

（2）R + -Tree，能保证各个树结点互不相交；

（3）压缩 R-Tree（Packed R-tree），其适用于静态空间数据；

（4）希尔伯特 R-Tree（Hilbert R-tree），其采用分形维的 R-Tree。

R-Tree 是基于空间数据对象分割的空间索引方法，它采用空间对象的最小外包矩形 MBR（Minimum Bounding Rectangle）来近似表达空间对象。R-Tree 的建立需要满足一定的规则。设 M 为 R-Tree 中每个节点最多包含的索引记录条数，m 为每个节点包含的最少索引记录条数，则有 m≤M/2。R-Tree 还具有以下特性：

（1）每个叶节点包含 m ~ M 条索引记录象，除非它为根；

（2）一个叶节点上的每条索引记录了（I，元组标识符），I 是最小外包矩形，在空间上包含了所指元组表达的 K 维数据对象；

（3）每个中间节点都有 m ~ M 个子节点，除非它为根；

（4）对于中间节点中的每个（I，子节点指针），I 是在空间上包含其子节点中矩形的最小外包矩形；

（5）根节点最少有两个子节点，除非它是叶节点；

（6）所有的叶节点出现在同一层；

（7）所有 MBR 的边与全局坐标系的轴平行。

R-Tree 的每个节点对应一个磁盘页面。一个叶节点包含一组项，其每一项的格式为（I，元组标识符），其中 I 为 MBR，元组标识符是数据库中存储对应于 MBR 的对象的元组唯一标识符。非叶节点由多个格式为（I，子节点指针）的项组成，其中 I 是子节点指针指向的更低层节点项中所有矩形的 MBR。树中的每个节点最多有 M 个条目，最少有 m 个（其中 m≤M/2），除非它是根，如图 6-14 所示。

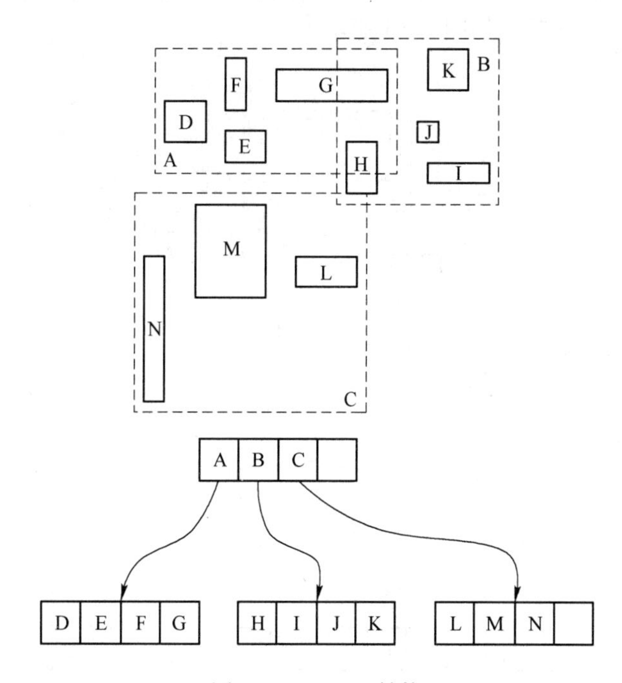


图 6-14 R-Tree 结构

点查询和范围查询在 R-Tree 中可以采用自顶向下递归的方法进行处理。查询点（或区域）首先同根节点中每个项（I，子节点指针）进行比较。如果查询点在 I 中（或查询区域与其相交），则查找算法就递归地应用在子节点指针指向的 R-Tree 结点上。该过程直到 R-Tree 的叶节点为止。使用叶节点中选出的项来检索与选中空间主码关联的记录。

R-Tree 有一个重要的特点就是兄弟结点对应的空间区域可以互相重叠，这样的特性使 R-Tree 比较容易进行删除和插入操作，但却使空间搜索的效率降低，因为区域之间有重叠，可能要对多条路径进行搜查后才能得到最后的结果。

总体来讲，R-Tree 是一种较好的索引结构。该结构的 MBR 之间允许重叠，一方面保证了 R-Tree 具有至少 50% 的空间利用率，但另一方面，这种无约束的重叠，在维数增高时很可能会导致索引次数和存储空间的大量增加，严重影响查询效率。

R-Tree 的搜索性能取决于两个参数：覆盖范围和节点之间的重叠区域大小。树的某一层的覆盖是指这一层所有节点的 MBR 所覆盖的全部区域。树中某一层的重叠是指该层上各节点的 MBR 相交的区域。重叠使得查找一个对象时必须访问树中的多个节点。要得到一个高效的 R-Tree，覆盖和重叠都应该最小，而且重叠的最小化比覆盖的最小化更加关键。为了解决这个问题，产生了 R-Tree 的变种，如 R + -Tree、R ∗ -Tree 等。

#### 6.3.5.2　其他几种 R-Tree 类索引结构

##### A　R + -Tree

针对 R-Tree 兄弟节点之间存在的重叠问题，Timos Sellis 等人提出了 $R^+$-Tree 索引结构。在 $R^+$-Tree 中，兄弟结点对应的空间区域没有重叠，这样划分空间可以使空间搜索的效率提高，但由于在删除和插入空间对象时要保证兄弟结点对应的空间区域不重叠，使得删除和插入操作的效率降低。如图 6-15 所示。

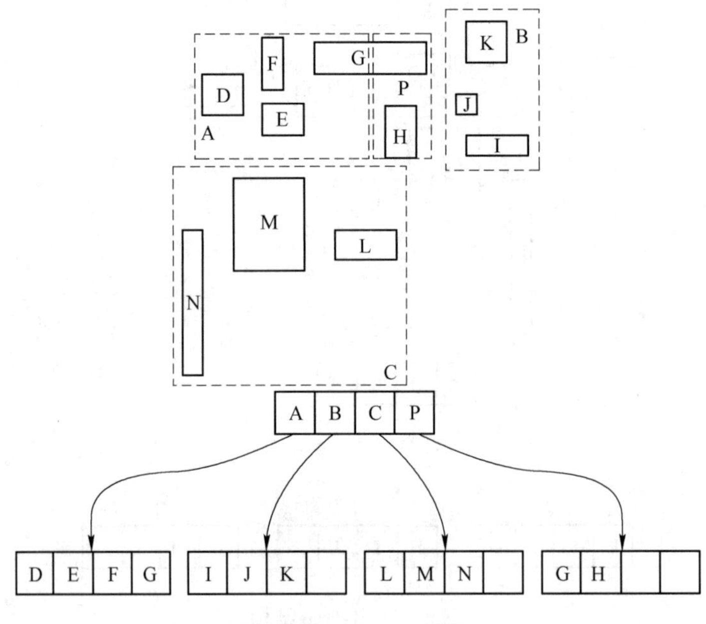


图 6-15　$R^+$-Tree 结构

$R^+$-Tree 具有如下特性：

（1）对于中间节点的每个项（I，child-pointer），当且仅当 R 被 I 覆盖时，以 child-pointer 指向的节点为根的子树包括一个矩形 R。唯一的例外是当 I 是一个叶节点的矩形。在这种情况下，R 与 I 只重叠。

（2）对于中间节点的任何两个项（$I_1$，child-pointer$_1$）和（$I_2$，child-pointer$_2$），$I_1$ 与 $I_2$ 之间的重叠是零。

（3）在 $R^+$-Tree 中，一个空间对象的 MBR 可能被两个或多个高层节点中的矩形分割。

（4）根节点最少有两个子节点，除非它是叶节点。

（5）所有的叶节点出现在同一层。

B　R*-Tree

R*-Tree 通过修改插入、分裂算法，并通过引入“强制重插入”对 R-Tree 的性能进行改进。R*-Tree 在选择插入路径时同时考虑矩形的面积、空白区域和重叠的大小，而 R-Tree 只考虑面积的大小。R*-Tree 和 R-Tree 一样允许矩形的重叠。

“强制重插入”技术是当节点发生溢出时，保留节点中最相邻的一部分 MBR，而其余的则依据插入算法重新插入。“强制重新插入”技术从一定程度上扩大了重新组织数据时所应考虑的数据空间的范围，因此 R-Tree 的性能得到了很大的改善。

R*-Tree 通过以下准则对 R-Tree 的插入、分裂算法进行了优化：

（1）中间节点的 MBR 所覆盖区域的面积应最小，即插入一个空间对象时，应将它插入到 MBR 覆盖面积扩大程度最小的节点中。

（2）中间节点 MBR 所覆盖的区域间重叠最小，这样同样可以减少所需搜索的路径。

（3）中间节点所覆盖的区域的周长应最小，即几何形状尽量接近正方形。

（4）增大节点的存贮利用率，以降低索引树的高度。

C　Hilbert R-Tree

R-Tree、R*-Tree 等高维索引结构的性能受维数的制约，在高维时性能往往变差。所以，如果存在一种映射关系，使得高维数据可以在低维空间有一个对应，而且，高维空间数据之间的关系能够在低维的映射中得到一定的保留，那么，仅需对低维空间的数据进行处理即可。Hilbert R-Tree 就是基于这一思路产生的。它选择了 Hilbert 曲线作为一种高维到低维的映射。建立在这种映射之上的 Hilbert R-Tree 把各个数据矩形的中心映射为 Hilbert 曲线上的一个值，然后，把这些值按升序排列。以此为基础，建立叶节点，叶节点之上再建立中间节点。这样，就可以获得一棵空间利用率接近 100% 的 Hilbert R-Tree。Hilbert R-Tree 是一种高效的高维索引结构，它的建树算法也为并行处理提供了可能，但缺点是 Hilbert R-Tree 难以实现有效的 K－邻近查询。

D　Cell 树

考虑到 R-Tree 和 R+-Tree 在插入、删除和空间搜索效率两方面难于兼顾，为了解决这样的问题，Cell 树应运而生，它在空间划分时不再采用矩形作为划分的基本单元，而是采用凸多边形作为划分的基本单位，具体划分方法与 BSP 树有类似之处，子空间不相互覆盖。从某种意义上看，Cell 树是 BSP 树和 R+-Tree 的组合。但由于 Cell 树划分空间的基本单位是凸多边形，而凸多边形的各种操作要比矩形复杂得多，因此占用 CPU 的时间较长。

E　X-Tree

X-Tree 中引入了超节点的概念，当节点发生溢出的时候，首先考虑对节点选择合适的分裂算法，以使节点分裂以后重叠区域小到一定程度，假如无法避免分裂后出现较严重的区域重叠，则不分裂节点，而是扩大节点大小以放入更多的项，形成超节点。

X 树包括三种节点结构，即普通中间录节点、数据节点和超节点。超节点是一种大的、可变长的目录节点，它的主要功能是避免分裂后产生低效目录结构。

与 R* 树相比，X 树的改进为：

（1）按照分裂史进行无重叠分裂；

（2）节点容量增大成为超节点。

在实际性能比较中，对于维数高于 16 的数据，R* 树等分裂方式造成的重叠确实大大影响了索引性能。X 树与之相比，检索性能一般可以提高两个数量级。

F　SS-tree

SS-Tree 对 R* -Tree 进行了改进，通过以下措施提高了最邻近查询的性能：

采用超球代替了原来的进行数据划分的超矩形，从而增强了最邻近查询的性能，减少将近一半的存储空间。SS-Tree 改进了 R* -Tree 的强制重插机制。

G　SR-Tree

SR-Tree 它是在分析了超矩形和超球两种不同的数据划分方法的优缺点后，将两者结合起来，形成了 SR-Tree，相对于 SS-Tree，减小了区域的面积，提高了区域之间的分离性。相对于 R* -Tree，提高了最邻近查询的性能。从而取得更好的性能。

### 6.3.6　空间填充曲线

这一类索引结构的特点就是希望找到某种方法对多维空间中的数据进行近似的排序，使得原来在空间中较为接近的数据能在排序后以比较高的概率靠在一起，那么就可以用一维数据对它们进行索引。用这种方法在点查询操作中能够取得良好的效果，但进行范围查询时就会比较麻烦了。

根据这种思路，人们就提出了几种将多维空间中的点数据映射到一维空间并进行排序的方法，图 6-16 中列出了四种。

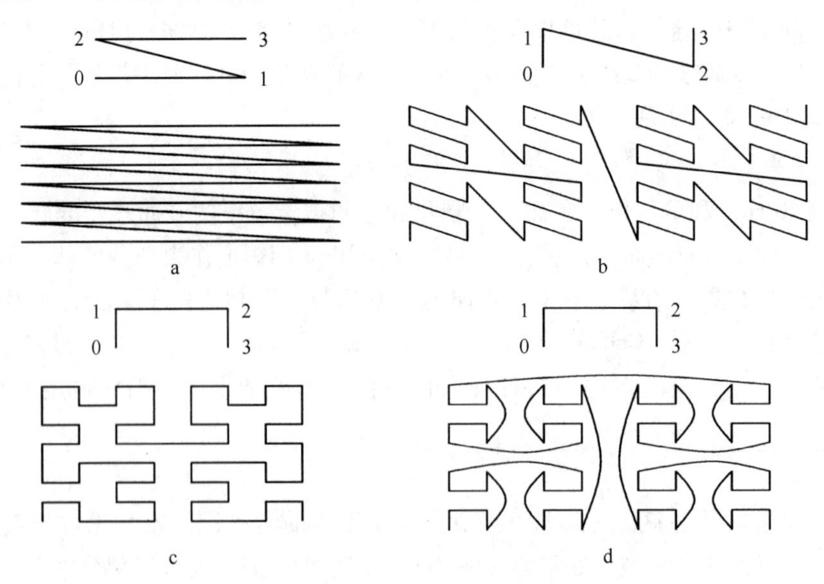


图 6-16　四种空间填充曲线

a—row-wise；b—z-ordering；c—Hilbert；d—Gray

所有的空间填充曲线都有一个重要的优点，就是对任何维数的数据都可以处理，前提是映射到的一维空间的键值可以任意大。但这种方法也有一个明显的缺点，当将两个不同区域的索引组合到一起的时候，至少要对其中的一个进行重新编码。

### 6.3.7 Geodatabase 中的空间索引

ArcGIS 使用空间索引来快速定位要素类中的要素。标识一个要素、通过点或拖框选择要素、漫游和放大，在 ArcMap 中都需要使用空间索引来定位要素。

数据源不同，空间索引的工作方式也不同。使用基于格网的空间索引的 Geodatabase 有：Personal Geodatabase，File Geodatabase，Oracle 中的 ST_ Geometry 或二进制几何存储，Microsoft SQL Server 中的二进制几何存储，IBM DB2。

使用 R 树空间索引的 Geodatabase 有：Oracle 中的 SDO_ Geometry 几何存储，IBM Informix，PostgreSQL。

Microsoft SQL Server 中的 geometry 或 geography 几何存储使用经过修改后的 B 树空间索引。

在 Personal Geodatabase 中的要素类只能有一级格网索引，且一旦设置了格网大小，就不能再修改。在 File 或者 ArcSDE Geodatabase 中要素类的空间索引可拥有多达三级格网，且每个格网的大小必须至少是上一级格网大小的 3 倍。额外的格网允许大小悬殊要素的要素类被快速查询。但是，多数要素类仅需要一级格网，且可随时修改格网大小。

在 ArcCatalog 中（或通过其他方式），可以对 File Geodatabase 或 ArcSDE Geodatabase 中的要素类的空间格网索引进行修改，如果此功能处于非活动状态，则可能是正在使用的几何存储类型没有使用空间格网索引。

如果不确定是否需要重新计算空间索引，始终可以通过以下方式进行确定：单击要素类属性对话框中“Indexes”属性页上的“Recalculate”按钮以查看 ArcGIS 更新格网大小的方式。如果新的大小大体上与当前大小相同，则不必更新索引，并可关闭对话框。如果大小不同，则可单击“确定”，以使用新的格网大小重新构建索引。

请注意，为 ArcSDE Geodatabase 中的要素类构建新空间索引是一项非常占用服务器资源的操作，因此在许多用户登录到服务器时，不应对大型要素类执行该操作。

在 File 和 ArcSDE Geodatabase 中完成某些操作后，ArcGIS 会自动重建空间索引，以确保索引是最优的。

无论何时在一个 Personal Geodatabase 中创建一个要素类时，不管是用 New Feature Class 向导，Geoprocessing 工具，还是其他的方法，必须指定一个格网大小或者接受默认的格网大小：1000，一旦一个要素类被创建，它的格网大小就不能被修改。

# 7 空间查询语言及查询优化

查询语言是与数据库交互的主要手段；SQL 是常规 DBMS 的标准查询语言；空间数据查询语言需要对常规查询语言（如 SQL、XQuery）进行扩展，使其支持空间数据类型和空间操作算子。常规 DBMS 的查询处理及优化，需要针对空间数据类型及空间操作的进行改进、拓展。本章主要阐述关系代数与标准查询语言 SQL、空间查询语言、空间查询处理与优化等相关内容。

## 7.1 关系代数与标准查询语言 SQL

关系代数（Relation Algebra，RA），一种形式化语言；SQL（Structured Query Language）是常规 DBMS 中使用最为广泛的查询语言。关系代数是 SQL 的核心。

### 7.1.1 关系代数

为描述问题方便，假设有 Country、City、River 三个关系，它们的结构如下：

Country（Name：VARCHAR（35），Cont：VARCHAR（35），Pop：integer，GDP：integer，LifeExp：integer，Shape：ST_Polygon）。

City（Name：varchar（35），Country：varchar（35），Pop：Integer，Capital：char（1），Shape：ST_Point）。

River（Name：varchar（35），Origin - Country：varchar（35），Length：Numeric，Shape：ST_MultiLineString）。

Country 表有 6 个属性。国家的名字（Name）和所属的大洲（Cont）都为字符串类型，最大长度为35；人口（Pop）和国民生产总值（GDP）都为整型；LifeExp 属性为国民预期寿命，以年计。Shape 列存储国家的几何形状。在 SQL92 中，所有的数据类型是固定的，用户不能自己定义数据类型。在 SQL3（SQL99）中，通过对象关系数据库或面向对象数据库，Shape 列定义为用户定义数据类型 UDT（User Defined Type），这里的 Shape 列为多边形几何类型。

City 表有 5 个属性。Name（名字）、Country（国家）、Pop（人口）、Capital（首都）和 Shape（几何形状）。Country 属性是指向 Country 表的外码。Capital 是一个定长的字符串，其长度为 1，表示该城市是否为国家的首都。Shape 列存储城市的几何形状，这里为点几何类型。

River 表有 4 个属性。Name（名字）、Origin（源头）、Length（长度）和 Shape（几何形状）。Origin 属性是指向 Country 表的外码，指明河流发源于哪个国家。Shape 列存储河流的几何形状，这里为线几何类型。

Country. Name、City. Name、River. Name 分别为 3 个关系的主码，每一行必须有一个唯一值对应 Name 属性。

3 个关系对应的数据样表分别见表 7-1 ~ 表 7-3。

**表 7-1 Country 数据样表**

| Name | Cont | Pop (m) | GDP (b) | LifeExp | Shape |
|---|---|---|---|---|---|
| China | Asia | 1400 | 7500 | 76.68 | |
| Canada | NAM | 30.1 | 658.0 | 77.08 | |
| Mexico | NAM | 107.5 | 694.3 | 69.36 | |
| Brazil | SAM | 183.3 | 1004.0 | 65.60 | |
| Cuba | NAM | 11.7 | 16.9 | 75.95 | |
| USA | NAM | 270.0 | 8003.0 | 75.75 | |
| Argentina | SAM | 36.3 | 348.2 | 70.75 | |

**表 7-2 City 数据样表**

| Name | Country | Pop (m) | Capital | Shape |
|---|---|---|---|---|
| Beijing | China | 20 | Y | |
| Havana | Cuba | 2.1 | Y | |
| Washington, D. C | USA | 3.2 | Y | |
| Monterrey | Mexico | 2.0 | N | |
| Toronto | Canada | 3.4 | N | |
| Brasilia | Brazil | 1.5 | Y | |
| Ottawa | Canada | 0.8 | Y | |

**表 7-3 River 数据样表**

| Name | Origin | Length/km | Shape |
|---|---|---|---|
| YangtzeRiver | China | 6300 | |
| Rio Parana | Brazil | 2600 | |
| St. Lawrence | USA | 1200 | |
| Rio Grande | USA | 3000 | |
| Mississippi | USA | 6000 | |

关系代数由运算对象的集合 $\Omega_a$ 和运算的集合 $\Omega_o$ 两部分组成，即 RA($\Omega_a$, $\Omega_o$)。运算对象就是关系（表），基本运算有六种，具体介绍如下。

#### 7.1.1.1 选择和投影

选择（Select）和投影（Project）：操纵单个关系中的数据。

（1）选择：检索关系表中行的子集。

（2）投影：抽取列的子集。

（3）选择运算语法：$\sigma_{<选择运算符>}$（关系），如 $\sigma_{cont=NAM}$（Country）。

（4）投影运算符：$\pi_{<属性列表>}$（关系），如 $\pi_{name}$（Country）。

（5）选择与投影可以结合：$\pi_{name}$（$\sigma_{cont=NAM}$（Country））。

#### 7.1.1.2　集合运算

关系是一个集合，集合运算也适合于关系代数；

集合并、差、交的前提：如果两个关系具有相同的列数、共享相同的域、同时列的顺序从左到右是一致的。

集合并（union）：如果 R 和 S 是两个关系，则 $R \cup S$ 返回 R 或 S 中所有的元组。

例子：选出位于北美洲或者有河流发源于北美洲的国家。

$$R = \pi_{name}(\sigma_{cont=NAM}(Country))$$

$$S = \pi_{Origin}(River)$$

$$R \cup S$$

集合差（difference）：$R - S$ 返回包含在 R 但不包含在 S 中的元组。

例如：列出位于北美洲但不是河流发源地的国家。

$$R = \pi_{name}(\sigma_{cont=NAM}(Country))$$

$$S = \pi_{Origin}(River)$$

$$R - S$$

集合交（intersection）：$R \cap S$ 返回既在 R 又在 S 中的所有元组。$R \cap S = R - (R - S)$。

例子：既在南美洲，又是河流发源地的国家。

$$R = \pi_{name}(\sigma_{cont=SAM}(Country))$$

$$S = \pi_{Origin}(River)$$

$$R \cap S$$

笛卡尔积（cross-produet）：应用于任何一对关系。$R \times S$ 返回一个关系，其模式由 R 的全部属性加上 S 的全部属性组成。

连接运算：用于多个关系表之间的查询。在笛卡儿积的基础上的选择运算。

两个关系 R 和 S 之间通用的条件连接 $\bowtie_c$：

$$R \bowtie_c S = \sigma_c(R \times S)$$

条件 C 通常是指 R 和 S 共有的属性。

例如查询人口低于墨西哥的国家，步骤为：

（1）$R = \pi_{name,pop}(Country)$。

（2）$S = R$。

（3）$R \times S$。

（4）应用条件，即关系 S 中的人口不超过墨西哥。

$$U = \sigma_{(R.Name='Mexico') \wedge (R.Pop > S.Pop)}(R \times S)$$

实际上就是先执行笛卡尔积的运算，然后对单一表进行查询。

自然连接：条件连接的特例。两个关系的公共属性只是用到了相等性选择条件，而结果中只有一列来表示公共的等值连接属性。

### 7.1.2 标准查询语言 SQL

SQL 是一种声明性语言，即用户只需描述所要的结果，而不必描述获得结果的过程。SQL 语言至少由两部分组成：数据定义语言（Data Definition Language，DDL）和数据操纵语言（Data Manipulation Language，DML）。DDL 用于创建、删除和修改数据库中表的定义，而 DML 则用于查询、插入、删除、修改 DDL 中定义好的表中的数据。SQL 还包括用于数据控制语言的其他语句。SQL 语言中的动词如表 7-4 所示。

**表 7-4 SQL 语言动词**

| SQL 功能 | 动　词 |
|---|---|
| 数据查询 | Select |
| 数据定义 | Create，Drop，Alter |
| 数据操纵 | Insert，Update，Delete |
| 数据控制 | Grant，Revoke |

#### 7.1.2.1 DDL

关系模式的创建以及表的添加和删除都在 SQL 的 DDL 中完成。CREATE TABLE 语句用于定义关系模式中的关系。例如，下面的 SQL 语句定义了 Country、City、River 关系模式。

```
CREATE TABLE Country{
  Name      VARCHAR(35),
  Cont      VARCHAR(35),
  Pop       integer,
  GDP       integer,
  LifeExp   integer,
  Shape     ST_Polygon,
  PRIMARY KEY Name}
CREATE TABLE City{
  Name      VARCHAR(35),
  Country   VARCHAR(35),
  Pop       integer,
  Capital   CHAR(1),
  Shape     ST_Point,
  PRIMARY KEY Name}
CREATE TABLE River{
  Name      VARCHAR(35),
  Origin    VARCHAR(35),
  Length    integer,
  Shape     ST_MultiLineString,
  PRIMARY KEY Name}
```

Country. Name、City. Name、River. Name 分别为 3 个关系的主码，每一行必须有一个唯一值对应 Name 属性。

可以用 DROP TABLE 命令把不用的表从数据库中删除。DDL 的另一个重要命令是 ALTER TABLE，该命令用于修改关系的模式。

#### 7.1.2.2　DML

按照 DDL 语句定义完成了表的创建之后，就可以开始存入数据，这项工作也称作“填充表”，由 SQL 的 DML 来完成。例如，下面语句添加一行到 River 表中：

INSERT INTO RIVER（Name，Origin，Length）VALUES（'YangtzeRiver'，'China'，6300）

如果关系中的所有属性值未被指定，则会自动用默认值代替，最常用的默认是“Null”。如果试图向 River 表中插入另一行 Name = 'YangtzeRiver'，那么 DBMS 将会拒绝执行，因为在 DDL 中已经把 Name 属性定义为主码，值应唯一。

从表中删除行的基本格式如下：

DELETE FROM <表名> WHERE <条件>

例如，下面语句从 River 表中删除刚才插入的行：

DELETE FORM River WHERE Name = 'YangtzeRiver'

#### 7.1.2.3　用户权限控制

通过 SQL 的 GRANT 语句和 REVOKE 语句实现用户权限控制。用户权限包括：数据对象、操作类型和系统权限。

定义用户存取权限：定义用户可以在哪些数据库对象上进行哪些类型的操作。定义存取权限称为授权。

（1）通过 GRANT 语句授权。

GRANT 语句的一般格式：

GRANT <权限>［，<权限>］…［ON <对象类型> <对象名>］TO <用户>［，<用户>］…［WITH GRANT OPTION］；

（2）通过 REVOKE 收回权限。

授予的权限可以由 DBA 或其他授权者用 REVOKE 语句收回。

REVOKE 语句的一般格式为：

REVOKE <权限>［，<权限>］…［ON <对象类型> <对象名>］FROM <用户>［，<用户>］…

#### 7.1.2.4　SQL 查询的基本格式

当用 DDL 定义了数据库模式，并且各个表都录入了数据，就可以用 SQL 的查询语句从数据库中抽取数据的相关子集。SQL 查询的基本语法非常简单：

SELECT <字段名列表> FORM <表名列表> WHERE <条件>

这种格式等价于关系代数中由 $\Pi$、$\sigma$ 组成的表达式。有其他一些子句：关于聚集的（例如，GROUP BY、HAVING）、关于结果排序的（例如，ORDER BY）等等。SQL 还支持嵌套的查询方式。

7.1.2.5 SQL 查询示例

【例 7-1】 列出 City 表中所有城市及其所属的国家。

SELECT Name, Country FROM City

等价于 RA 的投影运算 $\Pi_{Name,Country}$ (City)。

【例 7-2】 列出 City 表中是首都的城市的所有属性。

SELECT * FROM City WHERE CAPITAL ='Y'

等价于 RA 的选择操作 $\sigma_{Capital='Y'}$ (City)。在 SQL 语句中，RA 的选择运算是由 WHERE 子句确定。

【例 7-3】 列出 Country 表中人均寿命低于 70 岁的国家的属性。

SELECT Name, LifeExp FROM Country WHERE LifeExp <70

等价于 RA 的 Π. σ 操作。该例中所要投影的属性为 Name 和 LifeExp 由 SELECT 指定，而选择条件由 WHERE 指定。

【例 7-4】 列出 GDP 超过 1 万亿美元的国家的首都和人口数。

```
SELECT    Ci. Name, Co. Pop
FROM      City Ci, Country Co
WHERE     Ci. Country = Co. Name AND
          Co. GDP >1000. 0 AND
          Ci. Capital ='Y'
```

表示连接的运算 $Ci \bowtie_{ci.Country=Co.Name} Co = \sigma_{c(Ci.Country=Co.Name)}$ (RXS).

【例 7-5】 找出各大洲的平均 GDP。

```
SELECT    Co. Cont, AVG (Co. GDP) AS Continent-GDP
FROM      Country Co
GROUP BY  Co. Cont
```

GROUP BY 为分组子句，即把所有属性值相同的元组放在同一分组中。

## 7.2 空间查询语言

空间数据查询包括位置查询、空间关系查询和属性查询。前两种查询是空间数据库特有的，基本方式有：面－面查询、线－线查询、点－点查询、线－面查询、点－线查询、点－面查询等。空间数据查询语言是为了正确表达以上查询请求。空间数据查询语言的功能：

(1) 提供对空间数据和空间关系的定义和描述；

(2) 提供空间数据查询语言，实现对空间数据的高效查询和操作；

(3) 提供对空间数据的存储和组织；

(4) 提供对空间数据的直观显示等。

### 7.2.1 扩展 SQL 以处理空间数据

SQL 是功能强大的查询处理语言，但只支持简单数据类型：整型、浮点型、日期型、字符串型；空间数据库（SDB）的应用必须能处理像点、线和多边形这样的复杂的数据类型。为此，数据库厂商采取了两个对策：一种是采用 BLOB 来存储空间信息；另一个方法是建立一种混合系统，即通过 GIS 软件把空间属性存储在操作系统的文件中。SQL 不能处理以 BLOB 形式存储的数据，而把处理 BLOB 形式数据的任务交给了专用应用程序。在混合系统中，空间属性存储在一个单独的操作系统文件中，这样就无法利用传统数据库服务，如查询语言、并发控制以及索引支持。

对象关系数据库系统或面向对象数据库系统，通过用户定义数据类型 UDT（User Defined Type）来支持空间几何类型。

为了规范空间数据类型及空间操作算子的设计与实现，OGC 简单要素访问规范 SFASQL 和 ISOSQL/MM 制定了空间数据类型标准以及每一种空间数据类型拥有的空间操作算子标准。详见本书第 2 章的相关内容。

OGC 简单要素访问规范 SFASQL 中，简单要素几何对象模型（Geometry Object Model）一共定义了 17 个几何对象类型：Geometry、Point、Curve、LineString、Line、LinearRing、Surface、Polygon、PolyhedralSurface、Triangle、TIN、GeometryCollection、MultiPoint、MultiCurve、MultiLineString、MultiSurface 和 MultiPolygon。每个几何对象类型又定义各自的属性和方法。Geometry 为最顶层的抽象基类，定义了所有几何对象类型公共的属性和方法。所有几何对象类型都支持 x、y、z（可选）和 m（可选）坐标。

在 OGC 简单要素规范中，所定义的空间操作可分成三类，见表 7-5 ~ 表 7-7。

**表 7-5　空间操作的基本函数**

| 操 作 名 称 | 功 能 描 述 |
|---|---|
| Dimension（） | 返回几何对象的维数，小于或等于坐标维数。 |
| GeometryType（） | 返回几何对象的类型，如'Point'、'LineString'等 |
| SRID（） | 返回几何对象所属的空间参考系 ID |
| Envelop（） | 返回包含几何体的最小外包矩形 |
| Export（） | 返回以其他形式表示的几何对象 |
| IsEmpty（） | 如果几何对象是空集则返回真 |
| IsSimple（） | 如果几何对象是简单的（即不自交）则返回真 |
| Boundary（） | 返回几何对象的边界 |

**表 7-6　拓扑运算操作**

| 操 作 名 称 | 功 能 描 述 |
|---|---|
| Equal（aGeom） | 如果两个几何对象的内部和边界在空间上相等，则返回真 |
| Disjoint（aGeom） | 如果两个几何对象的内部和边界在空间上都不相交，则返回真 |
| Intersect（aGeom） | 如果两个几何对象在空间上相交，则返回真 |
| Touch（aGeom） | 如果两个几何对象边界相交但内部不相交，则返回真 |
| Cross（aGeom） | 如果这个几何对象的内部和另一个几何对象内部有相交，且这个几何对象的内部和另一个几何对象外部有相交，则返回真 |

续表7-6

| 操作名称 | 功能描述 |
|---|---|
| Within (aGeom) | 如果这个几何对象空间上位于另一个几何对象内部，则返回真 |
| Contains (aGeom) | 如果这个几何对象空间上包含另一个几何对象，则返回真 |
| Overlap (aGeom) | 如果两个几何体的内部有非空交集，则返回真 |
| Relate (aGeom, DE-9IMMatrix: String) | 如果该几何对象与另一个几何对象的DE-9IM与DE-9IMMatrix相匹配，则返回真 |
| LocateAlong (mValue) | 返回与给定的M值相匹配的几何集 |
| LocateBetween (mStart, mEnd) | 返回与给定的M值范围相匹配的几何集 |

**表7-7 空间分析运算**

| 操作名称 | 功能描述 |
|---|---|
| Distance | 返回两个几何体之间的最短距离 |
| Buffer | 返回到给定几何体的距离小于或等于指定值的几何体的点几何 |
| ConvexHull | 返回几何体的最小闭包 |
| Intersection | 返回由两个几何体的交集构成的几何体 |
| Union | 返回由两个几何体的并集构成的几何体 |
| Difference | 返回几何体与给定几何体不相交的部分 |
| Sysmmdiff | 返回两个几何体与对方互不相交的部分 |
| AsText (): String | 将几何对象以WKT格式输出 |
| AsBinary (): Binary | 将几何对象以WKB格式输出 |

目前，各大DBMS都通过用户自定义数据类型提供了空间数据类型支持并实现了相应的空间操作算子。ArcSDE的SQL API以ISO SQL/MM Spatial和OGC简单要素访问SQL规范为基础，对SQL在几何类型方面进行了扩充。使用SQL可以访问各DBMS中的要素几何：

(1) Oracle (ArcSDE SQL类型ST_Geometry或Oracle Spatial的SDO_Geometry)

(2) PostgreSQL (使用ArcSDE SQL类型ST_Geometry或PostGIS的Geometry或Geography)

(3) Microsoft SQL Server (Geometry或Geography)

(4) IBM DB2 (ST_Geometry)

(5) IBM Informix (ST_Geometry)

例如：

```
SELECT Name,Pop,Area(Shape) AS "Area" FROM Country Order by Name;
SELECT Co. GDP,Distance(Point(0,Ci. Shape. y),Ci. Shape) AS "Distance"
FROM Country Co,City Ci
WHERE Co. Name = Ci. Country AND Ci. Capital = 'Y';
SELECT C1. Name AS "Neighbors of USA"
```

```
FROM Country C1,Country C2
WHERE Touch(C1.Shape,C2.Shape) = 1 AND C2.Name = 'USA'
SELECT R.Name,C.Name
FROM River R,Country C
WHERE Cross(R.Shape,C.Shape) = 1
SELECT Ci.Name
FROM City Ci,River R
WHERE Overlap(Ci.Shape,Buffer(R.Shape,300)) = 1 AND R.Name = 'St. Lawrence'
SELECT Co.Name,Count(Co1.Name)
FROM Country Co,Country Co1
WHERE Touch(Co.Shape,Co1.Shape)
GROUP BY Co.Name
ORDER BY Count(Co1.Name)
```

注意：不同的DBMS，使用的SQL语法、提供的空间数据类型及空间操作有差异。

### 7.2.2　GML空间数据查询语言

传统的关系模型是二维的平面表格，XML数据模型表现为半结构化的层次的树状模型，传统的关系数据库查询语言SQL是针对平面的二维关系数据而设计的，并不适合XML/GML半结构化数据的查询。由于GML自身的特点，需要研究探索新的查询机制来实现GML数据的查询。

扩展XML查询语言XQuery是GML查询语言实现的最佳选择，首先XQuery是W3C制定的专门针对XML的查询语言规范，目前，数据库业界的主流厂商Oracle、IBM、Microsoft都已经在各自的产品中提供了对XQuery规范的支持，大多数本原XML数据库如Tamino、eXist、Saxon也不同程度地支持XQuery规范，并且在互联网上可以找到一些开放源代码的XQuery实现如XQEngine、Qizxopen、eXist等。其次、GML本身是基于XML的，是XML在空间数据领域的一个应用，XML的所有技术如存储、查询、索引等都可以应用于GML；第三、GML数据查询可以分为三类：（1）仅包含空间属性和空间关系的查询；（2）仅包含非空间数据的查询；（3）包含空间和非空间属性的混合查询。其中仅包含非空间数据的查询可以直接使用XQuery提供的查询功能来完成，至于空间查询功能需要对XQuery进行扩展，使其支持空间数据类型和空间操作算子。（4）从零开始开发GML查询语言，技术难度大、成本高、周期长，很多底层的技术问题都需要自己解决。基于以上几点考虑，这里选择对开放源代码的XQuery引擎XQEngine进行扩展来研究GML查询语言的有关问题。

GML查询语言以XQuery引擎为基础，对其进行扩展，增加空间数据类型及空间操作算子，实现对GML空间数据的查询。OGC简单要素规范SFASQL中定义了基本的空间数据类型（Spatial Data Types）和空间操作算子（Spatial Operators）。

（1）空间扩展。扩展XQuery以支持GML空间数据查询主要涉及空间数据类型和空间操作函数；在XQuery查询语言中加入对空间数据类型和空间操作函数的支持，即可实现对GML空间数据的查询。空间数据类型详见上小节。

（2）查询实例。以下给出基于XQuery扩展的GML查询语言典型的两个查询实例。

1）如下查询语句测试 Campus. gml 文档中符合条件的两个 Bullding 要素对应的几何对象是否在空间上相等（混合查询：主要展示 geo：Equals 空间函数的用法）。

```
FOR $ varl IN doc("Campus. gml")//Building,
 $ var2 in doc("Campus. gml")//Building
WHERE $ varl/gml:name/node() = "JianCe Building" and $ var2/@ fid = "b0028"
RETURN geo:Equals( $ varl, $ var2)
```

2）如下查询语句先对名称为“JianCe Building”的 Building 要素对应的几何对象进行 100m 宽度的缓冲区操作，然后求取缓冲分析产生的新对象与名称为“QingChun Road”的 Road 要素对应的几何对象相交产生的公共几何对象（混合查展：主要展示 geo：Intersection 和 geo：Buffer 空间函数的用法）。

```
FOR $ varl IN doc("Campus. gml")//Building,
 $ var2 in doc("Campus. gml")//Road
WHERE $ varl/gml:name/node() = "JianCe Building" and
 $ var2/gml:name/node() = "QingChun Road"
RETURN geo:Iniersection(geo:Buffer( $ varl,100), $ var2)
```

有关 GML 空间数据查询语言的详细实现细节，请参阅本书作者的著作《GML 空间数据库理论与 GMLGIS》。

## 7.3 空间查询处理与优化

### 7.3.1 常规 DBMS 的查询处理与优化

查询处理是指从数据库中提取数据的一系列活动。SQL 是目前大多数 DBMS 使用的查询语言。SQL 是一种声明性语言，即用户只需描述所要的结果即可，而不必描述获得结果的过程。查询的执行及查询性能的优劣极大依赖于 DBMS 的查询处理及查询优化的设计与实现。查询处理主要包括查询分析、查询检查、查询优化、查询执行 4 个步骤，执行流程如图 7-1 所示。

（1）查询分析：对查询语句进行扫描、词法分析和语法分析；从查询语句中识别出语言符号；进行语法检查和语法分析。

（2）查询检查：根据数据字典对合法的查询语句进行语义检查；根据数据字典中的用户权限和完整性约束定义对用户的存取权限进行检查；检查通过后把 SQL 查询语句转换成等价的关系代数表达式；RDBMS 一般都用查询树（语法分析树）来表示扩展的关系代数表达式；把数据库对象的外部名称转换为内部表示。

（3）查询优化：选择一个高效执行的查询处理策略。

1）查询优化分类：代数优化：指关系代数表达式的优化。物理优化：指存取路径和底层操作算法的选择。

2）查询优化方法选择的依据：基于规则（rule based），基于代价（cost based），基于语义（semantic based）。

（4）查询执行：依据优化器得到的执行策略生成查询计划；代码生成器（code generator）生成执行查询计划的代码。

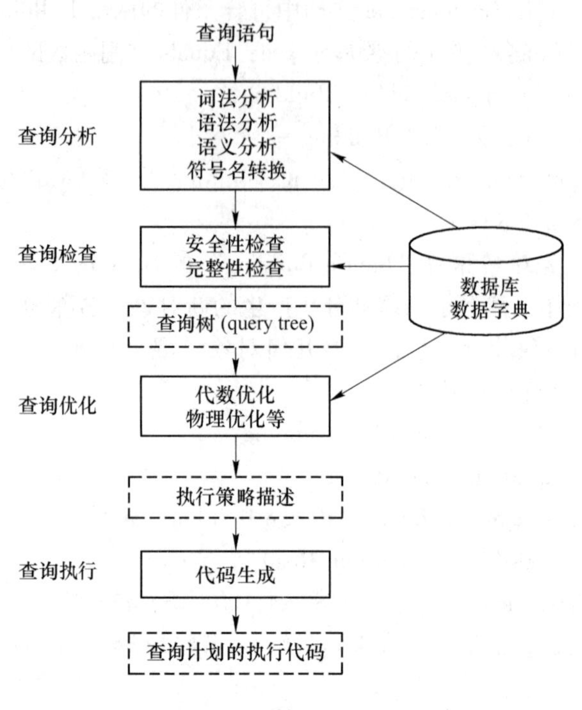


图 7-1　查询处理执行过程

选择操作典型实现方法：

1）简单的全表扫描方法。

① 对查询的基本表顺序扫描，逐一检查每个元组是否满足选择条件，把满足条件的元组作为结果输出。

② 适合小表，不适合大表。

2）索引（或散列）扫描方法。

① 适合选择条件中的属性上有索引（例如 B + 树索引或 Hash 索引）。

② 通过索引先找到满足条件的元组主码或元组指针，再通过元组指针直接在查询的基本表中找到元组。

连接操作是查询处理中最耗时的操作之一，连接操作的实现方法有：

1）嵌套循环方法（nested loop）。

2）排序 - 合并方法（sort-merge join 或 merge join）。

3）索引连接（index join）方法。

4）Hash Join 方法。

RDBMS 通过某种代价模型计算出各种查询执行策略的执行代价，然后选取代价最小的执行方案。执行开销主要包括：磁盘存取块数（I/O 代价）、处理机时间（CPU 代价）、查询的内存开销和通信代价等；其中 I/O 代价是最主要的。查询优化步骤：

（1）将查询转换成某种内部表示，通常是语法树。

（2）根据一定的等价变换规则把语法树转换成标准（优化）形式。

（3）选择低层的操作算法，对于语法树中的每一个操作，计算各种执行算法的执行代价，选择代价小的执行算法。

（4）生成查询计划（查询执行方案），查询计划是由一系列内部操作组成的。

代数优化策略：通过对关系代数表达式的等价变换来提高查询效率。

关系代数表达式的等价：指用相同的关系代替两个表达式中相应的关系所得到的结果是相同的。

关系代数表达式有一系列的等价变换规则。

查询树的启发式优化，有一些典型的启发式规则，如选择运算应尽可能先做。在优化策略中这是最重要、最基本的一条；把投影运算和选择运算同时进行，如有若干投影和选择运算，并且它们都对同一个关系操作，则可以在扫描此关系的同时完成所有的这些运算，以避免重复扫描关系；把投影同其前或其后的双目运算结合起来等。

物理优化就是要选择高效合理的操作算法或存取路径，求得优化的查询计划。选择的方法：基于规则的启发式优化；基于代价估算的优化；两者结合的优化方法。基于代价的优化方法要计算各种操作算法的执行代价，与数据库的统计信息密切相关。

### 7.3.2　空间查询处理

从查询处理的角度来看，空间查询语句包括相对复杂的空间数据类型和空间操作谓词。和关系数据运算相比，空间操作运算有以下特点：

（1）空间数据没有公认标准定义的运算，关系数据库中的运算基本固定；

（2）空间对象的空间位置和范围在二维平面上定义，不能自然排序成一维数组；

（3）空间操作计算代价非常高，不能再假定空间数据库中 I/O 代价仍然远超过 CPU 代价。

空间操作的基本类型有：更新操作、空间选择、空间连接和空间聚集（空间邻近）。

（1）更新操作：空间对象的创建、修改和删除。

（2）空间选择：包括点查询和范围查询。

1）点查询：给定点，找出包含它的空间对象：PointQuery，其中：O. G 为对象 O 的几何信息

$$PQ(p)=\{O \mid p\in O.G\neq\varnothing\}$$

2）范围查询：给定多边形（矩形时称作“窗口”），找出与之相交的空间对象：RangeQuery。

（3）空间连接：当两个表 $RQ(P)=\{O \mid O.G\cap P.G\neq\varnothing\}$ R 和 S 基于一个空间谓词 θ 进行连接时，则该连接称为空间连接。空间谓词作为连接条件，主要的空间谓词有：相交、包含、邻接、交叠、距离、西北（方位）等。

$$R\bowtie_{\theta}S=\{(o,o')\mid o\in R,o'\in S,\theta(o.G,o'.G)\}$$

**【例 7-6】**　查找所有“交叠”关系的林分和冲积平原：

SELECT fs. name，fp. name FROM forest_ stand fs，flppdi_ plain fp

WHERE overlay（fs. g，fp. g）；

（4）空间聚集（空间邻近）。

1）空间聚集通常是按距离进行聚集，查找距离给定对象最近的所有对象。

2）例如：找出距离露营地最近的河流

$$NNQ(o') = \{o \mid \forall o'': dist(o'.G, o.G) \leq dist(o'.G, o''.G)\}$$

空间操作处理一般包括过滤和精炼两个步骤，如图 7-2 所示。

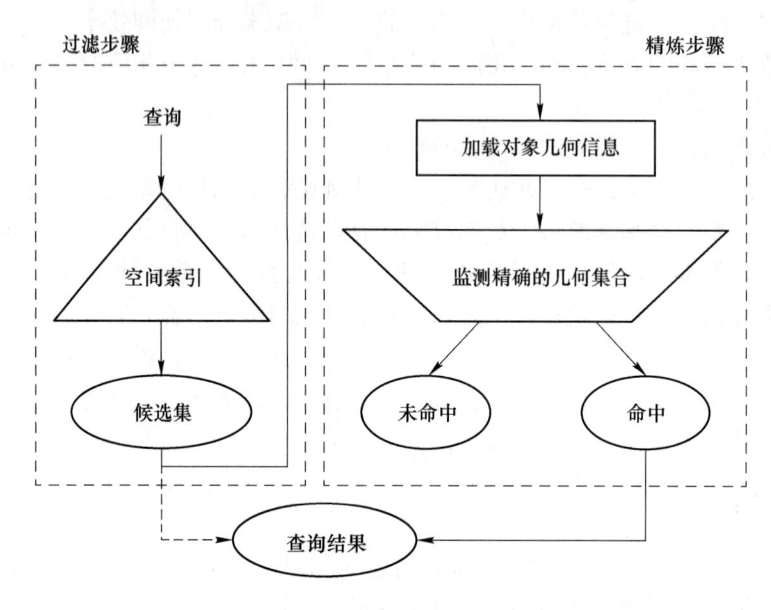


图 7-2　空间操作的两步处理

过滤步骤：空间对象用 MBR 表示，大大降低计算复杂度，并通过空间索引快速得到查询结果的候选集。

精炼步骤：对于过滤步骤得到的候选集，有少部分空间对象不能完全确定是否满足空间查询条件，需要采用精确的几何信息进行精确计算，才能确定。这里的空间计算代价高。

#### 7.3.2.1　空间选择查询处理

两种常用的查询有：

(1) 点查询：检索鼠标点中的林分。

SELECT f. name FROM forest_ stand f WHERE winthin (:point, f. geometry);

(2) 找出与当前窗口相交的林分，以便显示林分地图。

SELECT f. name FROM forest_ stand f WHERE intersects (f. geometry, :window);

对于点查询和范围查询：实现方法依赖于数据文件的存储组织，主要是过滤步骤。

查询的三种算法：

1) 未排序无索引的数据文件。穷举法全表扫描，判别每条记录；根据两步处理（过滤 + 精炼），利用林分的 MBR；代价 O(n)，n = 关系 forest_ stand 存储的页面数。

2) 具有空间索引的数据文件。普遍采用 R 树，按照 MBR 索引，代价 O(log n)；R 树的缺点是 MBR 允许交叠，可能导致需要搜索多个子树；R + 树解决了上述问题，但副本的存在可能增加搜索时间和节点溢出。

3) 采用空间填充曲线散列。将二维空间的点映射为一维。Z 序和 Hilbert 曲线，近似实现保持“位置相邻”；映射后采用一般的排序树 B 树或 B + 树索引；点查询代价

$O(\log_B n)$，B 为分块因子；范围查询代价 $O(\log_B n)$ + 查询结果集大小/记录在页面上的聚集程度。

#### 7.3.2.2 组合空间选择

(1) 组合条件表示为合取范式。

1) 非空间谓词计算代价大致相同，处理顺序不重要。

2) 空间谓词计算代价高而且差别大，处理顺序对总代价影响大。

(2) 对每个空间谓词计算代价等级。

1) 选择性：输出集合和输入集合数量比，体现 I/O 代价。

2) 差异代价：对单个元组处理的平均代价，体现 CPU 代价。

(3) 按照代价等级的升序来计算空间谓词。

空间连接实现，主要有以下方法：

1) 由于空间索引的限制，主要考虑过滤步骤（MBR 近似计算）；

2) 嵌套循环；

3) 有空间索引的嵌套循环；

4) 基于分块的空间连接。

最近邻居算法：在空间索引树上进行遍历并修剪子树。可扩展为 K 个最近邻居，保留 K 个最好候选子树或对象。

### 7.3.3 空间查询优化

传统数据库中，度量很大程度上取决于 I/O 代价，可用的数据类型和对这些类型进行操作的函数相对来说都是易于计算的。

空间数据库的情况就不同，因为它包含了复杂数据类型和 CPU 密集型的函数。选择一个优化策略的任务比在传统数据库中更为复杂。

空间查询优化的基本步骤与关系数据库相同，主要包括代数优化和执行策略选择（动态规划）。

代数优化：找出等价的但执行效率更高的一个表达式。

执行策略选择（动态规划）：选择执行运算所采用的具体算法；选择将使用的特定索引等等。

需同时，要考虑空间谓词特点：计算代价高（可能超过 I/O 代价），不同计算顺序代价差异大。

代数优化：等价变换规则。等价变换规则将一个表达式转换为与之等价的另一个表达式的规则。规则来源于代数系统的运算性质：交换律、结合律、分配律。生成多个等价表达式为可选的执行计划。

主要的等价变换规则有：

(1) 选择运算的级联：组合选择运算可分解为单个选择运算的序列。

(2) 选择运算满足交换律：先计算非空间条件，然后代价低的空间条件。

(3) 投影运算的级联：投影运算序列中只有最后一个运算是需要的，其余的可省略。

(4) 选择与笛卡尔积以及 theta 连接相结合。

（5）theta 连接运算满足交换律。

（6）自然连运算既满足交换律，也满足结合律。

（7）集合运算并与交满足交换律。

（8）集合运算并与交满足结合律。

规则只说明两个表达式等价，并不说明哪一个更好。连接的次序很重要，好的连接次序序列产生小的中间结果。

对于空间数据库，需要考虑空间谓词计算代价：I/O 和 CPU 代价的均衡；好的空间谓词计算次序产生小的计算代价。

规则的使用会产生大量的等价表达式，优化器要采用适当的技术来减少所产生的表达式的数量。

关系代数表达式的基础上，执行计划进一步说明：每个运算的实现算法；各运算的执行顺序；是否采用流水线技术。

注意：每个运算的最小代价算法组合起来不一定是整个表达式的最佳算法，必须考虑各个运算之间的相互作用。

执行计划的优化算法有：

（1）基于代价的方法。通过使用等价规则为给定的查询语句产生一系列查询执行计划，并选择其中代价最小或接近最小的。

（2）启发式方法。运用启发式规则，对关系代数表达式进行等价变换。常用的规则：

1）尽早进行选择运算，即非空间选择应朝着查询树叶节点的方向尽量逼近，将非空间选择尽量下移；

2）非空间选择操作应该比空间选择操作更逼近叶节点；

3）关系型有限原则，查询条件树中既有关系型谓词，也有空间型谓词，总是将关系谓词放在空间谓词的前面；

4）代价小的空间谓词下移。

启发式优化（例）

例：找出所有面积大于 20 平方公里并且距离营地小于 50 公里的湖泊。

```
SELECT L. Name
FROM Lake L,Facilities Fa
WHERE Area(L. Geometry) >20 AND
          Fa. Name ='camapground' AND
          Distance(Fa. Geometry,L. Geometry) <50
```

其查询树如图 7-3 所示。

逻辑转换的过程就是应用启发式规则，在可以生成的等价查询树中，过滤掉显然不是最终执行策略的查询树，尽量找到一个较优的执行策略。

应用空间数据库启发式规则，将属性条件“Fa. name ='Compground'”调整到叶节点位置，空间条件的位置靠近根节点，执行效率会明显提升。优化后的查询树如图 7-4 所示。

Oracle 数据库系统在执行 SQL 语句时，有两种优化方法：即基于规则的 RBO（Rule Based Optimizer）和基于代价的 CBO（Cost Based Optimizer）。到底采用何种优化方法，就

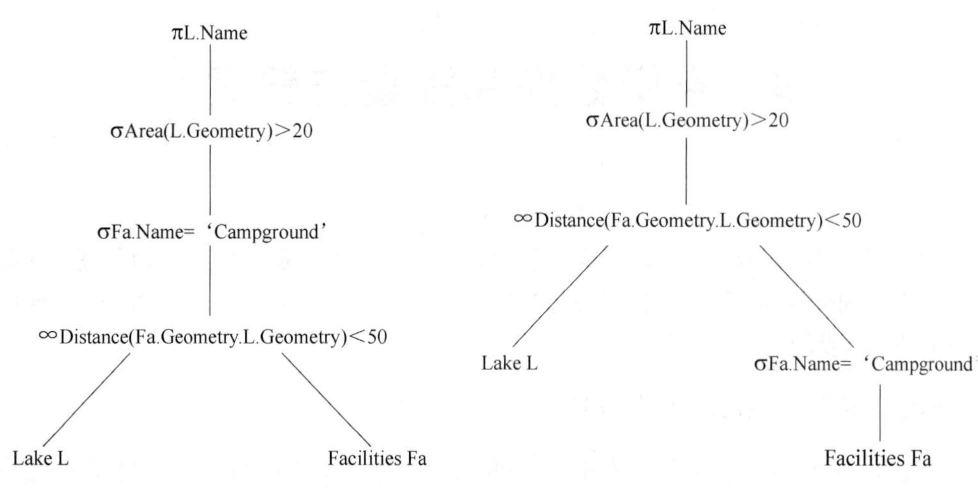


图 7-3　优化前的查询树

图 7-4　优化后的查询树

由 Oracle 参数 optimizer_mode 来决定。这一参数影响 Oracle 统计，使用其缺省值对于大多数 Geodatabase 足够了。对于 Oracle9i，其缺省值为 choose；对于 Oracle 10g 和 11g，默认值是 all_rows。对于多数 Geodatabase，此设置最为合适，并且可提高 Geodatabase 的整体可扩展性。optimizer_mode 取值：

（1）CHOOSE：Oracle 既可以采用基于规则的优化方法（RBO），也可以采用基于代价的优化方法（CBO），到底使用哪个，取决于当前 SQL 访问的表中有无统计信息。如果有多个被访问的表，其中有一个或多个有统计信息，那么 Oracle 会对没有统计信息的表进行采样统计（即不全部采样），统计完成后，使用 CBO。如果所有被访问的表都没有统计信息，Oracle 就会采用 RBO。

（2）ALL_ROWS：不管有无统计信息，均采用 CBO。

（3）FIRST_ROWS_n：不管有无统计信息，均采用 CBO，并以最快的速度，返回前 N 行记录。

（4）FIRST_ROWS：使用代价和试探法相结合的方法，查找一种可以最快返回前面少数行的方法；这个参数主要用于向后兼容。

（5）RULE：不管有无统计信息，均采用 RBO。

空间查询需要处理复杂的空间数据类型和空间操作算子，其查询处理与优化相比于传统的 SQL 查询要复杂得多，有关内容读者可以查阅相关文献。

# 8 空间数据库配置与管理

本章主要介绍 ArcSDE Geodatabase 配置与管理，主要包括安装软件和创建 Geodatabase、配置 DBMS 和 ArcSDE、用户及权限管理、连接到 Geodatabase、Geodatabase 维护以及 Geodatabase 调整优化。

## 8.1 ArcSDE Geodatabase 管理概述

企业级 Geodatabase 通常会有大量用户访问。因此，需要进行一些管理工作以确保 Geodatabase 正确设置、用户可以访问所需的数据并且数据库可以稳定运行。一些管理任务可以通过 ArcGIS 执行。不同的 DBMS，管理任务会略有不同。

当使用 ArcSDE Enterprise Geodatabase 时，数据库管理员（DBA）管理 DBMS，GIS 管理员管理 GIS，协同负责空间数据的管理任务。

ArcSDE Geodatabase 管理的关键任务包括：安装软件和创建 Geodatabase，配置 DBMS 和 ArcSDE，创建用户账户和管理用户访问，创建与 Geodatabase 的连接，维护 Geodatabase，调整优化 Geodatabase。

表 8-1 是 Geodatabase 的管理任务的列表，以及相应的工作人员所负责的任务。

**表 8-1　ArcSDE Geodatabase 主要管理任务列表**

| 管 理 任 务 | 工 作 人 员 |
| --- | --- |
| 管理数据库物理结构（数据文件、表和索引） | DBA |
| 管理数据库逻辑构建（数据模型、规则、子类型、网络、版本等） | GIS 管理员 |
| 管理用户和权限（数据库权限） | DBA（数据库权限）、数据主人（数据库权限） |
| 数据库备份与恢复 | DBA |
| 性能优化（数据库、GIS 工作流） | DBA（数据库性能优化）<br>GIS 管理员（GIS 工作流优化） |
| 数据复制/同步 | GIS 管理员 |
| Geodatabase 压缩与统计信息更新 | GIS 管理员 |

许多的工作任务需要 DBA 和 GIS 管理员与其他的 IT 工作人员一起合作来完成。

## 8.2 安装软件和创建 Geodatabase

软件安装的主要步骤如下：

（1）安装并配置 Oracle，请参阅 Oracle 文档。

（2）在 ArcGIS 客户端计算机上安装 Oracle 客户端应用程序。

(3) 必须完成该操作，然后才能创建 Geodatabase。

可以通过以下方式之一创建 Geodatabase：

1) 从 ArcGIS Desktop 运行 "Create Enterprise Geodatabase" 地理处理工具以创建 sde 用户、默认表空间和 Geodatabase。

2) 从 ArcGIS Desktop、ArcGIS Engine Geodatabase Update 或 ArcGIS Server Enterprise 的计算机运行创建 Geodatabase 的 Python 脚本。根据所运行的脚本，在运行脚本之前，可能需要创建 sde 用户和表空间。

3) 在 Oracle 数据库中手动创建 sde 用户和默认表空间，授予 sde 用户创建 Geodatabase 的权限，然后以 sde 用户身份从 ArcGIS Desktop 连接至 Oracle 数据库，然后启用 Geodatabase 行为。

(4) 如果计划在 Oracle 的 Geodatabase 中依据 ST_ Geometry 数据使用 SQL 查询，则必须将 ST_ Geometry 库放置在 Oracle 服务器中 Oracle extproc 有权访问的位置。可以在 ArcGIS 客户端的 DatabaseSupport 目录中找到 ST_ Geometry 库。如果 Oracle 安装在 Linux 或 UNIX 服务器上，则将 libst_ shapelib. so 文件放置在 Oracle 服务器上适合您的服务器操作系统的目录中。如果 Oracle 安装在 Windows 服务器上，则将 Windows st_ shapelib. dll 文件放置在 Oracle 服务器上的目录中。

服务器上放置库的目录必须可以从用于创建 Geodatabase 的客户端计算机进行访问。如果将库放置到 UNIX 或 Linux 计算机上，请确保数据库管理员对该文件夹具有读访问权限，并对库文件具有执行权限。

(5) 如果计划在 Oracle 的 Geodatabase 中依据 ST_ Geometry 数据使用 SQL 查询，则必须配置 Oracle extproc，并更新 Oracle 服务器上的 Oracle 库条目。库可通过运行 CREATE OR REPLACE LIBRARY SQL 语句更新。例如，在 st_ shapelib. dll 已经放置在名为 libraries 的文件夹中的 Windows 服务器上，语句应该为：

```
CREATE OR REPLACE LIBRARY st_shapelib AS
'c:/librarie/st_shapelib.dll';
```

在具有名为 myfiles 的目录的 Linux 或 UNIX 服务器上，语句应该为：

```
CREATE OR REPLACE LIBRARY st_shapelib AS
'/usr/myfiles/libst_shapelib.so';
```

## 8.3 配置 DBMS 和 ArcSDE

### 8.3.1 配置 ArcSDE Geodatabase 概述

Geodatabase 配置用于定义如何在 Geodatabase 中存储数据以及如何访问这些数据。Geodatabase 配置包括一系列参数的设置，可以在 DBMS 或 ArcSDE 中确定这些设置。某些设置必须在创建数据库和 Geodatabase 之前确定；而其他设置可在创建 Geodatabase 之后进行确定。

必须在创建数据库或 Geodatabase 之前配置以下设置：大多数数据库初始化参数，数据库区域设置，系统和 SDEHOME 服务文件中的初始服务信息（如果使用 ArcSDE 服务）。

以下设置可在创建数据库和 Geodatabase 后进行更改：SERVER_ CONFIG 表中的参数

设置，日志文件配置，DBTUNE 表中的用户数据存储参数。

要进修改这些配置，需要 ArcSDE 管理命令行工具，该工具可与 ArcSDE 应用程序服务器一同安装。

## 8.3.2　Oracle DBMS 初始化参数

当启动 Oracle 实例时，Oracle 从初始化文件（init <oracle SID>. ora）或服务器参数文件（spfile <oracle SID>. ora）中读取初始化参数。虽然这两种文件都定义 Oracle 实例的特征，但它们的管理方式却不同。

init <oracle SID>. ora 文件位于 ORACLE_ BASE/admin/ <ORACLE_ SID>/pfile 文件夹中。ORACLE_BASE/dbhome_1/database。

如果 Oracle 实例是使用 spfile <oracle SID>. ora 启动的，则使用 ALTER SYSTEM 命令改变参数将自动反映到服务器参数文件中。

如果 Oracle 实例是使用 init <oracle SID>. ora 启动的，则需要使用文本编辑器编辑系统参数，它们将不仅仅影响当前的数据库实例。

以下介绍 Oracle 常用的初始化参数。

### 8.3.2.1　影响共享内存的参数

（1）OPEN_ CURSORS。Oracle 初始化参数 OPEN_ CURSORS 指定一个会话一次能够打开游标（Cursors）的数量，其缺省值为 300，一旦游标数已经达到最大值，再试图打开一个新游标，则会返回 Oracle 错误 1000（Oracle error - 1000）。ArcSDE 保留那些打开的、频繁执行的游标以提高性能。如果 OPEN_ CURSORS 参数值设置得不够大，则将遇到上面提到的错误。可以设置该参数为 2000。可以按以下方法估算游标数量：1）ArcSDE 数据管理所需游标 20 + 。2）匿名 PL/SQL 块所需游标 20 + 。3）空间查询，每图层所需游标 6 + 。4）日志文件查询所需游标 11 + 。5）版本化编辑查询，每图层（表）所需游标 12。

所以，如果一个 ArcMap 文档有 10 个编辑图层，则所需游标总数为 231 个（20 + 20 + 60 + 11 + 120 = 231），如果发现游标经常不够用，则可以 50 或 100 为增量增大 OPEN_ CURSORS 参数值。

（2）SESSION_ CACHED_ CURSORS。Oracle 监控每一个会话提交的 SQL 语句，一旦探测到了一 SQL 语句提交了多次，Oracle 将这一 SQL 语句移动到游标缓冲区并保持该游标处于打开状态，以便以后重用。

参数 SESSION_ CACHED_ CURSORS 控制游标缓冲区允许的游标数，可以设置该参数的值为 50。

（3）UNDO_ MANAGEMENT 和 UNDO_ TABLESPACE。Oracle 存储用户正在编辑数据的多个版本。当一个事务在编辑数据时，原始数据的版本被用于其他会话。另外，数据编辑用户可以 ROLLBACK 撤销所做的工作，或事务处理中途失败，也需要撤销所做的工作以便恢复数据库的正确状态。

为了支持 Undo 功能，Oracle 存储预编辑好的数据在回滚段（Rollback segment）中。管理员可以设置参数 UNDO_ MANAGEMENT、UNDO_ TABLESPACE，使得 Oracle 将自动创建和管理 undo segments。

为了实现自动撤销管理，首先要设置 UNDO_MANAGEMENT 为 auto，然后设置 UNDO_TABLESPACE 为回滚段的表空间名称。

（4）SESSIONS。依据不同的操作系统，ArcSDE Geodatabase 缺省配置允许 48 或 64 个同时连接。如果将 SDE. SERVER_ CONFIG 配置为允许更多的连接，则可能需要更改 Oracle 的 SESSIONS 参数以适应新的设置。

SESSIONS 参数直接限制 Oracle 允许的总并行会话数。如果默认值不足以支持预期的 ArcSDE 连接数，请将该参数的值增大为预期的连接数，再在此基础上至少增大 10%，以支持内部 Oracle 函数。

如果使用 Oracle 共享服务器配置，则 SHARED_ SERVER_ SESSIONS 参数的行为类似于上面论述的 SESSIONS 参数的行为，唯一的区别是 SHARED_ SERVER_ SESSIONS 参数仅适用于共享服务器连接。所有会话（共享服务器和专用服务器）都受更常用的 SESSIONS 参数的限制。

（5）PROCESSES。可以使用 PROCESSES 参数限制 Oracle 可创建的最大进程数。使用专用服务器配置时，此过程大致相当于数据库支持的并行会话数。如果增大 ArcSDE 允许的连接数，则请确保对于一组典型的 Oracle 后台进程，PROCESSES 参数值至少等于 ArcSDE 连接数 +25。

#### 8.3.2.2 影响 Oracle 统计数据的参数 OPTIMIZER_ MODE

Oracle 在执行 SQL 语句时，有两种优化方法：即基于规则的 RBO（Rule Based Optimizer）和基于代价的 CBO（Cost Based Optimizer）。到底采用何种优化方法，就由 Oracle 参数 optimizer_ mode 来决定。这一参数影响 Oracle 统计，使用其缺省值对于大多数 Geodatabase 足够了。对于 Oracle9i，其缺省值为 choose；对于 Oracle10g 和 11g，默认值是 all_rows。对于多数 Geodatabase，此设置最为合适，并且可提高 Geodatabase 的整体可扩展性。

optimizer_ mode 取值：

（1）CHOOSE：Oracle 既可以采用基于规则的优化方法（RBO），也可以采用基于代价的优化方法（CBO），到底使用哪个，取决于当前 SQL 访问的表中有无统计信息。如果有多个被访问的表，其中有一个或多个有统计信息，那么 Oracle 会对没有统计信息的表进行采样统计（即不全部采样），统计完成后，使用 CBO。如果所有被访问的表都没有统计信息，Oracle 就会采用 RBO。

（2）ALL_ROWS：不管有无统计信息，均采用 CBO。

（3）FIRST_ROWS_n：不管有无统计信息，均采用 CBO，并以最快的速度，返回前 N 行记录。

（4）FIRST_ROWS：使用代价和试探法相结合的方法，查找一种可以最快返回前面少数行的方法；这个参数主要用于向后兼容。

（5）RULE：不管有无统计信息，均采用 RBO。

#### 8.3.2.3 影响内存的参数

（1）LOG_BUFFER。日志缓冲区是 Oracle 系统全局区域（SGA）的组成部分，其中保存了内存中尚未提交到数据库的变化，直到 Oracle 后台进程有机会写这些变化到持久化存储设备中；由于这些写操作频繁发生（每隔 3s），日志缓冲不需要太大空间，可以配置为小于 1M 字节。

LOG_BUFFER 参数控制重做日志缓冲（Redo Log Buffer）的大小，对于多数 Geodatabase，默认的日志缓冲区大小足够用。但是，对于写入操作高度频繁的数据库，当多个用户同时尝试访问日志缓冲区时，可能会影响性能。诊断和缓解这种状况需要高级技巧，如监控锁定及等待事件。

（2）SHARED_POOL_SIZE。共享池是 Oracle 系统全局区域（SGA）的另一个组成部分，保存了数据字典缓冲和库缓冲。数据字典缓冲保存了关于数据对象、闲置空间、权限的有关信息。库缓冲保存了最近解析过的 SQL 语句。

一般来说，如果缓冲池大到能满足库缓冲资源需求，则足以容纳数据字典缓冲。

ArcSDE 维护客户端应用程序提交的 SQL 语句内存缓冲，大的共享池使得更多的游标保持打开状态，以至减少游标管理操作，改善性能。

共享池的大小受 SHARED_POOL_SIZE 参数控制，ESRI 建议设置该参数为 16M 的倍数，并至少为 128MB：

SHARED_POOL_SIZE = 128,000,000。

对于变化频繁的 geodatabases，该参数可以达到 250MB。

SGA 三个缓冲区中，共享池最主要。如果 SGA 大小已达到可给其分配的最大物理内存大小，则减小缓冲缓存大小以适应更大的共享池。

（3）DB_CACHE_SIZE。缓冲缓存（Buffer Cache）是 Oracle SGA 的另一个组成部分，用于存储最近使用过的数据块（Data Blocks）。数据块是 Oraclce 数据传输的原子单位，当用户编辑或查询数据的时候，Oracle 从数据库中读取或写入数据块。缓冲缓存的大小受 DB_CACHE_SIZE 参数的控制。

缓冲缓存的大小可以按下列步骤估算：

1）确定您的服务器具有多少物理随机存取内存（RAM）。

2）将此数乘以 0.66 以确定 SGA 的目标大小。

3）扣除 SHARED_POOL_SIZE 和 LOG_BUFFER 以返回 buffer cache 的可用内存量。

4）扣除这个数据的 10%，以提供 Oracle 的内存占用量。

5）除以数据库块的大小以确定 DB_BLOCK_BUFFERS 的设置。

（4）PGA_AGGREGATE_TARGET。为 Oracle 服务器进程的私有全局区（PGA）分配空间。该空间通常用作临时缓冲区，用于在表连接期间对数据进行排序和合并。将 WORKAREA_SIZE_POLICY 设置为 AUTO，然后初始设置 PGA_AGGREGATE_TARGET 为总物理内存的 0.16 倍。1）workarea_size_policy = auto；2）pga_aggregate_target = total physical RAM * 0.16。

如果应用程序已经使用了一段时间，可以调整 PGA_AGGREGATE_TARGET 参数值。

NOTE：仅当 workarea_size_policy 设置为 AUTO 时，Oracle 才使用 PGA_AGGREGATE_TARGET 分配用于排序的内存。否则，Oracle 将使用较旧的手动管理排序区域的方法，该方法包括设置 SORT_AREA_SIZE 和 HASH_AREA_SIZE 参数。

## 8.4 用户及权限管理

数据库连接需要用户账户和密码，只有授权用户才能连接到数据库。用户账户决定着哪些用户可以访问数据以及数据归哪些用户所有。

用户账号的作用：控制用户或应用程序拥有何种类型数据访问权限；确定谁拥有数据库中的哪些数据。

数据库连接过程需要确认用户是否是合法用户，ArcSDE Geodatabase 有两种类型的身份认证方式：

（1）操作系统认证（operating system authentication）：ArcSDE Geodatabase for SQL Server Express、DB2、Informix，用户账户由操作系统管理。

（2）数据库认证（database authentication）：仅 Oracle、SQL Server 和 PostgreSQL 采用数据库用户账户；DB2 和 Informix 并不采用数据库用户账户。

操作系统（OS）身份验证表示，用户先登录计算机，然后由该用户计算机的操作系统将身份验证的凭证提供给数据库。对于要建立连接的用户，这意味着只需登录到各自的计算机即可，不必单独登录到数据库。而对于数据库管理员，这意味着现有登录信息必须添加到数据库中，并且该数据库必须配置为可以识别出用户的现有登录信息。

对于 Oracle，要使用操作系统身份验证，且用户必须加入 ora_dba 用户组。

如果使用的是数据库身份验证，则用户在登录到服务器后必须使用数据库用户名和密码（必须由数据库管理员创建）单独登录数据库。

对于 Oracle，一用户对应一模式。创建用户时，需要指定数据存储的表空间和临时表空间。如果以用户 User1 连接 Oracle 数据库，则创建的所有要素类或表都位于 User1 模式下。

在 ArcSDE 安装过程中会自动创建 ArcSDE 管理员（缺省为 SDE）和相应的表空间（缺省为 SDE），在此表空间中存储了 ArcSDE Geodatabase 的系统表。

ArcSDE 管理员负责 Geodatabase 配置与管理，不同于数据库管理员，ArcSDE 管理员需要执行具体的 Geodatabase 管理任务，如建立 ArcSDE Geodatabase 模式和压缩版本化 Geodatabase 等。

### 8.4.1 Oracle Geodatabase 中的用户权限

权限用于决定授权用户对数据和 Geodatabase 执行何种操作。应根据人员在组织中所执行的工作类型来分配权限。一些用户只需查看在 Geodatabase 中数据；其他一些用户则需要编辑 Geodatabase 中某些数据集；某些用户可能需要创建新的数据集；一个或多个用户需要管理 Geodatabase。

对用户或用户组指定的权限会影响他们在 Geodatabase 中所能执行的操作。有些用户只能连接到 Geodatabase，这些用户为只读用户。另有一些用户可连接到 Geodatabase 并创建数据集。另有一些用户可连接到数据库并编辑数据集，但无法创建或删除数据集。还有一些用户可执行管理任务，如创建备份文件或执行压缩操作。

权限类型（Types of permissions）

（1）数据库权限（Database permissions）：用于决定用户或用户组可在 Geodatabase 中

或对 Geodatabase 执行的操作；例如，用户是可以创建新数据集还是可以管理 Geodatabase。

(2) Geodatabase 版本权限（Version permissions)：控制用户对 Geodatabase 版本的访问。这是一种特殊的数据库权限类型，并不通过 DBMS 进行设置。而是在创建 Geodatabase 版本时由该版本的创建者决定其他用户对此版本所具有的访问类型。版本权限有 public、private 和 protected 三种类型。

(3) 数据集权限（Dataset permissions)：用于决定用户可对特定数据集执行的操作：用户是可以对数据集进行编辑，还是只能从中选择数据？特定数据集的使用权限由该数据的所有者（即为创建数据或将数据导入 Geodatabase 的用户）进行控制。可授予用户只读（选择）权限，也可授予读/写（更新、插入和删除）权限。这些数据集权限用于决定用户是否为编辑者；如果用户不具备任何数据集的更新、插入或删除权限，则此用户不是编辑者。根据访问权限，用户类型划分为：1）数据查看人员（Data viewers，只读用户)。2）数据编辑人员（Data editors，可读写用户)。3）数据创建人员（Data creators，具有创建数据库对象权限的可读写用户)。4）ArcSDE 管理员（Geodatabase 和/或数据库管理员)。

### 8.4.2　授予和撤销数据集的权限

如果需要数据库用户浏览或者修改 ArcSDE Geodatabase 中任何数据集的内容，必须赋予他们相应的权限。授予或者收回数据集权限的步骤根据如何连接到 ArcSDE Geodatabase 的不同而变化。

使用“更改权限（Change Privileges)”地理处理工具或在 ArcCatalog 中可指定用户对特定数据集拥有哪些权限。可以授予 SELECT 权限，也就是说使用户可以读取和选择数据集的内容，但不能进行修改。还可以授予用户编辑权限（SELECT、UPDATE、INSERT 和 DELETE)，这样，用户便可查看和修改数据集的内容。

允许用户修改（UPDATE、INSERT 和 DELETE）数据集的权限可单独授予或撤销。

下列规则适用于授予和撤销数据集的权限：

(1) 无法向一用户授予对要素数据集内不同要素类的不同权限。

(2) 只有数据集所有者才能更改该数据集的权限。

(3) 只有数据集所有者才能删除数据集或更改其定义（模式)；因此，即使数据集所有者向另一用户授予了数据集的 INSERT、UPDATE 和 DELETE 权限，该用户也无法更改数据集的模式。

(4) 每次只能改变用户对一个数据集的权限。

(5) 输入用户名时，可能要求将域名或计算机名与该用户名一同提供，这取决于存储数据集的 DBMS 类型以及用户连接到该 Geodatabase 时所使用的身份验证类型。例如，如果 Oracle 中创建的操作系统登录账户包括域或计算机前缀，那么需要输入域名或计算机名，后加反斜线和用户名，如 gmlgis\admin，gmlgis 为计算机名，admin 为用户名。

## 8.5　连接到 ArcSDE Geodatabase

在 ArcGIS 客户端计算机上安装 Oracle 客户端，设置引用 Oracle 客户端的环境变量，并从 ArcGIS 客户端连接到数据库。

要在发布到 ArcGIS Server 的服务中使用 Oracle 数据，还必须将数据库注册到 ArcGIS Server。

要从 ArcGIS Desktop 连接到 Oracle 中的数据库或 Geodatabase，请在 ArcGIS Desktop 计算机上安装 Oracle 客户端，并将 PATH 环境变量设置为 Oracle 客户端的位置，然后在目录树中创建连接文件。

选择连接到数据库时使用的身份验证类型：数据库身份验证或操作系统身份验证。

（1）如果选择操作系统身份验证，则不需要输入用户名和密码，系统会通过用于登录到操作系统的用户名和密码建立连接。如果操作系统使用的登录信息不能用作数据库的登录信息，连接将失败。请注意，如果正在使用 Oracle Instant Client，则不能使用操作系统身份验证。

在 Oracle 中使用操作系统身份验证时，操作系统登录使用 os_ authent_ prefix 字符串（默认情况下为 OPS $ 作为前缀，并存储在 USERNAM 表中）。连接到 Geodatabase 时，用户名允许的最大字符数为 30。在这些特殊情况下，ArcGIS 会将单引号放置在用户名两侧以将其传递到数据库。引号计入 30 个字符内。

（2）如果选择数据库身份验证，则必须分别在用户名和密码文本框中提供有效的数据库用户名和密码。用户名最长为 30 个字符。

如果不希望将登录信息保存为连接的一部分，请取消选中保存用户名和密码；这样做可帮助保持数据库的安全性。若执行此操作，则系统会在每次连接时提示您提供用户名和密码。另请注意，对于为 ArcGIS 服务提供数据库或 Geodatabase 访问的连接文件，或想要通过此连接文件使用目录搜索来定位访问的数据，都必须选中保存用户名和密码。

ArcSDE 服务（又称 ArcSDE 应用程序服务器或三层架构）用于在 GIS 应用程序和企业级 Geodatabase 之间传递空间数据。

ArcSDE 服务自 ArcGIS 10.3 起不再可用。但是，ArcGIS 10.3.x 客户端仍可以使用 ArcSDE 服务连接到 10、10.1 或 10.2.x 版本的 Geodatabase。

## 8.6 ArcSDE Geodatabase 维护

### 8.6.1 ArcSDE Geodatabase 维护任务

定期执行 Geodatabase 维护任务有助于保护数据库及维持其现有性能水平。大部分任务是针对所有数据库管理系统（DBMS）执行的标准维护，例如，数据库备份和更新数据库统计信息。其他维护（如压缩和同步 Geodatabase 复本）则是特定于 Geodatabase 的维护。以下是一些 Geodatabase 维护任务。

（1）数据库备份和恢复（Database backup and recovery）：数据库管理员需创建数据库的备份、定期副本或快照。数据库管理员还必须能够在发生硬件故障或数据损坏时使用这些备份来恢复数据。

（2）更新统计信息（Update statistics）：当 Geodatabase 中的数据编辑变化后，表和索引统计数据就会过时。因为数据库使用统计数据处理来自用户或客户端应用程序的查询。因此，必须定期更新数据库统计信息。

（3）压缩版本化 Geodatabase（Compress versioned Geodatabase）：对版本化 Geodatabase

执行编辑操作后，增量表中的状态数和行数都会增加，同时会降低数据库性能。压缩 Geodatabase 可移除版本中不再引用的状态，还可将增量表中的行移到基表中。参阅本书第五章“Geodatabase 的压缩操作”相关内容。

（4）将复制的数据与父 Geodatabase 同步（Synchronize replicated data with parent Geodatabase）：如果网站中有使用 Geodatabase 复本的野外工作人员或分支机构，则需要将数据移入和移出主数据库并对副本进行管理。

（5）升级 Geodatabase（Upgrade Geodatabase）：应定期更新到 ArcGIS 软件的新版本以利用新版本所提供的各种新功能。更新软件后，可以升级 Geodatabase。

### 8.6.2 数据库备份与恢复

数据库备份是该数据库的副本。此副本用于在数据库失败或损坏时恢复该数据库或单个数据集。

由于通常会在某个组织的各种数据上投入大量的时间、努力和资金，因此为 Geodatabase 准备一个适当且可靠的数据恢复方案是至关重要的。数据恢复方案包括数据库备份和可靠的恢复策略。

备份和恢复策略需要根据具体情况而有所变化。所使用的备份类型、应在何处存储备份、应在何时执行备份以及何时和如何完成恢复都会受到以下相关因素的影响。

（1）数据的更新频率。对 Geodatabase 及其内容编辑的越频繁，执行备份也应该更频繁。

（2）数据的重要性。数据任务是否非常关键？如果是非常关键，则对恢复的数据投入的恢复时间和资金将会非常重要。

（3）可接受的恢复时间。某些数据可能会被立即需要，而对其他数据的需要却并不迫切。如果数据库中的数据不是很多，则应将执行数据库恢复所需的时间与以手动方式重新输入数据所需的时间相比较。

（4）可接受的停机时间。这会影响您是否可使数据库处于离线状态以执行备份或恢复数据。如果每天 24h 都必须提供数据，则务必要将备份操作安排在非高峰期时间执行。

（5）数据库容量大小。这会影响存储空间和位置以及备份和恢复数据库所需的时间。

（6）必须使用的系统资源。是否有足够的存储空间（同时包括虚拟空间和物理空间）用来备份？是否可为数据库设置镜像或副本？网络是否能够处理在用户仍与数据库相连时所发生的备份或恢复过程？由现场以外的顾问提供数据库备份、存储和恢复管理是否有意义？

（7）数据库管理系统（DBMS）的类型。大多数 DBMS 都有自己的管理工具来执行备份和恢复管理，但是也有许多可用的第三方软件产品。

#### 8.6.2.1 备份类型

备份和恢复数据所需要执行的步骤随着 DBMS 的不同而不同。在 Oracle 数据库上可以执行的备份有热备份（Hot backup）、冷备份（Cold backup）和数据库导出（Database export）三种类型。

应定期对 Oracle 数据库进行完整备份。一份完整的备份应包括 Oracle 数据库、控制文件、数据文件和恢复日志文件。如果开启了 ArcSDE 服务，则还应包括 giomgr. defs 文件、dbinit. sde 文件及 services. sde 文件。

（1）热备份（Hot backup）。在 Oracle 数据库实例运行期间创建数据库备份为热备份。如果计划执行热备份，则必须在 ARCHIVELOG 模式下对数据库进行操作。

在对各表空间进行备份之前，输入 ALTER TABLESPACE > BEGIN BACKUP 命令；这会告知 Oracle 将执行热备份。

回滚段必须足够大，以容纳在热备份期间所作的更改。如果回滚段空间不足，则事务将失败，并提示 ORA－1555 错误。

（2）冷备份（Cold backup）。在 Oracle 数据库实例关闭时创建数据库备份为冷备份。管理冷备份比管理热备份更加简单，而且不易出错。如果在 NOARCHIVELOG 模式下运行数据库，则冷备份是唯一的选项。通过在 ARCHIVELOG 模式下运行数据库，可以使用冷备份将数据库恢复至最后提交的事务。

（3）数据库导出（Database export）。可以使用 Oracle 的导出工具来补充一份完整备份。如果对完整备份之间的已知数据对象集进行更改，可将这些对象导出。但应该仅对在导出期间未进行更改的数据对象和所有密切关联的数据对象使用导出工具。例如，如果使用导出工具备份业务表，则还应该在同一个备份中包括相关的空间索引表、要素表及增量表。

还可以使用 Oracle 导出工具备份整个 Oracle 数据库，然后进行累积和增量备份。

#### 8.6.2.2 恢复模式

要在发生任意故障后恢复数据库，Oracle 采取以下的步骤来恢复数据库：

（1）阅读 init. ora 文件，以确定控制文件的名称和位置。

（2）阅读各个控制文件以验证彼此间是否一致并确定数据库的物理文件结构。

（3）打开控制文件中提及的各个数据文件，以确定数据文件为当前的文件且能够反映最新提交的更改，还是需要对数据文件进行恢复。

（4）按顺序打开各个重做日志文件，并根据需要应用在重做日志文件中找到的信息，以使各数据文件处于包含全部已提交事务的状态。

如果数据已经丢失一个控制文件（Control file），可以通过一个当前的控制文件的拷贝代替丢失的控制文件来恢复数据库。

如果数据库丢失一个或者多个数据文件，可以首先用备份来代替丢失的数据文件，然后使用重做日志文件（Redo logs file）使恢复的复制恢复到当前数据库状态。如果备份被恢复到与欲打算代替的源文件不同的位置，必须使用 ALTER DATABASE RENAME FILE 命令告诉 Oracle 实例恢复的存储位置。

如果数据库丢失了当前在线重做日志文件，当数据库实例提交事务时，其将中止。尽管没有数据丢失，但是最近的事务将不被提交，可能需要在数据库恢复时重新输入。但是，当前在线重做日志文件将必须被代替，应该立即执行一个数据库的备份。

### 8.6.3 更新数据库统计信息（Updating statistics）

DBMS 查询优化的执行需要使用数据库统计信息。要维护查询性能，应在表内容发生显著更改之后（例如，将大量记录加载到表中或对表执行大量编辑之后）更新统计信息。

可对以下类型的表和索引更新统计数据：

（1）选择以进行分析的表及其相关索引。

（2）版本化表和要素类的增量表，以及增量表上的索引。

（3）为进行存档而启用的数据集历史存档表，以及存档表的索引。

（4）Geodatabase 系统表。

（5）如果分析的要素类使用 sdebinary 几何存储，则也将更新要素表和空间索引表上的统计数据，以及这些表的索引。

更新数据库统计数据的操作会消耗巨大的输入/输出（I/O）资源。统计数据更新操作应在数据库流量最小时进行。可以有以下 3 种方式更新数据库的统计信息。

（1）使用“分析（Analyze）”命令。可使用 ArcGIS 桌面中的“分析（Analyze）”命令来更新在目录树中直接选择的特定数据集上的统计数据。只有数据集的所有者才能更新统计数据。

（2）使用“分析数据集（Analyze Datasets）”工具。可以使用“分析数据集（Analyze Datasets）”地理处理工具（位于“数据管理”工具箱的“Geodatabase 管理”工具集中）来更新数据集的统计信息。如果要一次更新多个数据集的统计信息，或想要选择已分析的特定表（例如，如果只想更新增量表中的统计数据），或想要更新 Geodatabase 系统表中的统计数据，请使用该工具，而不是 ArcGIS 桌面中的“分析（Analyze）”命令。

只有数据集的所有者才能运行该工具。就 Geodatabase 系统表而言，必须以 Geodatabase 管理员的身份运行该工具。应该在向 Geodatabase 添加许多新表或要素类、执行大量版本化编辑或压缩 Geodatabase 之后，更新 Geodatabase 系统表上的统计信息。

（3）运行 Python 脚本。可调用 Python 脚本中的 AnalyzeDatasets_ management 函数来更新基表、增量表、存档表或 Geodatabase 系统表中的统计数据。如同使用分析数据集工具一样，必须以要分析表的所有者身份运行 AnalyzeDatasets_ management。

## 8.7 ArcSDE Geodatabase 调整优化

### 8.7.1 最小化磁盘 I/O 争用

一般地，最小化磁盘 I/O 争用可以通过合适的数据库计划和管理来实现。要计划系统使用，首先必须估计所有数据库的大小，决定它们的相对访问率，然后安置这些数据库组件在合适的硬盘空间上。

为了最小化 Oracle 数据库的磁盘 I/O 争用，应该将经常访问的文件放置在一个单独的硬盘空间上，可能的话，在同一个硬盘空间上将经常访问的文件与非经常访问的文件分组。以下列出了一些避免存储在 ArcSDE Geodatabase 的资源竞争的建议：

（1）分隔系统段与用户段（Separate system segments from user segments）。

（2）分隔不同项目的数据（Separate data for different projects）。

（3）分隔大型段与小型段（Separate large segments from small segments）。

（4）分隔只读数据与可写数据（Separate read-only data from writable data）。

（5）为大栅格数据集使用大文件表空间（bigfile tablespace）。

（6）为用户指定存储配额（storage quotas）。

（7）使用多个磁盘或阵列存储文件（保护作用）。

（8）对于只读数据使用较小的 PCTFREE 值。

（9）正确配置 LOB 存储。

### 8.7.2 内存调整建议

每个进程都需要确定数量的内存来暂时存储它的机器代码和数据。内存调整包括对数据库管理系统不同部分的内存资源的分配。

对于 Oracle 数据库管理系统，其内存分配主要涉及系统全局区（System Global Area，SGA）和用户私有全局区（PGA）的分配。以下给出了有关配置 Oracle 系统全局区（SGA）和配置影响 Oracle 用户私有全局区（PGA）大小的内存结构的几个基本规则。

（1）SGA 不得交换。所创建的 SGA 不得大于服务器物理随机存取存储器（RAM）大小的三分之二。虚拟内存必须能够同时满足 SGA 和服务器上所有活动进程的要求。

（2）避免页面调度过多。使用操作系统工具（UNIX 系统上的 vmstat 和 Windows 上的“任务管理器”）检查页面调度是否过多。SGA 过大会导致高度的页面调度。

（3）配置足够的虚拟内存。通常情况下，Oracle 建议交换空间至少为物理 RAM 大小的三到四倍。对 UNIX 上的交换文件或 Windows 上的页面文件的大小要求取决于活动的会话数。

（4）使用表空间中的具体配额可避免用完所有可用存储空间。具有创建 Oracle 对象权限的用户（如 sde 用户、用户模式所有者和数据所有者）可以通过以下两种方法之一来访问存储空间：通过获得 UNLIMITED TABLESPACE 系统权限或者通过接受表空间中的具体配额。

具有 UNLIMITED TABLESPACE 权限的用户可分配数据库中任何表空间或所有表空间（包括 Oracle 托管的 SYSTEM 表空间和 SYSAUX 表空间）中的空间，在量上没有限制。这将导致最终用户有意或无意地用完所有可用存储空间，甚至使 Oracle 实例崩溃。因此，最好只有数据库管理员拥有此强大的系统权限。

应给所有其他用户分配一个或多个表空间中的配额，以使这些用户在受控方式下创建 Oracle 对象。例如，可以给 GIS_ADMIN 数据所有者用户授予 GIS_DATA 和 GIS_INDEX 表空间中的配额，但不授予 SYSTEM 和 SYSAUX 表空间中的配额。这样就可控制数据所有者可创建表和索引的位置，还可选择控制这些对象可使用的空间量。

通常，数据库管理员会向 sde 主 Geodatabase 中的用户模式所有者或数据所有者分配各表空间中的无限制配额，或者不分配任何配额。这样，数据库管理员就可控制数据的物理存储位置，并且可将数据分离到逻辑容器中，数据与系统数据和其他项目和应用程序数据相互独立。无限制配额允许数据所有者根据需要分配其具有访问权限的表空间内的空间量。

如果允许数据编辑人员或数据查看人员创建自己的 Geodatabase 对象（如，通过地理处理工具的输出），则可选择分配这些用户具有写入权限的表空间中的有限配额。例如，在 GIS_DATA 表空间中，数据查看人员可以具有 100MB 配额，数据编辑人员具有 500MB 配额，而数据所有者具有无限制配额。应该根据数据和业务进程的特定需要，分配合适的空间配额。

### 8.7.3　使用数据库视图

使用视图，可以节省查询时间，从而提高系统性能。在企业级 Geodatabase 中，可使用四种类型视图。

#### 8.7.3.1　数据库视图

数据库视图是存储在数据库中的非版本化的表的查询结果。可以在数据库或企业级 Geodatabase 表中定义视图。在企业级 Geodatabase 中使用数据库视图时，既可为单个的非版本化的表定义数据库视图，也可在两个非版本化的表之间定义数据库视图。此外，还可创建包含子查询的更为复杂的视图。

与 ArcGIS 一起使用的视图可以包含一个空间列。如果空间列存在，则这些视图称为空间视图。创建空间视图时，须包含与空间列来自同一个表的 ObjectID 列。

以下是使用数据库视图的原因：

（1）视图能够以预定义的方式提供行或列的子集，从而减少从数据库到客户端的数据传输量，进而提高性能。

（2）视图允许用户构建数据库中的常用查询，并为多用户使用，从而减少了用户自行构建复杂查询的需要。

（3）视图可连接多个业务表或其他视图中的数据。

（4）可使用聚合函数汇总视图中的数据，同样也可减少从数据库到客户端的数据传输量，进而提高性能。

（5）可授予用户对视图的 select 权限，这样可使用视图来控制对业务表中的行或列的访问权限。

（6）可以在要素类与非空间表之间定义视图，进而组合其中的列。

（7）ArcGIS 只能处理包含一个空间列的表。要使用包含多个空间列的表，可以创建只含有表中一个空间列的空间视图。

（8）ArcGIS 只能处理包含一个空间参考的表。如果表包含多个空间参考，则可以创建只包含使用相同空间参考的记录的视图。

可以使用“创建数据库视图（Create Database View）”工具或 ArcGIS Desktop 中的数据库快捷菜单创建数据库视图，或使用数据库管理系统（DBMS）的原生 SQL 进行创建。

用户需要具有特定权限才能创建视图；例如，须授予用户 Oracle 或 SQL Server 数据库中的 Create View 权限。使用某些数据库管理系统时，创建视图需要数据所有者授权。

使用数据库视图时，应注意以下事项：

（1）即使使用“创建数据库视图（Create Database View）”工具在 Geodatabase 表中定义了视图，视图在数据库中也是以对象的形式存在并且不会注册到 Geodatabase。

（2）对基础表的模式的修改并不会反映在视图中。要在视图中包含附加列，须重新定义视图。

（3）不能通过 ArcGIS Desktop 或 ArcGIS 要素服务编辑数据库视图中的数据。

（4）在版本化 Geodatabase 表或要素类中创建视图时，只能看到基表中的数据而非增量表中的编辑内容。要通过 ArcGIS 客户端在视图中查看编辑内容，需要协调编辑内容并将其提交至默认版本，然后压缩 Geodatabase。如果想要通过 SQL、第三方或自定义客户端在视图中查看编辑内容，可在 Geodatabase 表或要素类注册为版本时，自动创建版本化视图。

（5）如果视图定义中包含了一个空间列，则该空间列必须是 SQL 几何数据类型，包含空间列的要素类不能注册为版本，且视图定义中须包含该要素类的 ObjectID 列。

#### 8.7.3.2 注册到 Geodatabase 的视图

如果数据库中包含 Geodatabase，可以使用创建数据库视图工具或 SQL 来创建数据库视图，并使用“注册到 Geodatabase（Register with Geodatabase）”地理处理工具将该视图注册到 Geodatabase 中。将视图注册到 Geodatabase 的原因包括：

（1）将视图注册到 Geodatabase 后，视图的相关信息会存储在 Geodatabase 系统表中。将空间视图注册到 Geodatabase 时尤其有用，这时几何类型、空间参考以及范围，有助于提高将空间视图添加到地图中的性能。

（2）可以定义注册到 Geodatabase 中的视图元数据。

（3）可以在仅查询要素服务中发布已注册的视图。

如果要素类使用 SQL 几何类型并且不作为版本化要素类进行注册，则可以在创建的视图中包含单个空间列。要创建空间视图，应在视图定义中包含空间列和要素类的 ObjectID，然后对其进行注册。

#### 8.7.3.3 版本化视图

版本化视图将数据库视图、存储过程、触发器和函数整合在一起，用以通过 SQL 访问或编辑 Geodatabase 中指定版本的表或要素类。包含版本化视图的原因如下：

（1）版本化视图包含当前存储在表的增量表中的编辑内容。

（2）版本化视图允许使用 SQL 或第三方应用程序编辑版本化表和要素类。

将表或要素类注册为版本时，系统会自动为其创建版本化视图。

版本化视图只适用于版本化的单个表或要素类，并且适用于整个表；不能使用 where 子句将多张表连接在一起，也无法限制版本化视图中包括哪些行或列。

版本化视图主要用于通过 SQL 来编辑版本化数据。不能使用 ArcGIS 客户端应用程序通过版本化视图来修改基础表或要素类。版本化视图所依据的表或要素类必须满足 ArcGIS 对通过 SQL 编辑 Geodatabase 数据的要求。

#### 8.7.3.4 存档视图

存档视图是一个在非版本化且已启用存档的表或要素类上定义的数据库视图。存档视图还包括触发器，以便通过存档视图进行编辑时，将存档表保持为最新状态。当针对数据集启用存档功能或针对已启用存档功能的非版本化数据集启用 SQL 访问时，将创建存档视图。包含存档视图的原因如下：

（1）存档视图允许访问启用了存档功能的表中的历史数据。

（2）存档视图允许使用 SQL 编辑启用了存档功能的表和要素类。

存档视图也只适用于版本化的单个表或要素类，并且适用于整个表；不能使用 where 子句将多张表连接在一起，也无法限制存档视图中包括哪些行或列。

ArcSDE Geodatabase 配置与管理的详细内容，请查阅 ArcGIS 帮助文档。

# 参 考 文 献

[1] ArcGISManageData. https：//desktop. arcgis. com/zh-cn/arcmap/latest/manage-data/.
[2] ArcGIS 管理数据 . https：//desktop. arcgis. com/zh-cn/arcmap/latest/manage - data/.
[3] ISO/IEC13249 - 3：2016 Information Technology-Database Languages—SQL Multimedia And Application Packages—Part 3：Spatial.
[4] OpenGIS ® Implementation Standard for Geographicinformation-Simple feature access—Part 2：SQL option, Version：1. 2. 1，2010.
[5] OracleDatabase Administrator's Guide. https：//docs. oracle. com/cd/E11882_01/server. 112/e25494/toc. htm.
[6] OracleSpatial Developer's Guide. https：//docs. oracle. com/cd/E11882_01/appdev. 112/e11830/toc. htm.
[7] PostgreSQL 9. 6. 15 Documentation. https：//www. postgresql. org/docs/9. 6/index. html.
[8] PostGIS 2. 4. 9dev Manual. http：//postgis. net/docs/manual - 2. 4/.
[9] 谢昆青，马修军，杨冬青 . 空间数据库 [M] . 北京：机械工业出版社，2006.
[10] 兰小机，刘德儿，魏瑞娟 . 基于 ArcObjects 与 C# . NET 的 GIS 应用开发 [M] . 北京：冶金工业出版社，2011.
[11] 兰小机 . GML 空间数据库理论与 GMLGIS [M] . 北京：地质出版社，2010.